大语言模型工程师手册

从概念到生产实践

[罗] **保罗 · 尤斯廷**（Paul Iusztin）
[英] **马克西姆 · 拉博纳**（Maxime Labonne） ◎ 著
孟凡杰 方佳瑞 ◎ 译

人 民 邮 电 出 版 社
北 京

图书在版编目（CIP）数据

大语言模型工程师手册 ： 从概念到生产实践 / （罗）保罗·尤斯廷 （Paul Iusztin），（英）马克西姆·拉博纳 （Maxime Labonne） 著 ； 孟凡杰，方佳瑞译. -- 北京 ： 人民邮电出版社，2025. -- ISBN 978-7-115-66737-3

Ⅰ. TP391-62

中国国家版本馆 CIP 数据核字第 2025CZ9984 号

版权声明

♦ 著　　[罗] 保罗・尤斯廷（Paul Iusztin）
[英] 马克西姆・拉博纳（Maxime Labonne）
译　　孟凡杰　方佳瑞
责任编辑　贾　静
责任印制　王　郁　胡　南

♦ 人民邮电出版社出版发行　　北京市丰台区成寿寺路 11 号
邮编　100164　　电子邮件　315@ptpress.com.cn
网址　https://www.ptpress.com.cn
天津千鹤文化传播有限公司印刷

♦ 开本：800×1000　1/16
印张：22.75　　2025 年 5 月第 1 版
字数：487 千字　　2025 年 5 月天津第 1 次印刷

著作权合同登记号　图字：01-2025-0859 号

定价：99.80 元

读者服务热线：(010) 81055410　印装质量热线：(010) 81055316

反盗版热线：(010) 81055315

内容提要

AI 技术已取得飞速发展，而大语言模型（LLM）正在引领这场技术革命。本书基于 MLOps 最佳实践，提供了在实际场景中设计、训练和部署 LLM 的原理与实践内容。本书将指导读者构建一个兼具成本效益、可扩展且模块化的 LLM Twin 系统，突破传统 Jupyter Notebook 演示的局限，着重讲解如何构建生产级的端到端 LLM 系统。

本书涵盖数据工程、有监督微调和部署的相关知识，通过手把手地带领读者构建 LLM Twin 项目，帮助读者将 MLOps 的原则和组件应用于实际项目。同时，本书还涉及推理优化、偏好对齐和实时数据处理等进阶内容，是那些希望在项目中应用 LLM 的读者的重要学习资源。

阅读本书，读者将熟练掌握如何部署强大的 LLM——既能解决实际问题，又能具备低延迟和高可用的推理能力。无论是 AI 领域的新手还是经验丰富的从业者，本书提供的深入的理论知识和实用的技巧，都将加深读者对 LLM 的理解，并提升读者在真实场景中应用它们的能力。

推荐序 1

正如 Hugging Face 联合创始人 Clement Delangue 常和我说的，AI 正逐渐成为技术开发的标准方式。

过去 3 年间，LLM 在技术领域已产生深远影响。展望未来 5 年，其影响力必将进一步扩大。我相信，这项技术不仅会融入越来越多的产品，更有望成为所有依赖知识和创造力的人类活动的核心驱动力。

例如，程序员已经开始利用 LLM 并改变他们的工作方式，他们与机器协作，将精力集中在更高层次的思考和任务上；录音室音乐人借助 AI 工具，加速了音乐创意的探索；律师则通过**检索增强生成（retrieval-augmented generation，RAG）技术**和庞大的案例法数据库，提升自身的工作效率和影响力。

在 Hugging Face，我们一直致力于推动一个更加开放的 AI 未来——打破由一家公司和少数科学家垄断 AI 模型的现状，让来自不同背景的、尽可能多的人能够深入理解并参与尖端机器学习模型的研究与应用。

保罗和马克西姆通过编写这本书，为 LLM 的普及和推广作出了重要贡献。他们致力于让更多人不仅能使用这些模型，还能对其进行定制、微调和量化，最终将其高效地应用于实际场景。

他们的工作意义重大，我很高兴他们能编写本书。这无疑拓展了人类知识的边界。

Julien Chaumond

Hugging Face 联合创始人，首席技术官

推荐序 2

作为一名深耕机器学习运维（machine learning operations，MLOps）领域的从业者，我由衷地推荐本书。在各行各业对 LLM 专业知识的需求呈暴发式增长的关键时刻，本书的出版可谓恰逢其时。

本书的独特之处在于其实践导向的端到端方法。通过带领读者从零构建 LLM Twin 项目，它巧妙地弥合了理论与实际应用间常常令人望而生畏的鸿沟。从数据工程和模型微调，到 RAG 流水线和推理优化，作者们不遗余力地进行了介绍。

本书对 MLOps 和 LLMOps 原则的深入阐述，让我印象深刻。随着各组织机构越来越依赖 LLM，理解如何构建可扩展、可复现且稳健的系统变得至关重要。本书还包括编排策略和云集成的相关内容，这充分体现了作者致力于为读者提供真正可用于生产环境的技能的初心。

无论是希望专攻 LLM 的资深机器学习研究者，还是致力于突破这一前沿领域的软件工程师，都可以通过本书获得 LLM 相关的基础理论与前沿技术。通过清晰的阐释、实用的案例和对行业最佳实践的深入剖析，本书必将成为想要精通 LLM 工程的人的宝贵学习资源。

在 AI 以惊人速度重塑各个行业的时代，本书应运而生，为读者提供了一份应对 LLM 复杂性的权威指南。这不仅是一本普通的技术专著，更是在 AI 驱动的新兴领域中成为卓越工程师的路线图。

Hamza Tahir

ZenML 联合创始人，首席技术官

推荐序 3

本书是一本面向实践的宝贵指南，为希望深入了解 LLM 的读者提供了全面的知识。通过翔实的实例和对 LLM Twin 项目的深入剖析，本书巧妙地揭示了构建和部署企业级 LLM 应用的核心技术和复杂挑战。

本书的一个突出特点是以 LLM Twin 项目作为贯穿全书的案例。这个专门模仿特定人物写作风格的 AI 角色，生动地展示了如何将 LLM 应用在实际场景中。

作者精心梳理 LLM 开发的关键工具与技术，包括 Hugging Face、ZenML、Comet、Opik、MongoDB 和 Qdrant 等。通过对每个工具的详细阐述，帮助读者快速理解每个工具的功能特点及其在 LLM 流水线中的应用。

本书涵盖了 LLM 开发的诸多关键领域，包括数据采集、模型微调、性能评估、推理优化和 MLOps 等。值得注意的是，关于监督微调（supervised fine-tuning，SFT）、偏好对齐及 RAG 的章节，尤其深入剖析了 LLM 开发的核心技术。

本书的一大亮点在于注重实践应用。作者不仅给出了具体案例，还详细介绍了如何优化推理流程并有效部署 LLM，使本书成为研究人员和工程师的宝贵参考资料。

对于渴望深入了解 LLM 及其实际应用的读者，我强烈推荐本书。作者全面阐述了 LLM 开发的工具、技术和最佳实践，为 LLM 工程师提供了一份极具价值的参考资料。

Antonio Gulli

谷歌高级总监

关于技术审稿人

Rany ElHousieny 是一名解决方案架构师和工程管理者，在 AI、NLP 和机器学习领域拥有超 20 年的经验。在职业生涯中，他致力于推动 AI 模型的创新发展，并撰写了多篇 AI 系统架构和 AI 伦理相关的专业文章。在微软任职期间，他主导了自然语言处理领域的突破性项目，尤其在语言理解智能服务（language understanding intelligent service，LUIS）方面作出了卓越贡献。目前，他在 Clearwater Analytics 担任重要职位，专注于推动生成式 AI 在金融和投资管理领域的应用。

衷心感谢 Clearwater Analytics，为我提供了一个充满支持、鼓励学习、促进成长和创新的工作环境。公司领导者的前瞻性视野和对新技术的敏锐洞察，始终是激励我前进的动力。他们对 AI 技术发展的坚定承诺，让我在审阅这本书的过程中收获颇丰、获益良多。同时，我要特别感谢我的家人，感谢他们在整个旅程中给予的无尽鼓励和支持。

——Rany ElHousieny

前言

LLM 工程正迅速成为 AI 与机器学习的关键领域。LLM 推动自然语言处理与生成技术不断革新，这使得市场对能够在实际场景中实现、优化和部署 LLM 的专业人才的需求呈指数级增长。LLM 工程涉及多个专业领域，从数据准备、模型微调，到推理优化、生产环境部署等，这要求工程师们既要具备软件开发能力，还要精通机器学习并掌握相关的领域知识。

在 LLM 的生产环境部署中，**MLOps** 扮演着关键角色。MLOps 将 DevOps 的原则扩展到机器学习项目中，目标是实现整个机器学习生命周期的自动化和精简化。由于 LLM 本身具有较高的复杂性和较大的规模，MLOps 在其中显得尤为重要，它能够有效应对多个挑战，例如大型数据集的管理、模型版本的控制、结果的可复现性，以及模型性能的长期维护等。通过引入 MLOps 实践，LLM 项目能够在效率、可靠性和扩展性等方面获得显著提升，从而实现更为成功和更具影响力的部署。

本书是一本面向 LLM 工程的实践指南，介绍了该领域的诸多最佳实践。本书围绕 LLM 生命周期的不同阶段，为读者提供了简明的核心概念、实用的技术方法和专家的建议指导。书中详细讲解了多个重要主题，包括数据工程、监督微调、模型评估、推理优化，以及 **RAG** 流水线开发等。

为了讲解这些主题，本书将开发一个端到端项目 LLM Twin——一个能够模仿特定人物写作风格和个性特征的系统。通过这个实例，读者可以学习如何运用 LLM 工程和 MLOps 的各项技术，从零开始构建一个能解决特定问题的最小可行产品（minimum viable product，MVP）。

通过本书，读者将深入理解 LLM 应用开发的全过程，包括数据采集与准备、特定任务的模型微调、推理性能优化和 RAG 流水线的具体实现。同时，读者还可以学习如何评估模型性能、实现模型与人类偏好的对齐，以及部署基于 LLM 的应用。本书还系统介绍了 MLOps 的基本原则和实践方法，帮助读者掌握如何构建可扩展、可复现且稳健的 LLM 应用。

适读人群

本书适合所有技术人员和对 LLM 实际应用感兴趣的人士阅读，特别适合那些想要投身 AI 项目开发的软件工程师。尽管有软件开发基础会更容易理解书中内容，但本书包含了许多基础概念的讲解，这使得AI和机器学习领域的入门者也能轻松阅读。

对于已经从事机器学习工作的读者，本书有助于提升开发和部署基于LLM的应用的专业技能。本书会深入讲解MLOps的基础知识，指导读者如何使用开源LLM一步步构建出能够解决实际问题的MVP。

本书内容

第1章：理解LLM Twin的概念与架构，介绍贯穿全书的项目LLM Twin——一个端到端的生产级 LLM 应用示例，定义用于构建可扩展的机器学习系统的特征、训练、推理（feature/training/inference，FTI）流水线，并展示如何将其应用于LLM Twin项目。

第2章：工具与安装，介绍开发LLM应用所需的各类工具，包括Python工具、MLOps工具和云端工具，如编排工具、实验追踪系统、提示监控工具和LLM评估工具等。本章将详细说明如何在本地环境中安装和使用这些工具，以支持测试和开发工作。

第3章：数据工程，介绍数据采集流水线的实现，这个流水线从Medium、GitHub和Substack等多个网站抓取数据，并将原始数据存储在数据仓库中。本章特别强调，对于实际的机器学习应用而言，从动态数据源获取原始数据比使用静态数据集更为有效。

第4章：RAG特征流水线，介绍RAG的基本概念，包括嵌入、基础RAG框架、向量数据库，以及RAG应用的优化方法。本章将运用软件开发最佳实践，设计并实现LLM Twin的RAG特征流水线，展示RAG理论的实际应用。

第5章：监督微调，详细阐述如何通过指令-答案对为特定任务精细调整预训练语言模型。本章将重点介绍高质量数据集的构建、微调技术（如全量微调、LoRA和QLoRA等）的实现，并提供在自定义数据集上微调Llama 3 8B模型的实践案例。

第6章：偏好对齐微调，介绍将语言模型与人类偏好对齐的技术，并重点介绍**直接偏好优化（direct preference optimization，DPO）**技术，包括定制偏好数据集的构建、DPO技术的实现，以及通过Unsloth库与TwinLlama-3.1-8B模型进行对齐的实践案例。

第7章：LLM的评估方法，详细介绍评估语言模型和LLM性能的各种方法，介绍通用和特定领域的LLM评估，并讨论主流的基准测试。本章包括使用多个标准对TwinLlama-3.1-8B模型进行评估的实践案例。

第8章：模型推理性能优化，介绍投机解码、模型并行化和模型量化等关键优化策略，详细阐述如何在保证模型性能的同时，显著提高推理速度、降低系统延迟及优化内存使用，并介绍主流的推理引擎及其特性。

第9章：RAG推理流水线，探索了高级RAG技术，从零实现自查询、过滤向量搜索和重排序等方法。本章涵盖RAG推理流水线的设计与实现，以及构建类似LangChain等主流框架的自定义检索模块。

第 10 章：推理流水线部署，介绍机器学习部署策略，如在线实时推理、异步推理和离线批量转换，这将有助于构建 LLM Twin 的微调模型并将其部署到 AWS SageMaker，同时构建一个 FastAPI 微服务以便将 RAG 推理流水线作为 REST API 进行暴露。

第 11 章：MLOps 和 LLMOps，介绍 LLMOps 的概念，追溯其在 DevOps 和 MLOps 中的发展历程。本章将介绍 LLM Twin 项目的云端部署实践，例如将机器学习流水线迁移至 AWS，并介绍如何使用 Docker 进行代码容器化，以及构建持续集成、持续交付和持续测试（continuous integration/continuous delivery/continuous training，CI/CD/CT）流水线。同时，本章还在 LLM Twin 的推理流水线顶层增加了提示监控机制。

附录：MLOps 原则，阐述了构建可扩展、可复现和稳健的机器学习应用的 6 大关键原则。

充分利用本书

为了获得更好的学习效果，读者应该对软件开发的原则和实践有基本了解。本书的示例和代码主要使用 Python，因此熟悉 Python 编程将特别有帮助。虽然事先了解机器学习概念会有优势，但这并非必需，因为本书将介绍 AI 和机器学习的许多基本概念。不过，建议读者能够熟悉基本数据结构、算法，并具备一定的 API 和云服务使用经验。

本书相关代码示例托管在 GitHub 仓库上，因此假定读者已经熟悉 Git 等版本控制系统。尽管本书面向 AI 和 LLM 的新手，但对于具有相关背景的读者而言，理解书中的高级概念和技术会更加轻松。

下载示例代码文件

本书的所有源代码均可从本书的 GitHub 仓库和出版社网站下载。本书配套 GitHub 仓库的目录简介如下。

`llm_engineering/`：实现 LLM 和 RAG 功能的主要 Python 包。文件夹内容如下。

- `domain/`：核心业务实体和结构。
- `application/`：业务逻辑、爬虫和 RAG 实现。
- `model/`：LLM 训练和推理。
- `infrastructure/`：外部服务集成（AWS、Qdrant、MongoDB、FastAPI）。

代码逻辑和导入流向为：`infrastructure` → `model` → `application` → `domain`。

`pipelines/`：包含 ZenML 机器学习流水线，作为所有机器学习流水线的入口，负责协调机器学习生命周期中的数据处理和模型训练阶段。

`steps/`：包含独立的 ZenML 步骤，这些步骤是构建和自定义 ZenML 流水线的可复用组件。

每个步骤执行特定任务（如数据加载、预处理），可以在机器学习流水线中组合使用。

tests/：包含 CI 流水线示例的测试用例。

tools/：用于调用 ZenML 流水线和推理代码的实用工具脚本。文件夹内容如下。

- run.py：运行 ZenML 流水线的入口脚本。
- ml_service.py：启动 REST API 推理服务器。
- rag.py：演示 RAG 模块的使用方法。
- data_warehouse.py：通过 JSON 文件导入、导出 MongoDB 数据仓库数据。

configs/：控制流水线和步骤执行的 ZenML YAML 配置文件。

code_snippets/：可独立执行的代码示例。

下载图片

本书中所有图片可在异步社区本书对应的网页中找到。

下载拓展阅读资料清单

本书中每章均提供了拓展阅读资料清单，读者可在异步社区本书对应的网页中找到。

排版约定

本书采用了多种文本排版约定。

（1）行内代码（CodeInText）：用于标记文本中的代码、数据库表名、文件夹名、文件名、文件扩展名、路径名、示例 URL、用户输入和 X 用户名。例如，在 format_samples() 函数中，为每条消息应用 Alpaca 聊天模板。

（2）代码块的样式如下：

```
def format_samples(example):
    example["prompt"] = alpaca_template.format(example["prompt"])
    example["chosen"] = example['chosen'] + EOS_TOKEN
    example["rejected"] = example['rejected'] + EOS_TOKEN
    return {"prompt": example["prompt"], "chosen": example["chosen"],
"rejected": example["rejected"]}
```

为了突出代码块中的关键部分，将相关行或元素以粗体突出显示：

```
def format_samples(example):
    example["prompt"] = alpaca_template.format(example["prompt"])
    example["chosen"] = example['chosen'] + EOS_TOKEN
    example["rejected"] = example['rejected'] + EOS_TOKEN
    return {"prompt": example["prompt"], "chosen": example["chosen"],
```

```
"rejected": example["rejected"]}
```

（3）命令行的输入或输出将按以下格式显示：

```
poetry install --without aws
```

（4）粗体（**Bold**）：用于标注新术语、重要词汇或截屏图片上的关键字。例如，菜单或对话框中的文字会以粗体形式呈现。举例说明：要完成此操作，请在 GitHub 中进入已复刻仓库顶部的 **Setting** 选项卡，之后在左侧面板的 **Security** 区域，点击 **Secrets and Variables** 开关，最后点击 **Actions** 按钮。

（5）警告或重要说明。

> 警告或重要说明将以此种形式呈现。

目录

第 1 章 理解 LLM Twin 的概念与架构

我们深信，学习 LLM 和生产级机器学习应用的最佳方式之一是上手实践并搭建一个系统。因此，本书将展示如何构建 LLM Twin——一个通过学习和融入特定人物的写作风格、语气和个性进而模仿他写作的 AI 智能体。通过这个具体案例，读者可以体验机器学习应用的完整生命周期，从数据采集、模型训练，到系统部署和性能监控。在实现 LLM Twin 的过程中涉及的大部分概念和技术都可以应用到其他基于 LLM 或机器学习的项目中。

从工程视角看，在开始构建一个新产品前必须经历 3 个关键的规划阶段。首先，理解要解决的问题和要构建的内容至关重要。于本书而言，LLM Twin 究竟是什么，为什么要构建它，是需要发散思考并聚焦“为什么”的关键阶段。其次，为了贴近实际应用场景，我们将设计一个功能最小但可用的产品原型。在这个阶段，必须明确定义能够正常工作且有价值的产品所需的核心功能。这些选择将基于项目时间线、可用资源和团队能力来权衡。通过这个过程，我们将理想与现实对接，最终回答一个核心问题：要构建的系统究竟“是什么”？最后，进入系统设计阶段，列出用于 LLM 系统的核心架构和关键设计决策。需要说明的是，前两个阶段主要聚焦于产品层面，而最后一个阶段则深入技术细节，聚焦于“如何做”。

在构建现实世界的产品时，这 3 个阶段是自然而然进行的。尽管前两个阶段不需要太多的机器学习知识，但对于理解“如何”以一个清晰的愿景来构建产品至关重要。简单来说，本章将探讨以下主题：

- 理解 LLM Twin 的概念；
- 规划 LLM Twin 的 MVP；
- 构建包含特征工程、训练和推理流水线的机器学习系统；
- 设计 LLM Twin 的系统架构。

1.1 理解 LLM Twin 的概念

LLM Twin 是一个全新的概念，在深入技术细节前需要先把握其本质：它是什么、对它有何期望，以及它应该如何运作。对最终目标有清晰的认知，将帮助读者更轻松地吸收本书中的理论、代码和技术架构。

1.1.1 什么是 LLM Twin

简单来说，LLM Twin 是一个将独特的写作风格、语气和个性“映射”到复杂 AI 模型的数字孪生体。与传统的通用语言模型不同，LLM Twin 是基于个人数据进行微调的。正如机器学习模型天然会反映其训练数据的特征，这个 LLM 将呈现你自己的写作风格、语气和个性。之所以用“映射”，是因为这个过程与其他映射类似，难免会丢失很多信息。换句话说，这个 LLM 并不等同于真实的你，而是仅仅复制了你在训练数据中反应的某些侧面。

LLM 会反映其训练数据的特征，理解这一点非常关键。如果用莎士比亚的作品作为训练数据，得到的 LLM 就会模仿莎士比亚的写作风格；如果用比莉 • 艾利什（Billie Eilish）的作品作为训练数据，得到的 LLM 就会以她的风格创作歌曲。这种现象被称为风格迁移，在图像生成领域同样广泛存在，例如生成一幅具有梵高风格的猫的图像。与其选择某个特定人物的风格，不如尝试为模型赋予你自己的个人风格。

为了使 LLM 更好地匹配特定的风格和语气，我们将结合微调和多种先进的 **RAG** 技术，通过引入个人语言特征嵌入来优化自回归生成过程。第 5 章将深入探讨微调，第 4 和第 9 章将展开 RAG 的具体细节。

以下是几个通过微调 LLM 来打造专属的 LLM Twin 的场景。

- **LinkedIn 动态和 X 平台的帖子**：让 LLM 擅长创作社交媒体内容。
- **与朋友和家人的对话**：让 LLM 呈现最真实、不加修饰的你。
- **学术论文和专业文章**：调教 LLM 撰写严谨、专业的学术内容。
- **写代码**：让 LLM 按照你的编程风格和习惯写代码。

这些场景本质上都遵循一个核心策略：收集你的数字数据（或其中的某部分），并通过不同算法将其输入 LLM。最终，这些模型会呈现所收集数据的语气和风格。很容易，是不是？

不幸的是，这在技术和道德层面面临诸多挑战。第一，从技术层面看，首先要解决数据获取的问题：如何收集和整合能够充分代表个人特征的数字信息？究竟拥有多少有价值的个人数据，能否真正将自我“映射”到 LLM 中？第二，从道德层面看，这种做法更是引发深刻的伦理思考：是否真的应该创造一个“数字化的自己”？这个“复制品”是否能准确地传达我们的独特语言风格和个性，还是沦为一种肤浅的模仿？

请记住，本节的重点不在于探讨“是什么”和“如何做”，而是深入思考“为什么”。我们将探讨为何构建 LLM Twin 具有意义，它为什么有价值，以及在正确的问题框架下这种做法为什么是合理的。

1.1.2 为什么构建 LLM Twin

对于工程师（或其他专业人士）而言，建立个人品牌已经远比传统简历更为重要。然而，在社交媒体平台（如 LinkedIn、X 或 Medium 等）写作需要花很多时间，这是建立个人品牌最大的挑战之一。即便热爱写作和创作内容，多数人最终也会因缺乏时间和灵感枯竭而需要一个创作助手。

我们想要构建一个 LLM Twin，希望它能按照我们的个人风格，在 LinkedIn、X、Instagram、Substack 和 Medium 等平台上创作内容。它不会被用于任何不道德的场景，而只是作为我们的写作搭档。虽然你可以基于所学将 LLM Twin 创造性地应用到不同场景，但本书将聚焦于社交媒体内容和文章的生成。因此，我们无须从头开始写作内容，只需提供核心思路就能让 LLM Twin 来完成繁重的写作工作。

最终，我们需要检查 LLM Twin 生成内容的准确性，并按需进行格式调整（具体功能特性将在 1.2 节详细介绍）。为此，我们将把自己“映射”为一个专注于内容创作的 LLM Twin，来实现写作流程的自动化。如果尝试在其他场景使用这个特制的 LLM 可能难以奏效，因为它是通过微调、提示工程和 RAG 技术定制的。

那么，为什么构建 LLM Twin 如此重要？它可以实现以下目标：

- 打造个人品牌；
- 实现写作流程自动化；
- 激发创新灵感。

Co-pilot 与 LLM Twin 有何不同？

Co-pilot 和 LLM Twin 是两个不同的概念，它们能够协同工作，组合成一套强大的解决方案。

- Co-pilot 是一个 AI 助手或工具，能在各种编程、写作和内容创作任务中提高用户的能力。
- Twin 则使用 AI 来连接物理世界和数字世界，是现实世界中某个实体的 1∶1 数字化呈现。例如，LLM Twin 就是一个学习模仿我们的声音、个性和写作风格的 LLM。

根据上述定义，一个能模仿我们的风格进行写作和内容创作的 AI 助手，就是我们的 LLM 数字孪生体。

理解这一点至关重要：构建一个 LLM 数字孪生体完全符合道德规范。它仅会基于我们的个人数字数据进行微调，而不会收集和使用他人的数据来试图冒充他人的身份。我们的目标很明确：打造一个个性化的写作模仿者。每个人都可以拥有一个访问权限受限的 LLM 数字孪生体。

当然，这里涉及的诸多安全问题不会在此深入讨论，因为这个话题本身就足以成书。

1.1.3 为什么不使用 ChatGPT（或其他类似的聊天机器人）

> 本节将讨论使用 ChatGPT（或其他类似聊天机器人）来生成个性化内容的情况。

ChatGPT 无法根据用户的写作风格和语气进行个性化调整，它非常通用，但可能存在表达模糊且较长的问题。在打造个人品牌的过程中，保持独特的个人风格是实现长期成功的关键。因此，直接使用 ChatGPT 或 Gemini 难以获得理想效果。即便用户不在意内容缺乏个性化，盲目使用 ChatGPT 也可能会带来以下问题。

- **幻觉引发的误导信息**：人工检查模型生成的内容或使用第三方工具评估生成结果，是一个既烦琐又低效的过程。
- **烦琐的手动提示编写**：用户必须手动设计提示并嵌入外部信息，这个过程非常枯燥。而且因为用户无法完全控制提示和嵌入数据，每次会话生成答案的一致性难以保持。尽管可以通过 API 和 LangChain 等工具部分解决这一问题，但需要一定的编程经验。

根据经验，如果想获得真正有价值的高质量内容，修改 AI 生成的文本花费的时间会比自己直接写这些文本需要的时间更多。

LLM Twin 的关键在于以下几点：

- 收集数据的范围是什么；
- 如何对数据进行预处理；
- 如何将数据输入 LLM；
- 如何将多轮提示组成一个提示链；
- 如何评估生成内容。

LLM 本身很重要，但需要强调的是，通过 ChatGPT 的界面来管理和导入各类数据源及评估输出结果，可能每次都要手动地重复一些操作。解决方案是构建一个能够封装和自动化以下所有步骤的 LLM 系统：

- 数据采集；
- 数据预处理；
- 数据存储、版本管理与检索；
- LLM 微调；
- RAG；
- 生成内容质量评估。

请注意，我们并非不推荐使用 OpenAI 的 GPT API，只是要表达本书介绍的框架可以适配各类 LLM。任何支持程序化调用且具备微调接口的模型，都可以整合进本书将要构建的 LLM Twin 系统中。大多数机器学习产品成功的关键在于以数据为中心和模型无关的架构。这样就可以基于特定数据快速尝试多个模型。

1.2 规划 LLM Twin 的 MVP

在了解了 LLM Twin 的概念及构建目的后，必须明确定义它的功能特性。本书将重点关注产品的第一个迭代版本，即 **MVP**，这也符合大多数产品的自然发展规律。我们的主要目标是基于可用资源，将产品理念与切实可行的业务目标结合起来。即便作为一名工程师，随着职责边界的扩大，也必须学会通过这些步骤来弥合业务需求与技术实现之间的差距。

1.2.1 什么是 MVP

MVP 是指一个产品的初始版本，仅包含足够的核心功能来吸引早期用户，并在开发初期测试产品概念的可行性。通常情况下，MVP 的主要目标是以最小的成本获得市场洞察。

MVP 之所以成为一种行之有效的策略，主要基于以下几点原因。

- **缩短上市周期**：快速推出产品以获得市场先机。
- **验证创意**：在全面开发产品前，通过真实用户进行测试。
- **市场洞察**：深入了解目标用户群的需求偏好。
- **降低风险**：减少在可能无法获得市场成功的产品上投入的时间和资源。

坚持 MVP 中的“V（可行性）”至关重要，这意味着产品必须切实可用，即便是最小化的产品，也必须提供完整的端到端用户体验，不能出现半成品或残缺功能的情况。它必须是一个具有良好的用户体验、能正常运作的产品，让人们喜爱并愿意持续使用，关注如何充分发挥其潜力。

1.2.2 定义 LLM Twin 的 MVP

想象一下，不是为了本书而开发 LLM Twin 项目，而是要开发一个真实的产品，在这种情况下，我们有什么资源呢？很遗憾，只有如下并不多的资源。

- 一个由两名机器学习工程师和一名机器学习研究员组成的 3 人团队；
- 笔记本电脑；
- 用于计算（如训练 LLM）的个人资金；
- 热情。

可见，我们的资源十分有限。虽然这只是一个思想实验，但它确实反映了大多数创业公司起步阶段的真实处境。因此，在设计 LLM Twin 的 MVP 时，必须做到：使投入的资源和努力获得最大化的产品价值。

为了保持简单，将为 LLM Twin 实现以下功能特性。

- 收集你在 LinkedIn、Medium、Substack 和 GitHub 上的个人信息。
- 利用收集的数据对开源 LLM 进行微调。
- 使用个人数据构建向量数据库以支持 RAG。
- 基于以下内容创作 LinkedIn 帖子：
  - ✓ 用户输入的提示；
  - ✓ 用于复用和引用旧内容的 RAG 技术；
  - ✓ 作为 LLM 额外知识的新帖子、文章或论文。
- 搭建简单的 Web 界面与 LLM Twin 交互，并执行以下操作：
  - ✓ 配置社交媒体链接并启动数据采集；
  - ✓ 发送提示或外部资源链接。

这就是 LLM Twin 的 MVP。尽管它的功能特性不算多，但请记住必须保证这个系统具备成本效益、可扩展性和模块化特性。

> 即使仅关注本节定义的 LLM Twin 的核心特性，在构建产品时也会考虑 LLM 的最新研究成果及软件工程和 MLOps 的最佳实践，因为我们的目标是展示如何构建一个经济高效且可扩展的 LLM 应用。

到目前为止，我们已从用户和业务视角审视了 LLM Twin，下一步将从工程视角对其进行研究，并制定开发计划以了解技术实现方案。从此刻开始，本书将聚焦于 LLM Twin 的实现。

1.3 基于特征、训练和推理流水线构建机器学习系统

在深入探讨 LLM Twin 架构的细节之前，需要了解其核心的一种机器学习系统模式——**FTI** 架构。本节将概述 FTI 流水线的设计原理，以及如何构建一个机器学习应用。

1.3.1 构建生产级机器学习系统的挑战

构建生产级机器学习系统远不止训练模型那么简单。从工程角度看，在大多数案例中，模型训练是最直接的步骤。然而，当需要确定正确的架构和超参数时，模型训练会变得复杂，这是一个研究问题而非工程问题。虽然训练出高精度的模型极其重要，但要实现稳健的生产部署，仅在静态数据集上进行训练远远不足，还必须考虑以下几个方面：

- 数据注入、清洗与验证；
- 训练与推理环境配置；

- 在合适环境中计算和生成特征；
- 经济高效地部署模型；
- 数据集和模型的版本管理、追踪与共享；
- 基础设施和模型监控；
- 在可扩展的基础设施上部署模型；
- 实现部署和训练流程自动化。

这些是机器学习或 MLOps 工程师必须考虑的问题，而研究团队或数据科学团队通常负责模型训练。

图 1.1 展示了谷歌云团队建议的成熟机器学习和 MLOps 系统所需的所有组件。除了机器学习代码，系统还包含多个协同运作的部分，如配置、自动化、数据采集、数据验证、测试与调试、资源管理、模型分析、流程管理、元数据管理、特征工程、服务基础设施和监控。这说明在将机器学习模型投入生产时，必须统筹考虑和设计众多相互关联的组件。

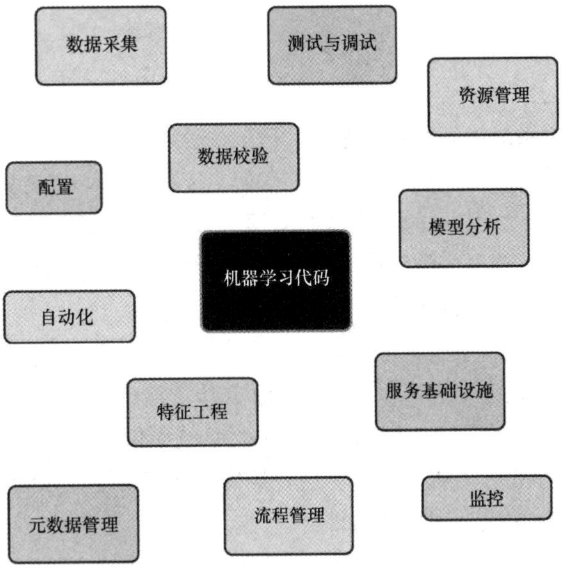

图 1.1　机器学习系统的通用组件

因此，最关键的问题是：如何将这些组件连接成一个单一同构的系统？为了解答这个问题，需要创建一个标准化的机器学习系统设计框架。

传统软件也存在类似的解决方案。从宏观视角看，大多数软件应用都可以划分为数据库层、业务逻辑层和用户交互层。虽然每一层都可能根据需求不同而变得很复杂，但从整体架构来看，标准软件的框架本质上可以提炼为这 3 个基本层级。

对于机器学习应用，是否也存在类似的方法？下面先检查已有的解决方案，并分析为什么它们不适合构建可扩展的机器学习系统。

1.3.2 以往解决方案的问题

图 1.2 展示了机器学习应用的典型架构。这种架构基于单体批处理模式，将特征构建、模型训练和推理功能耦合在同一个组件中。这种设计可以快速解决机器学习领域中的一个关键问题——训练-服务偏差（training-serving skew）。训练-服务偏差是指模型在训练阶段和推理阶段使用不同方式计算特征时产生的偏差。

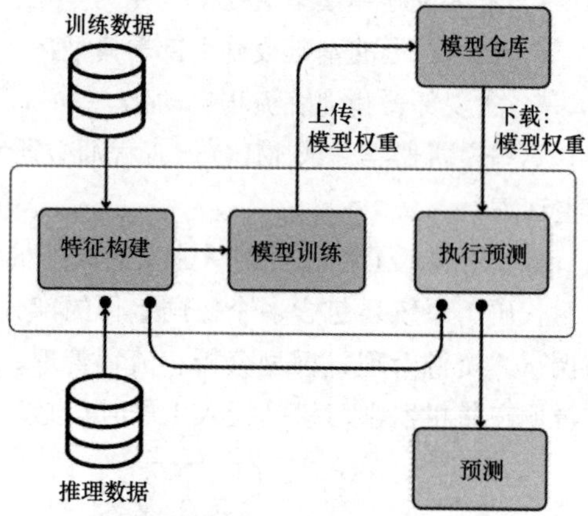

图 1.2 单体批处理流水线架构

在这种架构下，特征构建使用相同的代码，从而解决了训练-服务偏差问题。这种模式在处理小规模数据时运行良好。系统会按计划以批处理方式运行流水线，并将预测结果输出给仪表盘等第三方应用程序使用。

遗憾的是，构建单体批处理系统会带来如下问题：

- 特征无法被当前系统或其他系统重复使用；
- 当数据量增大时，需要重构整个系统的代码以支持 PySpark 或 Ray；
- 很难用 C++、Java 或 Rust 等更高效的编程语言重写预测模块；
- 难以在多个团队间合理分配特征工程、模型训练和预测模块的工作；
- 无法切换到流式技术来进行实时训练。

如图 1.3 所示，在实时系统架构中，除了上述问题，还引入了另一个问题——系统需要通过客户端请求传输完整的状态信息，以便计算特征并传递给模型进行预测。

以电影推荐系统为例，在图 1.3 所示的架构中，系统不仅需要传输用户 ID，还必须传输用户的姓名、年龄、性别和观影历史等信息。这种架构设计存在较大风险，因为客户端必须了解如何访问这些状态，并且与模型服务紧密耦合。

再考虑一个支持 RAG 的 LLM 的场景。随查询一起添加的上下文文档代表了外部状态。如果没有将这些上下文文档存储在向量数据库中，就必须在每次查询时传递这些文档。这就要求客户端掌握上下文文档的查询和检索方法，但这是不可行的（让客户端应用程序负责特征的访问或计算是一种反模式设计）。RAG 的相关内容，将在第 4 章和第 9 章介绍。

总结来说，我们面临的挑战是如何在不依赖客户端传入特征的情况下完成预测。以电影推荐系统为例，如何仅凭用户 ID 就能给出推荐内容？请记住这个问题，后面会回答。

另外，谷歌云提供了一套面向生产环境的架构，如图 1.4 所示（转载自谷歌创建并分享的内容，按照知识共享署名 4.0 许可协议使用）。这套方案虽然可行，但对于缺乏在生产环境中部署和维护机器学习模型经验的开发者来说，这套架构比较复杂且不够直观。同时，要理解如何从小规模起步并随时间推移扩展系统也并不容易。

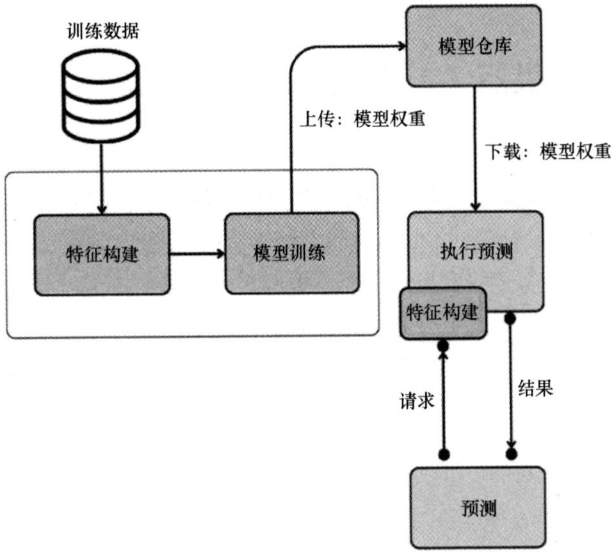

图 1.3　无状态的实时系统架构

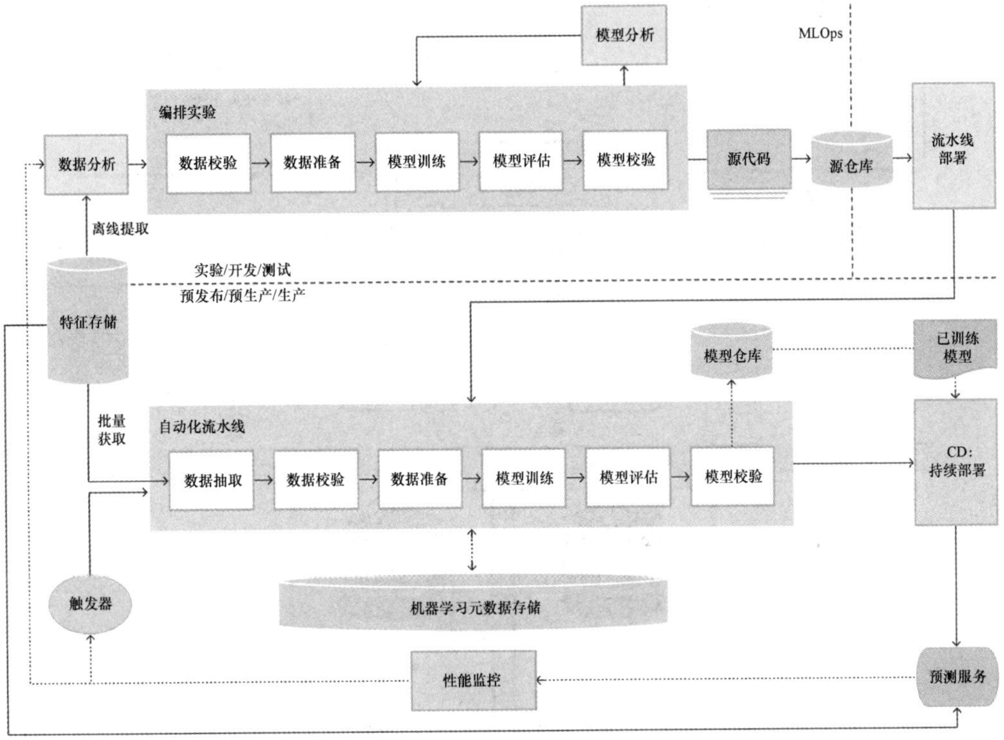

图 1.4　面向持续训练的机器学习流水线自动化方案

但这正是 FTI 流水线架构的作用所在。1.3.3 节将介绍如何通过一种直观的机器学习设计来解决这些基本问题。

1.3.3 解决方案：机器学习系统的流水线

解决方案是画一张清晰直观的思维导图，让任何团队或个人都能遵循它来完成特征计算、模型训练和预测。基于机器学习系统必需的 3 个关键步骤，这种模式被称为 FTI 流水线。

这种模式揭示了机器学习系统的本质：可以将其简化为特征、训练和推理 3 个流水线（与传统软件开发中的数据库、业务逻辑和用户界面层类似）。这种架构的强大之处在于，可以清晰地定义每个流水线的边界和接口，并且更方便理解各个流水线间的交互机制。相比图 1.4 中展示的 20 多个组件，3 个流水线大大简化了系统设计，使得机器学习系统更加直观、易于理解和管理。

如图 1.5 所示，机器学习系统主要包含特征、训练和推理 3 个流水线。接下来将深入研究每个流水线，包括它们的范围和接口。

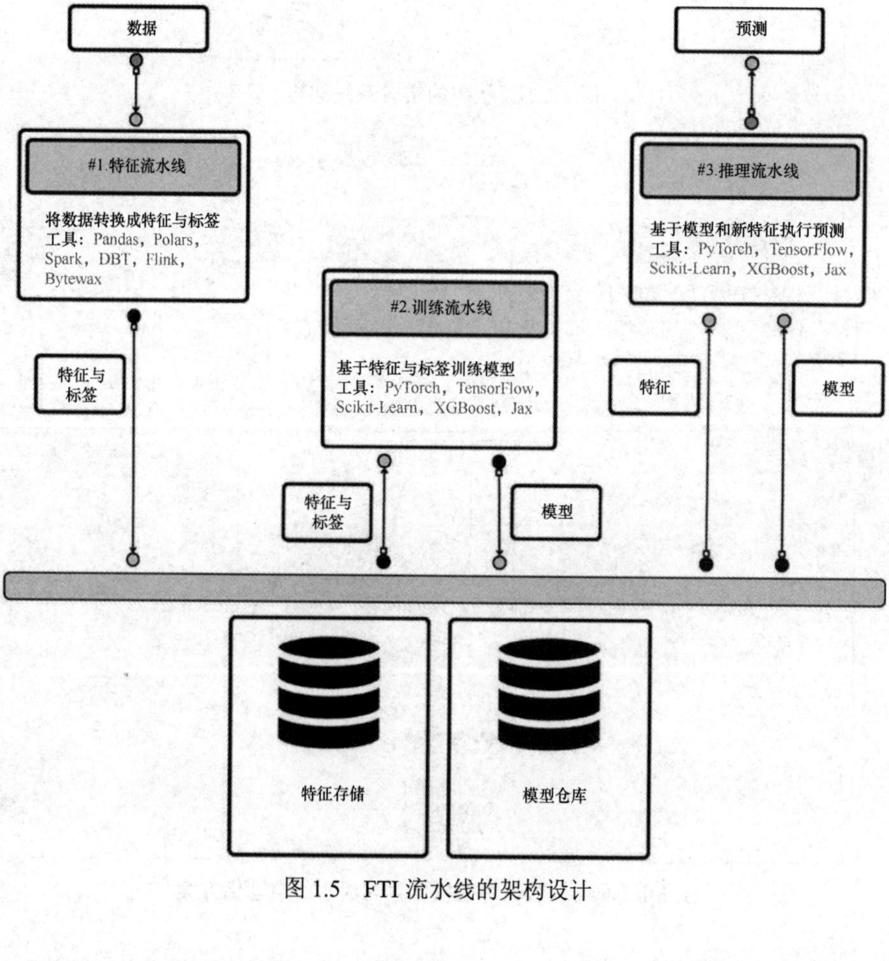

图 1.5 FTI 流水线的架构设计

在深入细节之前，理解每个流水线都是可以在不同进程或硬件上运行的独立组件至关重要。每个流水线可以使用不同的技术、由不同的团队开发，或采用不同的扩展方式。这种设计的关键在于它可以灵活应对团队需求，并可以作为构建系统架构的思维导图。

1. 特征流水线

特征流水线将原始数据作为输入，经过处理后输出模型训练或推理所需的特征和标签。这些特征和标签并不直接传递给模型，而是存储在特征存储库中。特征存储库的职责是存储、版本控制、跟踪和共享特征。通过将特征保存在特征存储库中，我们始终能掌握特征的状态，进而可以轻松地将特征传递到训练和推理流水线。

由于数据采用版本化管理，可以始终确保训练和推理阶段的特征保持一致，从而避免训练-服务偏差问题。

2. 训练流水线

训练流水线从存储的特征中获取特征和标签作为输入，并生成一个或多个训练模型。这些模型会被保存在模型仓库中。模型仓库的功能类似于特征存储，但在这里，模型是最重要的主体。因此，模型仓库负责模型存储、版本管理、追踪，并最终与推理流水线共享模型。

此外，大多数现代模型仓库都支持元数据存储功能，允许指定模型训练过程中的关键要素，包括用于训练模型的特征、标签及其版本，以确保模型的训练数据来源始终可知。

3. 推理流水线

推理流水线以特征存储中的特征和标签，以及模型仓库中训练好的模型作为输入，来进行批量或实时模式的预测。

由于这是一种灵活的模式，因此我们可以自行决定如何处理预测结果。在批处理系统中，预测结果通常会被存储到数据库；而在实时系统中，则会直接返回给发出请求的客户端。系统对特征、标签和模型都实施了版本控制，这使得能够轻松地进行模型升级或回滚。例如，可以追踪到模型 v1 使用了 F1、F2、F3 这些特征，而模型 v2 使用了 F2、F3、F4 这些特征。因此，我们可以快速调整模型与特征之间的关联关系。

1.3.4　FTI 流水线的优势

总结来说，在 FTI 流水线中，需要牢记的要点是如下所示的接口设计。

- 特征流水线接收数据，将特征和标签输出并保存到特征存储中。
- 训练流水线从特征存储中查询特征和标签，并将训练后的模型保存到模型仓库中。
- 推理流水线使用特征存储中的特征和标签，以及模型仓库中的模型来执行预测。

无论机器学习系统变得多么复杂，这些接口都将保持不变。

使用 FTI 流水线模式的优势主要有如下几点。

- 得益于只有 3 个组件，这个架构简单直观，便于理解和使用。
- 每个组件都可以采用独立的技术栈，这使我们能快速适应大数据、流式数据等特定需求，同时为每项任务选择最佳工具。
- 由于 3 个组件之间有清晰的接口，每个组件都可以由不同的团队开发（如有必要），这使得开发更易管理且具有可扩展性。
- 每个组件都可以独立部署、扩展和监控。

关于 FTI 模式，必须理解的最后一点是：系统不必只包含 3 个流水线。在大多数情况下，它会包含更多流水线。以特征流水线为例，它可能由计算特征的服务和验证数据的服务组成。同样，训练流水线也可以由训练组件和评估组件构成。

FTI 流水线作为逻辑层，每个流水线都可以包含多个服务。但最关键的是要遵守统一的接口规范，确保 FTI 流水线之间能通过特征存储和模型仓库进行交互。这样，每个 FTI 组件就能独立演进，无须了解彼此的细节，也不会因新的变更而破坏系统。

> 有关 FTI 流水线的细节，可以阅读由 Jim Dowling 写作的 *From MLOps to ML Systems with Feature/Training/Inference Pipelines* 文章。

1.4 设计 LLM Twin 的系统架构

本节将列出 LLM Twin 应用的具体技术细节，并探讨如何通过 FTI 流水线设计 LLM 系统来解决这些问题。在深入讨论具体流程之前，需要强调的是，我们在这一步不会关注具体的工具和技术栈，而是专注于定义系统的高层架构，这种架构此时是与编程语言、开发框架、平台和基础设施无关的。我们将重点关注各个组件的职责范围、交互接口及它们之间的交互方式。具体的实现细节和技术栈将在后续章节中详细介绍。

1.4.1 列出 LLM Twin 架构的技术细节

到目前为止，我们从用户视角定义了 LLM Twin 需要提供的功能。现在，从纯技术角度来明确这个机器学习系统的需求。

- 在数据层面，需要完成以下任务：
  - ✓ 从 LinkedIn、Medium、Substack 和 GitHub 自动并按计划收集数据；
  - ✓ 对爬取的数据进行标准化处理并存入数据仓库；
  - ✓ 清洗原始数据；

  - ✓ 构建用于 LLM 微调的指令数据集；
  - ✓ 对清洗后的数据进行分块和嵌入，将向量化数据存入向量数据库，以支持 RAG。
- 训练过程需要执行以下步骤：
  - ✓ 微调不同规模（7B、14B、30B 或 70B 参数）的 LLM；
  - ✓ 在不同规模的指令数据集上进行微调；
  - ✓ 在不同类型的 LLM（如 Mistral、Llama 和 GPT）之间切换；
  - ✓ 跟踪和对比实验；
  - ✓ 在生产部署前测试潜在的 LLM 候选模型；
  - ✓ 当新的指令数据集可用时，自动开始训练。
- 推理代码将呈现以下特征：
  - ✓ 为客户端与 LLM Twin 的交互提供 REST API 接口；
  - ✓ 支持实时访问向量数据库以进行 RAG；
  - ✓ 使用不同规模的 LLM 进行推理；
  - ✓ 根据用户请求进行自动弹性伸缩；
  - ✓ 自动部署通过评估的 LLM。
- 系统将提供以下 LLMOps 功能：
  - ✓ 指令数据集的版本控制、溯源和复用；
  - ✓ 模型的版本控制、溯源和复用；
  - ✓ 实验追踪；
  - ✓ CI/CD/CT；
  - ✓ 提示与系统监控。

> 这些技术要求的相关介绍会在后续相关章节中详细展开。

以上需求列表包含了 LLM Twin 项目的核心功能。在实现每个组件时，必须问自己一个问题：如何应用 FTI 流水线设计来实现上述需求列表？

1.4.2 使用 FTI 流水线设计 LLM Twin 架构

我们将系统分为 4 个核心组件。为什么是 4 个，而不是 FTI 流水线设计中明确的 3 个？答案很简单：除了特征流水线、训练流水线和推理流水线这 3 个组件，还必须实现数据采集流水线。其根据是以下最佳实践：

- 数据工程团队负责数据采集流水线；

- 机器学习工程团队负责 FTI 流水线。

考虑到用小团队构建 MVP 的目标，必须实现整个应用系统，包括定义数据采集和 FTI 流水线。端到端地解决问题的情况在无力负担专门团队的初创公司中很常见，这就要求工程师必须根据产品状态承担多重职责。在任何情况下，了解端到端机器学习系统的工作原理对于更好地理解他人的工作都是有价值的。

图 1.6 展示了 LLM Twin 系统架构。理解它的最佳方式是逐一审视这 4 个组件及其工作原理。

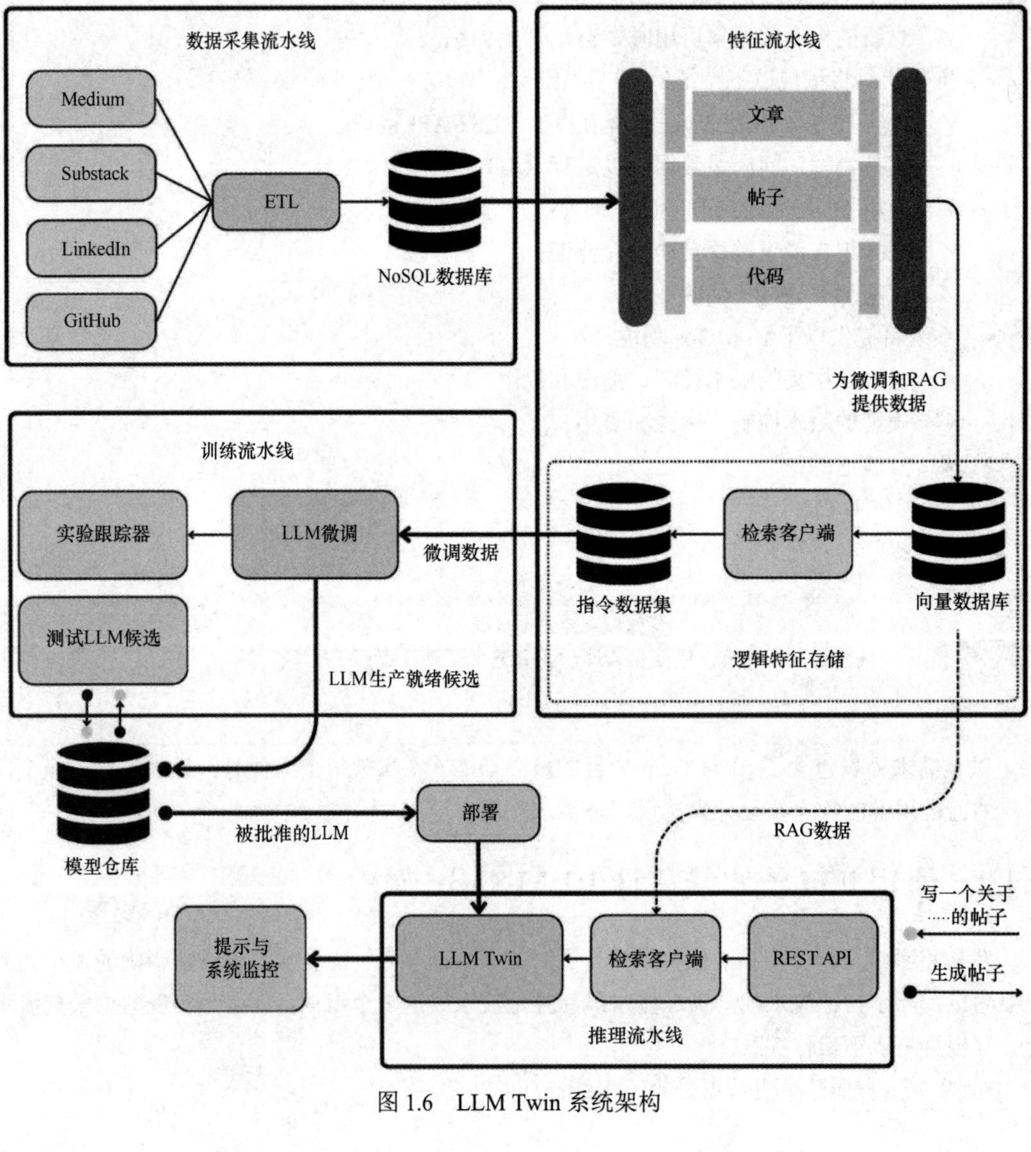

图 1.6 LLM Twin 系统架构

1. 数据采集流水线

数据采集流水线主要用于从 Medium、Substack、LinkedIn 和 GitHub 等平台爬取你的个人数据。遵循提取、转换、加载（extract/transform/load，ETL）模式构建数据采集流水线，从社交媒体平台提取数据、进行数据标准化，并将处理后的数据加载到数据仓库中。

> 需要特别强调的是，数据采集流水线的设计仅限于抓取我们自己在社交媒体平台上的数据，而不会访问其他人的信息。作为示例，我们同意将收集的数据用于学习目的，否则未经他人同意使用其数据是不道德的行为。

这个组件的输出是一个 NoSQL 数据库，它将作为我们的数据仓库。由于处理的是非结构化的文本数据，NoSQL 数据库完全符合需求。

尽管 MongoDB 等 NoSQL 数据库通常不被视为数据仓库，但它实际承担了数据仓库的作用。为什么？因为它存储了经过各类 ETL 流水线收集的标准化原始数据，这些数据已为接入机器学习系统做好准备。

收集的数字数据被划分为以下 3 类：

- 文章（Medium、Substack）；
- 帖子（LinkedIn）；
- 代码（GitHub）。

我们需要将数据源平台抽象化。例如，在向 LLM 输入文章时，知道它来自 Medium 还是 Substack 并不重要，只需将源 URL 作为元数据保留以供参考。然而，从数据处理、模型微调和 RAG 的角度来看，了解输入数据的类型至关重要，因为每个类型都必须采用不同的处理方式。例如，对帖子、文章和代码片段的分块策略会有所不同。

此外，通过按类型而非来源对数据进行分组，可以快速将其他平台的数据纳入系统，例如将 X 平台的数据插入到帖子集合中，或将 GitLab 的数据插入到代码集合中。作为一个模块化系统，只需在数据采集流水线中添加一个额外的 ETL 处理逻辑，其他部分就能继续运行，无须任何代码修改。

2. 特征流水线

特征流水线的作用是从数据仓库中获取原始的文章、帖子和代码数据，对其进行处理，然后将其加载到特征存储中。

至此，FTI 模式的特征已经显现。

以下是 LLM Twin 特征流水线的定制属性：

- 能够以不同方式处理文章、帖子和代码这 3 类数据；
- 微调和 RAG 所需的 3 个主要处理步骤——数据清洗、分块和嵌入；
- 创建两个数字数据快照——清洗后的快照用于微调，嵌入后的快照用于 RAG；

- 使用逻辑特征存储，而非专用特征存储。

在基于 RAG 的系统中，向量数据库是基础设施的核心组件之一。本项目没有集成另一个专门的特征存储数据库，而是选择直接使用向量数据库，并通过添加额外的逻辑来确保满足系统对特征存储的所有需求。

在向量数据库中并没有训练数据集的概念，但它可以用作 NoSQL 数据库，这意味着可以通过数据点的 ID 和集合名称来访问数据。因此，在不使用任何向量搜索逻辑的情况下，可以轻松地从向量数据库中查询新的数据点。最终，将检索到的数据封装成一个带版本、可追踪和可共享的工件（artifact，将在第 2 章中介绍）。目前，读者只需知道这是 MLOps 的一个概念，用于封装数据并为其添加上述属性。

系统的其他组件将如何访问逻辑特征存储？训练流水线会将指令数据集作为工件使用，而推理流水线则会通过向量搜索技术从向量数据库中查询以获取其他上下文。

这已满足需求，原因主要包括以下几点：

- 这些工件在训练等离线使用场景中表现出色；
- 向量数据库是为在线访问构建的，这正是在推理时所需要的。

后续章节将解释如何对文章、帖子和代码这 3 类数据进行清洗、分块和嵌入处理。

总之，我们会获取原始的文章、帖子或代码数据点，对其进行处理后保存在特征存储中，使训练和推理流水线能够访问这些数据。值得注意的是，当去除所有复杂性而只关注接口时，这与 FTI 模式完美匹配。很优雅，对吧？

3．训练流水线

训练流水线从特征存储中获取指令数据集，用其对 LLM 进行微调，并将微调后的模型权重存储在模型仓库中。具体来说，当逻辑特征存储中有新的指令数据集可用时，将触发训练流水线来获取该数据集，并对 LLM 进行微调。

在项目初期，这一步骤由数据科学团队负责。他们通过自动超参数调优或手动方式运行多组实验，以寻找最合适的模型和超参数。为了比较和选择最佳超参数组合，将使用实验跟踪器记录有价值的信息，并在不同实验间进行对比。最终，团队将选定最佳超参数和经过微调的 LLM，将其作为 LLM 生产就绪候选模型。这个候选模型随后会被存储在模型仓库中。在实验阶段结束后，存储并复用这些最佳超参数，以消除流程中的手动限制。现在，就能实现完全自动化的训练过程了，这就是所谓的持续训练（CT）。

测试流水线会执行比微调阶段更为详尽的分析。在将新模型推送到生产环境前，需要通过一系列更严格的测试评估，以确保最新的候选模型优于当前生产环境中的模型。通过测试后，该模型会被标记为“已接受”并部署到生产推理流水线中。即便在全自动化的机器学习系统中，在接受新的生产模型前，仍建议保留一个人工步骤。这类似于在执行一个具有重大后果的重要操作前按下“红色按钮”。在这个阶段，专家会审阅测试组件生成的报告。如果一切看起来都很好，专家将批准该模型，随后自动化流程继续执行。

该组件主要关注 LLM 的以下几个特定问题。

- 如何构建一个 LLM 无关的通用流水线？
- 应该采用哪些微调技术？
- 如何在不同规模的 LLM 和数据集上优化微调算法？
- 如何从多轮实验中筛选最佳的 LLM 生产就绪模型？
- 如何通过测试来评估 LLM 是否具备生产部署的条件？

最后要阐明的是 **CT**。通过模块化设计，可以迅速运用机器学习编排工具来调度和触发系统的各个组件，例如配置数据采集流水线每周自动抓取数据。

进一步地，当数据仓库中有新数据时，可以触发特征处理流水线；当有新的指令数据集时，则触发训练流水线。

4．推理流水线

推理流水线与模型仓库和逻辑特征存储相连，从模型仓库中加载经过微调的 LLM，同时通过逻辑特征存储访问用于 RAG 的向量数据库。该流水线通过 REST API 接收客户端查询请求，并利用微调后的 LLM 和向量数据库来执行 RAG 并回答查询。

系统会将所有客户端查询、使用 RAG 增强的提示及生成的答案发送至提示监控系统，用于分析、调试和更好地理解系统。监控系统可根据具体需求触发告警，以便手动或自动采取行动。

在接口层面，该组件完全遵循 FTI 流水线架构，但当深入观察时可以看到 LLM 和 RAG 系统的如下一些独有特征：

- 用于执行 RAG 向量搜索的检索客户端；
- 用于将用户查询和外部信息映射至 LLM 输入的提示模板；
- 提示监控专用工具。

1.4.3　关于 FTI 流水线架构和 LLM Twin 架构的最终思考

FTI 模式本质上是一个用于指导机器学习系统设计的工具，无须仅仅因为遵循常规做法就使用专用的特征存储产品。在本书的 LLM Twin 架构中，使用基于向量数据库和工件的逻辑特征存储不仅更简单，而且成本更低。需要关注的是，特征存储提供的必要属性，如可版本化和可复用的训练数据集。

最终简要说明各个组件的计算需求。数据采集流水线和特征处理流水线主要基于 CPU 运算，对硬件配置要求不高。训练流水线需要配备强大 GPU 的机器，以支持 LLM 的加载和微调。推理流水线的计算需求介于两者之间，它仍需要性能强大的机器，但计算强度低于训练阶段。由于推理流水线直接与用户交互，因此必须经过仔细测试，确保延迟控制在良好用户体验所需的参数范围内，不过使用 FTI 流水线架构并不是问题，可以根据每个组件的有特点配置适当的计算资源。

此外，各流水线的扩展方式分别为：数据采集流水线和特征流水线将根据 CPU 和内存负载进行水平扩展；训练流水线将通过增加更多 GPU 进行垂直扩展；推理流水线将根据客户端请求数量进行水平扩展。

总之，LLM Twin 架构满足了 1.4.1 节列出的所有技术要求：按要求处理数据，训练过程模块化，可以快速适应不同的 LLM、数据集或微调技术；推理流水线支持 RAG 并通过 REST API 接口提供服务；在 LLMOps 方面，系统支持数据集和模型的版本控制、版本回溯追踪和可复用性；系统配备了监控服务，整个机器学习架构的设计都考虑到了 CI/CD/CT。

1.5 小结

作为一本面向产品的书籍，本书将介绍如何构建端到端的机器学习系统，因此首先介绍了 LLM Twin 的概念。随后，介绍了 MVP 的概念，并讲解如何基于可用资源规划 LLM Twin 的 MVP。接着，将这个概念转化为具有明确需求的实用技术方案。在此背景下，介绍了 FTI 模式，并展示了它在设计模块化和可扩展系统中的实际应用。最终，成功应用 FTI 模式设计出了满足所有技术需求的 LLM Twin 架构。

在构建系统时，对全局有清晰的认识至关重要。在开发某个组件时，理解它如何集成到应用程序的其他部分可以带来很大的回报。因此，本章从 LLM Twin 架构的抽象介绍开始，重点讲解每个组件的职责范围、接口及它们之间的交互机制。

后续章节将继续探讨各个组件的实现和部署方法。在 MLOps 方面，本书将介绍如何使用计算平台、任务编排、模型仓库、制品管理等工具，以支持 MLOps 的所有最佳实践。

第2章 工具与安装

本章将介绍贯穿全书的所有基本工具，这些工具对实现和部署 LLM Twin 项目尤为重要。本章暂不深入讨论 LLM、RAG、MLOps 或 LLMOps 等概念，而是快速介绍涉及的技术栈和前置要求，以避免在后续章节重复说明特定工具的选型理由及设置方法。从第 3 章开始，将通过实现一个从互联网抓取数据并进行 ETL 数据处理的流水线，探索 LLM Twin 的应用场景。

本章将先介绍 Python 生态系统中的工具，用于管理多个 Python 版本、创建虚拟环境，以及安装项目运行所需的固定依赖项。此外，还会指导读者如何在本地计算机上安装 `LLM-Engineers-Handbook` 代码仓库（如果读者想自己尝试这些代码）。

然后介绍要使用的 MLOps 和 LLMOps 工具，从模型仓库等通用工具开始，逐步过渡到 LLM 评估和提示监控等专门面向 LLM 的工具，以及如何使用 ZenML 这个连接机器学习和 MLOps 的编排工具来管理多个机器学习流水线项目。接下来介绍用于 NoSQL 和向量存储的数据库选型，以及如何使用 Docker 在本地机器上运行这些组件。

最后快速介绍 AWS，包括如何创建 AWS 用户和访问密钥，如何安装配置 AWS CLI 来以编程方式管理云资源，以及为什么要使用 SageMaker 来训练和部署开源 LLM。

如果已经熟悉这些工具，可以跳过本章内容。在代码仓库的 `README` 文件中也解释了如何安装项目，以及如何配置必要的组件。因此，如果打算在阅读本书时运行代码，也可以将 `README` 文件作为更简明的文档使用。

本章将介绍以下主题：

- Python 生态系统和项目安装；
- MLOps 和 LLMOps 工具；
- 用于存储非结构化数据和向量数据的数据库；
- AWS 环境准备。

通过本章的学习，读者将了解在本书中使用的所有工具，如何安装 `LLM-Engineers-Handbook` 代码仓库，完成相关工具的配置，并能够使用这些工具运行代码。

2.1 Python 生态环境与项目安装

任何 Python 项目都需要 3 个基础工具：Python 解释器、依赖管理工具和任务执行工具。Python 解释器负责按预期执行项目代码。本书所有代码均使用 Python 3.11.8 进行测试。读者可以从 Python 官网下载 Python 解释器。为了简化安装过程，建议使用 pyenv 安装相同版本的 Python（Python 3.11.8）来运行 LLM Twin 项目，这样可以使安装过程变得更简单。

建议使用 Python 版本管理工具 pyenv，而不是安装多个全局 Python 版本。pyenv 可以帮助我们在不同项目之间管理多个 Python 版本。读者可以通过 GitHub 上 pyenv 项目的 README 文件获取安装 pyenv 的相关信息。

安装 pyenv 后，读者可以使用 pyenv 按以下方式安装 Python 3.11 的最新版本：

```
pyenv install 3.11.8
```

列出所有已安装的 Python 版本，检查安装是否正确：

```
pyenv versions
```

应看到类似下面的内容：

```
# * system
#   3.11.8
```

要将 Python 3.11.8 设置为整个系统的默认版本（每次打开新终端时使用的版本），需使用以下命令：

```
pyenv global 3.11.8
```

然而我们仅在本地代码仓库中使用 Python 3.11.3，为此首先克隆仓库并进入该目录：

```
git clone https://github.com/PacktPublishing/LLM-Engineers-Handbook.git
cd LLM-Engineers-Handbook
```

由于在代码仓库中定义了 .python-version 文件，在项目文件夹下工作时，pyenv 会自动读取该文件并使用指定的 Python 版本。在仓库目录下运行以下命令，可以验证这一点：

```
python --version
```

输出如下：

```
# Python 3.11.8
```

要创建 `.python-version` 文件，需要执行一次 `pyenv local 3.11.8` 命令。之后，pyenv 会在这个特定目录下使用该 Python 版本。

现在已经用 pyenv 安装了正确的 Python 版本，接下来使用 Poetry 来管理依赖项和虚拟环境。

2.1.1 Poetry：Python 项目依赖与环境管理利器

Poetry 是 Python 生态系统中最流行的依赖和虚拟环境管理器之一。在 Python 中，依赖管理器允许指定、安装、更新和管理项目所依赖的外部库或包（依赖项）。如下是一个简单的 Poetry 需求文件，它使用 Python 3.11，以及 `requests` 和 `numpy` 等 Python 包。

```
[tool.poetry.dependencies]
python = "^3.11"
requests = "^2.25.1"
numpy = "^1.19.5"

[build-system]
requires = ["poetry-core"]
build-backend = "poetry.core.masonry.api"
```

Poetry 可以锁定项目依赖的版本，确保每次安装的依赖包都是项目所需的正确版本。默认情况下，Poetry 会将所有依赖要求保存在代码仓库根目录下的 `pyproject.toml` 文件中，在克隆的 `LLM-Engineers-Handbook` 仓库中可以看到这个文件。

除了依赖管理，使用 Poetry 的另一个巨大优势在于，它能够创建新的 Python 虚拟环境，并在其中安装指定版本的 Python 及相关依赖包。通过虚拟环境，可以将项目的依赖项与全局 Python 依赖项和其他项目完全隔离，以确保项目之间不会发生版本冲突。假设项目 A 需要 `numpy 1.19.5`，而项目 B 需要 `numpy 1.26.0`，如果这两个项目都保留在全局 Python 环境中，项目 B 就会覆盖项目 A 的 `numpy` 安装，这将导致项目 A 损坏并停止工作。使用 Poetry，可以将每个项目隔离在其独立的 Python 环境中，使其拥有自己的 Python 依赖项，从而避免依赖项冲突。

读者可以通过在搜索引擎中输入“python-poetry 官方文档”了解 Poetry 的安装。本书全程使用 Poetry 1.8.3。安装好 Poetry 后，进入已克隆的 `LLM-Engineers-Handbook` 仓库，运行以下命令来安装所有必需的 Python 依赖：

```
poetry install --without aws
```

该命令会从代码仓库中获取 `pyproject.toml` 和 `poetry.lock` 文件列出的所有依赖项。安装完成后，可以通过在终端中运行 `poetry shell` 或者在所有命令前添加前缀 `poetry run` <你的命令>来激活 Poetry 环境。

关于 Poetry 的最后一点说明是：它会根据 `pyproject.toml` 文件的配置，在

poetry.lock 文件中锁定整个依赖树的具体版本。虽然 pyproject.toml 文件中可以指定版本范围（如 requests = "^2.25.1"），但 poetry.lock 文件会记录实际安装的精确版本（如 requests = "2.25.1"）。Poetry 还会锁定那些未在 pyproject.toml 文件中明确列出的子依赖项（即依赖包的依赖包）的版本。通过将所有依赖项和子依赖项锁定到特定版本，poetry.lock 文件确保所有项目安装时使用相同版本的包。这种一致性降低了“只在我的电脑上能运行”这类问题出现的可能性。

其他类似 Poetry 的工具还有 venv 和 Conda，它们都能创建虚拟环境，但缺乏依赖管理功能，因此只能通过 Python 的默认 requirements.txt 文件来管理依赖。这种方式的功能相比 Poetry 的 poetry.lock 文件要弱得多。另一个选择是 Pipenv，它在功能上与 Poetry 类似，但运行速度较慢。还有 uv，这是一个用 Rust 语言开发的用于替代 Poetry 的工具，运行速度极快。uv 很有可能取代 Poetry，值得一试。

下面介绍用于管理所有 CLI 命令的任务执行工具。

2.1.2 Poe the Poet：Python 项目任务管理神器

Poe the Poet 是 Poetry 的一个任务执行插件，用于管理和执行项目中的所有 CLI 命令。它能帮助你在 Python 项目中定义和运行任务，简化自动化和脚本执行。虽然 Makefile、Invoke 和 shell 脚本等都是常用选项，但 Poe the Poet 通过使用 Poetry 已有的依赖配置文件来管理任务，而无需编写单独的 shell 脚本或 Makefile，提供了一种更为优雅的方式。

在使用 Poe the Poet 时，不必将所有命令记录在 README 文件或其他文档中，而是直接将它们添加到 pyproject.toml 文件中，并在命令行中通过别名执行。例如，使用 Poe the Poet，可以在 pyproject.toml 文件中定义以下任务：

```
[tool.poe.tasks]
test = "pytest"
format = "black ."
start = "python main.py"
```

然后使用 poe 命令来运行这些任务：

```
poetry poe test
poetry poe format
poetry poe start
```

按如下方式可以将 Poe the Poet 安装为 Poetry 插件：

```
poetry self add 'poethepoet[poetry_plugin]'
```

总之，需要一个工具来统一管理所有的 CLI 以运行应用程序。这不仅能显著降低应用程序的复杂度，还可以作为开箱即用的文档来促进团队协作。

如果已经安装了 pyenv 和 Poetry，只需执行以下命令即可克隆代码仓库、安装依赖项，并将 Poe the Poet 安装为 Poetry 插件：

```
git clone https://github.com/PacktPublishing/LLM-Engineers-Handbook.gitcd
LLM-Engineers-Handbook
poetry install --without aws
poetry self add 'poethepoet[poetry_plugin]'
```

要让项目完全运行起来，还需要完成几个步骤：填写包含个人凭证的`.env` 文件，以及获取 OpenAI 和 Hugging Face 的访问令牌。由于本书并非安装指南，这些具体细节已被放在了项目仓库的 `README` 文档中，仅在计划运行该仓库时才有用。

完成 Python 项目的安装后，介绍本书将使用的 MLOps 工具。如果已经熟悉这些工具，可以跳过接下来的工具部分，直接进入 2.3 节。

2.2 MLOps 与 MLOps 工具生态

本节将介绍构建机器学习系统所需的 MLOps 和 LLMOps 工具，以及如何基于最佳实践使用这些工具。本节不会详细讲解实现 LLM Twin 项目所需的全部 MLOps 组件（如模型仓库和编排器等），只介绍这些工具的基本概念和使用方法。随着在整本书中开发 LLM Twin 项目，读者将看到这些工具在实践中的具体应用示例。第 11 章将深入探讨 MLOps 和 LLMOps 的理论，并将所有要点连接起来。由于 MLOps 和 LLMOps 是高度实用的领域，在完成 LLM Twin 项目的实现后理解这些理论将变得更加容易，因此本书将这些理论内容放在最后。

本节主要介绍每个工具的用途（并非专门讲解各种工具的配置方法），并重点说明贯穿本书的核心功能特性。

不过，借助 Docker，可以在本地快速运行整个基础设施。如果想亲自尝试书中的步骤，只需通过以下 3 个简单步骤就能在本地部署应用程序：

- 安装 Docker 27.1.1 或更高版本；
- 按照 `README` 文件说明，将所有必要的凭据信息写入`.env` 文件；
- 运行 `poetry poe local-infrastructure-up` 命令，在本地启动 ZenML（http://127.0.0.1:8237/）、MongoDB 和 Qdrant 数据库。

2.2.1 Hugging Face：模型仓库

模型仓库是一个集中式仓库，用于管理机器学习模型的完整生命周期。它存储模型及其元数据、版本历史和性能指标，为团队提供可靠的统一数据源。在 MLOps 中，模型仓库对于跟踪、共享和记录模型版本至关重要，能够促进团队协作。此外，模型仓库由于与 **CI/CD** 流水线集成，因此是模型部署过程中不可或缺的基础组件。

本书选择 Hugging Face 作为模型仓库，这样可以通过其生态系统方便地分享微调后的 LLM Twin 模型。同时，由于采用了 Hugging Face 的标准接口，能够无缝对接 LLM 生态系统中的各类框架，如用于微调的 Unsloth 和用于推理的 SageMaker。

微调后的 LLM 模型 **TwinLlama 3.1 8B**（微调版）和 **TwinLlama 3.1 8B DPO**（偏好对齐版）可在 Hugging Face 平台上获取，如图 2.1 所示。

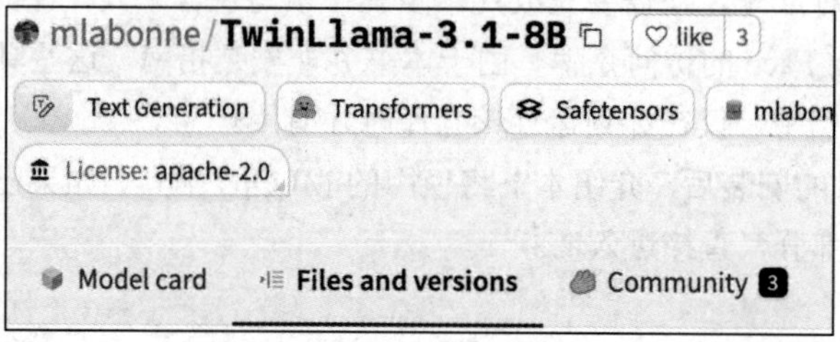

图 2.1 在 Hugging Face 上模型 TwinLlama-3.1-8B 示例

大多数机器学习工具，如 ZenML、Comet 和 SageMaker 等，都提供了模型仓库。这些都是很好的选择，本书选择 Hugging Face 仅仅是因为它的生态系统，它在开源环境中提供了便捷的共享性和集成性。

2.2.2 ZenML：编排、工件和元数据

ZenML 作为 ML 和 MLOps 之间的桥梁，提供了多种 MLOps 功能，提高了机器学习流水线的可追溯性、可重现性、部署和可维护性，其核心设计目标是在机器学习中创建可重现的工作流程。ZenML 解决了从 Jupyter 笔记本的探索性研究向生产就绪机器学习环境过渡的问题。它专门处理生产环境中的复制问题，包括版本控制难题、实验重现、复杂机器学习工作流程的组织、训练与部署之间的衔接，以及元数据跟踪等。因此，ZenML 的主要功能包括机器学习流水线的编排、机器学习流水线的存储和版本控制，以及为工件附加元数据以提升可观察性。

ZenML 不同于其他机器学习平台，引入了堆栈的概念，允许在多种基础设施选项上运行 ZenML。通过堆栈，可以将 ZenML 连接到不同的云服务，例如：

- 编排器和计算引擎（如 AWS SageMaker 或 Vertex AI）；
- 远程存储服务（如 AWS S3 或 Google Cloud Storage）；
- 容器镜像仓库（如 Docker Registry 或 AWS ECR）。

因此，ZenML 通过其堆栈功能充当黏合剂，将所有基础设施和工具整合到一处，允许快速迭代开发流程并轻松监控整个机器学习系统。这样做的优点是 ZenML 不会限制使用任何特定

的云平台，可以将 Python 代码的实现与运行基础设施完全分离。例如，在 LLM Twin 案例中，使用了 AWS 的以下技术栈：

- 使用 SageMaker 作为编排与计算引擎；
- 使用 S3 作为远程存储，管理和跟踪工件；
- 采用 ECR 作为容器镜像仓库。

但是，Python 代码中不包含任何 S3 或 ECR 的相关内容，ZenML 会处理这些细节，因此可以轻松切换到 Google Cloud Storage 或 Azure 等提供商。

> 我们将只关注本书使用的 ZenML 功能，包括流程编排、工件和元数据处理。有关 ZenML 的详细内容，可以阅读其入门指南（可通过在搜索引擎输入“ZenML 入门指南”访问）。

ZenML 服务器的本地版本是以 Python 包形式安装的。因此，当执行 `poetry install` 命令时，它会安装一个供本地使用的 ZenML 调试服务器。第 11 章将展示如何使用云端无服务器选项，将机器学习流水线部署到 AWS 平台。

1. 编排器

编排器是一个用于自动化、调度和协调所有机器学习流水线的系统。它能确保数据采集、预处理、模型训练和部署等各个流水线按照正确的顺序执行，并高效处理它们之间的依赖关系。通过管理这些流水线，编排器可以优化资源利用、优雅地处理故障，提升系统的可扩展性，从而让复杂的机器学习流水线变得更加可靠和易于管理。

ZenML 作为编排器是如何工作的？它通过**流水线**和**步骤**来工作。流水线是一个包含多个步骤的高层对象。通过添加`@pipeline` 装饰器，函数可以转变为 ZenML 流水线；而添加`@step` 装饰器则可以将函数转化为步骤。这是使用编排器的标准模式：有一个高层函数，通常称为流水线，它会调用多个单元/步骤/任务。

下面介绍如何使用在 LLM Twin 项目中实现的一个机器学习流水线来构建 ZenML 流水线。如下代码示例，定义了一个 ZenML 流水线，该流水线会使用用户全名在数据库中查询用户，并爬取该用户下的所有链接。

```
from zenml import pipeline
from steps.etl import crawl_links, get_or_create_user

@pipeline
def digital_data_etl(user_full_name: str, links: list[str]) -> None:
    user = get_or_create_user(user_full_name)
    crawl_links(user=user, links=links)
```

通过以下 CLI 命令 `poetry poe run-digital-data-etl` 启动数据处理流水线。启动

后，打开 ZenML 仪表盘（http://127.0.0.1:8237/），在左侧面板中选择 **Pipelines** 标签，接着点击 **digital_data_etl** 流水线，即可查看流水线的运行详情，如图 2.2 所示。

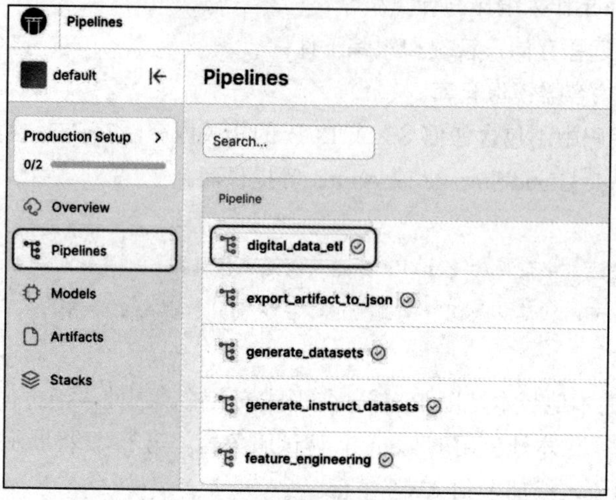

图 2.2 ZenML 流水线仪表盘

点击 **digital_data_etl** 流水线后，可以查看所有历史的和当前的流水线运行记录，如图 2.3 所示。可以看到哪些流水线运行成功、失败或仍在运行中，还可以看到用于运行流水线的堆栈，其中默认堆栈是用于在本地运行机器学习流水线的堆栈。

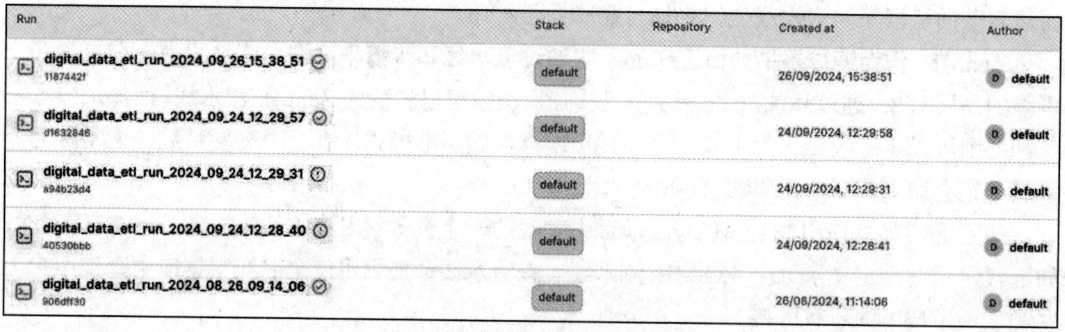

图 2.3 `digital_data_etl` 流水线仪表盘

点击最新一次运行的 **digital_data_etl** 流水线（或其他已完成或正在运行的实例），就能看到如图 2.4 所示的看板，图中展现了流水线的各个步骤、输出结果及关键信息。这种结构通常被称为**有向无环图**（**directed acyclic graph**，**DAG**）。

通过点击具体步骤，可以深入了解其代码和配置信息。系统还会聚合该步骤输出的所有日志，以避免在不同工具间切换，如图 2.5 所示。

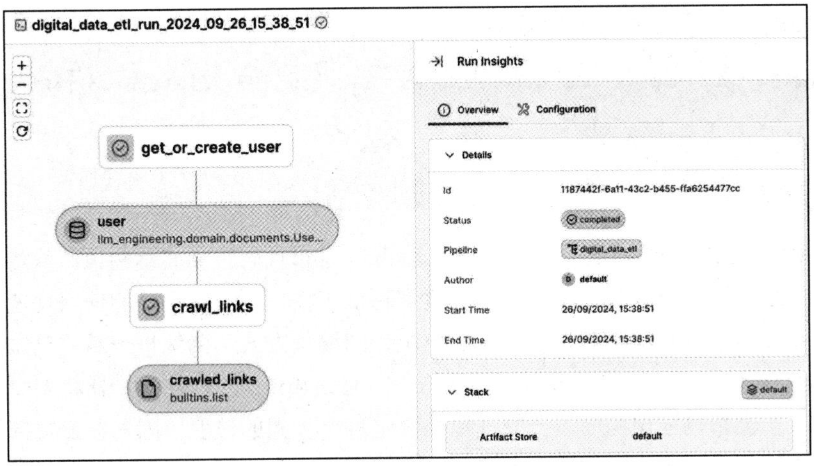

图 2.4　digital_data_etl 流水线的运行仪表盘（特定流水线运行示例）

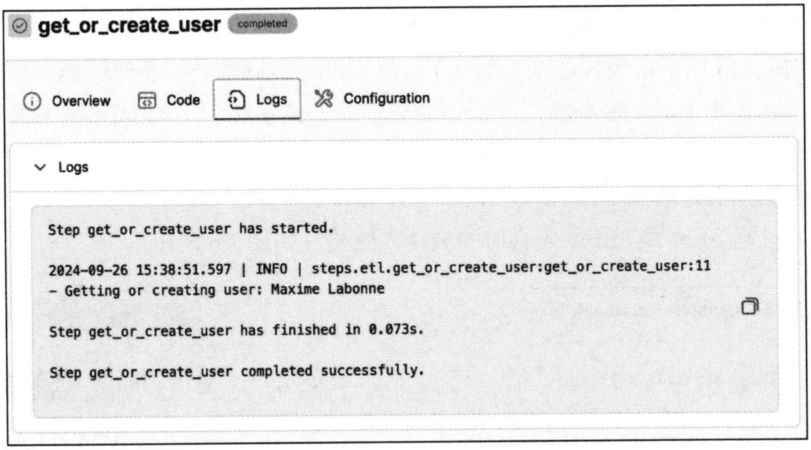

图 2.5　digital_data_etl 流水线特定步骤的分析示例

下面快速介绍如何定义 ZenML 步骤。在下面的代码片段中，定义了 get_or_create_user() 函数，它的工作方式就像普通的 Python 函数一样，只是通过@step 装饰器进行修饰。ETL 处理逻辑将在第 3 章详细介绍。现在只关注 ZenML 的功能。

```
from loguru import logger
from typing_extensions import Annotated
from zenml import get_step_context, step

from llm_engineering.application import utils
from llm_engineering.domain.documents import UserDocument

@step
def get_or_create_user(user_full_name: str) -> Annotated[UserDocument,"user"]:
```

```
logger.info(f"Getting or creating user: {user_full_name}")

first_name, last_name = utils.split_user_full_name(user_full_name)

user = UserDocument.get_or_create(first_name=first_name, last_name=last_name)

return user
```

在 ZenML 步骤中，可以定义所需的任何 Python 逻辑代码。当前示例虽然只是创建和获取用户信息，但这些代码可以替换为从数据采集到特征工程再到模型训练的任何功能。需要注意的是，要将 ZenML 与代码集成，必须采用模块化的编程方式，确保每个函数只做一件事。代码的模块化允许用@step 装饰器修饰各个函数，并通过@pipeline 装饰器将多个步骤组合到主函数中。一个会影响应用程序设计的选择是决定每个步骤的粒度，因为在云端部署时，每个步骤都将作为不同的单元运行在不同的机器上。

为了将代码与ZenML解耦，将所有应用程序和领域逻辑封装在Python模块llm_engineering中。同时，定义两个文件夹 pipelines 和 steps，用于存放 ZenML 相关的逻辑代码。在 steps 模块中，仅按需使用 Python 模块 llm_engineering 中的功能（类似于使用 Python 包的方式）。在 pipelines 模块中，只将 ZenML 步骤组合成最终的流水线。这种设计允许轻松使用其他编排器替换 ZenML，或者在 REST API 中使用我们的应用程序逻辑——只需要替换 ZenML 代码，而无需改动包含所有逻辑的 llm_engineering 模块。

LLM-Engineers-Handbook 仓库的文件夹结构，如图 2.6 所示。

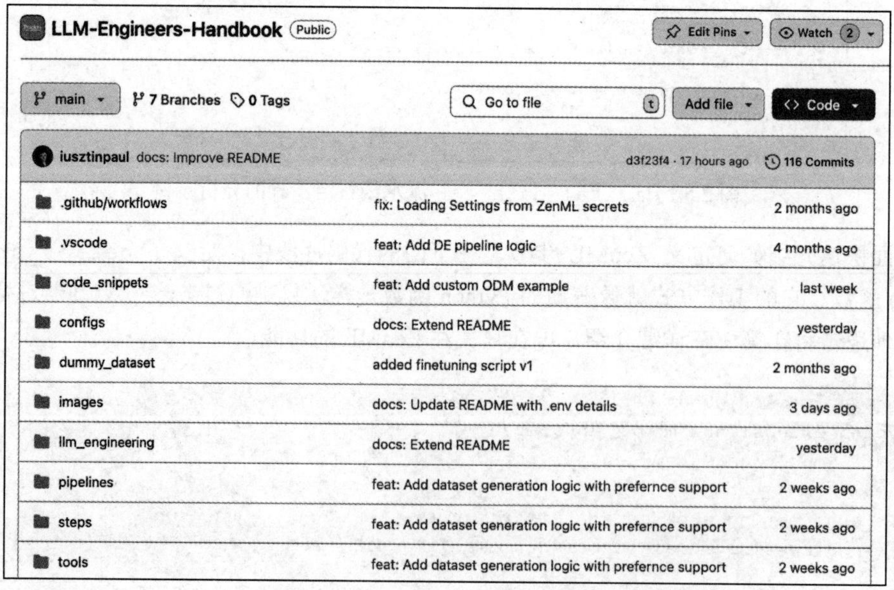

图 2.6 LLM-Engineers-Handbook 仓库文件夹结构

在编写 ZenML 步骤时，要注意的一点是：如果有一个返回值，它必须是可序列化的。ZenML 能够序列化大多数可转换为原始数据类型的对象，但也存在一些例外情况。例如在代码中使用了通用唯一标识符（universally unique identifier，UUID）类型作为 ID，但这一类型并不是 ZenML 原生支持的，因此不得不扩展 ZenML 的物化器（materializer）来支持 UUID。我们已经向 ZenML 反馈了这个问题，所以在未来版本中可能会支持 UUID。这个案例很好地说明了在将函数输出转换为工件时可能遇到的序列化的相关问题。

2. 工件与元数据

在 MLOps 中，**工件**是指机器学习生命周期中产生的所有文件，包括数据集、训练好的模型、检查点（checkpoints）或日志等。工件对于实验复现和模型部署至关重要，它可以将任何内容转换为工件。模型仓库就是工件的一个特定案例。工件具有以下属性：它们是版本化的、可共享的，并且附带元数据以便快速了解其详细信息。例如，将数据集封装为工件，可以在其元数据中添加数据集大小、训练-测试分割比例、标签类型及任何有用的信息，这样无须实际下载数据集就能了解其内容。

回到 **digital_data_etl** 流水线，这个流水线的其中一步输出了爬取链接的工件，如图 2.7 所示。

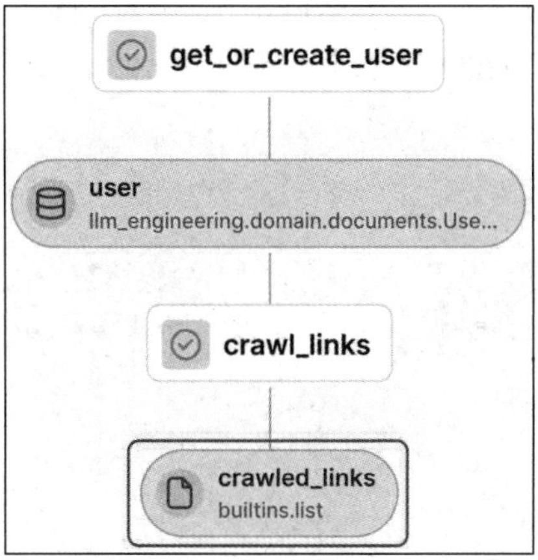

图 2.7　以 `digital_data_etl` 流水线为例的 ZenML 工件

通过点击 `crawled_links` 工件并切换到 **Metadata** 标签页，可以快速查看针对特定作者爬取的所有域名、每个域名的链接爬取数量，以及成功爬取的链接数量，如图 2.8 所示。

生成的数据集工件及其元数据是一个更有趣的示例。在图 2.9 中，可以看到 `instruct_datasets` 工件的元数据，这些元数据是自动生成的，将用于微调 LLM Twin 模型。关于指令数据集的详细内容将在第 5 章介绍。这里要强调的是，在数据集的元数据中预先计算了许多有用的信息，如数据类别数量、存储空间大小，以及训练集和测试集中分别包含的样本数量。

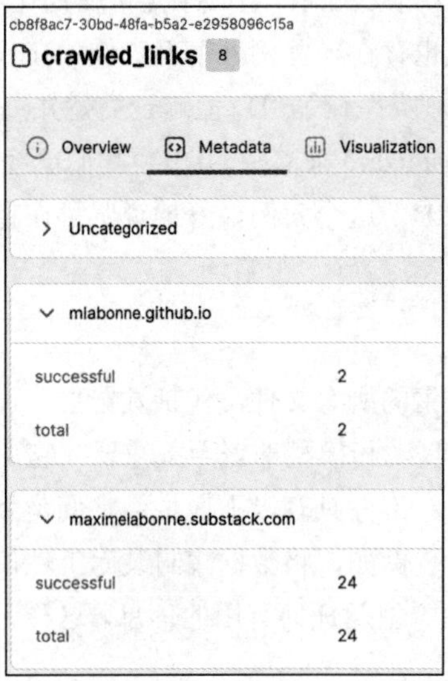

图 2.8 以 `digital_data_etl` 流水线为例的 ZenML 元数据

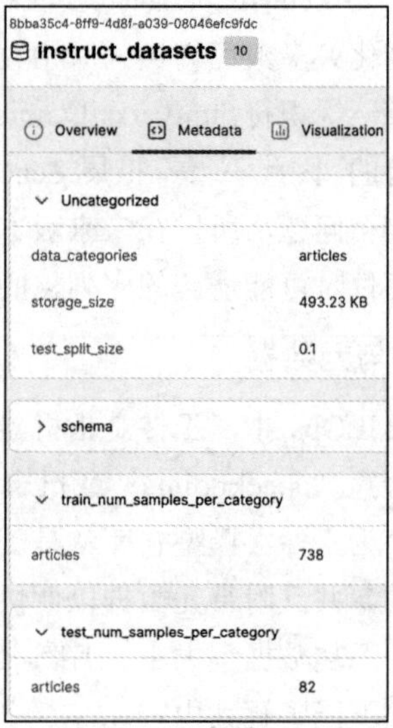

图 2.9 `instruct_datasets` 工件的 ZenML 元数据示例

如下代码片段所示，该元数据是手动添加到工件中的。因此，可以预先计算并将任何有助于在业务和项目中发现数据集的信息附加到工件的元数据中：

```
... # More imports
from zenml import ArtifactConfig, get_step_context, step

@step
def generate_intruction_dataset(
    prompts: Annotated[dict[DataCategory,list[GenerateDatasetSamplesPrompt]], "prompts"])
-> Annotated[
    InstructTrainTestSplit,
    ArtifactConfig(
        name="instruct_datasets",
        tags=["dataset", "instruct", "cleaned"],
    ),
]:
    datasets = ... # Generate datasets

    step_context = get_step_context()
    step_context.add_output_metadata(output_name="instruct_datasets",
metadata=_get_metadata_instruct_dataset(datasets))

    return datasets

def _get_metadata_instruct_dataset(datasets: InstructTrainTestSplit) ->dict[str, Any]:
    instruct_dataset_categories = list(datasets.train.keys())
    train_num_samples = {
```

```
        category: instruct_dataset.num_samples for category, instruct_dataset in datasets.
train.items()
    }
    test_num_samples = {category: instruct_dataset.num_samples for category, instruct_
dataset in datasets.test.items()}

    return {
        "data_categories": instruct_dataset_categories,
        "test_split_size": datasets.test_split_size,
        "train_num_samples_per_category": train_num_samples,
        "test_num_samples_per_category": test_num_samples,
    }
```

此外，可以使用数据集的 UUID 来轻松下载和访问特定版本的数据集。而数据集的 UUID 可以通过 ZenML 仪表盘或 CLI 查找。

```
from zenml.client import Client

artifact = Client().get_artifact_version('8bba35c4-8ff9-4d8f-a039-08046efc9fdc')
loaded_artifact = artifact.load()
```

3. 如何运行和配置 ZenML 流水线

所有的 ZenML 流水线都可以从 `run.py` 文件中调用，该文件位于 GitHub 仓库的 `tools` 文件夹中。在 `run.py` 文件中，实现了一个简单的 CLI，能够指定要运行的流水线。例如，要调用 `digital_data_etl` 流水线来爬取马克西姆的内容，需要运行如下命令：

```
python -m tools.run --run-etl --no-cache --etl-config-filename digital_data_etl_maxime_
labonne.yaml
```

或者，要爬取保罗的内容，需要运行如下命令：

```
python -m tools.run --run-etl --no-cache --etl-config-filename digital_data_etl_paul_
iusztin.yaml
```

为了简化和标准化项目，所有与项目交互的 CLI 命令都将通过 Poe 来执行。因此，我们将这些 Python 调用封装在以下 poe CLI 命令下：

```
poetry poe run-digital-data-etl-maxime
poetry poe run-digital-data-etl-paul
```

在为不同用户抓取内容时，只需更改 ETL 配置文件名。ZenML 允许在运行时注入特定的配置文件，具体如下：

```
config_path = root_dir / "configs" / etl_config_filename
assert config_path.exists(), f"Config file not found: { config_path }"
run_args_etl = {
```

```
    "config_path": config_path,
    "run_name": f"digital_data_etl_run_{dt.now().
strftime('%Y_%m_%d_%H_%M_%S')}"
}
digital_data_etl.with_options()(**run_args_etl)
```

在配置文件中，需要指定所有作为流水线输入的参数。以 configs/digital_data_etl_maxime_labonne.yaml 配置文件为例，其内容如下：

```
parameters:
  user_full_name: Maxime Labonne # [First Name(s)] [Last Name]
  links:
    # Personal Blog
    - https://mlabonne.github.io/blog/posts/2024-07-29_Finetune_Llama31.html
    - https://mlabonne.github.io/blog/posts/2024-07-15_The_Rise_of_Agentic_Data_
Generation.html
    # Substack
    - https://maximelabonne.substack.com/p/uncensor-any-llm-with-abliteration-d30148b7d43e
    … # More links
```

其中，digital_data_etl()函数签名如下所示：

```
@pipeline
def digital_data_etl(user_full_name: str, links: list[str]) -> str:
```

这种方法允许在运行时配置每个流水线，而无须修改代码。我们还可以清晰地跟踪所有流水线的输入，以确保可重复性。如图 2.10 所示，每个流水线都有一个或多个配置。

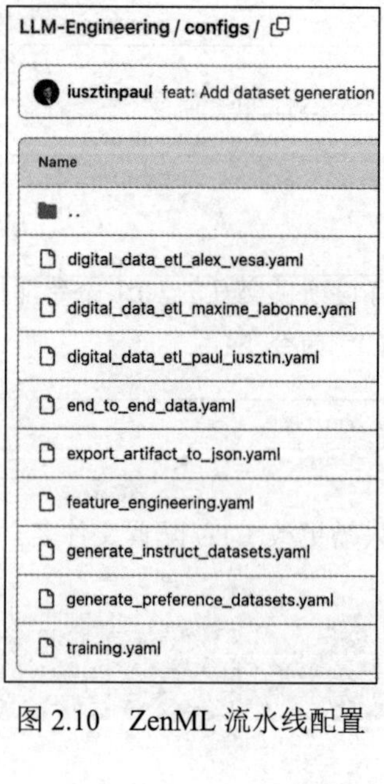

图 2.10 ZenML 流水线配置

Airflow、Prefect、Metaflow 和 Dagster 是我们测试过的类似 ZenML 的流行编排工具。对于 Kubernetes 重度用户来说，Argo Workflows 和 Kubeflow 是不错的选择，不过 Kubeflow 只能在 Kubernetes 环境下运行。我们仍然认为，ZenML 在易用性、功能特性和使用成本这 3 个方面达到了最佳平衡。更重要的是，ZenML 独有的堆栈功能可以避免用户被锁定在特定的云生态系统中，这是其他工具所不具备的优势。

第 11 章将深入探讨如何利用编排器来实现 MLOps 最佳实践。

2.2.3　Comet ML：实验跟踪工具

训练机器学习模型是一个完全迭代和实验性的过程。与传统软件开发不同，它需要运行多个并行实验，并根据预定义的指标对这些实验进行对比，以决定哪个模型应该进入生产环境。实验跟踪工具可以用来记录所有必要信息，包括模型预测的各项指标和可视化结果，以便比较所有实验并快速选择最佳模型。本书的 LLM 项目也不例外。

如图 2.11 所示，使用 Comet 来跟踪实验中的各项指标，包括训练损失、评估损失和梯度范数等。

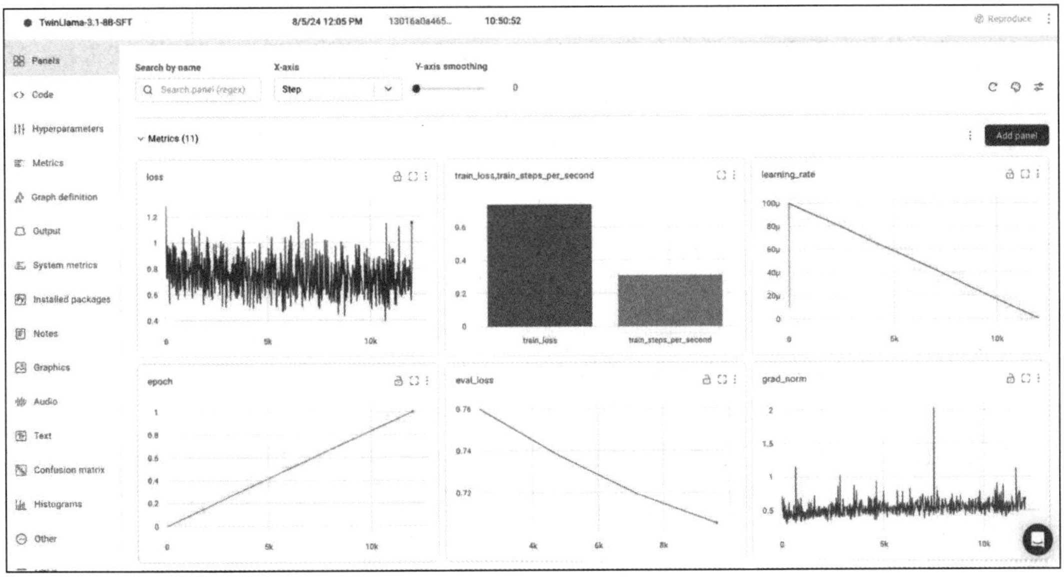

图 2.11　Comet ML 的训练指标示例

实验跟踪工具不仅能记录训练和评估指标，还能跟踪不同实验的超参数配置，帮助比较实验间的差异。它还能记录开箱即用的系统指标，如 GPU、CPU 或内存利用率，以明确在训练过程中需要哪些资源，以及哪些潜在瓶颈会拖慢训练速度，如图 2.12 所示。

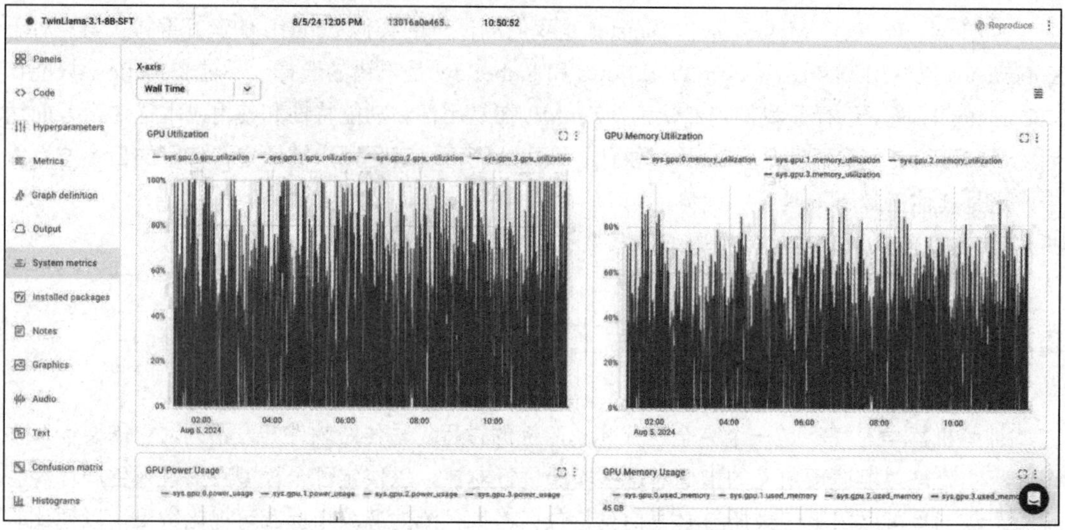

图 2.12　Comet ML 系统指标示例

无须在本地设置 Comet，本书将使用其无任何限制的在线免费版。对于想深入了解 Comet ML 实验跟踪工具的读者，可以查看我们公开的 LLM Twin 模型微调实验记录（可以通过在搜索引擎输入“comet mlabonne llm-twin-training”访问）。

其他流行的实验跟踪工具还有 W&B、MLflow 和 Neptune。我们曾深入使用这些工具，它们的功能大同小异，不过 Comet ML 凭借其卓越的易用性和直观界面脱颖而出。

2.2.4　Opik：提示监控

在记录和监控提示时，无法使用标准工具和技术。背后的原因很复杂，将在第 11 章深入探讨。读者可以先这样理解提示是复杂且非结构化的链条，因此不能使用标准日志工具来处理。

在与 LLM 应用交互时，可以将多个输入提示和生成的输出串联成一个追踪链，其中每个提示都依赖于之前的提示。

因此，相比纯文本日志，需要将这些追踪信息以一种直观的方式组织到一个专门的可视化仪表盘，以便于提示的调试和监控。

我们使用 Comet 开发的开源工具 Opik 作为提示监控工具，因为它遵循了 Comet 简单易用的理念，这在当前 LLM 领域相对罕见。虽然市面上有其他提供类似功能的工具，如开源的 Langfuse、非开源的 Galileo 和 LangSmith，但它们在使用和实施上不够简单。Opik 除了提供无服务器选项，还提供了一个完全可控的免费开源版本。

2.3 用于存储 NoSQL 和向量数据的数据库

本节介绍将在示例中使用的 NoSQL 和向量数据库。在本地开发环境中，这两种数据库已通过 Docker 进行了集成。因此，当运行 `poetry poe local-infrastructure-up` 命令时，系统会自动拉取这两个数据库的 Docker 镜像并在你的机器上运行。此外，在部署项目时，将介绍如何使用它们的无服务器选项，并将其与 LLM Twin 项目的其他部分集成。

2.3.1 MongoDB：NoSQL 数据库

MongoDB 是当今最流行、最稳健、最快速且功能最丰富的 NoSQL 数据库之一。它能很好地与 AWS、Google Cloud、Azure 和 Databricks 等主流云生态系统集成。因此，选择 MongoDB 作为 NoSQL 数据库的好处显而易见。

在写作这本书时，诺和诺德（Novo Nordisk）、Delivery Hero、Okta 和沃尔沃（Volvo）等大型企业都在使用 MongoDB。这表明 MongoDB 将在很长一段时间内保持其作为领先 NoSQL 数据库的地位。

本书选择 MongoDB 作为 NoSQL 数据库，用于存储从互联网收集的原始数据，这些数据经过处理后会被导入向量数据库。由于主要处理非结构化的文本数据，NoSQL 数据库的灵活特性正好满足需求。

2.3.2 Qdrant：向量数据库

Qdrant 是最受欢迎、最稳健且功能最丰富的向量数据库之一。虽然对于小型 MVP 来说，几乎任何向量数据库都能满足需求，但一个轻量级的、很可能在未来多年内被业界广泛使用的数据库是更好的选择。

本书将使用 Qdrant 来存储 MongoDB 中经过处理和转换的数据，使其能够用于生成式 AI。Qdrant 被 X、迪士尼、微软、Discord 和强生等大公司使用。因此，Qdrant 很可能会在向量数据库领域长期存在下去。

在写作本书时，可以作为向量数据库的选项还有 Milvus、Redis、Weaviate、Pinecone、Chroma，以及 pgvector（PostgreSQL 的向量索引插件）。Qdrant 在每秒请求数（RPS）、延迟和索引时间之间提供了最佳平衡，使其成为许多生成式 AI 应用的可靠选择。

关于向量数据库的更多信息，可以阅读 Superlinked 网站提供的向量数据库的对比（在搜索引擎输入“Superlinked vector-db-comparison”即可访问）。

2.4 为 AWS 做准备

本节将重点介绍 AWS 账户的设置、AWS 访问密钥的配置和 CLI 的设置，以及什么是 SageMaker、为什么使用它。

选择 AWS 作为云服务提供商，是因为它是最受欢迎的云平台之一，也是我们最熟悉的平台。实际上，GCP 和 Azure 等其他主流云服务商也能提供相似的服务。根据具体应用场景，在开发时间（取决于你最熟悉的平台）、功能特性和成本之间总是存在一种权衡。对于 LLM Twin 的 MVP 而言，AWS 是完美的选择，因为它提供了所需的所有核心功能，包括 S3（对象存储）、ECR（容器镜像仓库），以及用于训练和推理的 SageMaker 计算服务。

2.4.1 设置 AWS 账户、访问密钥和 CLI

由于 AWS 可能会更改其用户界面，因此创建 AWS 账户的最佳方式是参考其官方文档（可通过在搜索引擎输入“Create an AWS account”访问）。

成功创建 AWS 账户后，通过 http://console.aws.amazon.com 访问 AWS 控制台。选择 **Sign in using root user email**（位于 **Sign in** 按钮下方），然后输入账户邮箱地址和密码。

接下来，生成访问密钥以便通过程序访问 AWS。最佳方案是先参考 AWS 的官方文档创建一个具有管理员权限的 IAM 用户（可在搜索引擎输入“Amazon Kinesis Streams & Set up an AWS account and create an administrator user”访问）。

在生产环境账户中，最佳实践是遵循最小权限策略来分配权限，即仅授予每位用户执行其角色所必需的权限。不过，为了简化测试账户的配置过程，本书将按照官方文档所述，使用 AdministratorAccess 托管策略，如图 2.13 所示，该策略会赋予用户完整的访问权限。

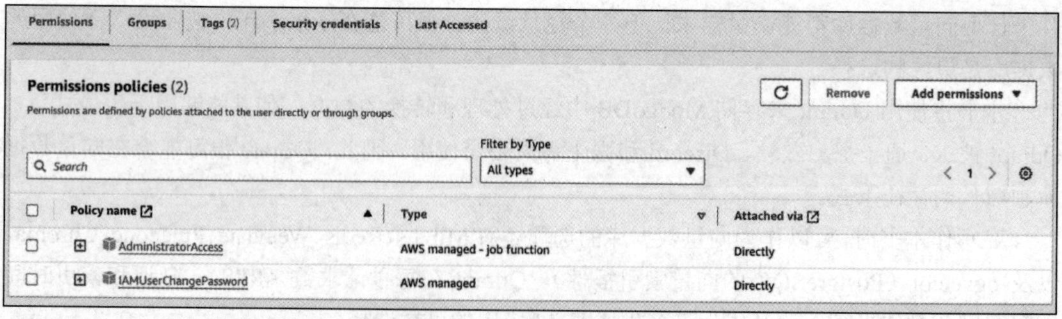

图 2.13 IAM 用户权限策略示例

然后，为刚刚创建的 IAM 用户创建访问密钥，可参照 AWS 官方文档对应部分（可以在搜索引擎输入“Manage access keys for IAM users”访问）。

访问密钥的格式如下：

```
aws_access_key_id = <your_access_key_id>
aws_secret_access_key = <your_secret_access_key>
```

请务必将这些凭证存储在安全的位置，因为创建后你将无法再次查看它们的内容。同时，与他人共享这些信息需谨慎，因为它们可能被用来访问你的 AWS 账户并操作各种 AWS 资源。

最后一步是安装 AWS CLI（可以通过在搜索引擎输入“Installing or updating to the latest version of the AWS CLI”访问），并使用刚刚创建的访问密钥完成配置。

安装 AWS CLI 后，可以通过运行 `aws configure` 命令来配置它。以下是 AWS 配置示例。

```
[default]
aws_access_key_id = *************
aws_secret_access_key = ************
region = eu-central-1
output = json
```

如需了解 AWS CLI 的配置详情，可以通过在搜索引擎输入“Configuration and credential file settings in the AWS CLI”查看对应的文档。

此外，如果使用 AWS 凭证配置项目，必须在 `.env` 文件中填写以下变量。

```
AWS_REGION="eu-central-1" # Change it with your AWS region. By default, we
use "eu-central-1".
AWS_ACCESS_KEY="<your_aws_access_key>"
AWS_SECRET_KEY="<your_aws_secret_key>"
```

> **关于本书动手实践费用的重要说明**
>
> 除 AWS 外，本书涉及的所有云服务都使用免费增值模式。如果你使用个人 AWS 账户学习本书内容，需要自行承担相关费用。尽管部分服务可能包含在 AWS 免费套餐内，但其他服务则不在此列。因此，建议你定期检查账单控制台，及时了解费用情况。
>
> 大部分费用来自使用 SageMaker 进行训练和推理测试。根据我们的测试，按照本书和代码仓库中提供的配置规格，AWS 费用在 10 美元至 200 美元之间。
>
> 有关如何设置账单告警来监控成本，可以阅读 AWS 官方文档（可以通过在搜索引擎输入“Creat a billing alarm to monitor your estimated AWS”访问）。

2.4.2 SageMaker：训练与推理计算

SageMaker 是一个用于训练和部署机器学习模型的机器学习平台。根据 AWS 官方定义，

SageMaker 是 AWS 提供的一个完全托管的机器学习服务，使开发人员和数据科学家能够大规模构建、训练和部署机器学习模型。它通过处理底层基础设施来简化流程，让用户能够专注于高效开发高质量模型。

本节将使用 SageMaker 在 GPU 集群上微调模型并搭建训练流水线，同时将定制的 LLM Twin 模型部署为 REST API，实现全球范围内的实时访问。

我们为什么选择 AWS SageMaker，而不是 AWS Bedrock 这类更简单、成本更低的方案？

Amazon Bedrock 是一款无服务器的 LLM 部署解决方案。无服务器意味着没有需要管理的服务器或基础设施。它提供了预训练模型，用户可以直接通过 API 调用访问这些模型。在写作本书时，它仅支持 Mistral、Flan、Llama 2 和 Llama 3 这几个模型，选择范围相当有限。它允许发送输入数据并从模型获得预测结果，而无需管理底层基础设施或软件，这显著降低了将 AI 功能整合到应用程序的复杂度和所需的时间，对机器学习经验有限的开发者更加友好。然而，这种集成的便利性是以有限的定制选项为代价的，因为你只能使用 Amazon Bedrock 提供的预训练模型和 API。在定价方面，Bedrock 采用基于 API 调用次数的简单定价模型。这种直观的定价结构使成本估算和控制更加高效。

SageMaker 是一个功能完整的机器学习平台，支持模型的构建、训练和部署全流程。它允许用户完全自定义机器学习流程，也可以将平台用于研究工作。这就是为什么 SageMaker 主要被具备编程能力、掌握机器学习概念且熟悉 AWS 等云平台的数据科学家和机器学习专家使用的原因。在成本方面，SageMaker 是一把双刃剑，它采用了与大多数 AWS 服务相同的按量付费模式。这意味着用户需要为使用的计算资源、存储空间及构建应用所需的其他服务支付费用。

与 Bedrock 相比，SageMaker 的端点即使在闲置状态下，你仍需要为 AWS 上部署的资源（如运行中的 EC2 实例）付费。因此，必须设计自动扩缩系统来删除未使用的资源。总结来说，Bedrock 提供了一个开箱即用的解决方案，允许快速部署由可用基础模型支持的 API 端点。同时，SageMaker 作为一个多功能平台，允许完全自定义机器学习应用的逻辑。

为什么选择 SageMaker 而不是 Bedrock？虽然 Bedrock 是快速原型开发的绝佳解决方案，但这是一本关于 LLM 工程的书籍，其目标是深入研究那些被 Bedrock 试图隐藏的工程细节。SageMaker 则具有高度的可定制性，能够展示部署模型所需的全部工程环节，可以满足本书的需求。

实际上，即使是 SageMaker 也不是完全可定制的。如果想要完全控制部署过程，可以选择 AWS 的 Kubernetes 自管理服务 EKS。通过 EKS，能直接访问虚拟机，从而完全掌控如何构建机器学习流水线、它们如何交互及如何管理资源。你也可以使用 AWS 版本的 Kubernetes 服务 ECS 来实现相同的目标。使用 EKS 或 ECS 还能显著降低成本，因为这些服务的价格要低得多。

总之，SageMaker 在完全控制与定制化，以及隐藏所有后台工程复杂性的全托管服务之间达到了最佳平衡。这种平衡允许在享受托管服务便利性的同时，获得所需的控制权。

2.5 小结

本章介绍了贯穿全书的核心工具。首先讲解了如何安装与代码仓库匹配的 Python 版本，随后介绍了使用 Poetry 创建虚拟环境并安装依赖项的方法，最后说明了如何通过 Poe the Poet 来统一管理应用程序所需的各类命令。

在此基础上，本章还回顾了确保 MLOps 最佳实践所需的工具链：用于共享模型的模型仓库、用于管理训练实验的实验跟踪工具、用于管理机器学习流水线和工件的编排器，以及用于管理文件和数据集的元数据系统。此外，本章还探讨了实现 LLM Twin 项目所需的数据库类型。在云服务方面，详细说明了 AWS 的配置流程，包括账户创建、访问密钥生成和 AWS CLI 设置等内容。本章最后重点介绍了 AWS SageMaker 服务，并解释了选择该服务构建 LLM Twin 应用的原因。

第 3 章将探索 LLM Twin 项目的具体实现。我们将从数据采集流水线开始，这个过程包括从互联网抓取帖子、文章和代码仓库，并将它们存储在数据仓库中。

第3章 数据工程

本章将开始深入介绍 LLM Twin 项目，包括如何设计和实现数据采集流水线，以用于获取后续所有 LLM 应用场景（如模型微调和推理）所需的原始数据。由于这不是一本关于数据工程的书，因此本章只简要介绍收集原始数据的必要知识。从第 4 章开始，将集中讨论 LLM 和生成式 AI，探索其理论基础和具体实现细节。

在一般的实验项目或研究中，通常使用静态数据集，但在 LLM Twin 项目中要模拟真实场景需要自行收集和整理数据。通过实现数据采集流水线，读者将理解端到端机器学习项目是如何运作的。本章将介绍如何设计和实现一个 **ETL** 流水线来爬取 Medium、Substack 和 GitHub 等多个社交平台的数据，并将收集到的数据汇总到 MongoDB 数据仓库中，包括如何实现各种爬取方法、如何标准化数据、如何将数据加载到数据仓库中。

首先，本章将设计 LLM Twin 的数据采集流水线并解释 ETL 流水线的架构，并从协调整个过程的 ZenML 开始着手实现流水线。然后，本章将介绍爬虫的实现方案，以及如何在遵循软件最佳实践的前提下，实现一个调度层以根据链接域名自动创建对应的爬虫类实例。接下来，本章将介绍如何实现每个爬虫模块。随后，本章还将展示如何在 MongoDB 之上构建一个数据层，以结构化管理所有文档并实现与数据库的交互。

最后，本章将带领读者探索如何使用 ZenML 运行数据采集流水线，以及如何从 MongoDB 中查询采集到的数据。

本章包括以下内容：

- 设计 LLM Twin 的数据采集流水线；
- 实现 LLM Twin 的数据采集流水线；
- 将原始数据采集到数据仓库。

通过本章的学习，读者将掌握如何设计和实现一个 ETL 流水线，以提取、转换和加载原始数据，使其可以被用于机器学习应用程序。

3.1 设计 LLM Twin 的数据采集流水线

在深入实现细节之前，必须先了解 LLM Twin 的数据采集流水线的 ETL 架构，如图 3.1 所示。我们需要确定要爬取哪些平台的数据，以及如何设计数据结构和处理流程。而首要任务是理解数据采集流水线如何映射到 ETL 流水线。

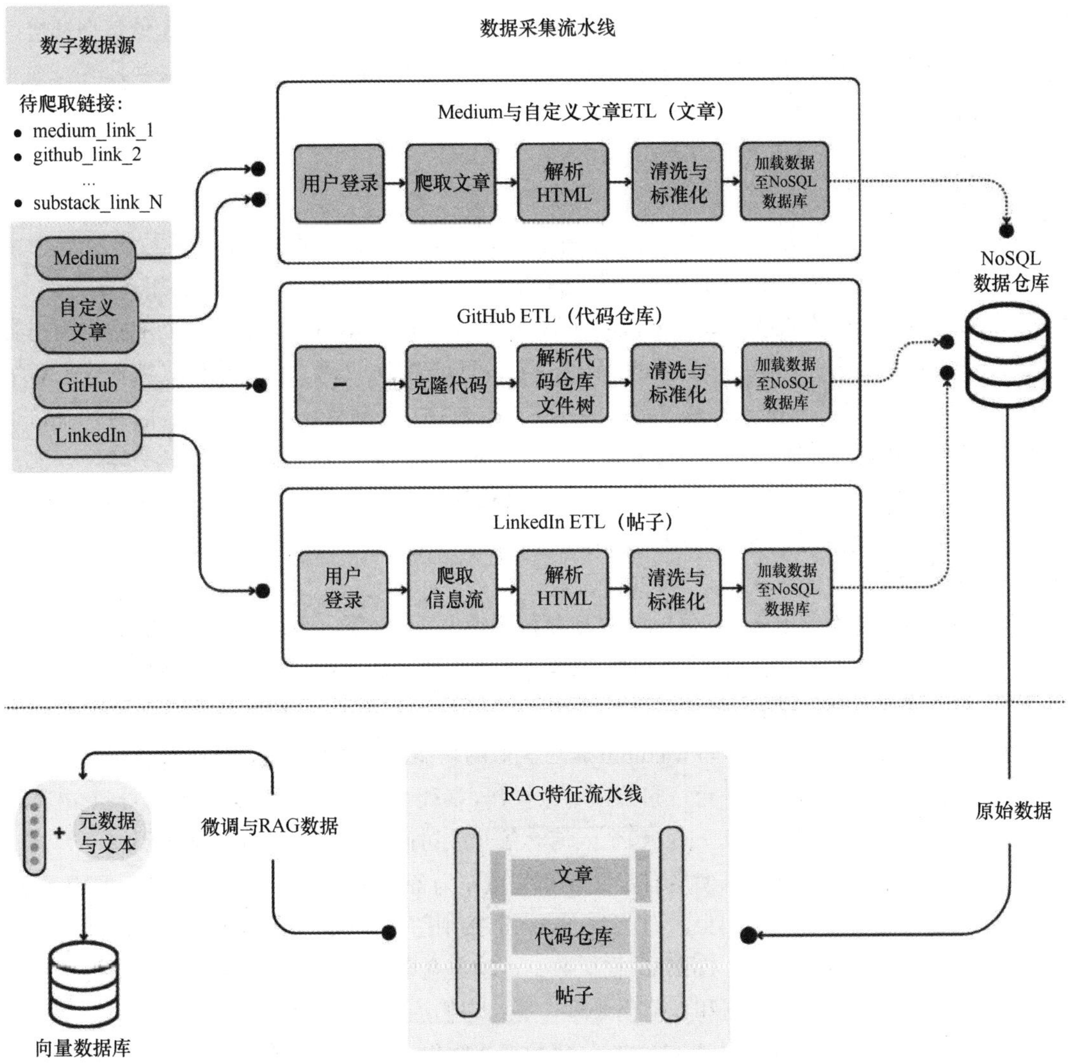

图 3.1 LLM Twin 数据采集流水线的 ETL 架构

ETL 流水线包含如下 3 个基本步骤。

（1）从各种来源**提取**数据。LLM Twin 项目将从 Medium、Substack 和 GitHub 等平台爬取数据以收集原始数据。

（2）将这些数据通过清洗和标准化**转换**成适合存储和分析的统一格式。

（3）将转换后的数据**加载**到数据仓库或数据库中。

在 LLM Twin 项目中，选用 MongoDB 作为 NoSQL 数据仓库。这并不是常规方案，其中的原因稍后会解释。

我们需要设计一个 ETL 流水线，它以用户信息和链接列表为输入，会依次爬取每个链接内容，对采集到的数据进行标准化，并按特定作者分类存储到 MongoDB 数据仓库中。

数据采集流水线的函数签名如下。

- **输入**：链接列表及其对应用户（作者）信息。
- **输出**：存储在 NoSQL 数据仓库中的原始文档列表。

本书将交替使用“用户”和“作者”这两个术语，因为在 ETL 流水线的大多数场景中，“用户”就是所提取内容的“作者”。不过在数据仓库中，我们只维护了一个统一的用户集合。

ETL 流水线会根据链接的域名来检测并调用相应的爬虫。本节针对 3 种不同的数据类别实现了 4 种爬虫，如图 3.2 所示。采集的所有文档都可以归纳为文章、代码仓库（或代码）和帖子，这是本书中将使用到的 3 种基本数据类别。数据来源并不重要，我们主要关注文档的格式。不同类别的数据通常需要不同的处理方式，因此为每个数据类别创建了独立的域实体，并使它们在 MongoDB 中对应不同的类和集合。由于在文档的元数据中保存了源 URL，我们仍然可以知道其来源，并在生成式 AI 应用中引用这些信息。

本书的代码仓库支持如下 4 个爬虫。

- **Medium 爬虫**：用于从 Medium 收集数据，输出文章文档。它会登录 Medium 并爬取文章链接的 HTML 内容，从 HTML 内容中提取、清理和规范化文本，并将标准化后的文章内容加载到 NoSQL 数据仓库中。
- **自定义文章爬虫**：执行与 Medium 爬虫类似的功能，但更为通用，可从多个网站采集文章。由于不针对特定平台，它无须登录操作，可以直接获取目标链接的 HTML 内容。这种方式足以应对 Substack 和个人博客等开放访问的文章。当链接域名不属于其他 3 种爬虫的范围时，可以使用自定义文章爬虫作为备选。例如，系统会对 Substack 链接默认使用自定义文章爬虫，而对 Medium 链接则使用 Medium 爬虫。
- **GitHub 爬虫**：用于从 GitHub 收集数据，输出仓库文档。它会克隆仓库、解析仓库文件树，对文件进行清理和规范化处理，并将它们加载到数据库中。
- **LinkedIn 爬虫**：用于从 LinkedIn 收集数据，输出多个帖子文档。它会登录 LinkedIn，导航到用户的信息流，并爬取用户的最新帖子。它会提取每个帖子的 HTML 内容，进行清理和规范化处理，并加载到 MongoDB 中。

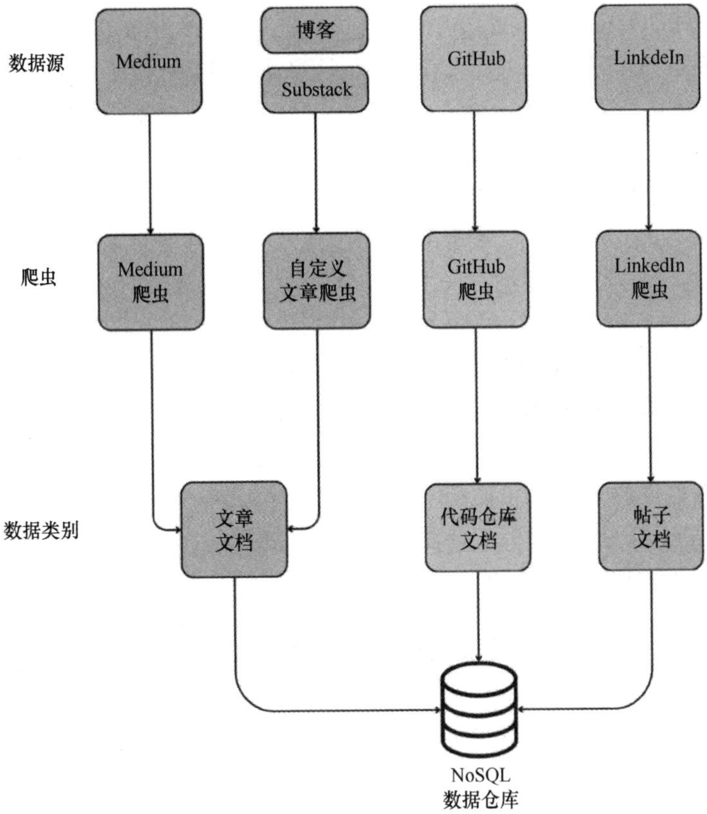

图 3.2　爬虫与数据类别之间的关系

3.1.4 节将详细介绍每种爬虫的实现。现在，请注意每种爬虫都以特定方式访问特定平台或网站并从中提取 HTML 内容。之后，所有爬虫都会执行以下步骤：解析 HTML、从中提取文本、对文本进行清理和规范化，以便将数据通过相同的接口存储在数据仓库中。

通过将收集的所有数据简化为 3 个数据类别，而不是为每个新数据源创建新数据类别，我们只需付出最小的开发代价就可以将这个架构轻松地扩展到多个数据源。例如，要从 X 收集数据，只需实现一个能输出帖子的新爬虫就可以了，而无需改动其他代码。反之，如果在类和文档结构中引入了数据源维度，那么为了支持新的数据源，就必须修改所有下层的代码。例如，需要为每个新数据源实现一个新的文档类，并调整特征流水线来支持它。

在概念验证阶段，爬取几百份文档就足够了，但如果想将其扩展为实际产品，就需要爬取更多的数据源。这是因为 LLM 对数据的需求量很大，要获得理想结果需要数千份文档，而不是仅仅几百份文档。不过在许多项目中，一个很好的策略是先实现一个不是最准确的端到端项目版本，再进行迭代，这样可以在后续迭代中轻松地添加更多数据源来扩充数据集。关于 LLM 的微调和数据集大小，将在第 4 章详细介绍。

ETL 处理逻辑与特征流水线是如何连接的？特征流水线从 MongoDB 数据仓库获取原始数据，进行深度清洗和特征处理，并将处理后的特征存储到向量数据库 Qdrant 中，以供 LLM 训练和推理流水线使用。关于特征流水线，详见第 4 章。ETL 流程独立于特征流水线，它们通过 MongoDB 进行通信。因此，数据采集流水线可以向 MongoDB 写入数据，而特征流水线可以独立地、按照调度计划从 MongoDB 中读取数据。

为什么选择 MongoDB 作为数据仓库？使用 MongoDB 等事务型数据库作为数据仓库并不常见方案，不过由于在本书的案例中只需处理少量数据，MongoDB 完全可以胜任。即便需要对 MongoDB 集合进行统计计算，以 LLM Twin 目前的数据规模（仅数百个文档）来说也不会有任何问题。而选择使用 MongoDB 来存储原始数据的主要原因是，要处理从互联网抓取的非结构化文本数据，采用 MongoDB 等无须严格模式定义的 NoSQL 数据库，可以让开发工作更加便捷高效。此外，MongoDB 具有稳定性好、易用性强的特点，其 Python SDK 的接口设计也很直观。MongoDB 提供的 Docker 镜像可以实现本地快速部署，同时还提供了非常适合概念验证（如 LLM Twin）的云端免费版本，支持在本地和云端使用。不过，当需要处理数百万文档或更大规模的数据时，Snowflake 或 BigQuery 等专业数据仓库才是理想的选择。

3.1.1 实现 LLM Twin 数据采集流水线

正如在第 2 章中介绍的，LLM Twin 项目中每个流水线都以 ZenML 流水线作为入口，这些流水线可以通过 YAML 文件在运行时配置，并在 ZenML 生态系统中运行。下面先介绍 ZenML 的 `digital_data_etl` 流水线，它正是在第 2 章中用于演示 ZenML 的示例。本节将剖析其实现细节，解释数据采集在后台是如何工作的，之后将介绍用于从各个网站采集数据的爬虫实现方案，以及用于存储和查询数据仓库中数据的 MongoDB 文档设计。

3.1.2 ZenML 流水线及其步骤

如下代码片段是对 ZenML 的 `digital_data_etl` 流水线的实现。该流水线以用户全名和在该用户（被视为从这些链接中提取内容的作者）下爬取的链接列表作为输入。在函数内部，执行两个步骤：首先在数据库中根据用户全名查找用户信息，然后遍历并独立爬取每个链接。该流水线的完整实现可以在代码仓库的 `pipelines/digital_data_etl.py` 文件中找到。

```
from zenml import pipeline

from steps.etl import crawl_links, get_or_create_user

@pipeline
def digital_data_etl(user_full_name: str, links: list[str]) -> str:
    user = get_or_create_user(user_full_name)
    last_step = crawl_links(user=user, links=links)
```

```
    return last_step.invocation_id
```

图 3.3 展示了 digital_data_etl 流水线在 ZenML 仪表盘上的运行过程。接下来分别介绍 get_or_create_user 和 crawl_links 这两步的具体实现（完整代码可以在代码仓库的 steps/etl 路径中查看）。

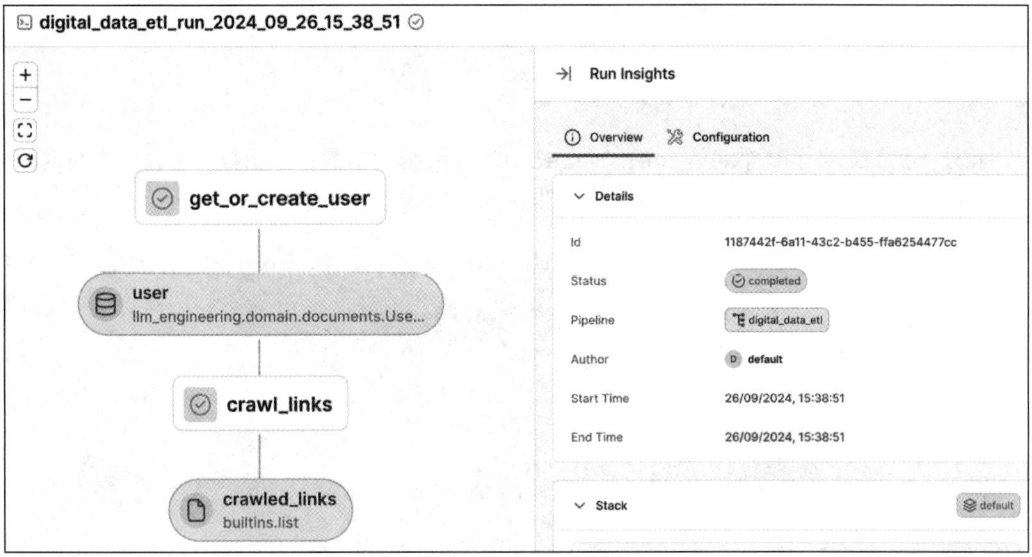

图 3.3　ZenML 仪表盘中数字数据 ETL 流水线的运行示例

下面从 get_or_create_user 开始讲解。首先导入所需的模块和函数。

```
from loguru import logger
from typing_extensions import Annotated
from zenml import get_step_context, step

from llm_engineering.application import utils
from llm_engineering.domain.documents import UserDocument
```

接下来定义函数的签名。该函数以用户全名作为输入，它会在 MongoDB 数据库中检索已有用户，如果不存在则新建一个用户。

```
@step
def get_or_create_user(user_full_name: str) -> Annotated[UserDocument, "user"]:
```

通过工具函数先将用户全名拆分为名和姓，接着尝试从数据库中检索用户信息；如果用户不存在，则新建一个用户。最后，检索当前步骤的上下文，并在输出中添加用户相关的元数据，这些元数据将显示在 user 的 ZenML 输出工件中。

```
    logger.info(f"Getting or creating user: {user_full_name}")

    first_name, last_name = utils.split_user_full_name(user_full_name)

    user = UserDocument.get_or_create(first_name=first_name, last_name=last_name)

    step_context = get_step_context()
    step_context.add_output_metadata(output_name="user", metadata=_get_metadata(user_
full_name, user))

    return user
```

此外，我们定义了一个名为_get_metadata()的帮助函数，该函数会构建一个包含查询参数和检索到的用户信息的字典，这些内容将作为元数据添加到用户工件中。

```
def _get_metadata(user_full_name: str, user: UserDocument) -> dict:
    return {
        "query": {
            "user_full_name": user_full_name,
        },
        "retrieved": {
            "user_id": str(user.id),
            "first_name": user.first_name,
            "last_name": user.last_name,
        },
    }
```

下面介绍 crawl_links 的实现。crawl_links 负责从提供的链接中收集数据。首先，导入网页爬取所需的基本模块和库。

```
from urllib.parse import urlparse

from loguru import logger
from tqdm import tqdm
from typing_extensions import Annotated
from zenml import get_step_context, step

from llm_engineering.application.crawlers.dispatcher import CrawlerDispatcher
from llm_engineering.domain.documents import UserDocument
```

在完成导入后，crawl_links()函数会接收一个由特定作者编写的链接列表作为输入。在这个函数中，会初始化一个爬虫分发器，并将其配置为处理 LinkedIn、Medium 和 GitHub 等特定域名。

```
@step
def crawl_links(user: UserDocument, links: list[str]) ->
Annotated[list[str], "crawled_links"]:
```

```
    dispatcher = CrawlerDispatcher.build().register_linkedin().register_medium(). register_
github()

    logger.info(f"Starting to crawl {len(links)} link(s).")
```

该函数首先初始化变量，用于存储输出元数据和统计成功爬取的次数；然后遍历每个链接，尝试进行爬取和数据提取，同时更新成功爬取的链接数，并累积每个 URL 的元数据。

```
    metadata = {}
    successfull_crawls = 0
    for link in tqdm(links):
        successfull_crawl, crawled_domain = _crawl_link(dispatcher, link, user)
        successfull_crawls += successfull_crawl

        metadata = _add_to_metadata(metadata, crawled_domain, successfull_crawl)
```

处理完所有链接后，该函数将累积的元数据附加到输出工件中。

```
    step_context = get_step_context()
    step_context.add_output_metadata(output_name="crawled_links", metadata=metadata)

    logger.info(f"Successfully crawled {successfull_crawls} / {len(links)}links.")

    return links
```

代码中包含一个帮助函数，它会根据链接的域名选择相应的爬虫来尝试提取信息。该函数会处理提取过程中可能发生的任何异常，并返回一个包含爬取是否成功和链接域名的元组。

```
def _crawl_link(dispatcher: CrawlerDispatcher, link: str, user:UserDocument) -> tuple
[bool, str]:
    crawler = dispatcher.get_crawler(link)
    crawler_domain = urlparse(link).netloc

    try:
        crawler.extract(link=link, user=user)

        return (True, crawler_domain)
    except Exception as e:
        logger.error(f"An error occurred while crawling: {e!s}")

        return (False, crawler_domain)
```

另一个帮助函数的作用是用每次爬取的结果来更新元数据字典。

```
def _add_to_metadata(metadata: dict, domain: str, successfull_crawl: bool)-> dict:
    if domain not in metadata:
        metadata[domain] = {}
```

```
    metadata[domain]["successful"] = metadata.get(domain, {}).get("successful", 0) + 
successfull_crawl
    metadata[domain]["total"] = metadata.get(domain, {}).get("total", 0) + 1

    return metadata
```

从`_crawl_link()`函数可以看出，`CrawlerDispatcher`类会根据每个链接的域名来确定要初始化哪个爬虫，具体的逻辑被抽象在爬虫的`extract()`方法中。

3.1.3 分发器：实例化正确的爬虫

`CrawlerDispatcher`类是爬虫逻辑的入口。如图 3.4 所示，分发器作为提供的链接和爬虫之间的中间层，知道每个 URL 关联应关联什么爬虫。

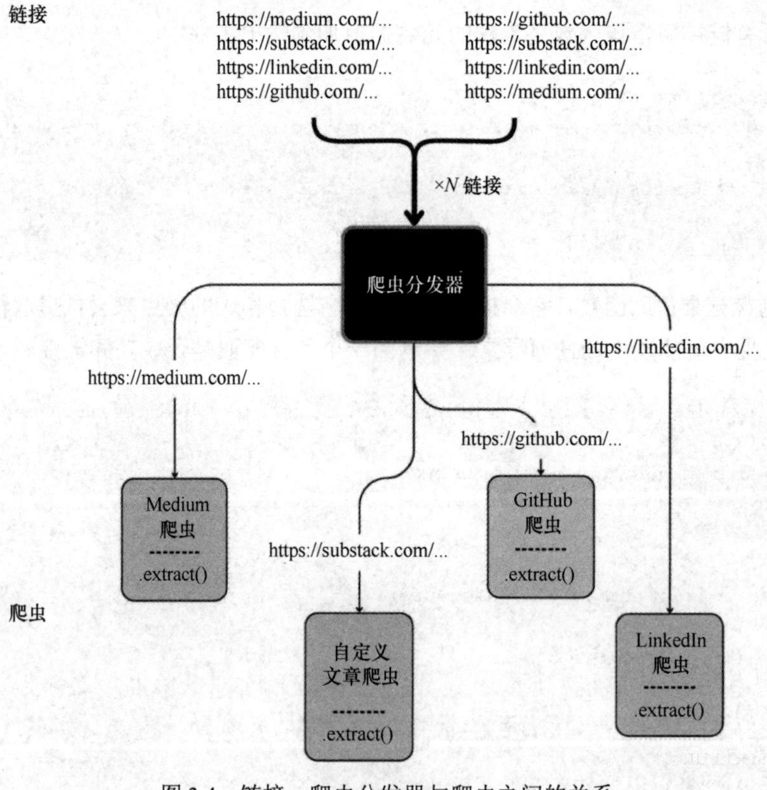

图 3.4 链接、爬虫分发器与爬虫之间的关系

`CrawlerDispatcher` 类负责提取每个链接的域名，并初始化相应的爬虫来收集该网站的数据。例如，当提供一个文章链接时，如果它检测到 `Medium` 的域名，就会构建一个用于爬取该特定平台的 `MediumCrawler` 实例。下面介绍 `CrawlerDispatcher` 类的实现。

所有爬虫逻辑都可以在 GitHub 仓库的 llm_engineering/application/crawlers 目录下找到。

首先导入处理 URL 和正则表达式所需的 Python 模块，以及爬虫类：

```
import re
from urllib.parse import urlparse

from loguru import logger

from .base import BaseCrawler
from .custom_article import CustomArticleCrawler
from .github import GithubCrawler
from .linkedin import LinkedInCrawler
from .medium import MediumCrawler
```

CrawlerDispatcher 类被定义为基于给定的 URL 及其域名来管理和分发合适的爬虫实例。该类的构造函数会初始化一个注册表，用于存储已注册的爬虫。

```
class CrawlerDispatcher:
    def __init__(self) -> None:
        self._crawlers = {}
```

由于使用构建器模式来实例化和配置分发器，需要定义一个 build()类方法来返回分发器实例：

```
    @classmethod
    def build(cls) -> "CrawlerDispatcher":
        dispatcher = cls()

        return dispatcher
```

分发器提供了多个方法来注册针对 Medium、LinkedIn 和 GitHub 等特定平台的爬虫。这些方法在底层都使用了一个通用的 register()方法来将爬虫添加到注册表中。通过返回 self，这些方法遵循了构建者模式的设计理念。这种设计使得在实例化分发器时可以链式调用多个 register_*() 方法，如 CrawlerDispatcher.build().register_linkedin().register_medium()。

```
    def register_medium(self) -> "CrawlerDispatcher":
        self.register("https://medium.com", MediumCrawler)

        return self

    def register_linkedin(self) -> "CrawlerDispatcher":
```

```
        self.register("https://linkedin.com", LinkedInCrawler)

        return self

    def register_github(self) -> "CrawlerDispatcher":
        self.register("https://github.com", GithubCrawler)

        return self
```

register()方法会先对每个域名进行规范化处理，以确保其格式统一，再将其作为键添加到分发器的 self._crawlers 注册表中。这一步很关键，因为这些键将被作为域名模式来匹配链接与对应的爬虫。

```
    def register(self, domain: str, crawler: type[BaseCrawler]) -> None:
        parsed_domain = urlparse(domain)
        domain = parsed_domain.netloc

        self._crawlers[r"https://(www\.)?{}/*".format(re.escape(domain))]= crawler
```

最后，get_crawler()方法通过将 URL 与已注册的域名进行匹配来确定合适的爬虫。如果找不到匹配项，系统会记录一条告警信息，并默认使用 CustomArticleCrawler 作为爬虫。

```
    def get_crawler(self, url: str) -> BaseCrawler:
        for pattern, crawler in self._crawlers.items():
            if re.match(pattern, url):
                return crawler()
        else:
            logger.warning(f"No crawler found for {url}. Defaulting to
CustomArticleCrawler.")

            return CustomArticleCrawler()
```

为了理解数据采集流水线是如何工作的，下面单独分析每个爬虫程序的实现。

3.1.4 爬虫

在介绍每个爬虫程序的具体实现之前，先介绍它们的基类，这个基类为所有爬虫程序定义了统一的接口。如图 3.4 所示，由于每个爬虫程序都遵循相同的函数签名，因此可以实现分发器层。每个类都实现了 extract()方法，这允许利用面向对象编程（OOP）中的多态特性，使我们可以操作抽象对象而无需了解其具体子类。例如，在_crawl_link()函数里实现了如下代码。

```
crawler = dispatcher.get_crawler(link)
crawler.extract(link=link, user=user)
```

请注意，只需关注如何调用 extract()方法，无须关注实例化的具体爬虫类型。总之，使用抽象接口可以确保核心代码的可复用性和易扩展性。

1. 基类

下面介绍 BaseCrawler 接口，可以在如下代码仓库中的 llm_engineering/application/crawlers/base.py 文件中找到它的实现。

```
from abc import ABC, abstractmethod

class BaseCrawler(ABC):
    model: type[NoSQLBaseDocument]

    @abstractmethod
    def extract(self, link: str, **kwargs) -> None: ...
```

该接口定义了一个以链接为输入的 extract()方法，并在类级别上定义了 model 属性，该属性表示将提取的数据保存为在 MongoDB 中所用的数据类别。这种设计允许为每个子类子定义不同的数据类别，同时在类级别上保持相同的属性。

使用 BaseSeleniumCrawler 类对 BaseCrawler 类进行扩展。BaseSeleniumCrawler 类实现了一套基于 Selenium 的可复用爬虫功能，可以爬取 Medium、LinkedIn 等各类网站。**Selenium** 是一款网页浏览器自动化工具，可以通过编程方式与网页交互（如登录 LinkedIn、浏览用户资料等）。

Selenium 能够以编程方式控制 Chrome、Firefox 和 Brave 等浏览器。针对这些特定平台，我们需要通过 Selenium 以编程方式对浏览器进行操作，完成登录并滚动浏览新闻推送或文章内容，才能获取完整的 HTML 内容。而对于那些无须登录或可以直接加载整个页面的网站，可以采用比 Selenium 更简单的方法来从特定 URL 爬取 HTML 内容。

> 要使基于 Selenium 的爬虫正常工作，必须在计算机上安装 Chrome（或 Brave 等基于 Chromium 的浏览器）。

如下代码首先设置了使用 Selenium 和 ChromeDriver 初始化器进行网络爬取所需的导入和配置。chromedriver_autoinstaller 确保安装适当版本的 ChromeDriver 并将其添加到系统路径中，保持与已安装的 Chrome（或其他基于 Chromium 的浏览器）版本的兼容性。Selenium 将使用 ChromeDriver 与浏览器通信并打开无头（Headless）会话，通过编程方式程序控制浏览器访问各种 URL、点击特定元素（如按钮）或滚动浏览新闻推送。chromedriver_autoinstaller 可以确保始终安装了与 Chrome 版本匹配的 ChromeDriver 版本。

```python
import time
from tempfile import mkdtemp

import chromedriver_autoinstaller
from selenium import webdriver
from selenium.webdriver.chrome.options import Options

from llm_engineering.domain.documents import NoSQLBaseDocument

# Check if the current version of chromedriver exists
# and if it doesn't exist, download it automatically,
# then add chromedriver to path
chromedriver_autoinstaller.install()
```

下面定义 BaseSeleniumCrawler 类。BaseSeleniumCrawler 类用于通过 Selenium 收集数据的场景，如从 Medium 或 LinkedIn 网站上收集数据。

它的构造函数会初始化各种 Chrome 选项，用于优化性能、增强安全性并确保无头浏览环境。这些配置会禁用 GPU 渲染、浏览器扩展和通知等非必要功能，以避免干扰自动化浏览。这些都是在无头模式下进行网页爬取时的标准配置。

```python
class BaseSeleniumCrawler(BaseCrawler, ABC):
    def __init__(self, scroll_limit: int = 5) -> None:
        options = webdriver.ChromeOptions()

        options.add_argument("--no-sandbox")
        options.add_argument("--headless=new")
        options.add_argument("--disable-dev-shm-usage")
        options.add_argument("--log-level=3")
        options.add_argument("--disable-popup-blocking")
        options.add_argument("--disable-notifications")
        options.add_argument("--disable-extensions")
        options.add_argument("--disable-background-networking")
        options.add_argument("--ignore-certificate-errors")
        options.add_argument(f"--user-data-dir={mkdtemp()}")
        options.add_argument(f"--data-path={mkdtemp()}")
        options.add_argument(f"--disk-cache-dir={mkdtemp()}")
        options.add_argument("--remote-debugging-port=9226")
```

配置完 Chrome 选项后，子类便可通过调用 set_extra_driver_options()方法来设置额外的驱动选项。接着爬虫程序会初始化滚动限制，并根据指定选项新建一个 Chrome 驱动实例。

```python
        self.set_extra_driver_options(options)

        self.scroll_limit = scroll_limit
        self.driver = webdriver.Chrome(
```

```
        options=options,
    )
```

BaseSeleniumCrawler 类包含了 set_extra_driver_options() 和 login() 这两个占位方法，子类可以通过重写它们来提供特定功能。由于每个平台有不同的登录页面和 HTML 结构，这种设计确保了代码的模块化。

```
    def set_extra_driver_options(self, options: Options) -> None:
        pass

    def login(self) -> None:
        pass
```

最后，scroll_page() 方法实现了一个滚动机制，用于浏览 LinkedIn 等页面，直到达到指定的滚动上限。它会不断将页面滚动至底部等待新内容加载，并重复这个过程，直到到达页面末尾或超过滚动上限。这个方法对于那些内容随用户滚动而动态加载的信息流页面来说至关重要。

```
    def scroll_page(self) -> None:
        """Scroll through the LinkedIn page based on the scroll limit."""
        current_scroll = 0
        last_height = self.driver.execute_script("return document.body.scrollHeight")
        while True:
            self.driver.execute_script("window.scrollTo(0, document.body.scrollHeight);")
            time.sleep(5)
            new_height = self.driver.execute_script("return document.body.scrollHeight")
            if new_height == last_height or (self.scroll_limit and current_scroll >=
self.scroll_limit):
                break
            last_height = new_height
            current_scroll += 1
```

下面介绍以下爬虫的具体实现：

- GithubCrawler(BaseCrawler)；
- CustomArticleCrawler(BaseCrawler)；
- MediumCrawler(BaseSeleniumCrawler)。

> 上述爬虫的具体实现，可以在 GitHub 仓库中的 llm_engineering/application/crawlers 目录下找到。

2. GithubCrawler 类

GithubCrawler 类是为抓取 GitHub 仓库而设计，它扩展了 BaseCrawler 的功能。由

于可以利用 Git 的克隆功能，因此无须通过浏览器登录 GitHub，也不需要使用任何 Selenium 功能。该类在初始化时会设置一个模式列表，用于忽略 GitHub 仓库中的标准文件和目录（如.git、.toml、.lock 和.png 等），确保在抓取过程中排除这些不必要的文件。

```
class GithubCrawler(BaseCrawler):
    model = RepositoryDocument

    def __init__(self, ignore=(".git", ".toml", ".lock", ".png")) -> None:
        super().__init__()
        self._ignore = ignore
```

下面实现 extract()方法。在这个方法中，爬虫首先会检查该仓库是否已经被处理并存储在数据库中。如果发现仓库已存在将直接退出，以防止存储重复数据。

```
def extract(self, link: str, **kwargs) -> None:
    old_model = self.model.find(link=link)
    if old_model is not None:
        logger.info(f"Repository already exists in the database: {link}")

        return
```

如果是新的代码仓库，爬虫会从链接中提取仓库名称，然后创建一个临时目录来克隆该仓库，以确保在处理完成后将克隆的仓库从本地磁盘中清理掉。

```
    logger.info(f"Starting scrapping GitHub repository: {link}")

    repo_name = link.rstrip("/").split("/")[-1]

    local_temp = tempfile.mkdtemp()
```

在 try 代码块内，爬虫将当前工作目录切换到临时目录，并在另一个进程中执行 git clone 命令。

```
    try:
        os.chdir(local_temp)
        subprocess.run(["git", "clone", link])
```

克隆仓库成功后，爬虫会构建通往克隆仓库的路径。首先，初始化一个空字典，用于以标准化的方式汇总文件内容；然后，遍历整个目录树，跳过所有匹配忽略模式的目录或文件。爬虫会读取每个相关文件的内容，删除其中的所有空格，并以文件路径为键将处理后的内容存储在字典中。

```
        repo_path = os.path.join(local_temp, os.listdir(local_temp)[0]) #
        tree = {}
        for root, _, files in os.walk(repo_path):
```

```
            dir = root.replace(repo_path, "").lstrip("/")
            if dir.startswith(self._ignore):
                continue

            for file in files:
                if file.endswith(self._ignore):
                    continue
                file_path = os.path.join(dir, file)
                with open(os.path.join(root, file), "r", errors="ignore") as f:
                    tree[file_path] = f.read().replace(" ", "")
```

接下来，新建一个 RepositoryDocument 模型实例，将仓库的内容、名称、链接、平台信息和作者详情填充到该实例中，并将其保存到 MongoDB 中。

```
        user = kwargs["user"]
        instance = self.model(
            content=tree,
            name=repo_name,
            link=link,
            platform="github",
            author_id=user.id,
            author_full_name=user.full_name,
        )
        instance.save()
```

最后，无论抓取成功还是发生异常，爬虫都会删除临时目录，以清理使用的所有资源。

```
    except Exception:
        raise
    finally:
        shutil.rmtree(local_temp)

    logger.info(f"Finished scrapping GitHub repository: {link}")
```

3. CustomArticleCrawler 类

CustomArticleCrawler 类采用了一种不同的方法从互联网采集数据——利用 AsyncHtmlLoader 类来读取链接中完整的 HTML 内容，利用 Html2TextTransformer 类从 HTML 内容中提取文本。这两个类都来自 langchain_community Python 包。下面导入所需的 Python 模块。

```
from urllib.parse import urlparse

from langchain_community.document_loaders import AsyncHtmlLoader
from langchain_community.document_transformers.html2text import Html2TextTransformer
from loguru import logger
```

```
from llm_engineering.domain.documents import ArticleDocument

from .base import BaseCrawler
```

接下来定义 CustomArticleCrawler 类，它继承自 BaseCrawler。这里不需要登录，也无须使用 Selenium 提供的滚动功能。在 extract() 方法中，首先检查数据库中是否已存在该文章，以避免重复内容。

```
class CustomArticleCrawler(BaseCrawler):
    model = ArticleDocument

    def extract(self, link: str, **kwargs) -> None:
        old_model = self.model.find(link=link)
        if old_model is not None:
            logger.info(f"Article already exists in the database: {link}")

            return
```

如果这篇文章不存在，则进行网页抓取。该过程先使用 AsyncHtmlLoader 类从链接中加载 HTML 内容，再通过 Html2TextTransformer 类将其转换为纯文本，之后会返回一个文档列表，不过我们只需使用第一个文档。如果将所有逻辑都委托给这两个类处理，那我们无法控制提取过程和解析过程。因此，将这种通用抓取方式作为后备系统，用于那些没有自定义实现的域名。虽然这两个基于 LangChain 范式的类提供了适用于大多数场景的高级功能，能够快速实现，但难以进行定制化处理，这也是许多开发者避免在生产环境中使用 LangChain 的原因之一。

```
        logger.info(f"Starting scrapping article: {link}")

        loader = AsyncHtmlLoader([link])
        docs = loader.load()

        html2text = Html2TextTransformer()
        docs_transformed = html2text.transform_documents(docs)
        doc_transformed = docs_transformed[0]
```

从提取的文档中获取页面内容，以及相关元数据，如 Title、Subtitle、Content 和 language。

```
        content = {
            "Title": doc_transformed.metadata.get("title"),
            "Subtitle": doc_transformed.metadata.get("description"),
            "Content": doc_transformed.page_content,
            "language": doc_transformed.metadata.get("language"),
        }
```

接下来解析 URL 以确定文章抓取自哪个平台（或域名）。

```
    parsed_url = urlparse(link)
    platform = parsed_url.netloc
```

随后新建一个文章模型的实例，将提取的内容填充其中，最后将这个实例保存到 MongoDB 中。

```
    user = kwargs["user"]
    instance = self.model(
        content=content,
        link=link,
        platform=platform,
        author_id=user.id,
        author_full_name=user.full_name,
    )
    instance.save()

    logger.info(f"Finished scrapping custom article: {link}")
```

下面介绍如何使用 Selenium 以编程方式操控浏览器进行爬取，继续实现 MediumCrawler。

4. MediumCrawler 类

导入必要的库，并定义一个继承自 BaseSeleniumCrawler 的 MediumCrawler 类：

```
from bs4 import BeautifulSoup
from loguru import logger

from llm_engineering.domain.documents import ArticleDocument

from .base import BaseSeleniumCrawler

class MediumCrawler(BaseSeleniumCrawler):
    model = ArticleDocument
```

在 MediumCrawler 类中，利用 set_extra_driver_options()方法扩展 Selenium 的默认驱动选项：

```
    def set_extra_driver_options(self, options) -> None:
        options.add_argument(r"--profile-directory=Profile 2")
```

extract()方法实现了 MediumCrawler 类的核心功能，首先检查数据库中是否已存在该文章，以防止重复录入。如果是新文章，系统会导航到文章链接并滚动浏览页面，以确保内容被完全加载。

```
    def extract(self, link: str, **kwargs) -> None:
        old_model = self.model.find(link=link)
```

```
    if old_model is not None:
        logger.info(f"Article already exists in the database: {link}")

        return

    logger.info(f"Starting scrapping Medium article: {link}")

    self.driver.get(link)
    self.scroll_page()
```

页面完全加载后，extract()方法使用 BeautifulSoup 解析 HTML 内容，并提取文章的标题、副标题和全文。BeautifulSoup 是一个用于网页抓取和解析 HTML 或 XML 文档的流行 Python 库，使用它可以从 Selenium 访问的 HTML 页面中提取所需的 HTML 元素。最后将所有内容整合到一个字典中。

```
    soup = BeautifulSoup(self.driver.page_source, "html.parser")
    title = soup.find_all("h1", class_="pw-post-title")
    subtitle = soup.find_all("h2", class_="pw-subtitle-paragraph")

    data = {
        "Title": title[0].string if title else None,
        "Subtitle": subtitle[0].string if subtitle else None,
        "Content": soup.get_text(),
    }
```

关闭 WebDriver 以释放资源。随后新建一个 ArticleDocument 实例，使用从 kwargs 获取的内容和用户信息填充该实例，并将其保存到数据库中。

```
    self.driver.close()

    user = kwargs["user"]
    instance = self.model(
        platform="medium",
        content=data,
        link=link,
        author_id=user.id,
        author_full_name=user.full_name,
    )
    instance.save()

    logger.info(f"Successfully scraped and saved article: {link}")
```

至此，完成了 MediumCrawler 类的实现。LinkedIn 爬虫与 Medium 爬虫采用的方法相似，都是先使用 Selenium 登录并访问用户最新帖子的信息流，再提取帖子内容并通过滚动浏览加载下一页，直到达到滚动上限。完整实现可以在 GitHub 仓库的 llm_engineering/application/crawlers/linkedin.py 文件中查看。

随着 LLM 的兴起，从互联网上收集数据已成为众多 AI 应用的关键步骤。因此，Python 生态系统中出现了更多高级工具，如 Scrapy（可以爬取网站并从其页面中提取结构化数据）、Crawl4AI（一个面向 LLM 和 AI 应用的数据爬取工具）。

本节实现了 3 种爬虫：第一种是利用子进程中的 Git 可执行文件来克隆 GitHub 仓库；第二种是使用 LangChain 工具来提取单个网页的 HTML 内容；第三种则是利用 Selenium 处理更复杂的场景，需要通过登录页面导航、滚动文章以加载完整 HTML 内容，并将其提取为文本格式。下面介绍本章使用的文档类（如 `ArticleDocument`）的工作原理。

3.1.5　NoSQL 数据仓库文档

为了构建 3 个数据类别需要实现 3 个文档类。这些类定义了文档所需的特定属性，如内容、作者和源链接。构建数据的最佳实践是使用类而不是字典，因为我们期望每个项目的属性可以更详细，从而减少运行错误。例如，当从 Python 字典中访问一个值时，永远无法确定它是否存在或其类型是否正确。使用类来封装数据项，可以确保每个属性都符合预期。

利用 Pydantic 等 Python 包提供的开箱即用的类型验证功能，可以确保数据集的一致性。因此将数据类别建模为以下 3 个文档类（这些类已经在本节之前的代码中使用过）：

- `ArticleDocument` 类；
- `PostDocument` 类；
- `RepositoryDocument` 类。

这 3 个文档类并非简单的 Python 数据类或 Pydantic 模型，它们支持在 MongoDB 上进行读写操作。为了在这 3 个文档类中注入读写功能而不重复任何代码，采用了基于**对象-关系映射（object-relational mapping，ORM）**模式的**对象-文档映射（Object-Document Mapping，ODM）**设计模式。下面先介绍 ORM，再介绍 ODM，最后介绍自定义 ODM 实现和文档类。

1．ORM 和 ODM 软件模式

ORM 是一种允许使用面向对象的方式查询和操作数据库的技术。通过 ORM，无须编写 SQL 语句或特定的 API 查询，而是可以将所有复杂性封装在一个 ORM 类中，该类知道如何处理增删改查（CRUD）等数据库操作。这样，使用 ORM 就避免了手动处理数据库操作的麻烦，并减少了手动编写样板代码的需求。使用 ORM 可以与 PostgreSQL、MySQL 等 SQL 数据库进行交互。

在现代 Python 应用开发中，大多数应用使用 ORM 与数据库交互。尽管 SQL 在数据领域依然广受欢迎，但在 Python 后端组件中很少看到原生 SQL 查询。目前最流行的 Python ORM 框架之一是 SQLAlchemy。此外，随着 FastAPI 的兴起，SQLModel 也成为一个常见选择，它是 SQLAlchemy 的封装器，使其能更容易地与 FastAPI 集成。

例如，使用 SQLAlchemy 定义一个包含 `id` 和 `name` 字段的 `User` ORM 类。`User` ORM 类

被映射到 SQL 数据库中的 `users` 表。这样，当创建新用户并提交到数据库时，数据会被自动保存到 `users` 表中。这同样适用于 `User` 类上的 CRUD 操作。

```
from sqlalchemy import Column, Integer, String, create_engine
from sqlalchemy.orm import declarative_base, sessionmaker

  Base = declarative_base()

# Define a class that maps to the users table.
  class User(Base):
    __tablename__ = "users"

    id = Column(Integer, primary_key=True)
    name = Column(String)
```

使用 `User` ORM，可以直接从 Python 中快速插入或查询用户数据，而无需编写任何 SQL 语句。需要注意的是，ORM 通常支持所有 CRUD 操作。下面这段代码展示了如何将 `User` ORM 的实例保存到 SQLite 数据库中。

```
engine = create_engine("sqlite:///:memory:")
Base.metadata.create_all(engine)

# Create a session used to interact with the database.
Session = sessionmaker(bind=engine)
session = Session()

# Add a new user.
new_user = User(name="Alice")
session.add(new_user)
session.commit()
```

如下代码所示为从 `users` SQLite 表中查询用户的方法。

```
user = session.query(User).first()
if user:
print(f"User ID: {user.id}")
print(f"User name: {user.name}")
```

在 GitHub 仓库的 `code_snippets/03_orm.py` 文件中，可以找到完整的脚本和运行方法。

ODM 模式与 ORM 相似，它处理的不是 SQL 数据库和表，而是 NoSQL 数据库（如 MongoDB）和非结构化集合。在 NoSQL 数据库中，数据结构是以存储类 JSON 格式文档的集合为中心，而不是以表中的数据行为中心。

总之，ODM 简化了使用基于文档的 NoSQL 数据库的工作，并将面向对象的代码映射到类

JSON 文档。

2. 实现 ODM 类

为了展示 ODM 的工作原理，下面介绍如何从零开始实现一个基础 ODM 类 NoSQLBaseDocument，其他文档类都将继承这个基类来与 MongoDB 进行交互。

> 在 GitHub 仓库的 llm_engineering/domain/base/nosql.py 文件中，可以找到这个类的实现。

首先导入必要的模块并设置数据库连接。通过_database 变量，建立与配置文件中指定的默认名为 twin 的数据库的连接。

```
import uuid
from abc import ABC
from typing import Generic, Type, TypeVar

from loguru import logger
from pydantic import UUID4, BaseModel, Field
from pymongo import errors

from llm_engineering.domain.exceptions import ImproperlyConfigured
from llm_engineering.infrastructure.db.mongo import connection
from llm_engineering.settings import settings

_database = connection.get_database(settings.DATABASE_NAME)
```

接下来定义一个绑定到 NoSQLBaseDocument 类的类型变量 T，该变量利用 Python 的泛型模块可以实现类型的泛化。例如，要实现一个继承自 NoSQLBaseDocument 的 ArticleDocument 类，在分析函数签名时，所有使用 T 的实例都会被替换为 ArticleDocument 类型（有关 Python 泛型的更多内容，可以在搜索引擎输入“Python 3.12 Typing”查找并阅读相关文章）。

NoSQLBaseDocument 类被声明为一个抽象基类，它继承了 Pydantic 的 BaseModel 类、Python 的 Generic 类（用于提供前述功能）和 ABC 类（使其成为抽象类）。

```
T = TypeVar("T", bound="NoSQLBaseDocument")

class NoSQLBaseDocument(BaseModel, Generic[T], ABC):
```

在 NoSQLBaseDocument 类中，定义了一个 UUID 类型的 id 字段，其默认工厂会生成一个唯一的 UUID。该类还实现了__eq__()方法和__hash__()方法，使得实例可以基于其唯一 id 属性进行比较，并能用于集合等哈希集合中或作为字典键。

```
id: UUID4 = Field(default_factory=uuid.uuid4)
```

```
def __eq__(self, value: object) -> bool:
    if not isinstance(value, self.__class__):
        return False

    return self.id == value.id

def __hash__(self) -> int:
    return hash(self.id)
```

该类提供了 MongoDB 文档和类实例之间的转换方法，`from_mongo()`类方法将从 MongoDB 检索到的字典转换为该类的实例，而`to_mongo()`实例方法则将模型实例转换为适合 MongoDB 插入的字典格式。

```
@classmethod
def from_mongo(cls: Type[T], data: dict) -> T:
    if not data:
        raise ValueError("Data is empty.")

    id = data.pop("_id")

    return cls(**dict(data, id=id))

def to_mongo(self: T, **kwargs) -> dict:
    exclude_unset = kwargs.pop("exclude_unset", False)
    by_alias = kwargs.pop("by_alias", True)

    parsed = self.model_dump(exclude_unset=exclude_unset, by_alias=by_alias, **kwargs)

    if "_id" not in parsed and "id" in parsed:
        parsed["_id"] = str(parsed.pop("id"))

    for key, value in parsed.items():
        if isinstance(value, uuid.UUID):
            parsed[key] = str(value)

    return parsed
```

`save()`方法允许将模型实例存入 MongoDB 集合。它会获取对应的集合，通过`to_mongo()`方法将实例转换为 MongoDB 支持的文档格式，尝试将其插入数据库，并处理可能出现的任何写入错误。

```
def save(self: T, **kwargs) -> T | None:
    collection = _database[self.get_collection_name()]
    try:
        collection.insert_one(self.to_mongo(**kwargs))
```

```
        return self
    except errors.WriteError:
        logger.exception("Failed to insert document.")

        return None
```

get_or_create()类方法根据提供的过滤选项在数据库中查找匹配的文档。如果找到匹配的文档，则将其转换为该类的实例；如果没有找到，则使用过滤选项作为初始数据创建一个新实例并保存到数据库中。

```
@classmethod
def get_or_create(cls: Type[T], **filter_options) -> T:
    collection = _database[cls.get_collection_name()]
    try:
        instance = collection.find_one(filter_options)
        if instance:
            return cls.from_mongo(instance)

        new_instance = cls(**filter_options)
        new_instance = new_instance.save()

        return new_instance
    except errors.OperationFailure:
        logger.exception(f"Failed to retrieve document with filter options: {filter_
options}")

        raise
```

bulk_insert()类方法允许一次性将多个文档插入到数据库中。

```
@classmethod
def bulk_insert(cls: Type[T], documents: list[T], **kwargs) -> bool:
    collection = _database[cls.get_collection_name()]
    try:
        collection.insert_many([doc.to_mongo(**kwargs) for doc in documents])

        return True
    except (errors.WriteError, errors.BulkWriteError):
logger.error(f"Failed to insert documents of type {cls.__name__}")

        return False
```

find()类方法在数据库中搜索与给定过滤选项相匹配的单个文档。

```
@classmethod
def find(cls: Type[T], **filter_options) -> T | None:
    collection = _database[cls.get_collection_name()]
    try:
```

```
        instance = collection.find_one(filter_options)
        if instance:
            return cls.from_mongo(instance)

        return None
    except errors.OperationFailure:
        logger.error("Failed to retrieve document.")

        return None
```

类似地，bulk_find()类方法会检索与过滤选项匹配的多个文档，将检索到的每个MongoDB 文档转换为一个模型实例，并收集到一个列表中。

```
@classmethod
def bulk_find(cls: Type[T], **filter_options) -> list[T]:
    collection = _database[cls.get_collection_name()]
    try:
        instances = collection.find(filter_options)
        return [document for instance in instances if (document := cls.from_mongo(instance))
is not None]
    except errors.OperationFailure:
        logger.error("Failed to retrieve document.")

        return []
```

get_collection_name()类方法用于确定与该类关联的 MongoDB 集合名称。该方法要求类中必须定义一个嵌套的 Settings 类，并通过 name 属性指定集合名称。如果缺少此配置，将抛出 ImproperlyConfigured 异常，提示子类需要定义一个嵌套的 Settings 类。

```
@classmethod
def get_collection_name(cls: Type[T]) -> str:
    if not hasattr(cls, "Settings") or not hasattr(cls.Settings, "name"):
        raise ImproperlyConfigured(
            "Document should define an Settings configuration class with the name of the
collection."
        )

    return cls.Settings.name
```

我们可以使用嵌套的 Settings 类来配置每个子类，如定义集合名称或任何特定于该子类的内容。在 Python 生态系统中，有一个基于 MongoDB 的 ODM 实现 mongoengine，它的功能更全面。本节实现的 ODM 既是对 ODM 工作原理的展示，又是一个遵循面向对象编程原则来编写模块化和通用代码的练习，这对于实现生产级代码来说至关重要。

3. 数据类别与用户文档类

下面介绍从 NoSQLBaseDocument 基类继承而来的子类实现，这些具体类定义了 3 个数据类别（文章、代码仓库（或代码）和帖子）。

首先，导入所需的 Python 模块和 ODM 基类。

```
from abc import ABC
from typing import Optional

from pydantic import UUID4, Field

from .base import NoSQLBaseDocument
from .types import DataCategory
```

接下来，定义一个枚举类，用于集中管理所有的数据类别。这些变量将作为常量，用于配置本书涉及的所有 ODM 类。

在 GitHub 仓库的 llm_engineering/domain/types.py 文件中，可以找到这个类的实现。

```
from enum import StrEnum

class DataCategory(StrEnum):
    PROMPT = "prompt"
    QUERIES = "queries"

    INSTRUCT_DATASET_SAMPLES = "instruct_dataset_samples"
    INSTRUCT_DATASET = "instruct_dataset"
    PREFERENCE_DATASET_SAMPLES = "preference_dataset_samples"
    PREFERENCE_DATASET = "preference_dataset"

    POSTS = "posts"
    ARTICLES = "articles"
    REPOSITORIES = "repositories"
```

基于 NoSQLBaseDocument ODM 类的 Document 类作为一个抽象基类模型被引入，用于构建其他文档类型。该类包含了内容、平台和作者详情等通用属性，为所有继承自它的文档提供了标准化的结构定义。

```
class Document(NoSQLBaseDocument, ABC):
    content: dict
    platform: str
    author_id: UUID4 = Field(alias="author_id")
```

```
    author_full_name: str = Field(alias="author_full_name")
```

随后，通过扩展 Document 类来定义特定类型的文档。其中，RepositoryDocument、PostDocument 和 ArticleDocument 类代表不同类别的数据，每个类有独特的字段和设置，用于指定它们在数据库中的集合名称。

```
class RepositoryDocument(Document):
    name: str
    link: str

    class Settings:
        name = DataCategory.REPOSITORIES

class PostDocument(Document):
    image: Optional[str] = None
    link: str | None = None

    class Settings:
        name = DataCategory.POSTS

class ArticleDocument(Document):
    link: str

    class Settings:
        name = DataCategory.ARTICLES
```

最后，定义 UserDocument 类，用于存储和查询 LLM Twin 项目中的所有用户。

```
class UserDocument(NoSQLBaseDocument):
    first_name: str
    last_name: str

    class Settings:
        name = "users"

    @property
    def full_name(self):
        return f"{self.first_name} {self.last_name}"
```

实现 NoSQLBaseDocument ODM 类后，我们只需专注于每个文档或领域实体的字段和特定功能，而所有的 CRUD 操作的功能都委托给父类。同时，通过 Pydantic 来定义字段，可以获得开箱即用的类型验证功能。例如，当创建 ArticleDocument 类的实例时，如果提供的链接为 None 或非字符串类型，将抛出数据无效的错误提示。

至此，数据采集流水线的实现已经完成——从 ZenML 组件开始，随后介绍了爬虫的实现，最后通过 ODM 类和数据类别文档类的实现完成了整个流水线。下节将介绍如何运行这个数据采集流水线，以将原始数据存储到 MongoDB 数据仓库中。

3.2　采集原始数据并存储到数据仓库

ZenML 负责编排数据采集流水线，通过 ZenML，数据采集流水线可以手动运行、按计划执行或由特定事件触发。本节将展示如何手动运行它，而其他场景将在第 11 章深入探讨 MLOps 时详细说明。

我们为每位作者配置了独立的流水线运行方案。举例来说，为保罗和马克西姆的数据分别提供了 ZenML 配置文件。如果想调用数据采集流水线来获取马克西姆的数据，可以运行以下命令行指令。

```
poetry poe run-digital-data-etl-maxime
```

这将使用以下 OpenML YAML 配置文件来调用流水线。

```
parameters:
  user_full_name: Maxime Labonne # [First Name(s)] [Last Name]
  links:
    # Personal Blog
    - https://mlabonne.github.io/blog/posts/2024-07-29_Finetune_Llama31.html
    - https://mlabonne.github.io/blog/posts/2024-07-15_The_Rise_of_Agentic_Data_
Generation.html
    # Substack
    - https://maximelabonne.substack.com/p/uncensor-any-llm-with-abliteration-d30148b7d43e
    - https://maximelabonne.substack.com/p/create-mixtures-of-experts-with-mergekit-
11b318c99562
    - https://maximelabonne.substack.com/p/merge-large-language-models-with-mergekit-
2118fb392b54
    ... # More Substack links
```

在图 3.3 中，可以在 ZenML 的仪表盘上看到流水线的运行 DAG 和详细信息。图 3.5 则展示了该数据采集流水线生成的 `user` 输出工件，可以从中查看 `user_full_name` 查询语句，以及从 MongoDB 中检索到的用户信息和这次特定运行中收集的用户链接。

在图 3.6 中，可以观察到 `crawled_links` 的输出结果，其中列出了收集数据的所有域名、每个域名爬取的链接总数及成功收集的链接数量。

我们想要再次强调这些工件的强大功能，它们能够追踪每个流水线的运行结果和元数据，允许对每次流水线运行进行单独监控和调试。

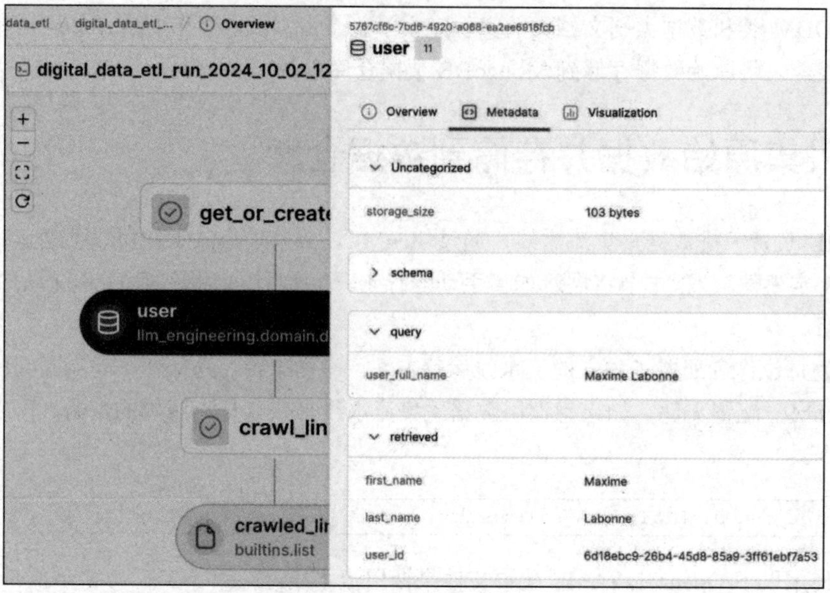

图 3.5 使用马克西姆配置文件运行数据采集流水线后的用户输出结果

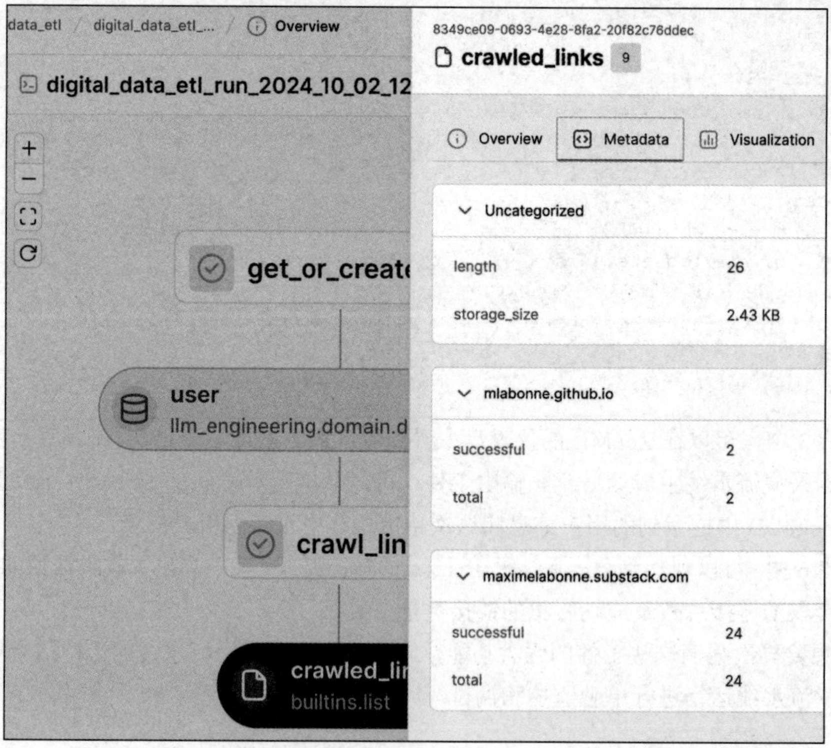

图 3.6 使用马克西姆的配置文件运行数据采集流水线后的 crawled_links 输出工件示例

现在，通过运行以下代码可以在程序的任意位置下载 `crawled_links` 工件，其唯一标识符 ID 可以在 ZenML 系统中查询：

```
from zenml.client import Client

artifact = Client().get_artifact_version('8349ce09-0693-4e28-8fa2-20f82c76ddec')
loaded_artifact = artifact.load()
```

例如，只需使用保罗的 YAML 配置文件便可轻松运行相同的数据采集流水线，具体如下。

```
parameters:
  user_full_name: Paul Iusztin # [First Name(s)] [Last Name]
  links:
    # Medium
    - https://medium.com/decodingml/an-end-to-end-framework-for-production-ready-llm-systems-by-building-your-llm-twin-2cc6bb01141f
    - https://medium.com/decodingml/a-real-time-retrieval-system-for-rag-on-social-media-data-9cc01d50a2a0
    - https://medium.com/decodingml/sota-python-streaming-pipelines-for-fine-tuning-llms-and-rag-in-real-time-82eb07795b87
    ... # More Medium links
    # Substack
    - https://decodingml.substack.com/p/real-time-feature-pipelines- with?r=1ttoeh
    - https://decodingml.substack.com/p/building-ml-systems-the-right-way?r=1ttoeh
    - https://decodingml.substack.com/p/reduce-your-pytorchs-code-latency?r=1ttoeh
    ... # More Substack links
```

要使用保罗的配置来运行流水线，需要执行以下 `poe` 命令。

```
poetry poe run-digital-data-etl-paul
```

这在底层会调用以下引用保罗配置文件的 CLI 命令。

```
poetry run python -m tools.run --run-etl --no-cache --etl-config-filename digital_data_etl_paul_iusztin.yaml
```

在 GitHub 代码仓库的 `configs/` 目录下可以找到所有配置文件。此外，使用 `poe` 工具配置了一个命令，用于为所有支持的作者调用数据采集流水线。

```
poetry poe run-digital-data-etl
```

通过 ODM 类，可以轻松查询 MongoDB 数据仓库。使用如下代码查询为保罗收集的所有文章。

```
from llm_engineering.domain.documents import ArticleDocument, UserDocument

user = UserDocument.get_or_create(first_name="Paul", last_name="Iusztin")
articles = ArticleDocument.bulk_find(author_id=str(user.id))

print(f"User ID: {user.id}")
print(f"User name: {user.first_name} {user.last_name}")
print(f"Number of articles: {len(articles)}")
print("First article link:", articles[0].link)
```

输出结果如下。

```
User ID: 900fec95-d621-4315-84c6-52e5229e0b96
User name: Paul Iusztin
Number of articles: 50
First article link: https://medium.com/decodingml/an-end-to-end-framework-
for-production-ready-llm-systems-by-building-your-llm-twin-2cc6bb01141f
```

只需两行代码，就能通过项目中定义的任意 ODM 类来查询和过滤 MongoDB 数据仓库。

此外，为了验证数据采集流水线是否按预期工作，可以通过 **IDE 的 MongoDB 插件**来查询 MongoDB 集合。这需要先单独安装相应的插件，如 VSCode 用户可以使用 MongoDB 官方插件。如果使用其他 IDE，也可以安装类似的插件或使用外部 NoSQL 可视化工具。连接到 MongoDB 可视化工具后，可以通过以下 URI 连接到我们的本地数据库：`mongodb://llm_engineering:llm_engineering@127.0.0.1:27017`；如果使用云端 MongoDB 集群，则需要更改 URI，详见第 11 章。

至此，已经介绍了如何使用不同的 ZenML 配置来运行数据采集流水线，如何可视化每次运行的输出工件，以及如何按照特定数据类别和作者来查询数据仓库。

存储在 MongoDB 数据库中的原始数据是所有后续步骤的核心。如果因为爬虫程序的任何问题而未能成功运行代码，本节将提供解决方案来排查问题，顺利修复。

1. Selenium 问题排查

众所周知，运行 Selenium 会因为 `ChromeDriver` 等浏览器驱动程序的问题而出现故障。因此，如果 `MediumCrawler` 等使用 Selenium 的爬虫因 `ChromeDriver` 问题而失败，可以通过在数据采集的 YAML 配置文件中注释掉 Medium 链接来轻松解决这个问题。具体做法是：进入 `configs/` 目录，找到所有以 `digital_data_etl_*` 开头的 YAML 文件（如 `digital_data_etl_maxime_labonne.yaml`）。打开这些文件，注释掉所有 Medium 相关的 URL，如图 3.7 所示。由于 Substack 和个人博客 URL 使用的是不依赖 Selenium 的 `CustomArticleCrawler`，因此这些 URL 可以保留。

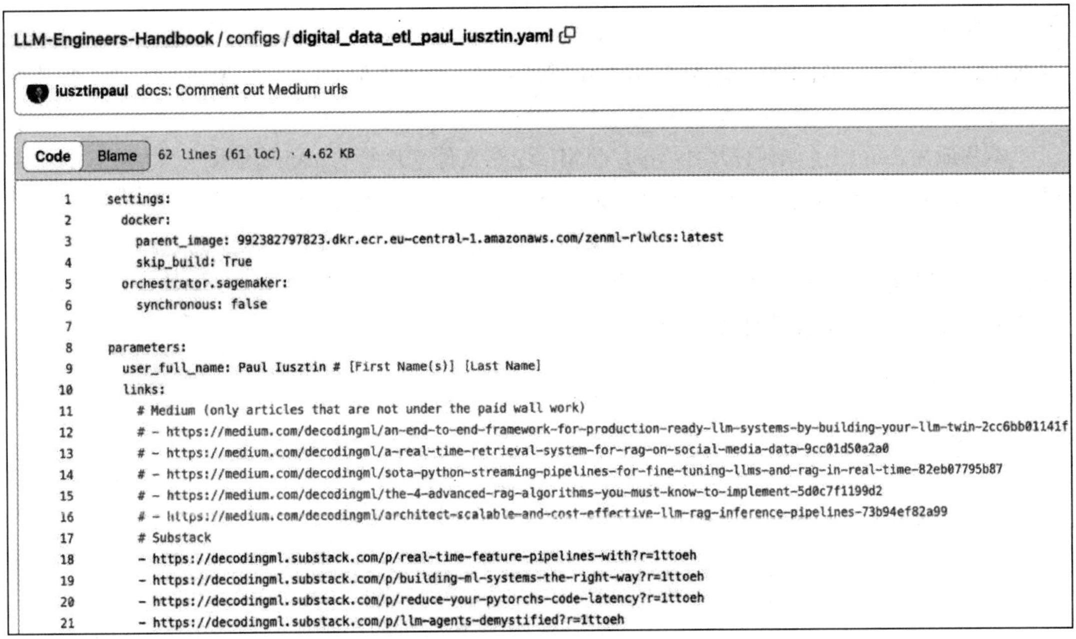

图 3.7 爬取原始数据时 Selenium 问题的修复方法

2. 导入备份数据

如果其他方法都不起作用，可以使用保存在 data/data_warehouse_raw_data 目录下的备份数据来填充 MongoDB，这样就可以跳过数据采集 ETL 代码的执行，直接进入微调和推理部分。

要导入此目录中的所有数据，需要运行如下命令。

```
poetry poe run-import-data-warehouse-from-json
```

执行上述 CLI 命令后，将获得一个与我们开发代码时使用的数据集完全一致的副本。通过检查 MongoDB 数据库中是否包含 88 篇文章和 3 个用户，可以验证数据是否导入成功。

3.3 小结

本章介绍了如何为 LLM Twin 项目设计和构建数据采集流水线。在这个过程中，没有依赖静态数据集，而是收集了定制化数据来模拟真实世界的情况，为后续构建 AI 系统时面临的实际挑战做好准备。

LLM Twin 数据采集流水线的架构，主要包含了一个 ETL 处理流程。在介绍流水线的实现时，首先介绍了如何使用 ZenML 来编排流水线，然后研究了爬虫的实现方案。我们学习了 3

种爬取数据的方法：使用子进程中的 CLI 命令、LangChain 或 Selenium 的工具函数来构建可编程操作浏览器的自定义逻辑。之后介绍了如何构建自己的 ODM 类，用它来定义文档类层次结构，其中包含文章、帖子和代码仓库等实体。

本章最后，介绍了如何使用不同的 YAML 配置文件来运行 ZenML 流水线，并在仪表盘中探索结果，以及如何通过 ODM 类与 MongoDB 数据仓库进行交互。

第 4 章将介绍 RAG 特征流水线的关键步骤，包括文档的分块和嵌入、将这些文档导入向量数据库，以及应用预检索优化来提升性能，还将使用 Pulumi 编程方式搭建必要的基础设施，并最终将 RAG 导入流水线部署到 AWS 平台。

第 4 章 RAG 特征流水线

RAG 是大多数生成式 AI 应用的基础技术。RAG 的核心职责是将自定义数据注入 **LLM**，以执行特定任务，如数据摘要、重述或精准提取。在实际应用中，通常需要让 LLM 处理那些未经训练的数据，如私有信息或最新资料。由于微调 LLM 是一项成本很高的操作，RAG 提供了一种有效的策略，使我们能够绕过持续微调的需求来访问新数据。

本章首先介绍 RAG 的基本原理和工作方式；然后介绍基础 RAG 系统的所有组件，包括文本分块、嵌入表示和向量数据库；接下来介绍高级 RAG 系统中使用的各种优化方法；随后继续介绍 LLM Twin 的 RAG 特征流水线架构；最后通过一个实践示例，基于本书描述的系统设计来实现 LLM Twin 的 RAG 特征流水线。

本章的主要内容如下：

- 理解 RAG 技术；
- RAG 高级功能概述；
- 探索 LLM Twin 的 RAG 特征流水线架构；
- 实现 LLM Twin 的 RAG 特征流水线。

通过本章的学习，读者将清晰且全面地理解 RAG 的概念，以及它在 LLM Twin 应用场景中的具体应用方式。

4.1 理解 RAG

RAG 通过从外部数据源检索信息，来提升生成式 AI 模型的准确性和可靠性，这是一种对 LLM 内部知识的补充技术。

RAG 是一种通过从外部知识源获取信息，来提升生成式 AI 模型性能的技术。这一方法可以有效弥补 LLM 内部知识的不足。

- **检索（Retrieval）**：搜索相关数据。
- **增强（Augmented）**：将数据添加到提示中作为上下文。
- **生成（Generation）**：使用增强后的提示进行 LLM 内容生成。

任何 LLM 都只能理解其训练数据中包含的信息，这类知识被称为参数化知识。因此，即使 LLM 能够完美回答过去发生的事情，它也无法获取最新数据或任何其他未经训练的外部数据源。

以 OpenAI 的 GPT-4o 为例，它的训练数据截止到 2023 年 10 月。因此，如果询问 2020 年某段时间发生了什么，由于其参数化知识，它能够给出完美的答案。然而，如果询问 2024 年欧洲足球锦标赛的结果，由于其有限的参数化知识，它将无法作答。另一种情况是，它会开始“自信”地产生幻觉，提供错误的答案。

RAG 克服了 LLM 的这两个局限。它能够访问外部和最新数据，并能防止幻觉产生，从而提升生成式 AI 模型的准确性和可靠性。

4.1.1　为什么使用 RAG

为了直观理解 RAG 的工作原理，读者需要知道：在使用 RAG 时，我们会将回答用户初始问题所需的必要信息注入到提示中，并将这个增强后的提示传递给 LLM 以获得最终答案。这样，LLM 就能利用这些额外的上下文来回答用户问题。

RAG 解决了两个基本问题：

- 幻觉；
- 过时或私有信息。

1. 幻觉

如果一个没有 RAG 功能的聊天机器人被问到超出其训练范围的问题，很可能会“自信”地给出不实答案。以 2024 年欧洲足球锦标赛为例。假设模型的训练数据截止到 2023 年 10 月，当我们询问有关这个赛事的问题时，它很可能会给出一个随机答案，让人难以分辨真假。即使 LLM 不是总产生幻觉，但这种现象仍然引发了人们对其回答可信度的担忧。因此，必须解决两个问题：“什么时候可以信任 LLM 的回答”“如何评估这些回答是否正确”。

通过引入 RAG，可以强制 LLM 仅基于引入的上下文来回答问题。在这个过程中，LLM 将作为推理引擎，而通过 RAG 添加的额外信息则将作为生成答案的唯一真实来源。这种方法能够快速评估 LLM 的回答是否基于外部数据。

2. 过时信息

任何 LLM 都是在全球知识数据集的一个子集上进行训练或微调的，主要源于以下 3 个原因。

- **私有数据**：不能使用未拥有或无权使用的数据来训练模型。
- **新数据**：新数据每秒都在产生，因此必须不断训练 LLM。
- **成本**：训练或微调 LLM 是一项极其昂贵的操作，因此无法按小时或按天进行训练。

RAG 解决了这些问题，不再需要针对新数据（包括私有数据）对 LLM 进行频繁微调，只需将回答用户问题所需的相关数据直接注入到提示中，就能生成正确且有价值的回答。

总之，RAG 是构建稳健而灵活的生成式 AI 系统的关键。但是，如何根据用户的问题将正确的数据注入到提示中呢？

4.1.2 基础 RAG 框架

每个 RAG 系统在本质上都是相似的。我们首先将专注于理解形式最简单的 RAG，之后再逐步引入更高级的 RAG 技术来提高系统的准确性。需要说明的是，我们会交替使用“基础”和“朴素”这两个术语。

RAG 系统由以下 3 个相互独立的主模块组成。

- **摄入流水线**：用于填充向量数据库的批处理或流式处理流水线。
- **检索流水线**：用于查询向量数据库并检索与用户输入相关条目。
- **生成流水线**：使用检索到的数据来增强提示，并通过 LLM 生成答案。

这 3 个模块都是独立的类或服务，它们之间的关系如图 4.1 所示。

（1）在后端，RAG 摄入流水线按计划或持续运行，将外部数据填充到向量数据库中。

（2）在客户端，用户提出问题。

（3）问题被传递给检索流水线，该流水线对用户输入进行预处理并查询向量数据库。

（4）生成流水线使用提示模板、用户输入和检索到的上下文来构建提示。

（5）将提示传递给 LLM 以生成答案。

（6）向用户展示答案。

当需要访问任何类型的外部信息时，必须在生成式 AI 应用中实现 RAG。例如，在实现金融助手时，可能需要在提供有价值的答案之前访问最新的新闻、报告和价格。或者，如果构建一个旅游推荐系统，必须检索和解析潜在的景点、餐厅和活动列表。在训练阶段，LLM 无法访问特定数据，所以通常在生成式 AI 项目中实现 RAG 策略。

1. 摄入流水线

RAG 摄入流水线从各种数据源（如数据仓库、数据湖、网页等）提取原始文档，并对文档进行清洗、分块（分割成更小的片段）和嵌入处理，最终将嵌入后的文档块加载到向量数据库（或其他类似的向量存储）中。

因此，RAG 摄入流水线可分为以下 5 部分。

- **数据提取模块**：负责从数据库、API 或网页等渠道收集所需数据。这一模块的实现高度依赖于具体数据，可以是简单的数据仓库查询，也可以是复杂的维基百科爬取。
- **数据清洗模块**：对提取的原始数据进行标准化处理，并去除无效字符。例如，需要清除输入文本中的非 ASCII 字符、粗斜体等特殊字符。另一种常见的清洗方法是将 URL 替换为占位符。不同数据源和嵌入模型的清洗策略也会相应调整。

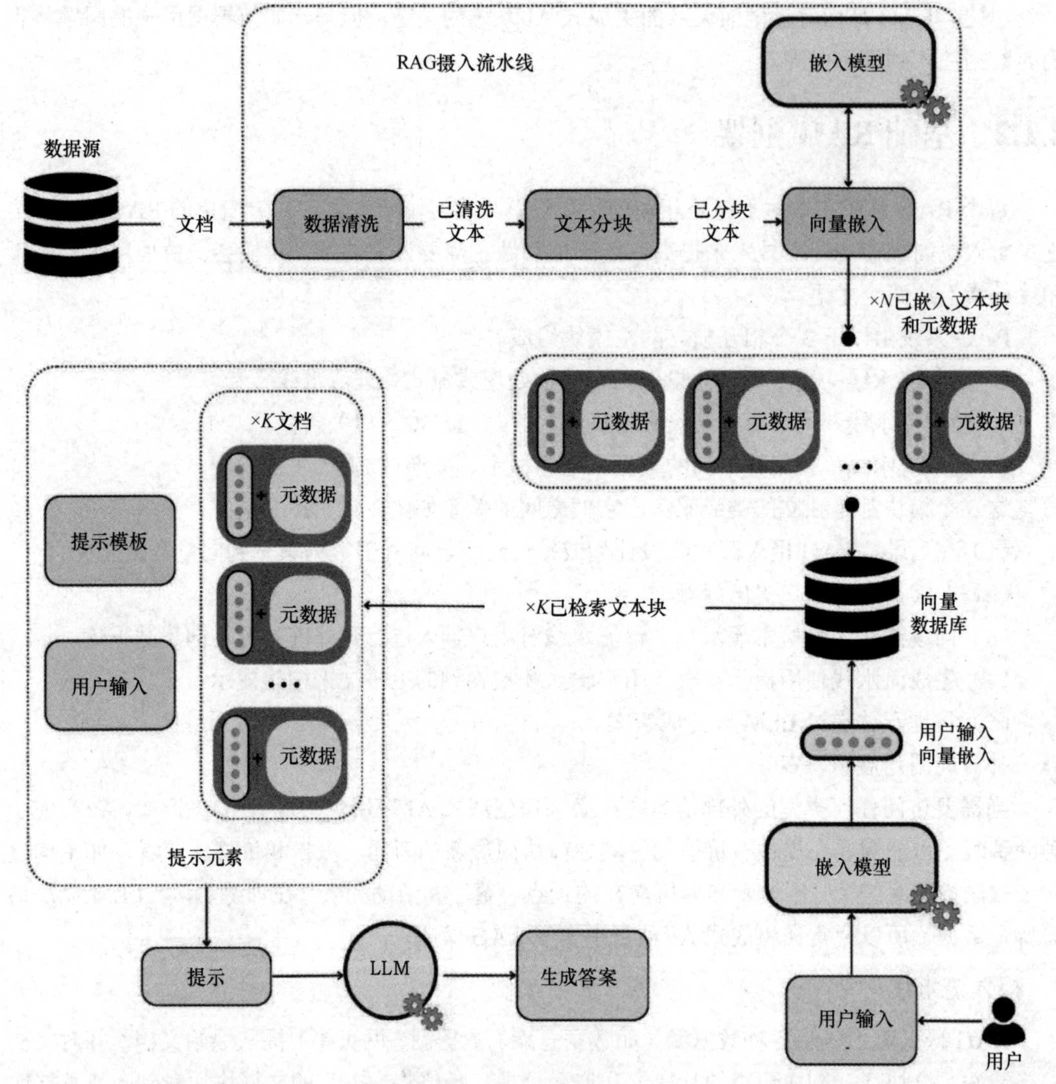

图 4.1 基础 RAG 架构

- **文本分块模块**：将清洗后的文本拆分为更小的片段。由于需要将文本内容传递给嵌入模型，需要确保内容不超过模型的最大输入限制，这一步至关重要。此外，分块还能帮助分离语义相关的区域。例如，在处理书籍章节时最佳实践是将相似段落归类到同一个块中，这样在后续检索过程中只会提取最关键的数据添加到提示中。
- **向量嵌入模块**：采用嵌入模型将块的内容（文本、图像、音频等）转换为语义丰富的稠密向量。关于嵌入的更多细节，可参见 4.1.3 节。
- **加载模块**：处理嵌入的文本块及其元数据。元数据记录了嵌入内容、数据源 URL 及内容的发布时间等关键信息。嵌入向量可作为查询相似块的索引，而元数据则用于检索和补充提示信息。

到目前为止，已经有了一个 RAG 数据摄入流水线，它接收原始文档作为输入，对其进行处理，并将结果存入向量数据库。下一步是从向量存储中正确检索相关数据。

2. 检索流水线

检索组件会接收用户的输入（文本、图像、音频等），将其转化为向量嵌入，并在向量数据库中查询与用户输入相似的向量。

检索步骤的主要功能是将用户输入投影到与向量数据库中的索引嵌入相同的向量空间。通过比较向量存储中的嵌入与用户输入向量，可以找出最相似的前 K 个条目。这些检索到的条目将作为内容来增强传递给 LLM 的提示，用于生成答案。

可以使用距离（如欧几里得距离或曼哈顿距离）度量来比较两个向量，目前最常用的是余弦距离，计算方式为 1 减去两个向量之间夹角的余弦值，两个向量之间夹角的余弦值叫作余弦相似度，具体如下：

$$Cosine\,Distance = 1-\cos(\theta) = 1-\frac{\boldsymbol{A}\cdot\boldsymbol{B}}{\|\boldsymbol{A}\|\cdot\|\boldsymbol{B}\|}$$

余弦相似度的取值范围在−1 到 1：当向量 $\boldsymbol{A}$ 和 $\boldsymbol{B}$ 的方向完全相反时，其值为−1；当向量 $\boldsymbol{A}$ 和 $\boldsymbol{B}$ 正交时，其值为 0；当向量 $\boldsymbol{A}$ 和 $\boldsymbol{B}$ 指向相同方向时，其值为 1。

在大多数情况下，余弦距离在非线性复杂向量空间中表现良好。然而，需要注意的是，选择合适的向量间距离取决于你的数据和所使用的嵌入模型。

需要强调的一个关键因素是：用户输入和嵌入模型必须在同一个向量空间中，否则无法计算它们之间的距离。为此，必须以与 RAG 摄入流水线中处理原始文档相同的方式来预处理用户输入，这意味着必须使用相同的函数、模型和超参数来清洗、分块（如果需要）并嵌入用户的输入。这类似于在训练和推理之间必须以相同的方式将数据预处理为特征；否则，推理将产生不准确的结果——这种现象也被称为训练-服务偏差。

3. 生成流水线

RAG 系统的最后一步是接收用户输入、检索数据、将其传递给 LLM，并生成有价值的答案。

最终提示是由系统和提示模板根据用户的查询和检索到的上下文填充而成。根据应用场景，可能需要使用一个或多个提示模板。通常，所有的提示工程工作都是在提示模板层面完成的。

下面是一个示例，展示了通用系统和提示模板的基本结构，以及如何结合检索逻辑和 LLM 生成最终答案。

```
system_template = """
```

```
You are a helpful assistant who answers all the user's questions politely.
"""
prompt_template = """
Answer the user's question using only the provided context. If you cannot answer using the
context, respond with "I don't know."

Context: {context}
User question: {user_question}
"""

user_question = "<your_question>"
retrieved_context = retrieve(user_question)

prompt = f"{system_template}\n"
prompt += prompt_template.format(context=retrieved_context, user_question=user_question)

answer  = llm(prompt)
```

随着提示模板的演进，每一次变更都应该采用 **MLOps** 最佳实践进行追踪和版本管理。这样，在训练或推理时，就能始终知道具体的回答是由哪个版本的 LLM 和提示模板生成的。我们可以通过 Git 来实现这一点，也可以将提示模板存储在数据库中，或使用 LangFuse 等专门的提示管理工具来实现。

影响 RAG 系统准确性的关键因素主要包括：存储在向量数据库中的外部数据的嵌入表示、用户查询的嵌入表示，以及如何通过余弦距离等函数来计算二者之间的相似度。

4.1.3 什么是嵌入

想象一下这个场景：当试图教计算机理解这个世界时，嵌入就像一个特殊的翻译器，它能将各种事物转换成数值编码。这种编码并非随机的，而是遵循一个重要规律：相似的词或事物会被转换成彼此接近的编码。不妨把它想象成一张概念地图，其中含义相近的词会自然地聚集在一起。

基于这个理解，从理论角度来说，嵌入是一种将对象（如单词、图像或推荐系统中的项目）编码为连续向量空间中的稠密数值向量的表示方法。这种转换有助于捕获对象之间的语义内涵和关联。例如，在**自然语言处理（natural language processing，NLP）**中，嵌入会将单词转换为向量，使得语义相似的单词在向量空间中的位置彼此接近，如图 4.2 所示。

为了理解和评估嵌入之间的几何关系，一种常用方法是对其进行可视化。由于嵌入通常具有 64～2,048 个维度，远超过 2 个或 3 个维度，因此必须将它们重新投影到二维或三维空间。例如，UMAP 的特点是在将嵌入向量投影到二维或三维空间时，能够很好地保持数据点之间的几何特性，如图 4.3 所示。另一种常用的向量可视化降维算法是 t-SNE。不过，与 UMAP 比，t-SNE 的随机性更强，而且无法保持数据点之间的拓扑关系。

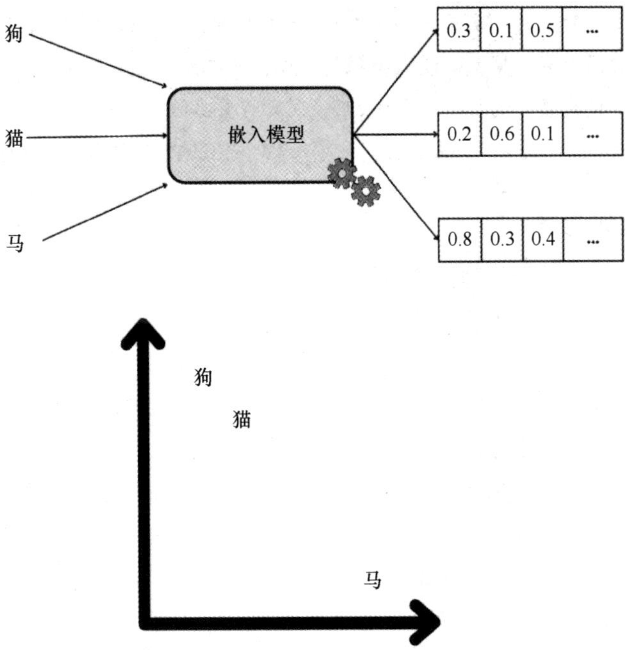

图 4.2　什么是嵌入

图 4.3　使用 UMAP 进行嵌入向量可视化（来源：UMAP 官方文档）

降维算法（如 PCA、UMAP 和 t-SNE）是一种数学技术，它能在保留数据集的基本模式、结构和关系的同时减少输入变量或特征的维度。这类算法的目标是将高维数据转换为低维形式，使数据更易于可视化、解释和处理，同时将重要信息的损失降到最低。这些方法不仅可以有效解决“维度灾难”问题，提高计算效率，而且通常能够提升机器学习算法的性能。

1. 嵌入技术为什么如此强大

首先，机器学习模型只能处理数值数据，这在处理表格数据时并不是问题，因为表格数据通常已经是数值形式，或者可以轻松转换为数值。当需要将文本、图像或音频数据输入模型时，嵌入技术就显得特别有用。

例如，在使用 Transformer 模型时，需要将所有文本输入进行分词处理，把它切分成更小粒度的词元（token），每个词元都会对应一个嵌入向量。这个过程的优雅之处在于其简单性：Transformer 接收的输入本质上就是一个嵌入向量序列，这使得神经网络的稠密层能够对其进行准确而高效的处理。

基于这个例子，可以使用嵌入来编码任何分类变量并将其输入到机器学习模型中。但为什么不使用其他简单方法，例如**独热编码（one-hot encoding）**呢？原因在于，当处理具有高基数的分类变量（如语言词汇表）时，使用其他经典方法会遭受“维度灾难”。以词汇表为例，假设其包含 10,000 个词元，采用独热编码后，每个词元都会转化为一个长度为 10,000 的向量。如果输入序列有 N 个词元，那将变成 $N\times10{,}000$ 个输入参数。在文本处理中，N 通常大于等于 100，这会导致输入规模过大而难以使用。另外，其他不受“维度灾难”影响的经典方法（如**哈希**），会丢失向量之间的语义关系。

独热编码是一种将分类变量转换为二进制矩阵表示的技术。在这种编码中，每个类别都由一个唯一的二进制向量表示。对于每个分类变量，会创建一个长度等于类别总数的二进制向量，其中仅将对应特定类别的位置设为 1，其他位置均为 0。这种方法能够完整保留类别信息，而且简单直观、易于理解。然而，这种方法的一个显著缺点是，当分类变量具有大量不同取值时，会产生高维度的特征空间，使得该方法在实际应用中难以实施。

特征哈希（Feature hashing），也称为哈希编码或“哈希技巧”，是一种通过对类别值应用哈希函数将分类变量转换为数值特征的技术。与独热编码相比，该方法不受唯一类别数量的限制，而是通过将类别映射到固定数量的箱或桶中来降低特征空间的维度。这样可以有效减少特征空间的维度，在处理高基数分类变量时可以降低内存使用和减少计算时间。然而，这种方法存在哈希碰撞的风险，即不同的类别可能映射到同一个箱或桶中，导致信息丢失。这种映射使得该方法难以解释，同时也很难理解原始类别和哈希特征之间的关系。

嵌入可以在控制输出向量维度的同时对类别变量进行编码。与简单的特征哈希相比，它能用更巧妙的方法将信息压缩到更低维的空间中。

其次，对输入进行嵌入可以降低其维度，并将其所有语义信息压缩到一个稠密向量中。这是一种极其常用的技术，尤其在图像处理领域：卷积神经网络（convolutional neural networks，CNN）编码器将高维语义映射到一个嵌入向量中，随后由 CNN 解码器处理该嵌入向量来执行分类或回归步骤。

图 4.4 展示了一个典型的 CNN 架构。想象每一层中都有微小的方块区域，这些方块区域就是"感受野（receptive fields）"。每个方块会将信息传递给下一层的单个神经元。在网络中传递信息时，会发生以下两个关键的变化。

- **图像压缩**：特殊的"子采样（subsampling）"操作使网络层的规模变小，只保留关键细节。
- **学习特征**："卷积（convolutions）"操作则相反，会随着网络从图像中学习更复杂的特征，使层的规模逐步扩大。

最后，末端的全连接层会接收所有处理过的信息，并将其转换成最终的向量嵌入，这个向量就是图像的数值化表示。

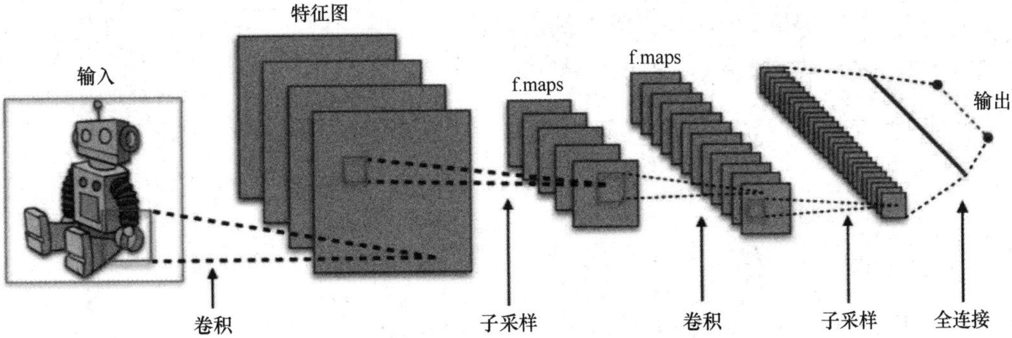

图 4.4 使用 CNN 从图像生成嵌入向量

> 图 4.4 来自维基共享资源（Wikimedia Commons），遵循 Creative Commons Attribution-ShareAlike 4.0 国际许可协议。

2. 嵌入向量是如何创建的

深度学习模型通过理解输入的上下文和语义，将其投影到连续的向量空间中，从而创建嵌入向量。

创建嵌入向量可以使用多种深度学习模型，具体选择哪个模型取决于数据输入的类型。因此，在选择嵌入模型之前，理解数据及需要从数据中获得什么至关重要。

例如，在处理文本数据时，Word2Vec 和 GloVe 是早期用于创建词向量嵌入的主要方法，这些方法至今在一些简单的应用场景中仍被广泛使用。

另一种主要方法是使用仅编码器（encoder-only）的 Transformer 模型，如 BERT，以及 RoBERTa 等。这些模型利用 Transformer 架构的编码器，能够将输入智能地映射到稠密向量空间中，这些向量可以用作后续的嵌入表示。

在 Python 中快速计算嵌入向量时，可以使用 Sentence Transformers Python 包（该功能也可在 Hugging Face 的 transformers 包中找到）。这个包提供了用户友好的接口，使嵌入向量的计算过程变得简单且高效。

如下代码片段展示了如何使用 SentenceTransformer 加载模型，计算 3 个句子的嵌入向量，并计算它们之间的余弦相似度。每个句子与自身的相似度始终为 1；由于第一个句子和第二个句子完全没有共同之处，它们之间的余弦相似度接近 0；第一个句子和第三个句子因为存在一些重叠的上下文，它们之间的余弦相似度值较高。

```
from sentence_transformers import SentenceTransformer

model = SentenceTransformer("all-MiniLM-L6-v2")

sentences = [
"The dog sits outside waiting for a treat.",
"I am going swimming.",
"The dog is swimming."
]

embeddings = model.encode(sentences)
print(embeddings.shape)
# Output: [3, 384]

similarities = model.similarity(embeddings, embeddings)
print(similarities)
# Output:
# tensor([[ 1.0000, -0.0389, 0.2692],
# [-0.0389, 1.0000, 0.3837],
# [ 0.2692, 0.3837, 1.0000]])
#
# similarities[0, 0] = The similarity between the first sentence and itself.
# similarities[0, 1] = The similarity between the first and second sentence.
# similarities[2, 1] = The similarity between the third and second sentence.
```

上述代码片段的源代码可以在本书 GitHub 仓库的 `code_snippets/08_text_embeddings.py` 文件中找到。

> 嵌入相关的示例代码可以在贯穿本书的虚拟环境中运行，因为该环境已包含了所需的全部依赖包。

嵌入模型的性能会随着时间推移和具体应用场景而变化。在 Hugging Face 平台的**大规模文本嵌入基准测试（massive text embedding benchmark，MTEB）**中可以找到各类嵌入模型。读者可以根据需求，综合考虑性能最佳的模型、准确率最高的模型，或者内存占用最小的模型。如何选择完全取决于具体需求，如准确率和硬件条件等。不过，Hugging Face 和 SentenceTransformer 让不同模型之间的切换变得简单直接，因此可以随时尝试不同的选择。

在处理图像时，可以使用 **CNN** 来进行嵌入，最常用的 CNN 是基于 ResNet 的架构。然而，这种图像嵌入技术并不能直接应用于音频数据。我们可以先将音频转换为频谱图等视觉表示形式，然后再使用图像嵌入模型进行处理，使计算机以可理解的方式捕捉图像和声音的本质特征。

通过利用 CLIP 等模型，可以将文本和图像嵌入到同一个向量空间中。这使得我们能用句子来查找相似图像，反之也可以，充分展示了 CLIP 的实用性。

在下面的代码片段中，使用 CLIP 对一张疯狂猫咪的图片和 3 个句子进行编码，并通过余弦相似度来计算图片与这些句子之间的相似程度。

```
from io import BytesIO

import requests
from PIL import Image
from sentence_transformers import SentenceTransformer

response = requests.get(
"https://github.com/PacktPublishing/LLM-Engineering/blob/main/images/
crazy_cat.jpg?raw=true"
)

image = Image.open(BytesIO(response.content))

model = SentenceTransformer("clip-ViT-B-32")

img_emb = model.encode(image)
text_emb = model.encode(
["A crazy cat smiling.",
"A white and brown cat with a yellow bandana.",
"A man eating in the garden."]
)
print(text_emb.shape) # noqa
# Output: (3, 512)

similarity_scores = model.similarity(img_emb, text_emb)
```

```
print(similarity_scores) # noqa
# Output: tensor([[0.3068, 0.3300, 0.1719]])
```

上述代码片段的源代码可以在本书 GitHub 仓库的 code_snippets/08_text_image_embeddings.py 文件中找到。

本节简要介绍了嵌入向量的计算方法。虽然具体的实现方式多种多样，但关键是要了解嵌入向量几乎可以应用于所有类型的数字数据，包括文字、句子、文档、图像、视频和图形等。

请务必理解这一关键点：在计算两个不同数据类别之间的距离（如句子向量与图像向量之间的距离）时，必须使用专门设计的模型。这类模型（如 CLIP）能够将两种数据类型投影到同一向量空间中，从而确保距离计算的准确性。

3. 嵌入技术的应用

随着采用 RAG 的生成式 AI 的技术快速发展，嵌入技术在信息检索任务中变得极其流行，包括文本、代码、图像和音频的语义搜索，以及 AI 智能体的长期记忆存储。而在生成式 AI 出现之前，嵌入技术就已经被广泛应用于以下场景中。

- 表示输入到机器学习模型的分类变量（如词汇标记）。
- 通过编码用户和物品并找出它们之间的关系来构建推荐系统。
- 进行聚类和异常检测。
- 使用 UMAP 等算法进行数据可视化。
- 使用嵌入向量作为特征进行分类。
- 通过比较各个类别的嵌入向量并选择最相似的一个来进行零样本分类。

要全面理解 RAG 的工作机制，还需要了解向量数据库，以及它如何通过嵌入实现数据检索。

4.1.4 关于向量数据库的更多内容

向量数据库是专门用于高效存储、索引和检索向量嵌入的数据库。传统的基于标量的数据库难以应对向量数据的复杂性，因此向量数据库在实时语义搜索等任务中至关重要。

虽然 FAISS 等独立向量索引在相似性搜索方面很有效，但它们缺乏向量数据库的全面数据管理能力。向量数据库支持 CRUD 操作、元数据过滤、可扩展性、实时更新、备份、生态系统集成，并具有强大的数据安全性，这使得向量数据库比独立索引更适合在生产环境中使用。

1. 向量数据库的工作原理

先回想一下使用传统数据库时的搜索方式：输入特定内容后，系统会返回与之完全匹配的结果。而向量数据库采用了不同的方式——它不追求完全匹配，而是寻找与查询向量最相近的内容。具体来说，向量数据库的底层使用**近似最近邻（approximate nearest neighbor，ANN）**算法来定位相似内容。

虽然 ANN 算法无法返回给定搜索的最佳匹配结果，但标准最近邻算法的运行速度过慢，同时，经验证明对给定输入查询仅使用近似的最佳匹配已经能够满足实际需求。因此，在权衡准确性和延迟后，ANN 算法成为更好的选择。

以下是向量数据库的典型工作流程。

（1）**向量索引**：向量使用针对高维数据优化的数据结构进行索引。常用的索引技术包括分层可导航小世界（hierarchical navigable small world，HNSW）、随机投影、乘积量化（product quantization，PQ）和局部敏感哈希（locality-sensitive hashing，LSH）。这些技术各有特点，都能够提高向量检索效率。

（2）**相似度查询**：在搜索过程中，数据库会查询已索引的向量，以找到与输入向量最相似的结果。这个过程涉及使用余弦相似度、欧氏距离或点积等方法来度量向量。每种度量方法各有优势，适用于不同的应用场景。

（3）**结果后处理**：在识别出潜在匹配项后，经过结果后处理来提高准确性，以确保向用户返回最相关的向量。

向量数据库可以在向量搜索之前或之后基于元数据过滤结果，这两种方法在性能和准确性方面各有优劣。由于查询同时依赖元数据和向量索引，因此包含了用于过滤操作的元数据索引。

2．向量数据库中的索引算法

向量数据库使用以下多种算法来创建向量索引并实现高效的数据搜索。

- **HNSW**：HNSW 会构建一个多层图，其中每个节点代表一组向量，相似的节点间相互连接，使算法能够高效地遍历图并找到最近邻。
- **随机投影**：随机投影通过使用随机矩阵将向量投影到低维空间来降低向量的维度。这种算法保持了向量之间的相对距离，有助于加快搜索速度。
- **PQ**：PQ 先将向量划分为更小的子向量，再将这些子向量量化为代表性编码来压缩向量。这种算法减少了内存使用并加快了相似性搜索。
- **LSH**：LSH 将相似的向量映射到桶中。这种算法通过聚焦于数据的子集来实现快速近似最近邻搜索，从而降低计算复杂度。

这些算法让向量数据库能够高效处理复杂和大规模的数据，使其成为各类 AI 和机器学习应用的理想选择。

3. 数据库操作

向量数据库与标准数据库之间有一些通用特性，以确保在生产环境中具有高性能、容错性和易管理性。为了实现这些特性，需要执行以下操作。

- **分片和复制**：数据被分区（分片）到多个节点上以确保可扩展性和高可用性。通过在不同节点间复制数据，可以在节点发生故障时保证数据的完整性和可用性。
- **监控**：持续监控数据库性能，包括查询延迟和资源（RAM、CPU、磁盘）使用情况，以维持系统最佳运行状态，并识别潜在隐患。
- **访问控制**：通过实施严格的访问控制机制，确保只有授权用户才能访问和修改数据。这些机制包括基于角色的访问控制和其他安全协议，用以保护敏感信息。
- **备份**：定期进行数据库备份对灾难恢复至关重要。通过自动化备份流程，确保在数据损坏或丢失时能够将系统恢复到之前的状态。

4.2 高级 RAG 技术概览

4.1.2 节介绍的基础 RAG 框架并未解决如下一些会影响检索和答案生成质量的基本问题。

- 检索到的文档是否与用户问题相关？
- 检索到的上下文是否足够回答用户问题？
- 是否存在会为增强提示带来噪声的冗余信息？
- 检索步骤的延迟是否符合要求？
- 如果无法使用检索到的信息生成有效答案，该如何处理？

从上述问题中可以得出两个结论。第一个结论是，需要为 RAG 系统配备一个健壮的评估模块，用于量化和衡量检索数据的质量，并生成与用户问题相关的答案，第 9 章将会详细介绍这个主题。第二个结论是，必须改进 RAG 框架，直接从算法层面解决检索限制问题，这类改进被称为高级 RAG。

可以在 3 个不同阶段优化基础 RAG 框架，如图 4.5 所示。

- **预检索阶段**：关注如何进行数据的结构化和预处理，以优化数据索引和查询效率。
- **检索阶段**：关注如何改进嵌入模型和元数据过滤，以提升向量搜索的效果。
- **后检索阶段**：关注如何从检索到的文档中过滤噪声，以及如何在输入 LLM 生成答案前对提示进行压缩的方法。

本节不会详尽列举所有可用的高级 RAG 方法，而是帮助读者建立对可优化内容的直观认识。本节只会用文本数据做示例，但无论何种数据类别，高级 RAG 的基本原理不变。

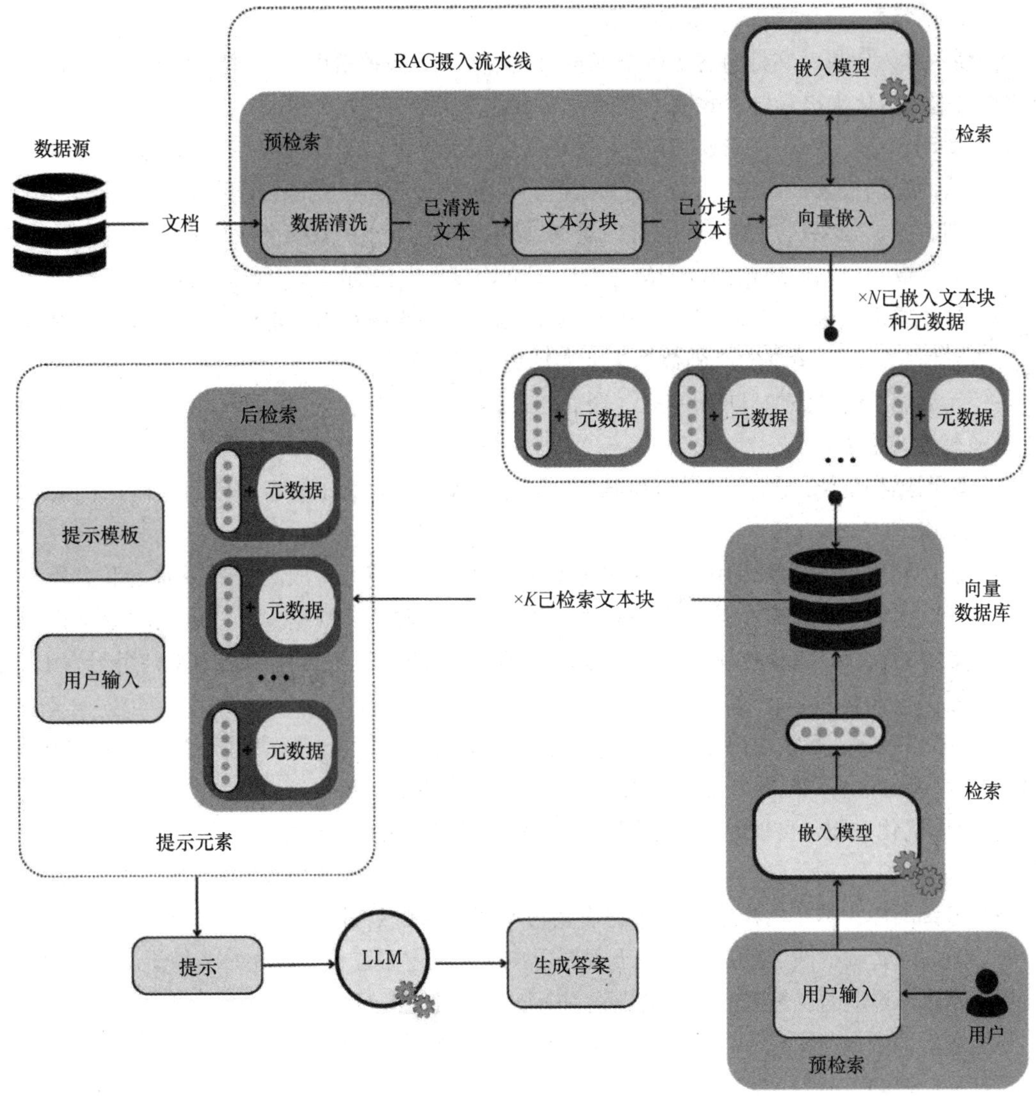

图 4.5　高级 RAG 的 3 个阶段

4.2.1　预检索

预检索阶段包括以下两种方式。

- **数据索引**：它是 RAG 摄入流水线的一部分，主要在数据清洗和分块模块中实现，目的是预处理数据以便更好地建立索引。
- **查询优化**：查询优化算法会直接处理用户查询，然后再将用户查询转换为嵌入向量并从向量数据库中检索文本块。

当使用嵌入向量对文档内容进行语义索引时，大多数**数据索引**技术都着重于通过更好地预处理和数据结构化来提升检索效率，例如以下5种数据索引技术。

- **滑动窗口**：滑动窗口技术在文本块之间引入重叠，以保留块边界附近的重要上下文，从而提高检索准确性。这在法律文档、科学论文、客户支持日志和医疗记录等领域特别有效，因为这些领域的关键信息通常跨越多个部分。系统会对文本块及其重叠部分进行嵌入计算，通过维持跨边界的上下文连贯性，提高相关信息的检索效果。
- **数据粒度增强**：这涉及数据清洗技术，包括删除无关细节、验证事实准确性和更新过时信息。经过清洗的准确数据集能实现更精确检索。
- **元数据**：通过添加日期、URL、外部ID或章节标记等元数据标签，实现在检索过程中高效过滤结果。
- **索引结构优化**：基于不同的数据索引方法，如各种块大小和多重索引策略，优化索引结构。
- **从小到大**：该算法将用于检索的文本块与用于最终答案生成的提示中的上下文分开处理。该算法使用较小的文本序列来计算嵌入，同时在元数据中保留序列本身及其周围更宽的窗口。这样，使用较小的块来提高检索准确性，而较大的上下文则用于为LLM提供更丰富的上下文信息。

数据索引技术背后的思路是：如果使用整段文本来计算嵌入向量，不仅可能引入过多噪声，而且文本可能包含多个主题，导致嵌入向量的整体语义表达效果不佳。

在**查询优化**方面，可以利用查询路由、查询重写和查询扩展等技术，来进一步优化LLM的检索效率。

- **查询路由**：基于用户输入，可能需要与不同类别的数据进行交互，并对每个类别采用不同的查询方式。查询路由用于根据用户输入决定采取什么行动，类似于if/else语句。不过，这里的决策完全依靠自然语言，而不是使用逻辑语句。如图4.6所示，在进行检索增强生成时，基于用户输入，可以通过向量搜索从向量数据库获取相关上下文、将用户查询转换为SQL语句从标准数据库检索信息，或是通过REST API从互联网获取数据。查询路由器能够检测是否需要检索上下文信息，从而避免对外部数据源进行冗余调用。同时，它还可以为给定的输入选择最佳提示模板。以LLM Twin为例，根据用户的需求是生成文章段落、帖子还是代码片段，选择不同的提示模板来优化内容生成过程。查询路由通常通过两种方式实现：使用LLM来决定选择什么路径，或通过选择具有最相似向量的路径来使用嵌入。总的来说，查询路由类似于if/else语句，但因为直接使用自然语言而更加通用。

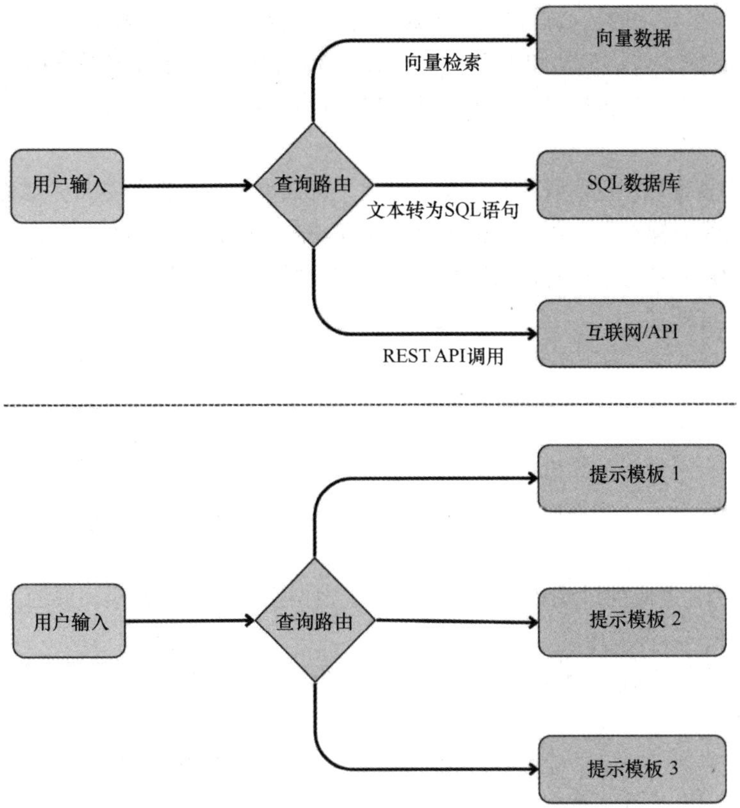

图 4.6　查询路由

- **查询重写**：用户的初始查询可能与数据的组织方式不完全匹配，查询重写可以通过重新表述问题来使其更好地匹配已索引的信息。这个过程可能涉及以下技术。
  - ✓ **重述**：在保持用户查询含义不变的同时进行重新表述（例如，“气候变化的原因是什么？”可以重述为“导致全球变暖的因素”）。
  - ✓ **同义词替换**：用同义词替换不常用的词以扩大搜索范围（例如，“欢欣”可以被替换为“快乐”）。
  - ✓ **子查询拆分**：对于较长的查询，可以将其分解为多个更短且更有针对性的子查询，以帮助检索阶段更精确地识别相关文档。
- **假设性文档嵌入（hypothetical document embeddings，HyDE）**：这种技术涉及让 LLM 生成对查询的假设性响应。之后，原始查询和 LLM 的响应会一同被输入到检索阶段。
- **查询扩展**：旨在通过添加额外的术语或概念来丰富用户查询，从而得到同一问题的不同视角。例如，当搜索“疾病”时，系统会利用与原始查询的同义词和相关术语，如“病症”或“疾患”等。

- **自查询**：自查询的核心思想是将非结构化查询转换为结构化查询。LLM 会识别输入文本中的关键实体、事件和关系，识别出的内容会被用作过滤参数来缩小向量搜索空间（例如，从查询中识别出"巴黎"这样的城市名称，并将其添加到过滤器中以减少向量搜索空间）。

数据索引和查询优化这两种预检索优化技术，都高度依赖数据的类型、结构和来源。和其他数据处理流水线一样，由于每个案例各有特点和缺陷，因此并不存在永远有效的方法。在预检索阶段优化 RAG 是一个实验性的过程，关键在于尝试如本节所述的多种方法，反复迭代，观察哪种方法效果最好。

4.2.2 检索

检索阶段可以从两个方面进行优化。

- **改进 RAG 摄入流水线中的嵌入模型**，用于对分块文档进行编码，并在推理阶段转换用户输入。
- **充分利用数据库的过滤和搜索功能**，用于根据用户输入检索最相似的文本块，这一步骤仅在推理阶段使用。

这两个优化方面都是通过利用查询与索引数据之间的语义相似性，来增强向量搜索的效果，与我们的最终目标一致。

在优化嵌入模型时，通常需要对预训练的嵌入模型进行微调，使其适应所在领域的专业术语和细微差别，这在术语持续演变或包含罕见词汇的领域尤为重要。

相比微调嵌入模型，可以利用指令模型（instructor model），通过针对特定领域的指令/提示来引导嵌入生成过程。使用指令模型来调整嵌入网络以适应数据是一个不错的选择，因为微调模型会消耗更多的计算资源和人力资源。

如下代码片段是一个 `instructor` 模型示例，该模型对 AI 相关文章的标题进行嵌入。

```
from InstructorEmbedding import INSTRUCTOR

model = INSTRUCTOR("hkunlp/instructor-base")

sentence = "RAG Fundamentals First"

instruction = "Represent the title of an article about AI:"

embeddings = model.encode([[instruction, sentence]])
print(embeddings.shape) # noqa
# Output: (1, 768)
```

该示例的源代码可以在本书 GitHub 仓库的 `code_snippets/08_instructor_embeddings.py` 文件中找到。

要运行 instructor 代码，需要先创建并激活一个新的虚拟环境：

```
python3 -m venv instructor_venv && source instructor_venv/bin/activate
```

并安装所需的 Python 依赖包：

```
pip install sentence-transformers==2.2.2 InstructorEmbedding==1.0.1
```

利用经典的过滤和搜索数据库功能来提升检索效果的方法主要有以下两种。

- **混合搜索**：这是一种向量和关键词混合的搜索方式。基于关键词的搜索擅长识别包含特定关键词的文档。当任务要求精确度且检索的信息必须包含精确的关键词匹配时，混合搜索就能发挥优势。虽然向量搜索很强大，但在查找精确匹配时可能会遇到困难，不过它在寻找更一般的语义相似性方面表现出色。通过结合这两种方法，可以同时利用关键词匹配和语义相似性，使用 alpha 参数可以控制两种方法的权重。该算法执行两次独立的搜索，随后将结果标准化并统一。
- **过滤向量搜索**：它利用元数据索引来过滤元数据中的特定关键词，与混合搜索的不同之处在于，只使用向量索引检索一次数据，并在向量搜索之前或之后执行过滤步骤以减小搜索空间。

在实际检索应用中，因为过滤向量搜索或混合搜索的实现快捷，所以通常会从这两种方法入手。这提供了根据性能调整策略的灵活性。如果搜索结果不如预期，可以再对嵌入模型进行微调。

4.2.3 后检索

后检索优化仅针对已检索的数据进行处理，以确保 LLM 的性能不会因上下文窗口限制或数据噪声等问题而受到影响。这是因为检索到的上下文有时可能过大或包含无关信息，这两种情况都会干扰 LLM 的性能。

在后检索阶段中有以下两种常用方法。

- **提示压缩**：在保持数据本质的同时消除不必要的细节。
- **重排序**：使用交叉编码器机器学习模型，为用户输入与每个检索片段计算匹配分数。系统根据这些分数对检索结果进行排序，只保留得分最高的 *N* 个最相关结果。如图 4.7 所示，重排序模型之所以有效，是因为它能够发现用户输入和内容之间比相似度搜索更复杂的关系。但由于计算成本较高，无法在预检索阶段就使用该模型，因此一种被广泛采用的策略是：先通过嵌入向量的相似度进行检索，再使用重排序模型对检索到的信息进行优化，如图 4.8 所示。

本节并没有详细讲解所有的潜在解决方案，只是用来帮助读者理解在 RAG 基础框架的各个阶段应该进行哪些优化。事实上，选择哪种技术会因为要处理的数据类型差别巨大。

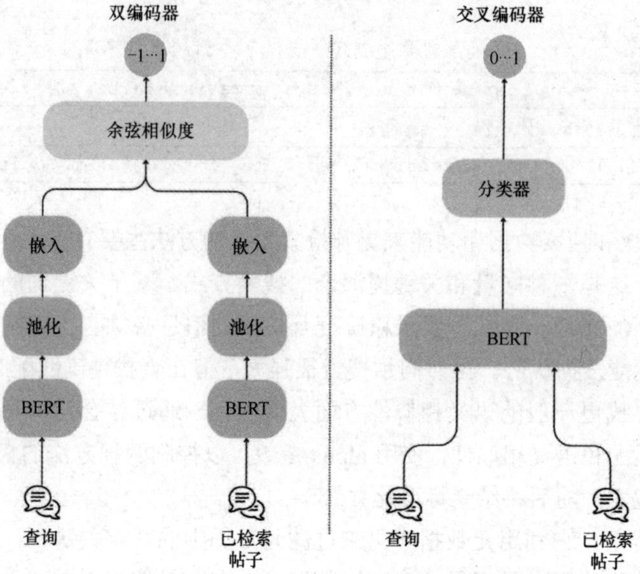

图 4.7　双编码器（标准嵌入模型）与交叉编码器对比

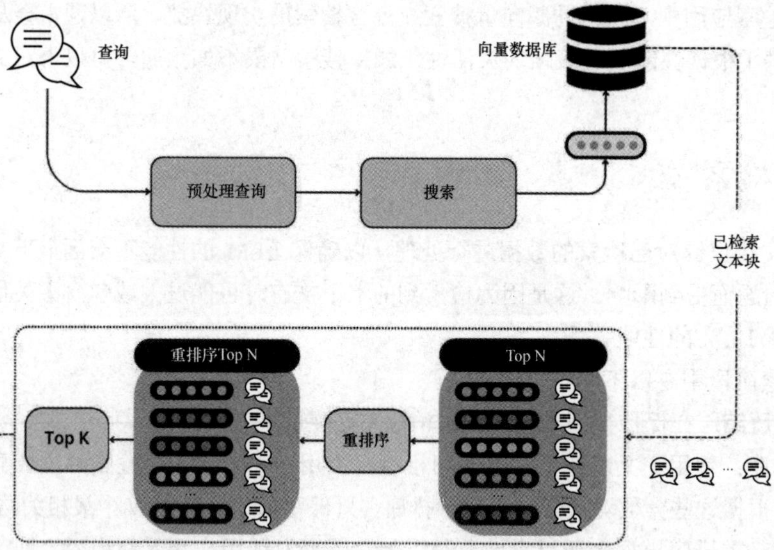

图 4.8　重排序算法

例如，要处理文本和图像这样的多模态数据，本节讲到的大多数技术都无法使用，因为它们仅针对文本数据而设计。

综上所述，这些优化技术的主要目标是在 3 个关键阶段增强 RAG 算法：预检索阶段、检索阶段和后检索阶段，这些技术包括预处理数据以改进向量索引、调整用户查询以提高搜索准确度、增强嵌入模型、利用经典的数据库过滤操作，以及移除噪声数据。

4.3 探索 LLM Twin 的 RAG 特征流水线架构

本节将介绍 LLM Twin 使用的 RAG 特征流水线的架构来帮助读者巩固本章 RAG 介绍的理论知识。

任何 RAG 系统都由以下两个独立的组件构成。

- **摄入流水线**接收原始数据，对其进行清洗、分块、嵌入，并加载到向量数据库中。
- **推理流水线**查询向量数据库以获取相关上下文，并通过调用 LLM 生成答案。

本章将专注于实现 RAG 摄入流水线，第 9 章将介绍推理流水线的实现。

基于以上考虑，快速回顾一下要解决的问题和数据来源。请记住，我们正在构建一个端到端的机器学习系统，所有组件都通过接口（或契约）相互通信，每个流水线只负责单一任务。在 LLM Twin 案例中，需要获取原始文档，进行预处理，然后将其加载到向量数据库中。

4.3.1 待解决的问题

本书旨在展示如何构建一个由端到端机器学习系统支持的、可用于生产环境的 LLM Twin 系统。本章将重点设计一个 RAG 特征流水线，该流水线从 MongoDB 数据仓库中获取原始社交媒体数据（包括文章、代码仓库和帖子）。这些原始数据将经过清理、分块和嵌入等步骤，最终加载到特征存储系统中。如第 1 章所述，本章将使用 ZenML 工件和 Qdrant 向量数据库来实现一个逻辑特征存储。

第一个关键因素是，由于要构建完全自动化的特征流水线，需要同步数据仓库和逻辑特征存储。在推理阶段，系统从向量数据库中检索上下文来生成答案，因此数据仓库和特征存储之间的同步速度将直接影响 RAG 算法的准确性。

另一个关键考虑因素是，如何实现特征流水线的自动化，并将其与现有机器学习系统整合。我们的目标是最小化两个数据存储之间的不同步现象，避免损害系统的完整性。

总之，将要设计的特征流水线，需要在处理数据的同时，持续同步数据仓库与逻辑特征存储。对于一个可投入生产的机器学习系统而言，将数据存储在特征存储中至关重要。LLM Twin 的推理流水线会查询特征流水线用于 RAG，而训练流水线则会从特征流水线获取经过追踪和版本控制的微调数据集。

4.3.2 特征存储

特征存储将作为训练流水线和推理流水线中所有特征的访问入口。训练流水线将使用特征存储中清洗后数据（以工件形式存储）来微调 LLM，推理流水线将查询向量数据库以获取用于 RAG 的分块文档。这就是为什么要设计一个特征流水线而不仅仅是 RAG 摄入流水线。在实践中，特征流水线包含多个组件，其中之一是 RAG 摄入流水线。

请记住，特征流水线作为一个思维框架，用于理清机器学习系统的复杂结构，它有明确的工作流程：接收原始数据作为输入，然后生成特征和可选标签，并将它们存储在特征存储中。因此，可以这样理解：数据仓库和特征存储之间的所有处理逻辑都应归属于特征流水线体系空间，这个体系空间可以包含一个或多个子流水线。例如要实现一个流水线，用于接收已清洗的数据，将其处理成指令数据集并存储为工件。由于这些工件是逻辑特征存储的一部分，因此这个流水线也属于特征流水线的体系空间。再例如在原始数据或计算特征之上实现的数据验证流水线，也属于特征流水线的体系空间。

需要注意的是：按照惯例，以字符串形式存储的文本数据并不被视为特征，特征是直接输入到模型中的内容。例如，必须对指令数据集或分块文档进行分词，才能将其视为特征。为什么？因为模型接收的是词元而不是字符串形式的句子。虽然这使系统变得更复杂且不够灵活，但可以通过在运行时进行分词来解决这个问题。理解这一点很重要，因为它清楚地表明 FTI 架构不必过于死板，可以根据自己的具体案例来调整和应用它。

4.3.3 原始数据从何而来

简单回顾一下，所有原始文档都保存在 MongoDB 数据仓库中，这些数据通过第 3 章介绍的数据采集 ETL 流水线填充而来。ETL 流水线会爬取 Medium、Substack 等多个平台的内容，对数据进行标准化处理后加载到 MongoDB 中。

4.3.4 设计 RAG 特征流水线架构

为 LLM Twin 应用设计的 RAG 特征流水线架构，采用批处理设计，定期从 MongoDB 数据仓库轮询数据并进行处理之后加载到 Qdrant 向量数据库，如图 4.9 所示。关于为什么采用批处理设计，需要先理解批处理架构相比流式设计的工作方式和特点。

1. 批处理流水线

在数据系统中，批处理流水线是指一种数据处理方法，它会在预定的时间间隔内，将大量数据汇集成批（batch）进行收集、处理和存储。这种方法与实时数据处理或流式数据处理形成对比，后者会在数据到达时持续进行处理。以下是批处理流水线的工作过程。

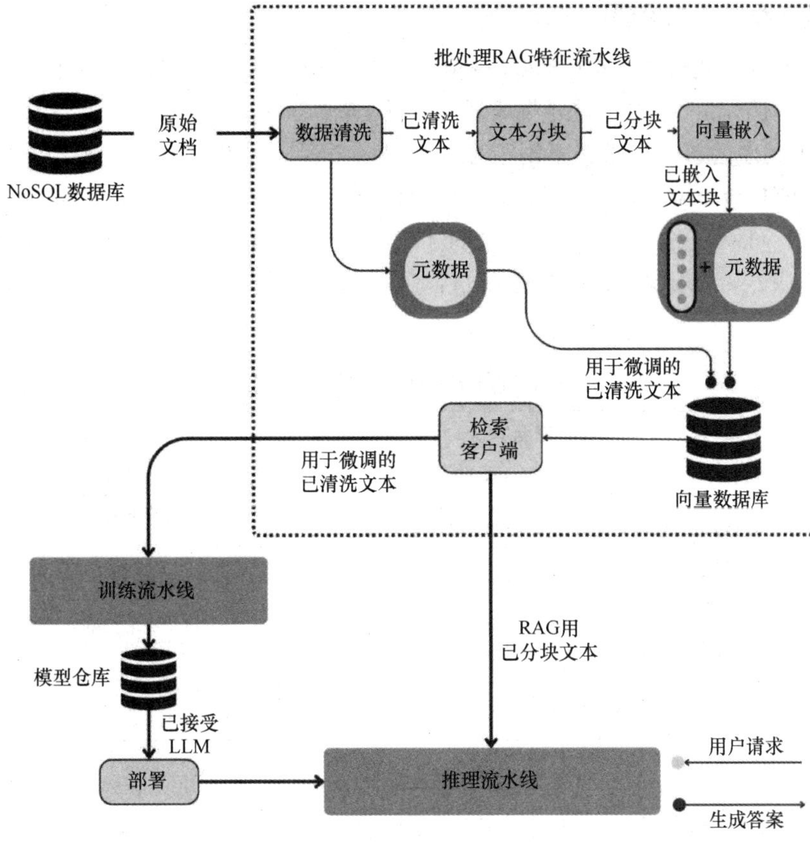

图 4.9 LLM Twin 的 RAG 特征流水线架构

（1）**数据采集**：从数据库、日志、文件等多个来源采集数据并存储，直至积累足够的数据量用于处理。

（2）**定时处理**：按照固定时间间隔（如每小时或每天）调度数据处理。在此期间，对收集的数据进行批量处理，包括数据清洗、转换、聚合等操作。

（3）**数据加载**：处理完成后，将数据加载到目标系统中，如数据库、数据仓库、数据湖或特征存储。处理后的数据即可用于分析、查询或进一步处理。

批处理流水线适用于不需要即时处理的大量数据的场景。它具有以下几个优势。

- **效率**：相比实时处理，批处理能更高效地处理大量数据，实现优化的资源分配和并行处理。
- **复杂处理**：批处理流水线可以执行复杂的数据转换和聚合，这些操作对实时处理来说可能过于消耗资源。
- **简单性**：批处理系统的架构通常比实时处理系统更简单，使其更容易实现和维护。

2. 批处理流水线与流式处理流水线

在实现特征流水线时，主要有批处理和流式处理两种设计方案。下面介绍它们的差异，以及为什么在 LLM Twin 项目中选择了批处理架构而非流式架构。

流式应用程序的核心要素包括用于存储来自多个客户端事件的分布式事件流平台（如 Apache Kafka 或 Redpanda），以及用于处理这些事件的流处理引擎（如 Apache Flink 或 Bytewax）。为了简化架构，可以使用消息队列（如 RabbitMQ）来替代分布式事件流平台来存储事件直到它们被处理完成。从处理调度、处理复杂度等多个维度对批处理流水线和流式流水线的对比，如表 4.1 所示。

表 4.1 批处理与流式数据处理流水线的比较

对比维度	批处理流水线	流式处理流水线
处理调度	按固定时间间隔处理数据（如每分钟、每小时、每天）	持续实时处理数据，最小化延迟
效率	高效处理大规模数据，优化资源分配和并行处理	实时处理单个数据点，提供即时洞察和快速响应
处理复杂度	能执行复杂的数据转换和聚合	专为处理高速数据流设计，保持低延迟
典型使用场景	适用于不需要实时数据处理的场景，通常用于数据仓库、报表、ETL 流程和特征流水线	适用于需要实时分析、实时特征、实时监控和事件驱动架构的应用
系统复杂度	相对简单，易于实现和维护	需要处理低延迟、容错和可扩展性，涉及的系统和工具更为复杂

流式处理流水线在 TikTok 等社交媒体推荐系统中非常适用。社交媒体用户的行为经常发生变化。一个典型场景是，用户在某个时间点想要放松，主要观看小狗视频；但 15 分钟后就感到无聊，想要观看教育内容或新闻等更严肃的内容。这意味着推荐系统必须实时捕捉这些行为变化，以保持用户的参与度。由于兴趣之间的转换是周期性且不可预测的，无法使用每 30 分钟或每小时运行一次的批处理流水线来更新推荐内容，而如果每分钟运行一次批处理流水线则会造成不必要的成本浪费，因为大多数预测结果不会被使用。通过实施流式处理流水线，可以实时更新特定用户的特征，再将这些特征传递给一系列预测新推荐的模型。

流式处理流水线也是 Stripe 或 PayPal 等实时欺诈检测算法的核心。在这种情况下，至关重要的是要在欺诈交易发生时将其识别出来，批处理流水线延迟几分钟或几小时的情况是不可接受的。高频交易平台基于持续涌入的市场数据进行股票预测，使交易者能够在毫秒级内做出决策，同样需要使用流式处理流水线。

而离线推荐系统就适合采用批处理流水线。以电商和流媒体平台为例，由于用户行为很少发生变化，系统并不需要如此快速地响应，因此通过批处理流水线基于历史用户行为数据定期（如每晚）更新推荐结果。这种方式不仅更容易实施，而且成本更低。

适合采用批处理流水线的另一个常见示例是用于提取、转换和加载数据的 ETL 流水线，它被广泛用于数据库之间的数据迁移。一些实际应用场景包括数据分析聚合：需要从多个数据源提取数据进行聚合处理，然后将其加载到连接仪表盘的数据仓库中，可以广泛应用于从电子商务和营销到金融和研究等领域。

LLM Twin 项目的数据采集流水线也是 ETL 流水线的应用示例，它从互联网提取数据，进行结构化处理，再将数据加载到数据仓库中以供后续处理。

相比流处理流水线，批处理流水线除了预测和特征时效性的问题，还有一个缺点是通常会产生冗余预测。以 Netflix 等流媒体平台的推荐系统为例，系统每天晚上都会为所有用户生成预测，但很多用户当天不会登录平台。此外，用户通常不会浏览所有推荐内容，而是只关注前面几个。这就导致只有一部分预测被使用，用在其他预测上计算资源则被浪费了。

因此，主流策略是先采用实现起来更快速简单的批处理架构，在产品部署完成后再逐步过渡到流式架构以降低成本并提升用户体验。

鉴于 LLM Twin 特征流水线的以下要求，我们采用了批处理架构（而非流式架构）。

- **不需要即时数据处理**：即使同步数据仓库和特征存储对于 RAG 系统的准确性至关重要，但几分钟的延迟是可以接受的。因此，设置批处理流水线每分钟运行一次，持续同步两个数据存储即可。这种技术之所以可行，是因为数据量很小——整个数据仓库只有数千条记录，而不是数百万或数十亿条，因此可以快速遍历数据并同步两个数据库。
- **简单性**：如前所述，实现流处理流水线的复杂度要高出两倍。在实际应用中，需要让系统尽可能简单，以降低理解、调试和维护的成本。同时，简单性通常也意味着更低的基础设施和开发成本。

基于架构类型（流处理或批处理）和数据规模（小数据或大数据）可以使用的工具，如图 4.10 所示。LLM Twin 项目位于小数据和批处理象限，因此选择了原生 Python，再结合 LangChain、Sentence Transformers 和 Unstructured 等生成式 AI 工具。

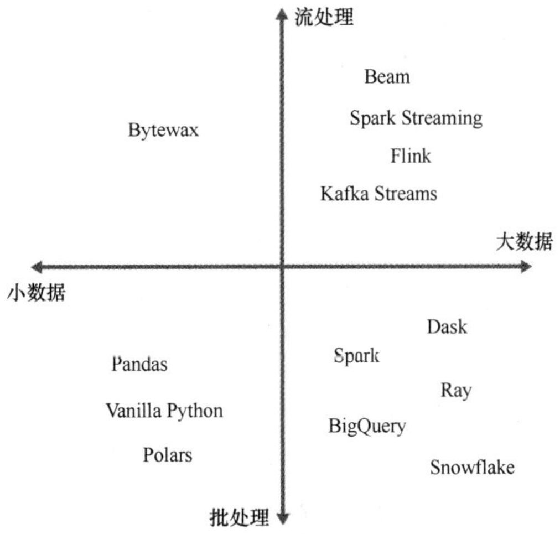

图 4.10 流处理与批处理、小数据与大数据的工具对比

在后续的“4.变更数据捕获：同步数据仓库与特征存储”部分，将讨论从批处理架构切换到流处理架构的合理时机。

3. 核心步骤

RAG 特征流水线通常包括 5 个核心步骤，LLM Twin 架构中的实现也不例外。这种模式可以快速应用到其他 RAG 应用中。LLM Twin 的 RAG 特征流水线具体包括如下 5 步。

（1）**数据提取**：从 MongoDB 数据仓库中提取最新的文章、代码仓库和帖子。在提取阶段，通常需要聚合所有待处理的数据。

（2）**数据清洗**：数据仓库中的数据已经完成标准化和部分清洗工作，但必须确保文本只包含有用信息、无重复内容，并且能被嵌入模型解释。因此，在将文本传递给嵌入模型前，必须清洗和规范化所有非 ASCII 字符。同时，为保持文本的语义密度，需要用占位符替换所有 URL 并删除所有表情符号。数据清洗更像是一门艺术而非科学，因此在完成首轮迭代并建立评估机制后，很可能需要重新迭代并改进这一过程。

（3）**数据分块**：必须根据每个数据类别和嵌入模型采用不同的分块策略。例如，处理代码仓库时需要较大的块，而处理文章时则需要较小的块或以段落为单位。根据数据特点，决定是基于章节、部分、段落、句子还是固定窗口来分割文档，同时必须确保块大小不超过嵌入模型的最大输入限制。这就是为什么通常需要根据数据结构和嵌入模型的最大输入限制来进行文档分块。

（4）**向量嵌入**：将每个块单独传递给选定的嵌入模型。从实现角度看，这一步通常最为简单，因为 SentenceTransformer 和 Hugging Face 等工具为大多数嵌入模型提供了高级接口。如 4.1.3 节所述，在这一步中最关键的决定是选择什么模型及是否进行微调。例如，使用了来自 SentenceTransformer 的 `all-mpnet-base-v2` 嵌入模型，这是一个相对轻量的模型，可在大多数机器上运行。我们还提供了配置文件，读者可以根据阅读本书时的最新技术快速配置更强大的嵌入模型。在 Hugging Face 的 MTEB（通过在搜索引擎输入“Hugging Face MTEB”可找到该页面）上快速找到其他选项。

（5）**数据加载**：将分块文档的嵌入与其元数据（如作者、文档 ID、内容、URL、平台和创建日期）结合起来，将向量和元数据打包成与 Qdrant 兼容的结构，并推送到向量数据库。由于我们想使用 Qdrant 作为特征的单一真实来源，因此会将清洗后的文档（分块之前）推送到 Qdrant。Qdrant 的元数据索引的行为类似于 NoSQL 数据库，因此推送不带向量的元数据就像使用标准 NoSQL 引擎一样。

4. 变更数据捕获：同步数据仓库与特征存储

正如本章多次强调的，数据在持续变化，这可能导致数据库、数据湖、数据仓库和特征存储之间无法保持同步。**数据变更捕获（change data capture，CDC）**策略，允许在不产生计算和 I/O 开销的情况下，实现多个数据存储系统之间的同步。它的实现原理是通过捕获源数据库上的所有

CRUD 操作，并将这些操作复制到目标数据库，此外还可以在复制过程中添加预处理步骤。

在构建特征流水线时，同步问题同样存在。一个关键的设计选择是：如何实现数据仓库和特征存储之间的同步，以确保数据满足特定使用场景对实时性的要求。

在 LLM Twin 项目中，为了简单起见，实现了一个可以定期或手动触发的批处理流水线。该流水线从数据仓库读取所有原始数据，以批处理方式进行处理，然后在 Qdrant 向量数据库中插入新记录或更新旧记录。当处理数千或数万量级的少量记录时，这种方法运行良好，但是我们还需考虑以下问题。

- 如果数据突然增长到百万级记录或更高会发生什么？
- 如果从数据仓库中删除了一条记录会发生什么？这将如何体现在特征存储中？
- 如果只想处理数据仓库中的新增或更新的记录，而不是所有记录，该怎么办？

幸运的是，CDC 模式可以解决这些问题。在实现 CDC 时，可以采用多种基于推送或拉取策略的不同方法。

- **推送**：在基于推送策略的方法中，源数据库是主要驱动者，负责主动识别数据变更并将其传输至目标系统进行处理。这种方式能确保目标系统近乎实时更新，但当目标系统不可用时可能导致数据丢失。为缓解这个问题，通常会使用消息系统作为缓冲。
- **拉取**：基于拉取策略的方法赋予源数据库一个更被动的角色，它只负责记录数据变更，而目标系统则周期性地请求这些变更并进行相应处理。这种方式虽然减轻了源数据库的负载，但会在数据传播中引入延迟。同样，消息系统在防止目标系统不可用期间的数据丢失方面起着关键作用。

综上所述，基于推送策略的方法更适合需要即时数据访问的应用场景，而基于拉取策略的方法更适合不要求实时更新的大规模数据传输场景。根据使用的检测数据变化的方法不同，业界使用的 CDC 模式主要有以下 3 种。

- **基于时间戳**：这种方法需要在数据库表中增加一个修改时间列（通常命名为 `LAST_MODIFIED` 或 `LAST_UPDATED`），下游系统通过查询该列来识别最近一次检查后更新的记录。这种方法虽然实现简单，但仅限于跟踪数据的更新而无法追踪删除操作，且因需要扫描整张表而带来额外的性能开销。
- **基于触发器**：该方法利用数据库触发器，在执行 `INSERT`、`UPDATE` 或 `DELETE` 操作时，自动将数据修改记录到一个独立的事件表中。这种方法能够跟踪所有的数据修改，但由于每个事件都涉及额外的写操作，可能会影响数据库性能。
- **基于日志**：数据库维护事务日志以记录所有数据修改，包括时间戳。这些日志主要用于系统恢复，但也可用于实时将变更传播到目标系统。这种方法最大限度地减少了对源数据库的性能影响，它避免了源数据库上的额外处理开销，能够捕获所有数据变更，且无须修改模式。但由于缺乏标准化的日志格式，选择这种方法需要针对不同供应商开发专门的实现方案。

关于 CDC 模式的更多内容，推荐阅读 Confluent 博客上的文章“What is Change Data Capture?”

综合考虑这些 CDC，在 LLM Twin 项目的 RAG 特征流水线中，我们选择快速实现一个基于时间戳的拉取策略，从而在数据增长时更好地保持数据仓库和特征存储的同步。不过，稍有不同的是，我们的实现不检查源数据库中的最后更新字段，而是直接从数据仓库拉取全量数据。

虽然基于日志的方案是业界最流行和最优的技术选择，因为它不会给源数据库带来任何 I/O 开销，具有低延迟特性，并支持所有 CRUD 操作，但其开发复杂度高，需要一个队列来捕获所有 CRUD 事件，以及一个流式流水线来处理这些事件。由于这是一本关于 LLM 的书籍，而非数据工程的著作，我们希望保持内容简单，因此选择了基于时间戳的方案，当现有实现无法满足应用需求时，随时可以对其进行升级。

5. 为什么保存两份数据快照

在逻辑特征存储中存储两份数据快照的目的包括以下两个。

- **数据清洗之后**：用于 LLM 的微调。
- **文档分块和嵌入之后**：用于 RAG。

为什么这样设计？因为无论是训练还是推理阶段，特征都应该只从特征存储中获取，这样做可以增加设计的一致性，使架构更加简洁。

此外，将针对微调和嵌入用例专门清洗的数据存储在 MongoDB 数据仓库中是一种反模式。存储在数据仓库中的数据是在整个公司范围内共享的，因此为特定用例处理这些数据并不是好的实践。例如，现在有一个文本摘要的用例，我们必须采用不同的方式来清洗和预处理数据，这时需要创建一个以用例名称为前缀的新“清洗数据”表，而且这种操作必须针对每个新用例重复进行。因此，为了避免数据仓库变得混乱，更好的做法是：在数据仓库中保持数据的通用性，只在下游组件（在本案例中是特征存储）中对数据进行特定应用的建模。

最终，如“3.核心步骤”部分所述，可以将向量数据库的元数据索引用作 NoSQL 数据库。基于这些因素，在本案例中将清洗后的数据、文档分块和向量嵌入结果都存储在 Qdrant 中。

在将 LLM Twin 系统投入运营时，第 5 章介绍的指令数据集创建流水线会从 Qdrant 读取已清洗的文档，经过处理后将其保存为带版本控制的 ZenML 工件。需要注意的是，训练流水线需要的是数据集而不是普通文档。这提醒我们，逻辑特征存储由两部分组成：用于在线服务的 Qdrant 向量数据库和用于离线训练的 ZenML 工件。

6. 编排

ZenML 负责编排批量 RAG 特征流水线。通过 ZenML，可以设置定时执行（如每小时一次），或快速手动触发 RAG 特征流水线；当然，也可以在 ETL 数据采集流水线完成后，触发执行 RAG

特征流水线。

通过编排 RAG 特征流水线并将其整合到 ZenML（或其他编排工具）中，可以实现 RAG 特征流水线的可操作化，最终目标是实现 **CT**。

关于编排、调度和持续测试的细节，将在第 11 章讲解。

4.4 实现 LLM Twin 的 RAG 特征流水线

本节介绍 LLM Twin 的 RAG 特征流水线的具体实现及核心代码，主要包括以下内容：

- ZenML 代码；
- Pydantic 领域对象；
- 自定义对象-向量映射（object-vector mapping，OVM）机制；
- 针对所有数据类别的清洗、分块和嵌入逻辑。

我们将采用自顶向下的方法，因此从 Settings 类和 ZenML 流水线的实现开始。

4.4.1 配置管理

使用 Pydantic Settings 来定义全局 `Settings` 类，用于从 `.env` 文件中加载敏感和非敏感变量。这种方法能够使用 Pydantic 提供的所有优势，如类型验证功能（如果为 `QDRANT_DATABASE_PORT` 变量提供了字符串而不是整数，程序就会异常退出，可以让整个应用程序更加确定和可靠）。

以下是 `Settings` 类的结构，其中包含了构建 RAG 特征流水线所需的变量。

```
from pydantic import BaseSettings

class Settings(BaseSettings):
    class Config:
        env_file = ".env"
        env_file_encoding = "utf-8"

    ... # Some other settings...

    # RAG
    TEXT_EMBEDDING_MODEL_ID: str = "sentence-transformers/all-MiniLM-L6-v2"
    RERANKING_CROSS_ENCODER_MODEL_ID: str = "cross-encoder/ms-marco-MiniLM-L-4-v2"
    RAG_MODEL_DEVICE: str = "cpu"

    # QdrantDB Vector DB
    USE_QDRANT_CLOUD: bool = False
    QDRANT_DATABASE_HOST: str = "localhost"
    QDRANT_DATABASE_PORT: int = 6333
    QDRANT_CLOUD_URL: str = "str"
    QDRANT_APIKEY: str | None = None
```

```
    ... # More settings...

settings = Settings()
```

正如内部 Config 类所示，所有变量都有默认值，可以通过 .env 文件来覆盖这些设置。

4.4.2 ZenML 流水线与步骤

ZenML 流水线是 RAG 特征流水线的入口。它反映了 RAG 数据摄入流水线的 5 个核心阶段：数据提取、数据清洗、文本分块、向量嵌入，以及将它们加载到逻辑特征存储中。feature_engineering() 函数中的调用是 ZenML 步骤，分别代表执行 RAG 特征流水线每个阶段的执行单元。完整代码可在 GitHub 仓库的 pipelines/feature_engineering.py 文件中查看。

```
from zenml import pipeline

from llm_engineering.interfaces.orchestrator.steps import feature_engineering as fe_steps

@pipeline
def feature_engineering(author_full_names: list[str]) -> None:
    raw_documents = fe_steps.query_data_warehouse(author_full_names)

    cleaned_documents = fe_steps.clean_documents(raw_documents)
     last_step_1 = fe_steps.load_to_vector_db(cleaned_documents)

    embedded_documents = fe_steps.chunk_and_embed(cleaned_documents)
    last_step_2 = fe_steps.load_to_vector_db(embedded_documents)

    return [last_step_1.invocation_id, last_step_2.invocation_id]
```

图 4.11 展示了在 ZenML 仪表盘中多个 RAG 特征流水线的运行情况。

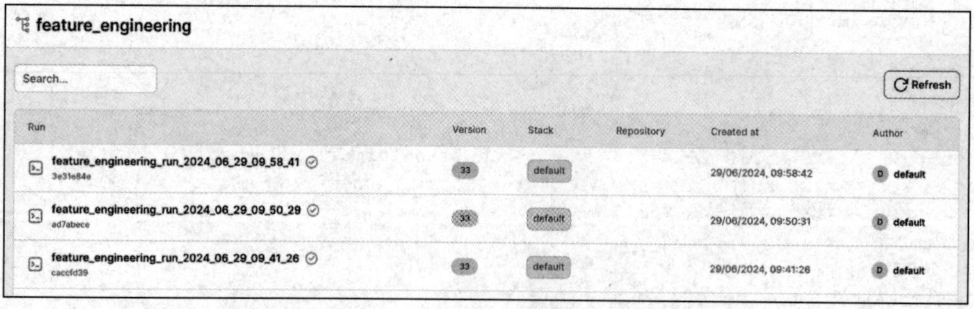

图 4.11 在 ZenML 仪表盘中特征流水线的运行情况

图 4.12 展示了 RAG 特征流水线的 DAG，用于查看所有流水线步骤及其输出构件。请记住，从 ZenML 步骤返回的任何内容都会自动保存为工件，存储在 ZenML 的工件注册表中，进行版

本控制，并可在整个应用程序中共享。

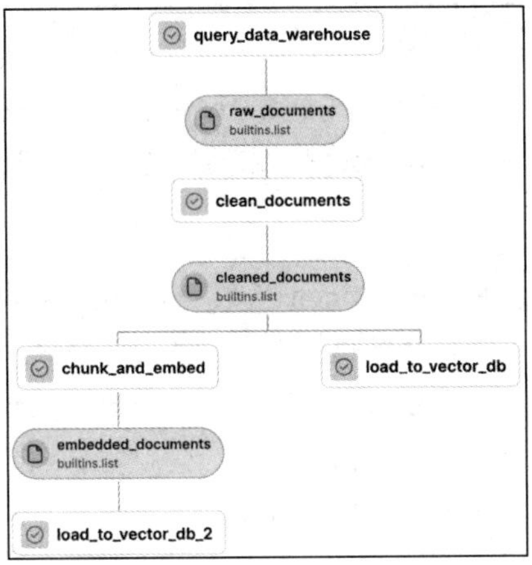

图 4.12 在 ZenML 仪表盘中的特征流水线 DAG

下面介绍如何动态配置 RAG 特征流水线。所有可配置的设置都以函数参数的形式暴露出来，因此只需要一个如函数签名 `feature_engineering(author_full_names:list[str])` 所示的作者姓名列表。我们在运行时注入一个 YAML 配置文件，该文件包含了针对不同使用场景的所有必要参数值。例如，想要用本书所有作者的数据来填充特征存储，则注入一个列出了本书全部作者的配置文件（该文件位于 GitHub 仓库的 `configs/feature_engineering.yaml` 路径下）。

```
parameters:
  author_full_names:
    - Alex Vesa
    - Maxime Labonne
    - Paul Iusztin
```

这种方法的优点在于，无须修改代码，而只需要在运行时提供一个不同的配置文件，就可以用不同的输入来配置特征流水线，具体如下：

```
feature_engineering.with_options(config_path=".../feature_engineering.yaml")()
```

具体实现可以选择在代码中硬编码配置文件的路径，或通过 CLI 命令传递 `config_path` 变量，后者允许你在不同运行之间修改流水线的配置。为了简单起见，在本例中选择了硬编码配置文件，并可通过调用 `run.py` 脚本来运行 RAG 特征流水线，具体如下。

```
python -m tools.run --no-cache --run-feature-engineering
```

当然，通过添加另一个 CLI 参数来传递 `config_path` 变量，并使用以下 `poe` 命令来运行 RAG 特征流水线，也可以轻松实现。

```
poetry poe run-feature-engineering-pipeline
```

所有 RAG 特征流水线的源代码都已上传至 GitHub，存放在 steps/feature_engineering 目录下。下面先介绍第一个步骤——查询数据仓库以获取需要处理成特征的新内容。

1. 查询数据仓库

这一步涉及一个用@step 装饰的 Python 函数 query_data_warehouse()，与 ZenML pipeline 的工作机制类似。这个函数会接收作者全名列表作为输入，并执行以下核心步骤。

- 根据用户的名字和姓氏尝试获取或创建一个 UserDocument 实例，并将其添加到作者列表中。如果用户不存在则抛出错误。
- 从数据仓库中获取该用户的所有原始数据，并扩展 documents 列表以包含这些用户文档。
- 计算出一个描述性的元数据字典，使其在 ZenML 中被记录和跟踪。

```
... # other imports
from zenml import get_step_context, step

@step
def query_data_warehouse(
    author_full_names: list[str],
) -> Annotated[list, "raw_documents"]:
    documents = []
    authors = []
    for author_full_name in author_full_names:
        logger.info(f"Querying data warehouse for user: {author_full_name}")

        first_name, last_name = utils.split_user_full_name(author_full_name)
        logger.info(f"First name: {first_name}, Last name: {last_name}")
        user = UserDocument.get_or_create(first_name=first_name, last_name=last_name)
        authors.append(user)

        results = fetch_all_data(user)
        user_documents = [doc for query_result in results.values() for doc in query_result]

        documents.extend(user_documents)

    step_context = get_step_context()
    step_context.add_output_metadata(output_name="raw_documents",metadata=_get_metadata
(documents))

    return documents
```

fetch()函数通过线程池机制在不同线程上执行查询。由于文章、帖子和代码仓库等数据存储在不同的集合中，因此必须对每种类型发起独立的查询。每个查询都会调用数据仓库，其性能受限于网络 I/O 和数据仓库延迟，而不是机器的 CPU。通过将每个查询移至不同线程，可以实现并行化。最终，`fetch()` 函数的运行时间将是所有查询延迟中的最大值，而不是各个查询延迟的总和。

在 Python 中，因为有 **GIL（global interpreter lock）** 的约束，当计算密集型或内存密集型操作受影响时，才应该使用进程来实现并行化。由于每个进程都有独立的 GIL，因此在多进程并行处理计算逻辑（如处理已加载到内存中的批量文档或图像）时，就不会受到 GIL 的限制。

```
def fetch_all_data(user: UserDocument) -> dict[str, list[NoSQLBaseDocument]]:
    user_id = str(user.id)
    with ThreadPoolExecutor() as executor:
        future_to_query = {
            executor.submit(__fetch_articles, user_id): "articles",
            executor.submit(__fetch_posts, user_id): "posts",
            executor.submit(__fetch_repositories, user_id):"repositories",
        }

        results = {}
        for future in as_completed(future_to_query):
            query_name = future_to_query[future]
            try:
                results[query_name] = future.result()
            except Exception:
                logger.exception(f"'{query_name}' request failed.")

                results[query_name] = []

    return results
```

`_get_metadata()` 函数接收查询到的文档和作者列表，并统计每个数据类别中的文档和作者数量。

```
def _get_metadata(documents: list[Document]) -> dict:
    metadata = {
        "num_documents": len(documents),
    }
    for document in documents:
        collection = document.get_collection_name()
        if collection not in metadata:
            metadata[collection] = {}
        if "authors" not in metadata[collection]:
            metadata[collection]["authors"] = list()

        metadata[collection]["num_documents"] = metadata[collection].get("num_documents",
0) + 1
        metadata[collection]["authors"].append(document.author_full_name)

    for value in metadata.values():
        if isinstance(value, dict) and "authors" in value:
```

```
        value["authors"] = list(set(value["authors"]))

    return metadata
```

在 ZenML 仪表盘中展示这些元数据，以便快速查看数据加载的统计信息。例如，在图 4.13 中，访问 query_data_warehouse() 步骤的元数据标签页，可以看到在 RAG 特征流水线的这次特定运行中，从 3 位作者那里加载了 76 份文档。这有助于监控和调试批处理流水线。

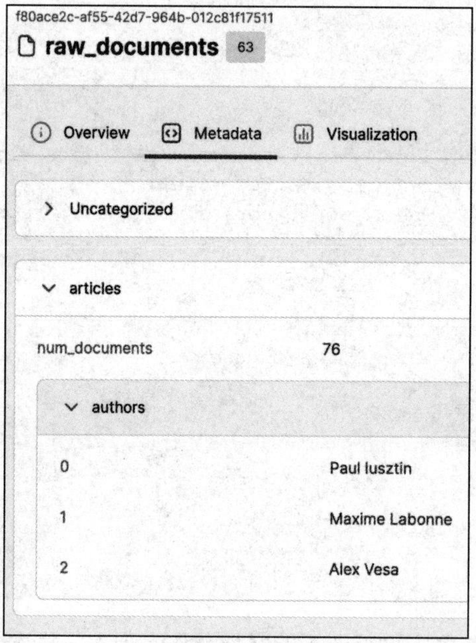

图 4.13　在 ZenML 中查询数据仓库步骤的元数据

2. 文档清洗

在文档清洗时，需要遍历所有文档，并将所有清洗逻辑委托给分发器 CleaningDispatcher，它会根据数据类别决定应用何种清洗逻辑。请记住，我们希望对文章、帖子和代码仓库应用不同的清洗逻辑，并为将来应用新的清洗逻辑预留可能性。

```
@step
def clean_documents(
    documents: Annotated[list, "raw_documents"],
) -> Annotated[list, "cleaned_documents"]:
    cleaned_documents = []
    for document in documents:
        cleaned_document = CleaningDispatcher.dispatch(document)
        cleaned_documents.append(cleaned_document)

    step_context = get_step_context()
```

```
    step_context.add_output_metadata(output_name="cleaned_documents",metadata=_get_metadata
(cleaned_documents))

    return cleaned_documents
```

计算得到的元数据与在 query_data_warehouse()函数中记录的内容类似。继续进行文档的分块和嵌入。

3. 对清洗后的文档进行分块和嵌入

与文档清洗的方式类似，将文档的分块和嵌入逻辑委托给知道如何处理每个数据类别的分发器 ChunkingDispatcher 和 EmbeddingDispatcher。注意，分块分发器（详见 4.4.4 节）返回的是一个列表而不是单个对象，这是合理的，因为文档被分割成多个块。

```
@step
def chunk_and_embed(
    cleaned_documents: Annotated[list, "cleaned_documents"],
) -> Annotated[list, "embedded_documents"]:
    metadata = {"chunking": {}, "embedding": {}, "num_documents": len(cleaned_documents)}

    embedded_chunks = []
    for document in cleaned_documents:
        chunks = ChunkingDispatcher.dispatch(document)
        metadata["chunking"] = _add_chunks_metadata(chunks,metadata["chunking"])

        for batched_chunks in utils.misc.batch(chunks, 10):
            batched_embedded_chunks = EmbeddingDispatcher.dispatch(batched_chunks)
            embedded_chunks.extend(batched_embedded_chunks)

    metadata["embedding"] = _add_embeddings_metadata(embedded_chunks,metadata["embedding"])
    metadata["num_chunks"] = len(embedded_chunks)
    metadata["num_embedded_chunks"] = len(embedded_chunks)

    step_context = get_step_context()
    step_context.add_output_metadata(output_name="embedded_documents",metadata=metadata)

    return embedded_chunks
```

在图 4.14 中，可以看到分块和嵌入 ZenML 步骤的元数据信息，例如可以看到将 76 份文档转换成了 2,373 个文本块，以及用于分块文章的参数设置（如 chunk_size 为 500 和 chunk_overlap 为 50）。

在图 4.15 中，嵌入和分块步骤中的其他 ZenML 元数据详细展示了用于计算向量的嵌入模型及其属性。

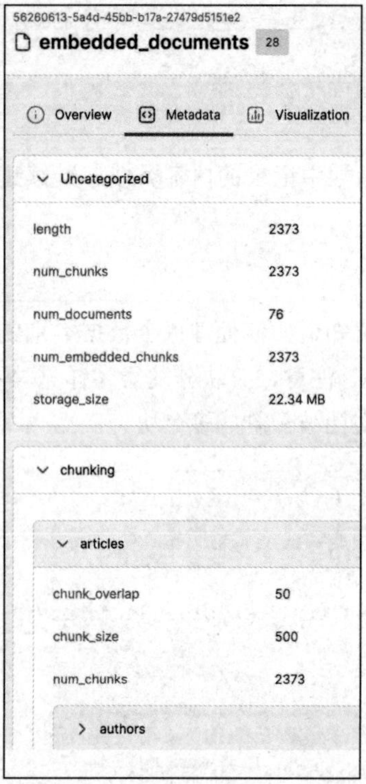

图 4.14 分块与嵌入步骤的元数据

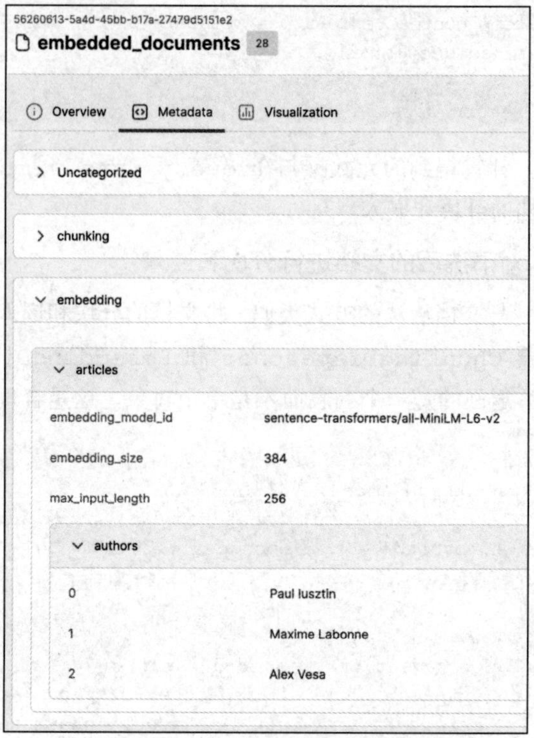

图 4.15 嵌入和分块步骤中的元数据详情

由于机器学习系统在生产环境中可能随时因数据漂移或未处理的使用场景而出现故障，利用元数据来监控输入数据可以节省调试时间，为企业节省数万美元或更多的成本。

4. 将文档加载至向量数据库

由于每篇文章、帖子或代码仓库都存储在向量数据库的不同集合中，因此必须先根据数据类别对所有文档进行分组，再将每组文档批量加载到 Qdrant 向量数据库中。

```
@step
def load_to_vector_db(
    documents: Annotated[list, "documents"],
) -> None:
    logger.info(f"Loading {len(documents)} documents into the vector database.")

    grouped_documents = VectorBaseDocument.group_by_class(documents)
    for document_class, documents in grouped_documents.items():
        logger.info(f"Loading documents into {document_class.get_collection_name()}")
        for documents_batch in utils.misc.batch(documents, size=4):
            try:
                document_class.bulk_insert(documents_batch)
            except Exception:
                return False
```

```
    return True
```

4.4.3 Pydantic 领域实体

在实现 LLM Twin 的过程中，遵循了**领域驱动设计**（**domain-driven design，DDD**）原则，该原则强调领域实体是应用程序的核心。本节介绍使用的领域类的层次结构。

> 领域实体的代码可在 GitHub 仓库的 `llm_engineering/domain` 目录下获取。

我们使用 Pydantic 来对所有领域实体进行建模。在写这本书时，Pydantic 是最理想的选择，因为它是 Python 生态中用于编写具有开箱即用、类型验证的数据结构的首选包。由于 Python 是动态类型语言，在运行时使用 Pydantic 进行类型验证可以使系统的健壮性提高数倍。

LLM Twin 应用的领域分为两个维度。

- **数据类别**：帖子、文章和代码仓库。
- **数据状态**：已清洗、已分块和已嵌入。

为文档的每个状态创建一个基类，最终形成了以下基础抽象类：

- `class CleanedDocument(VectorBaseDocument, ABC)`；
- `class Chunk(VectorBaseDocument, ABC)`；
- `class EmbeddedChunk(VectorBaseDocument, ABC)`。

它们都继承了 `VectorBaseDocument` 类（本书自定义的 **OVM** 实现）和 ABC 类，这使得该类成为抽象类。因此，我们不能直接用这些类初始化对象，而只能从它们继承。这也是为什么基类总是被标记为抽象类的原因。

每个用于建模状态的基础抽象类都有一个子类，这些子类会添加数据类别维度。例如，`CleanedDocument` 类有以下子类：

- `class CleanedPostDocument(CleanedDocument)`；
- `class CleanedArticleDocument(CleanedDocument)`；
- `class CleanedRepositoryDocument(CleanedDocument)`。

如图 4.16 所示，对 `Chunk` 和 `EmbeddedChunk` 这两个基础抽象类采用相同的处理逻辑，为每个数据类别和状态组合实现一个特定的文档类，最终形成 9 种领域实体。以处理原始文档为例：在数据清洗步骤中生成 `CleanedArticleDocument` 实例；数据分块步骤将返回 `ArticleChunk` 对象列表；而向量嵌入操作将返回 `EmbeddedArticleChunk` 实例，这些实例封装了嵌入向量和所有需要存入向量数据库的元数据。帖子和代码仓库的处理也遵循相同的规则。

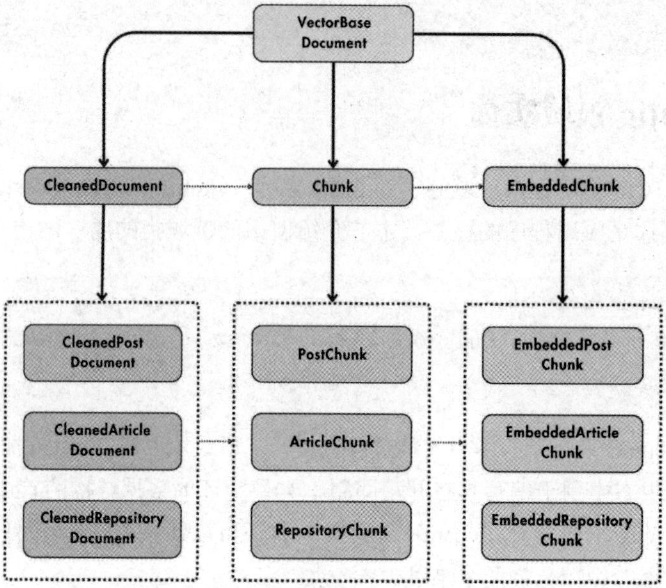

图 4.16 领域实体的类层次结构与交互

在 LLM Twin 应用中，状态列表很少变化、需要扩展数据类别列表，选择基于状态构建的类结构允许通过继承这些基础抽象类来添加新的数据类别。

下面是已清洗文本层次结构的代码。清洗后文本的所有属性都将保存在向量数据库的元数据中。以清洗后的文章文本为例，其元数据将始终包含文章的内容、平台、作者 ID、作者全名和链接。其中的一个基本要素是 Config 内部类，它定义了向量数据库中集合的名称、实体的数据类别，以及在创建集合时是否使用向量索引。

```
class CleanedDocument(VectorBaseDocument, ABC):
    content: str
    platform: str
    author_id: UUID4
    author_full_name: str

class CleanedPostDocument(CleanedDocument):
    image: Optional[str] = None

    class Config:
        name = "cleaned_posts"
        category = DataCategory.POSTS
        use_vector_index = False

class CleanedArticleDocument(CleanedDocument):
    link: str
```

```
    class Config:
        name = "cleaned_articles"
        category = DataCategory.ARTICLES
        use_vector_index = False

class CleanedRepositoryDocument(CleanedDocument):
    name: str
    link: str

    class Config:
        name = "cleaned_repositories"
        category = DataCategory.REPOSITORIES
        use_vector_index = False
```

下面是基础抽象类 `Chunk` 和 `EmbeddedChunk` 的定义。

```
class Chunk(VectorBaseDocument, ABC):
    content: str
    platform: str
    document_id: UUID4
    author_id: UUID4
    author_full_name: str
    metadata: dict = Field(default_factory=dict)

... # PostChunk, ArticleChunk, RepositoryChunk

class EmbeddedChunk(VectorBaseDocument, ABC):
    content: str
    embedding: list[float] | None
    platform: str
    document_id: UUID4
    author_id: UUID4
    author_full_name: str
    metadata: dict = Field(default_factory=dict)

... # EmbeddedPostChunk, EmbeddedArticleChunk, EmbeddedRepositoryChunk
```

如下代码定义了一个枚举类，它将所有数据类别聚合在一个常量结构中。

```
class DataCategory(StrEnum):
    POSTS = "posts"
    ARTICLES = "articles"
    REPOSITORIES = "repositories"
```

为进一步理解领域对象工作原理的，下面详细介绍 `VectorBaseDocument` OVM 类。

OVM 这一术语的灵感来自第 3 章讨论的 **ORM** 模式。之所以称之为 OVM，是因为使用的是嵌入向量和向量数据库，而非结构化数据和 SQL 表。除此之外，它遵循与 ORM 模式相同的原则。

承接第 3 章的思路，下面介绍自定义 OVM 的实现，以展示如何运用面向对象编程的最佳实践和原则，来编写模块化、可扩展的类。

> VectorBaseDocument 类的完整实现代码可在 GitHub 仓库的 llm_engineering/domain/base/vector.py 文件中获取。

OVM 基类 VectorBaseDocument 支持在 Qdrant 之上的 CRUD 操作。根据 LLM Twin 应用的需求，将其限制为仅支持创建和读取操作，不过后续可以轻松扩展以支持更新和删除操作。

如下代码是 VectorBaseDocument 类的定义。

```
from pydantic import UUID4, BaseModel
from typing import Generic

from llm_engineering.infrastructure.db.qdrant import connection

T = TypeVar("T", bound="VectorBaseDocument")

class VectorBaseDocument(BaseModel, Generic[T], ABC):
    id: UUID4 = Field(default_factory=uuid.uuid4)

    @classmethod
    def from_record(cls: Type[T], point: Record) -> T:
        _id = UUID(point.id, version=4)
        payload = point.payload or {}

        attributes = {
            "id": _id,
            **payload,
        }
        if cls._has_class_attribute("embedding"):
            payload["embedding"] = point.vector or None

        return cls(**attributes)

    def to_point(self: T, **kwargs) -> PointStruct:
        exclude_unset = kwargs.pop("exclude_unset", False)
        by_alias = kwargs.pop("by_alias", True)

        payload = self.dict(exclude_unset=exclude_unset, by_alias=by_alias, **kwargs)

        _id = str(payload.pop("id"))
        vector = payload.pop("embedding", {})
        if vector and isinstance(vector, np.ndarray):
            vector = vector.tolist()
```

```
        return PointStruct(id=_id, vector=vector, payload=payload)
```

VectorBaseDocument 类继承自 Pydantic 的 BaseModel 类，用于构建向量数据库中单条记录的属性结构。每个 OVM 在初始化时会默认使用 UUID4 作为其唯一标识符。通过使用泛型机制（更准确地说，是通过继承 Generic[T]），VectorBaseDocument 类的所有子类的签名都将适应给定的类。例如，继承自 VectorBaseDocument 的 Chunk()类中，from_record()方法将返回 Chunk 类型，这极大地方便了静态分析器和类型检查器（如 mypy）。

from_record()方法将 Qdrant 格式的数据点转换为基于 Pydantic 的内部结构，而 to_point()方法则获取当前实例的属性并将其转换为 Qdrant 的 PointStruct()格式。我们将利用这两个方法来执行创建和读取操作。

最终，所有对 Qdrant 的操作都将通过在应用程序基础设施层实例化的 connection 实例来完成。

bulk_insert()方法先将每个文档映射为一个点，然后通过 Qdrant 的 connection 实例将所有点插入到 Qdrant 指定的集合中。如果首次插入失败，它会尝试创建集合并再次执行插入操作。通常，将这个逻辑拆分为两个函数是一个好的实践：一个是包含核心逻辑的私有函数_bulk_insert()，另一个是处理所有错误和失败场景的公共函数。

```
class VectorBaseDocument(BaseModel, Generic[T], ABC):
    ... # Rest of the class

    @classmethod
    def bulk_insert(cls: Type[T], documents: list["VectorBaseDocument"])-> bool:
        try:
            cls._bulk_insert(documents)
        except exceptions.UnexpectedResponse:
            logger.info(
                f"Collection '{cls.get_collection_name()}' does not exist.Trying to create
the collection and reinsert the documents."
            )

            cls.create_collection()

            try:
                cls._bulk_insert(documents)
            except exceptions.UnexpectedResponse:
                logger.error(f"Failed to insert documents in '{cls.get_collection_
name()}'.")

                return False

        return True
```

```
    @classmethod
    def _bulk_insert(cls: Type[T], documents: list["VectorBaseDocument"])-> None:
        points = [doc.to_point() for doc in documents]

        connection.upsert(collection_name=cls.get_collection_name(),points=points)
```

集合名称是由继承 OVM 的子类中定义的 Config 类推导而来。

```
class VectorBaseDocument(BaseModel, Generic[T], ABC):
    ... # Rest of the class

    @classmethod
    def get_collection_name(cls: Type[T]) -> str:
        if not hasattr(cls, "Config") or not hasattr(cls.Config, "name"):
            raise ImproperlyConfigured(
                "The class should define a Config class with" "the 'name' property that 
reflects the collection's name."
            )

        return cls.Config.name
```

下面定义一个从向量数据库中读取所有记录（不使用向量相似度搜索逻辑）的方法。通过 bulk_find()方法，可以滚动浏览（或列出）集合中的所有记录。VectorBaseDocument()的函数将滚动浏览 Qdrant 向量数据库，返回一个数据点列表，这些数据点通过 from_record()方法映射到内部结构中。limit 参数控制一次返回的记录数量，而 offset 参数则表示 Qdrant 开始返回记录的起始点 ID。

```
class VectorBaseDocument(BaseModel, Generic[T], ABC):
    ... # Rest of the class

    @classmethod
    def bulk_find(cls: Type[T], limit: int = 10, **kwargs) ->tuple[list[T], UUID | None]:
        try:
            documents, next_offset = cls._bulk_find(limit=limit, **kwargs)
        except exceptions.UnexpectedResponse:
            logger.error(f"Failed to search documents in '{cls.get_collection_name()}'.")

            documents, next_offset = [], None

        return documents, next_offset

    @classmethod
    def _bulk_find(cls: Type[T], limit: int = 10, **kwargs) ->tuple[list[T], UUID | None]:
        collection_name = cls.get_collection_name()

        offset = kwargs.pop("offset", None)
        offset = str(offset) if offset else None
```

```
        records, next_offset = connection.scroll(
            collection_name=collection_name,
            limit=limit,
            with_payload=kwargs.pop("with_payload", True),
            with_vectors=kwargs.pop("with_vectors", False),
            offset=offset,
            **kwargs,
        )
        documents = [cls.from_record(record) for record in records]
        if next_offset is not None:
            next_offset = UUID(next_offset, version=4)

        return documents, next_offset
```

下面定义一个用于对输入的查询向量执行相似度搜索的方法。同样地，定义了公共方法 search()和私有方法_search()，搜索操作将通过调用 Qdrant 的 connection.search() 方法来执行。

```
class VectorBaseDocument(BaseModel, Generic[T], ABC):
    ... # Rest of the class

    @classmethod
    def search(cls: Type[T], query_vector: list, limit: int = 10,**kwargs) -> list[T]:
        try:
            documents = cls._search(query_vector=query_vector,limit=limit, **kwargs)
        except exceptions.UnexpectedResponse:
            logger.error(f"Failed to search documents in '{cls.get_collection_name()}'.")

            documents = []

        return documents

    @classmethod
    def _search(cls: Type[T], query_vector: list, limit: int = 10,**kwargs) -> list[T]:
        collection_name = cls.get_collection_name()
        records = connection.search(
            collection_name=collection_name,
            query_vector=query_vector,
            limit=limit,
            with_payload=kwargs.pop("with_payload", True),
            with_vectors=kwargs.pop("with_vectors", False),
            **kwargs,
        )
        documents = [cls.from_record(record) for record in records]

        return documents
```

4.4.4 分发器层

分发器接收文档输入，并根据其数据类别（文章、帖子或代码仓库）应用专门的处理器，对文档进行清洗、分块或嵌入处理。

CleaningDispatcher 主要实现了一个 dispatch() 方法，该方法用于接收原始文档。基于数据类别，它会实例化并调用相应的处理器，来对该数据点执行特定的清洗逻辑。

```
class CleaningDispatcher:
    cleaning_factory = CleaningHandlerFactory()

    @classmethod
    def dispatch(cls, data_model: NoSQLBaseDocument) ->VectorBaseDocument:
        data_category = DataCategory(data_model.get_collection_name())
        handler = cls.cleaning_factory.create_handler(data_category)
        clean_model = handler.clean(data_model)

        logger.info(
            "Data cleaned successfully.",
            data_category=data_category,
            cleaned_content_len=len(clean_model.content),
        )

        return clean_model
```

分发器逻辑的关键在于工厂类 CleaningHandlerFactory()，用于根据文档的数据类别实例化不同的清洗处理器。

```
class CleaningHandlerFactory:
    @staticmethod
    def create_handler(data_category: DataCategory) ->CleaningDataHandler:
        if data_category == DataCategory.POSTS:
            return PostCleaningHandler()
        elif data_category == DataCategory.ARTICLES:
            return ArticleCleaningHandler()
        elif data_category == DataCategory.REPOSITORIES:
            return RepositoryCleaningHandler()
        else:
            raise ValueError("Unsupported data type")
```

分发器和工厂类的设计并不花哨，它们为文档操作提供了一个直观、简单的接口。因为有专门的类负责处理文档，所以无须担心数据类别，以及因使用 if/else 语句而污染业务逻辑。这符合软件工程中的 DRY（不要重造轮子）原则——代码只有一个可能的故障点，而且代码可以轻松扩展。例如，当需要添加新的数据类别时，只需要扩展工厂类而不必在代码的多个位置上进行修改。

ChunkingDispatcher 和 EmbeddingDispatcher 遵循相同的模式，它们分别使用工厂类 ChunkingHandlerFactory 和 EmbeddingHandlerFactory，来根据输入文档的数据类别初始化正确的处理器，之后调用处理器并返回结果。

> 所有分发器和工厂类的源代码可以在 GitHub 仓库的 llm_engineering/application/preprocessing/dispatchers.py 文件中找到。

工厂（Factory）类采用抽象工厂创建模式，来实例化一组实现相同接口的类。在 LLM Twin 的例子中，这些处理器无论类型如何，都实现了 clean() 方法。

此外，处理器（Handler）类族采用了策略行为模式来实例化——当需要在一个对象中使用不同的算法变体，并且希望在运行时能够在不同算法之间切换时，可以使用这种模式。

直观来说，在分发器层中，抽象工厂创建模式和策略行为模式组合使用的工作方式如下。

（1）由于只能在运行时才知道的数据的类别，因此无法事先决定采用什么策略。

（2）围绕清洗代码构建整个框架，并将清洗逻辑抽象为一个 Handler() 接口来代表使用的策略。

（3）当获得一个数据点时，应用抽象工厂创建模式为其数据类别创建对应的清洗处理器。

（4）分发层使用这些处理器来执行正确的逻辑。

通过这种方式，有以下几种好处。

- 隔离每种数据类别的处理逻辑。
- 利用多态机制避免代码中出现大量 if/else 判断语句。
- 使代码模块化且易于扩展。当出现新的数据类别时，只需实现新的处理器并修改工厂类，而无须修改其他代码。

> 到目前为止，仅完成了实体建模和应用程序的数据流设计，还没有编写任何数据清洗、分块或嵌入的代码，这是快速演示版本与生产就绪应用之间的一个重大区别。在开发演示版本时，不会关心软件工程最佳实践，也不会考虑构建代码结构以确保其长期可用性。然而，在构建实际应用程序时，编写整洁、模块化且可扩展的代码对其长期可用性至关重要。

4.4.5 处理器

处理器采用与领域实体一对一的结构，即每个实体都有其专门的处理器，如图 4.17 所示。系统总共包含 9 个处理器类，它们都遵循以下基本接口：

- class CleaningDataHandler();
- class ChunkingDataHandler();

- class EmbeddingDataHandler()。

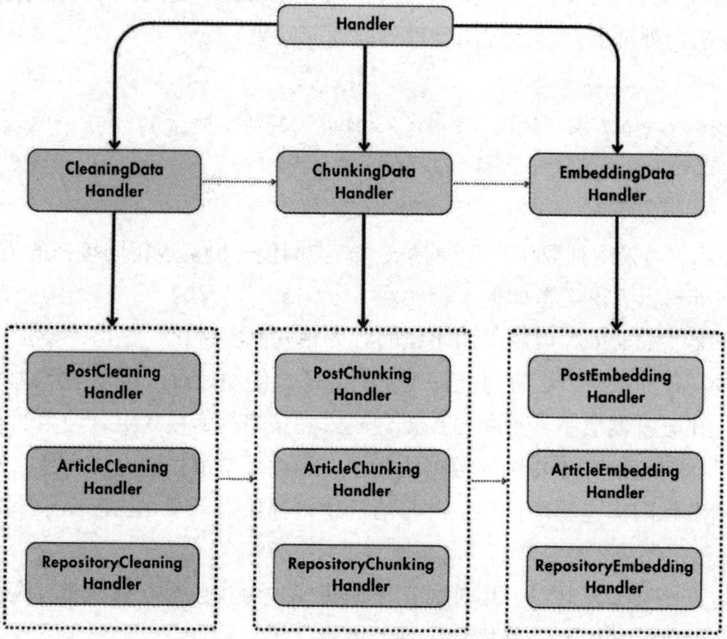

图 4.17 处理器类的继承体系及交互关系

> 处理器类的代码可在 GitHub 仓库的 llm_engineering/application/preprocessing 目录下找到。

下面分析每种处理器类型及其具体实现方式。

1. 清洗处理器

CleaningDataHandler()的接口定义如下。

```
... # Other imports.
from typing import Generic, TypeVar

DocumentT = TypeVar("DocumentT", bound=Document)
CleanedDocumentT = TypeVar("CleanedDocumentT", bound=CleanedDocument)

class CleaningDataHandler(ABC, Generic[DocumentT, CleanedDocumentT]):

    @abstractmethod
    def clean(self, data_model: DocumentT) -> CleanedDocumentT:
        pass
```

对每个帖子、文章和代码仓库，必须实现不同的处理器，具体如下。

```
class PostCleaningHandler(CleaningDataHandler):
    def clean(self, data_model: PostDocument) -> CleanedPostDocument:
        return CleanedPostDocument(
            id=data_model.id,
            content=clean_text(" #### ".join(data_model.content.values())),
            ... # Copy the rest of the parameters from the data_model object.
        )

class ArticleCleaningHandler(CleaningDataHandler):
    def clean(self, data_model: ArticleDocument) ->CleanedArticleDocument:
        valid_content = [content for content in data_model.content.values() if content]

        return CleanedArticleDocument(
            id=data_model.id,
            content=clean_text(" #### ".join(valid_content)),
            platform=data_model.platform,
            link=data_model.link,
            author_id=data_model.author_id,
            author_full_name=data_model.author_full_name,
        )

class RepositoryCleaningHandler(CleaningDataHandler):
    def clean(self, data_model: RepositoryDocument) ->CleanedRepositoryDocument:
        return CleanedRepositoryDocument(
            id=data_model.id,
            content=clean_text(" #### ".join(data_model.content.values())),
            ... # Copy the rest of the parameters from the data_model object.
        )
```

处理器接收原始文档域实体作为输入，对其内容进行清洗后返回已清洗的文档。简单起见，我们对所有数据类别使用了相同的清洗技术——所有处理器都使用 clean_text()函数来清洗文本。但在实际应用中，需要进一步优化并为每个数据类别创建不同的清洗函数。策略行为模式使这变得轻而易举，只需在处理器中替换清洗函数即可。

clean_text()函数中的清洗逻辑与 5.1 节将要详细介绍的内容一致。为避免重复，建议读者直接阅读 5.1 节，本节主要关注的是将整个逻辑自动化并集成到 RAG 特征流水线中。这样，在机器学习系统投入运行后，所有用于微调的清洗数据都将从逻辑特征存储中访问，使其成为访问数据的单一真实来源。

2. 分块处理器

在 ChunkingDataHandler()处理器中。将 metadata 字典定义为一个属性，用于在单一结构中聚合分块所需的属性以方便地将所有内容记录到 ZenML 中来跟踪和调试分块逻辑。该处理器接收已清洗的文档作为输入，并返回块实体。

```
... # Other imports.
from typing import Generic, TypeVar

CleanedDocumentT = TypeVar("CleanedDocumentT", bound=CleanedDocument)
ChunkT = TypeVar("ChunkT", bound=Chunk)

class ChunkingDataHandler(ABC, Generic[CleanedDocumentT, ChunkT]):

    @property
    def metadata(self) -> dict:
        return {
            "chunk_size": 500,
            "chunk_overlap": 50,
        }

    @abstractmethod
    def chunk(self, data_model: CleanedDocumentT) -> list[ChunkT]:
        pass
```

下面介绍 ArticleChunkingHandler()类的实现。第一步是重写 metadata 属性并根据分块逻辑的需求来自定义相关属性类型，以文章处理为例关注的是每个文本块的最小长度和最大长度。

第二步是定义处理器的 chunk()方法。该方法用于接收已清洗的文章文档，通过调用 chunk_article()函数基于 min_length 和 max_length 元数据字段将清洗后的内容分割成块，最后创建并返回一个文章块实体列表。在分块时，处理器会将块内容的 MD5 哈希值计算为 chunk_id。因此，如果两个块具有完全相同的内容，它们将具有相同的 ID，以方便进行去重。

```
class ArticleChunkingHandler(ChunkingDataHandler):
    @property
    def metadata(self) -> dict:
        return {
            "min_length": 1000,
            "max_length": 1000,
        }

    def chunk(self, data_model: CleanedArticleDocument) ->list[ArticleChunk]:
        data_models_list = []

        cleaned_content = data_model.content
        chunks = chunk_article(
            cleaned_content, min_length=self.metadata["min_length"], max_length=self.
metadata["max_length"]
        )
```

```
    for chunk in chunks:
        chunk_id = hashlib.md5(chunk.encode()).hexdigest()
        model = ArticleChunk(
            id=UUID(chunk_id, version=4),
            content=chunk,
            platform=data_model.platform,
            link=data_model.link,
            document_id=data_model.id,
            author_id=data_model.author_id,
            author_full_name=data_model.author_full_name,
            metadata=self.metadata,
        )
        data_models_list.append(model)

    return data_models_list
```

chunk_article()函数主要完成以下两件事。

- 使用正则表达式在给定文本中查找所有句子，方法是寻找句号、问号或感叹号后跟空格的位置中，但并不会在 e.g.或 Dr.等缩写或首字母缩略词中的标点符号的位置进行分割。
- 将句子组合成单个文本块，直到达到 max_length 的限制。当超过 max_length，且块大小大于等于允许的最小值 min_length 时，该文本块会被添加到函数返回的最终列表中。

```
def chunk_article(text: str, min_length: int, max_length: int) ->list[str]:
    sentences = re.split(r"(?<!\w\.\w.)(?<![A-Z][a-z]\.)(?<=\.|\?|\!)\s", text)

    extracts = []
    current_chunk = ""
    for sentence in sentences:
        sentence = sentence.strip()
        if not sentence:
            continue

        if len(current_chunk) + len(sentence) <= max_length:
            current_chunk += sentence + " "
        else:
            if len(current_chunk) >= min_length:
                extracts.append(current_chunk.strip())
            current_chunk = sentence + " "

    if len(current_chunk) >= min_length:
        extracts.append(current_chunk.strip())

    return extracts
```

PostChunkingHandler 和 RepositoryChunkingHandler 与 ArticleChunking

Handler具有相似的结构，不同之处在于它们使用了一个更为通用的分块函数chunk_text()。chunk_text()函数的逻辑包含以下两步。

（1）使用LangChain中的RecursiveCharacterTextSplitter()根据给定的分隔符或块大小来分割文本。使用分隔符时，首先尝试在文本中寻找段落，如果没有找到段落或段落过长，就会按照指定的块大小进行分割。

（2）将上一步创建的所有块传入SentenceTransformersTokenTextSplitter()，它会根据模型的最大输入长度进行处理。需要注意的是，必须确保文本块不超过嵌入模型的最大输入长度。在这一步中还会应用chunk_overlap块重叠逻辑，以保证在确认块大小足够小后才执行块重叠逻辑。

```
... # Other imports.
from langchain.text_splitter import RecursiveCharacterTextSplitter,
SentenceTransformersTokenTextSplitter

from llm_engineering.application.networks import EmbeddingModelSingleton

def chunk_text(text: str, chunk_size: int = 500, chunk_overlap: int = 50) -> list[str]:
    character_splitter = RecursiveCharacterTextSplitter(separators=["\n\n"],
chunk_size=chunk_size, chunk_overlap=0)
    text_split_by_characters = character_splitter.split_text(text)

    token_splitter = SentenceTransformersTokenTextSplitter(
        chunk_overlap=chunk_overlap,
        tokens_per_chunk=embedding_model.max_input_length,
        model_name=embedding_model.model_id,
    )
    chunks_by_tokens = []
    for section in text_split_by_characters:
        chunks_by_tokens.extend(token_splitter.split_text(section))

    return chunks_by_tokens
```

总的来说，chunk_text函数会返回一个分块列表，其中的块既符合指定的分块参数，也不超过嵌入模型的最大输入长度限制。

3. 嵌入处理器

嵌入处理器的实现与清洗和分块处理器略有不同，主要体现在EmbeddingDataHandler()接口中包含了该处理器的大部分逻辑，这是因为在调用嵌入模型时需要将尽可能多的样本打包成批来优化推理过程。在GPU上运行时，这些批处理样本会独立且并行处理，因此通过对数据块进行批处理可以将推理过程优化10倍或更多，具体效果取决于批处理大小和所使用的硬件。

如下代码实现了一个在单个数据点上运行推理的embed()方法，以及一个批处理的embed_batch()方法。embed_batch()方法接收分块的文档作为输入，将它们的内容整合到一个列表中，然后传入嵌入模型进行处理，最后将结果映射为嵌入块域实体。其中映射过程是通过 map_model()抽象方法完成的，这个方法的实现需要针对每个数据类别进行定制。

```
... # Other imports.
from typing import Generic, TypeVar, cast
from llm_engineering.application.networks import EmbeddingModelSingleton

ChunkT = TypeVar("ChunkT", bound=Chunk)
EmbeddedChunkT = TypeVar("EmbeddedChunkT", bound=EmbeddedChunk)

embedding_model = EmbeddingModelSingleton()

class EmbeddingDataHandler(ABC, Generic[ChunkT, EmbeddedChunkT]):
    """
    Abstract class for all embedding data handlers.
    All data transformations logic for the embedding step is done here
    """

    def embed(self, data_model: ChunkT) -> EmbeddedChunkT:
        return self.embed_batch([data_model])[0]

    def embed_batch(self, data_model: list[ChunkT]) -> list[EmbeddedChunkT]:
        embedding_model_input = [data_model.content for data_model in data_model]
        embeddings = embedding_model(embedding_model_input, to_list=True)

        embedded_chunk = [
            self.map_model(data_model, cast(list[float], embedding))
            for data_model, embedding in zip(data_model, embeddings, strict=False)
        ]

        return embedded_chunk

    @abstractmethod
    def map_model(self, data_model: ChunkT, embedding: list[float]) -> EmbeddedChunkT:
        pass
```

下面以 ArticleEmbeddingHandler()的实现为例进行讲解。如上段代码所示，只需要实现 map_model()方法来接收输入数据块并以批处理模式计算嵌入向量，最后将信息映射到一个 EmbeddedArticleChunk Pydantic 实体。

```
class ArticleEmbeddingHandler(EmbeddingDataHandler):
    def map_model(self, data_model: ArticleChunk, embedding: list[float])-> EmbeddedArticleChunk:
        return EmbeddedArticleChunk(
            id=data_model.id,
            content=data_model.content,
            embedding=embedding,
            platform=data_model.platform,
            link=data_model.link,
```

```
        document_id=data_model.document_id,
        author_id=data_model.author_id,
        author_full_name=data_model.author_full_name,
        metadata={
            "embedding_model_id": embedding_model.model_id,
            "embedding_size": embedding_model.embedding_size,
            "max_input_length": embedding_model.max_input_length,
        },
    )
```

下面介绍 EmbeddingModelSingleton() 的工作原理。这是一个封装了 Sentence Transformers 库中 SentenceTransformer() 类的包装器，用于初始化嵌入模型。对外部包进行封装通常是一种良好的实践——当要更换第三方工具时，只需要修改封装器的内部逻辑而不是修改整个代码仓库。

SentenceTransformer() 类通过 Settings 类中定义的 model_id 完成初始化，这样做的好处是在需要快速测试多个嵌入模型能够通过更改配置文件，而无需改动代码来实现。因此，无须强调使用哪个嵌入模型。下面通过编写一个可以快速配置的通用类，来尝试多个嵌入模型直到找到最适合的那个模型。

```
from sentence_transformers.SentenceTransformer import SentenceTransformer
from llm_engineering.settings import settings
from .base import SingletonMeta

class EmbeddingModelSingleton(metaclass=SingletonMeta):
    def __init__(
        self,
        model_id: str = settings.TEXT_EMBEDDING_MODEL_ID,
        device: str = settings.RAG_MODEL_DEVICE,
        cache_dir: Optional[Path] = None,
    ) -> None:
        self._model_id = model_id
        self._device = device

        self._model = SentenceTransformer(
            self._model_id,
            device=self._device,
            cache_folder=str(cache_dir) if cache_dir else None,
        )
        self._model.eval()

    @property
    def model_id(self) -> str:
        return self._model_id

    @cached_property
    def embedding_size(self) -> int:
```

```
        dummy_embedding = self._model.encode("")

        return dummy_embedding.shape[0]

    @property
    def max_input_length(self) -> int:
        return self._model.max_seq_length

    @property
    def tokenizer(self) -> AutoTokenizer:
        return self._model.tokenizer

    def __call__(
        self, input_text: str | list[str], to_list: bool = True
    ) -> NDArray[np.float32] | list[float] | list[list[float]]:
        try:
            embeddings = self._model.encode(input_text)
        except Exception:
            logger.error(f"Error generating embeddings for {self._model_id=} and {input_
text=}")

            return [] if to_list else np.array([])

        if to_list:
            embeddings = embeddings.tolist()

        return embeddings
```

嵌入模型类实现了单例模式，该模式确保一个类只有一个实例，同时为这个实例提供全局访问点。`EmbeddingModelSingleton()`类继承自 `SingletonMeta` 类，确保每次实例化 `EmbeddingModelSingleton()`时都返回相同的实例。这种模式在机器学习模型中运行良好，因为通过单例模式只需将模型加载一次到内存中，之后就可以在代码仓库中的任何地方使用它；否则，可能会在每次使用时都重新加载模型，从而导致内存问题。此外，这种模式使得访问 `embedding_size` 等属性变得非常方便——只需要对嵌入模型执行一次虚拟前向传递即可，且只需执行一次前向传递就可以在程序执行期间随时访问这个值。

4.5 小结

本章首先对 RAG 进行了介绍，包括为什么使用它，以及基础 RAG 框架、嵌入技术和向量数据库的工作原理。然后介绍了高级 RAG 技术，包括为什么需要使用它、RAG 系统中可优化的组件，以及几种常用的文本数据处理高级 RAG 技术。在此基础上，我们将所学的 RAG 知识应用到 LLM Twin 的 RAG 特征流水线架构设计中，其中包含了批处理和流式处理流水线的区别，以及用于数据库同步的 CDC 模式。

本章最后介绍了 LLM Twin 的 RAG 特征流水线的实现过程，包括如何将 ZenML 作为编排器进行集成，如何设计应用程序的领域实体，以及如何实现 OVM 模块。这个过程涉及了如何应用抽象工厂创建模式、策略行为模式等软件工程最佳实践，来构建一个模块化且可扩展的分发器层，该层能够根据每个文档的数据类别应用不同的清洗、分块和嵌入技术。

本章仅关注 RAG 特征流水线的实现，这只是标准 RAG 应用的一个组件。在第 9 章中，将通过实现检索和生成流水线并将它们集成到推理流水线中来完成 RAG 系统。第 5 章将探索如何利用已收集的数据构建自定义指令数据集，并用它来对 LLM 进行微调。

第 5 章 监督微调

监督微调（supervised fine-tuning，SFT）是 LLM 投入实际应用前的关键环节。模型在完成预训练且具有在序列中预测下一个词元的能力之后，SFT 通过精心挑选的指令-回答数据对，可以进一步优化模型能力。这一过程主要有两个目标：1）训练模型理解并遵循特定的对话规范，有效地将其转变为智能对话助手；2）引导模型将其庞大的知识储备精准地应用于特定任务和专业领域，从而提升模型在专项领域的表现。

SFT 的重要意义在于弥合模型的通用语言理解能力与实际应用场景之间的差距。通过精心选择的输入-输出示例，无论是针对摘要、翻译等具体任务，还是面向医疗、法律等专业领域，SFT 都能够引导 LLM 朝着特定目标优化其行为。这种有针对性的训练方法不仅显著提升了模型在目标领域的表现，还显著增强了模型理解和执行指令的能力，使其生成的内容更加精准、连贯。

本章将探讨以下内容：

- 构建高质量指令训练数据集；
- SFT 技术；
- 微调的实践应用。

通过本章的学习，读者将掌握如何构建自己的指令数据集（instruction datasets），以及如何高效地对 LLM 进行针对性微调。

> 本章的代码示例已上传至 GitHub 仓库。

5.1 构建指令训练数据集

在机器学习模型微调过程中，创建高质量的指令数据集通常是最具挑战性的环节。这主要源于以下两大难点。一是，尽管大多数应用场景都与原始文本相关，但浑然天成的指令和回答配对却罕见。因此，研究人员需要将原始文本精心转换为包含明确指令和对应回答的结构化格式。二是，数据质量对模型能力至关重要，这意味着必须耗费大量人力、时间，逐一人工审核和验证每个训练样本，以确保最终数据集既准确、可靠又真正适合模型训练。

本节将介绍一个适用于各种应用场景通用框架，帮助读者构建自定义的指令数据集。接下来运用在第 3 章中获取的原始数据，将其转换为可用的指令数据集。数据生成流程的各个关键阶段，如图 5.1 所示。

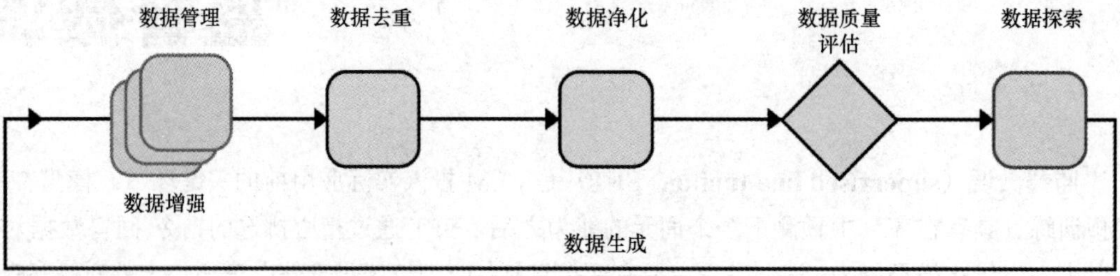

图 5.1　本章介绍的后训练数据处理流程概览

5.1.1　构建指令数据集的通用框架

指令数据集本质上是由指令和回答组成的数据对。其中，指令作为模型输入，在微调过程中提供上下文；回答则是模型的预期输出。在微调时，研究者可以选择在指令和回答组成的数据对上训练模型，也可以仅在回答上训练。这些指令和回答的配对通常遵循特定模板。Alpaca 等指令模板还会引入额外的字段，如 `inputs` 和 `system`，这两个字段可以被视为指令（`instruction`）字段的子字段。在这种情况下，`inputs` 包含模型完成指令所需的具体数据，而 `system` 则是一个元提示（meta-prompt），用于引导模型的整体行为。表 5.1 是来自 SlimOrca 数据集的一个示例，其中指令字段包含 `System` 和 `Instruction` 两个字段，回答字段为 `output` 字段。

表 5.1　SlimOrca 数据集样本示例

System 字段 你是一个乐于助人的助手，总是能提供解释。想想你是在回答一个五岁的孩子。
Instruction 字段 概念：建筑、商店、小镇 写一个包含所有这些词的句子。
Output 字段 在我们的小镇上，一栋建筑里有一家商店，人们去那里购买他们最喜欢的玩具和糖果。

这个示例展示了如何通过 `System` 字段为模型设定特定的行为模式，例如保持乐于助人的态度、始终提供详细解释，以及能够针对不同受众（如 5 岁儿童）调整回复语气。`Instruction`

字段则提供了完成任务（如构造句子）所需的关键概念和指导。Output 字段呈现了一个高质量的预期回答，尽管这并非唯一可能的回答。

为构建指令数据集，需要收集并管理能真实反映模型预期使用场景的代表性数据。当获得足够的样本后，需要对其进行筛选，只保留高质量数据。高质量数据可以通过以下 3 个维度来描述。

- **准确性**：指数据样本的事实准确性和相关性。在构建指令数据集时，这意味着确保模型的响应不仅在事实上准确，还要与原始指令高度相关。高准确性对于训练可靠、值得信赖的 AI 模型至关重要。
- **多样性**：高质量数据集应当涵盖广泛的应用场景，全面覆盖 LLM 可能遇到的各类查询和任务，这种多样性体现在主题、语境、文本长度和写作风格的多元化。通过代表性采样，可以帮助模型具备强大的指令理解和执行能力。
- **复杂性**：琐碎或过于简单的样本难以显著提升 LLM 的能力。相反，数据集应该包含复杂的、多步骤的推理问题和富有挑战性的任务，以拓展模型的处理边界。引入适度复杂性有助于培养模型解决现实世界复杂问题的能力。

下面将介绍如何根据这些维度对指令样本进行筛选和评估。

Hugging Face Hub 汇集了丰富的指令数据集，既有通用型数据集，也有针对特定任务或领域定制的数据集，如图 5.2 所示。在开发新的应用场景时，寻找相关的开源数据集进行微调是非常有价值的。尤其是当样本数量较少（如不足 1,000 个）时，通过引入高质量数据集来扩充训练数据变得尤为关键。

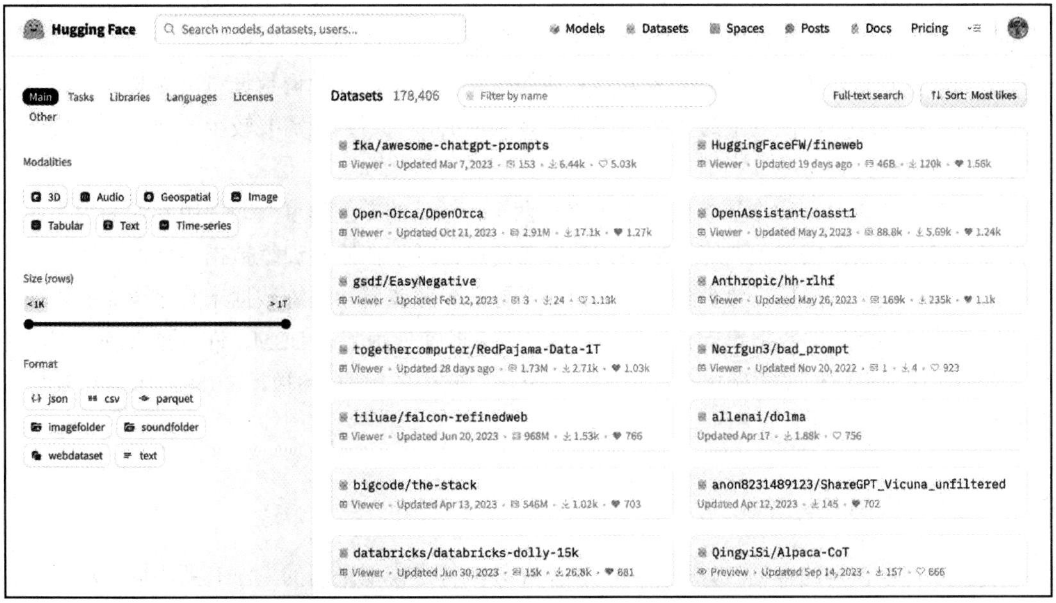

图 5.2 Hugging Face Hub 最受欢迎的数据集

数据质量和模型规模都会对训练产生显著影响，因此精确估计理想的样本数量是非常难的。LIMA 论文的结论认为对于大模型（约 70B 参数）仅需 1,000 个高质量样本。相比之下，较小的模型（约 7B 参数）则需要更多样本，特别是为了学习正确的对话模板。无论如何，数据质量都是关键因素，尽可能多的高质量样本总是值得追求的。

为了验证这一点，可以研究由企业和开源社区开发的微调模型。这些模型大致可以分为两大类：一类是通用型微调模型，旨在复现类似 GPT 的基础能力；另一类则是面向特定任务或特定领域的微调模型，专注于提升微调模型在某一应用场景下的性能表现。

通用型微调模型由于涉及的主题更广泛，因此需要更多的训练样本。不同公司在样本数量的选择上差别很大：01-ai 的 Yi 模型仅使用了不到 1 万个样本进行训练；而 Meta 报告称 Llama 的整个微调过程（包括偏好对齐阶段）使用了 1,000 万个样本。在开源社区中，OpenHermes 和 Dolphin 等模型使用了约 100 万个样本。根据这些实践经验，我们建议在训练通用指令模型时，指令数据集的规模至少应达到 100 万个样本。相比之下，面向特定用途的模型所需样本量较少。这里需要区分任务特定（task-specific）模型和领域特定（domain-specific）模型两个概念。

任务特定模型和领域特定模型是微调 LLM 的两种不同路径。任务特定模型专注于特定功能的优化，如翻译、文本摘要或情感分析。通过针对单一任务的集中训练，这类模型即便规模较小（通常不超过 5 亿参数），也能实现卓越的性能。其微调所需的数据相对可控，样本量通常在 100 至 100,000 个之间，因此特别适合资源受限的应用场景。

领域特定模型致力于为 LLM 注入特定专业知识，使其能够深入理解某个领域独特的词汇和语言表达模式。这类模型在医疗、法律、金融、电子商务、工程和酒店服务等专业领域显得尤为重要。不同领域的微调数据需求差异显著，主要取决于该领域的复杂程度和知识广度。在医疗和法律等专业领域，由于拥有庞大且专业的技术语料库，其微调数据量可能与通用模型的微调相当。相比之下，在电子商务和酒店服务等领域的微调则可能需要较少的样本，更接近任务特定的微调模式。

决定领域特定模型数据需求的关键因素有两个：领域的专业程度（即使用专业知识和词汇的程度）和该领域在模型预训练数据中的被覆盖情况。对于在原始训练数据中已经有数据充分覆盖的领域，模型可能只需要少量微调；而对于更加专业或原始训练数据未充分覆盖的领域，则可能需要更为广泛的数据集支持。值得注意的是，即使使用开源 LLM，许多预训练数据集也是闭源的，这使得我们需要做出有根据的猜测来确定它们的组成（例如，30%的代码或 20%的数学数据）。

5.1.2 数据管理

在获取用于微调的数据时，任务特定模型和领域特定模型采用的方法有所不同。对于任务特定模型，数据管理（data curation[①]）过程通常包括从现有数据集中提取目标任务的典型样本，或者根据需要构建全新的数据集。例如，为文本摘要模型收集原始文本及其对应的摘要，或为机器翻译模型积累不同语言的句对。

领域特定模型的数据管理过程往往更为复杂和困难，通常需要与领域专家密切合作，共同收集和验证相关的文本、研究论文、技术文档及其他专业领域的内容，在某些情况下还可能需要与拥有丰富的专业信息资源的机构或组织建立战略合作关系。数据的质量和相关性至关重要，直接决定了模型在目标领域理解和生成内容的准确度。

值得注意的是，在任务特定模型的应用中，少样本提示（few-shot prompting）已经成为替代微调的一种有效策略。这种方法通过在输入提示中提供少量示例，巧妙地激发大型模型的潜能。尽管在某些场景（如在学习一个全新领域时）少样本提示并不能完全替代微调，但它无须进行大规模的额外训练，为模型快速适应新任务提供了一种低成本、高效的途径。

在实践中，任务特定模型和领域特定模型的界限往往并不清晰。以医疗诊断模型为例，它既可以被视为任务特定模型（专注于诊断），也可以被视为领域特定模型（专门处理医学知识）。微调模型的关键在于准确把握其主要目标，并据此制定恰当的策略。

在数据处理流程进行到数据管理的这一阶段时，已经收集了适合特定使用场景的数据集。接下来通过基于规则的过滤、数据去重、数据净化和数据质量评估等方法，进一步优化和提升指令数据集样本的质量。

5.1.3 基于规则的过滤

基于规则的过滤是一种系统性的数据质量控制方法，通过预定义的明确规则来评估和筛选数据样本。这些规则旨在解决常见的数据质量问题，从简单的检查到复杂的逻辑判断都有涉及。其核心目标是通过剔除不符合特定标准的样本，确保数据整体质量达到较高水准。

长度过滤是一种简单而有效的基于规则的过滤技术。这一技术通过设置响应文本的长度阈值筛选数据集中的内容，过短的响应文本往往包含的信息不足，而过长的响应文本则可能包含大量无关或重复的内容。值得注意的是，如何为文本长度选择合适的阈值，会因具体任务和应用领域而显著不同。举例来说，用于生成简明摘要的数据集，其最大长度阈值可能会低于用于详细解释的数据集。

关键词排除是一种强大的基于规则的过滤技术，其核心在于基于样本内容而不是样本结构去筛选。该技术通过预先定义一个关键词或短语黑名单，将包含这些词语的样本直接过滤剔除。这个黑名单既可以包含显而易见的低质量内容标志（如粗俗词汇或垃圾信息相关词），也可以包

① 译者注：data curation 来源于图书馆学，也被翻译为“数据策展”。它指的是对数据进行组织、保存、维护和增加价值的过程，以确保数据的可用性、完整性和可靠性。

含领域特定的不相关词汇。例如，对于专业写作助手的数据集，研发团队通常会排除包含口语化表达或不符合正式写作风格的样本。

对于包含结构化数据或需遵循特定格式要求的数据集，建议进行**格式检查**。这一技术能确保所有样本符合预期格式，保证数据一致性，并便于后续处理。对于包含代码示例、JSON 结构或其他格式化文本的数据集，格式检查尤为关键。例如，在一个收录编程指令和解决方案的数据集中，可能需要制定规则以验证代码示例的语法正确性，并确保其符合指定的编码风格指南。

基于规则的过滤在准备指令数据集时具有显著优势，它可以高效地处理海量数据，具有卓越的可扩展性。通过应用一致的过滤规则，可以确保数据处理的统一性，有效降低人为错误和偏差。更为重要的是，明确定义的过滤规则提供了极高的透明度和可解释性，使得数据筛选过程易于理解、审核和调整。自动化的规则过滤还能大幅减少人工干预，持续有效地监控数据质量。

然而，基于规则的过滤方法也存在不可忽视的局限性。预定义的规则往往难以充分捕捉语言和上下文的复杂之处，这可能导致删除一些有效但不典型的样本。规则的二元特性（是/否）并不总能准确地反映语言和指令的微妙差异。更重要的是，随着数据模式和质量标准的不断发展，需要持续审查和更新这些规则，才能保持其有效性。此外，如果规则设计不当，可能会在数据集中无意中引入或加剧潜在的偏差。

5.1.4 数据去重

数据集的多样性是训练模型的基础，可以让模型很好地泛化到新的、未见过的数据。如果数据集中存在重复或高度相似的数据，可能会引发如下一系列问题。

- 过拟合：模型可能拘泥于记忆特定样本，而非学习普遍规律。
- 表现偏差：数据分布不均可能导致模型对特定类型输入产生不合理的偏好。
- 训练低效：冗余数据会延长训练时间，且不会带来额外价值。
- 评估失真：测试集中的重复数据可能导致模型给出不切实际的乐观估计。

对数据集的去重方法可以划分为精确去重（exact deduplication）和模糊去重（fuzzy deduplication）。**精确去重**是一种通过数据规范化（normalization）、哈希生成和重复项删除的直接去重方法，用于移除完全相同的样本。在数据规范化阶段，先会对条目进行格式统一，例如将（英文）文本转换为小写的形式，再使用 MD5 或 SHA-256 等算法为每个条目生成唯一哈希值，系统通过比较这些哈希值来识别并删除重复项，最终每个条目只保留一个实例。尽管这种方法对完全相同的条目非常有效，但无法检测近似重复或语义相似的内容，这些情况需要更高级的去重技术。

最流行的**模糊去重**方法是 MinHash 算法。与其他模糊技术相比，它在显著降低计算复杂度的同时保持了高准确性。MinHash 的核心思路是为每个数据项生成紧凑的特征表示（也称之为签名，signatures）。这些签名就像数据的“指纹”，能够在极大地压缩数据维度的同时保留其关键特征。在具体实现中，MinHash 首先将数据项（如文本文档）转换为特定的特征集合（英文称之为 shingle），然后对这些集合应用多个哈希函数，选取最小的哈希值构建签名向量。通过使用 Jaccard 相似度等指标对比这些签名，可以高效地识别出近似重复的数据项。

除了精确去重和模糊去重，**语义相似度去重**从文本语义的角度出发提供了一种全新的去重方法。这种方法利用自然语言处理技术，将单词或整个文本样本转换为向量表示。Word2Vec、GloVe 和 FastText 等词嵌入模型能够将单个词映射为稠密向量，从而准确捕捉词语之间的语义关联。

为了获得更丰富的上下文信息，BERT、SentenceTransformers 和 Cross-Encoders 等语言模型可以为整个句子或文档生成词嵌入向量。获得向量表示后，通过比较向量间的相似度即可进行去重。常用的相似度度量方法包括余弦相似度和欧氏距离，对于相似度分数超过预设阈值的样本被视为重复内容。在处理大规模数据集时，可以采用聚类技术对相似向量进行分组，k-means、DBSCAN 和层次聚类等方法能够高效地组织向量空间，识别出语义相近的内容簇。在每个聚类中，保留一个具有代表性的样本，并将其他样本标记为重复项。

5.1.5　数据净化

数据净化（data decontamination）是去除训练数据集中与评估集或测试集高度重复或相似的样本的步骤，对于保证模型评估的客观性，避免模型过度拟合或简单记忆测试数据至关重要。

数据净化借鉴了数据去重的技术，通过精确匹配，可以识别并移除训练集中与评估集完全相同的样本。在实现方式上，可以使用哈希函数或直接进行字符串比较，还可以运用近似重复检测方法来识别和清除与评估样本高度相似但并非完全一致的训练样本。目前常见的近似重复检测方法有 MinHash、基于 n-gram 或嵌入向量计算相似度得分等。

> 执行数据净化的一个简单方法是，在数据去重阶段将评估集加入指令数据集。这样做的目的是确保仅从指令数据集中移除重复样本，具体实现方式有多种，如只过滤首个重复项、记录评估样本的索引等。理想情况下，可以在数据去重阶段自动添加评估集，从而实现数据净化的完全自动化。当需要对多个版本的自定义评估集进行迭代时，这种方法尤其高效。

另外，数据净化还包括筛除可能与评估数据来源相同的样本的过程。这一过程通常包括检查重叠短语、相似的句子结构或共同的元数据。为避免数据污染，研究人员还会采用来源追踪技术，识别并排除已知被用于评估集的特定数据源。

5.1.6　数据质量评估

在机器学习领域，尤其是在 LLM 研究中，数据质量评估至关重要。这一过程需要全面审视数据集的准确性、多样性和复杂程度等维度。对于数学计算等客观指标，研究人员可以借助 Python 解释器等工具轻松验证；然而，对于主观内容或开放性内容的评估，仍然面临诸多技术难题。

传统的数据质量评估方法依赖人工标注，这一方法虽然准确度较高，但成本高昂且难以大规模推广。为了解决这一难题，研究者们开始采用机器学习技术来自动化评估过程，主要包括 3 个方向：利用 LLM 进行质量判断、构建奖励模型，以及训练专门的质量预测分类器。

LLM-as-a-judge 是一种通过特定提示来利用 LLM 评估样本质量的方法。它凭借灵活性和便捷性赢得了广泛青睐，然而也伴随着一些挑战。不同 LLM 在各类任务中的表现各异，其评估结果往往更贴近非专业人士的判断。因此，针对特定领域的数据集，我们更倾向于推荐使用专业模型，而非那些通用能力更强的 LLM。在评估方法上，比较性评估（如“回答 A 是否优于回答 B”）通常优于绝对评分方法（如“给回答 A 打 1～4 分”）。不过，这两种方法均可通过精心设计的提示实现大规模应用。我们建议在代表性数据集的子集上反复尝试不同的提示，并进行人工验证以提高评估质量。表 5.2 展示了 LLM-as-a-judge 的一个具体提示示例。

表 5.2 使用 LLM-as-a-judge 进行数据质量评估的一个提示示例

Instruction
You are a data quality evaluator. Your goal is to assess an instruction and its corresponding answer, determining how effectively the answer addresses the given task.
In your evaluation, you will provide feedback detailing the strengths and weaknesses of the answer, followed by a score on a scale of 1 to 4.
A score of 1 means that the answer is terrible and irrelevant to the instruction.
A score of 2 means that the answer is not helpful and misses important aspects of the instruction.
A score of 3 means that the answer is helpful but could be improved in terms of relevance, accuracy, and depth.
A score of 4 means that the answer is excellent and fully addresses the task.
Provide your evaluation as follows:
Feedback: (strengths and weaknesses you find relevant)
Score: (number between 1 and 4)

LLM-as-a-judge 存在多种固有偏差。在比较评分时，它们通常会不自觉地偏向第一个呈现的回答，这种“位置偏差”的问题可以通过随机调整回答顺序来缓解。与人类评估者类似，LLM 也倾向于对更长的回答给予更高评分。为此，研究者可以采用长度归一化技术，平衡回答长度对评分的影响。此外，LLM 还表现出同族模型偏好，即更倾向于给同一模型家族的输出（如 GPT-4o 偏向 GPT-4 和 GPT-4o mini）更高的评分。解决这一问题的有效方法是引入来自不同模型家族的多样性评判。

为了提高评估的可靠性，通常可以使用多个 LLM 作为评审团的策略，这样可以减少偏差并增强一致性。利用小型 LLM 组成的评审团，不仅可以降低成本，还能提高准确性并减轻模型内部的偏好。对于聊天机器人等特定应用，应该争取使 LLM 评审团与人类评估者之间达到较高的一致性（约 80%）。此外，建议使用简单的评分标准（结合少样本提示）和特定任务的基准测试，以确保评估结果的相关性和可解释性。

奖励模型（reward models）也是将 LLM 重新用于数据质量评估的一种方法。这一概念源于基于人类反馈的强化学习（reinforcement learning form human feedback，RLHF，详见第 6 章）。简单来说，奖励模型是一种能够接收指令-回答数据对并输出评分的模型。通常，研究者会在 Gemma 或 Llama 等仅解码器的模型架构上添加线性层来构建奖励模型，并通过强化学习或传统微调方法针对特定目的进行训练。图 5.3 展示的 ArmoRM-Llama3-8B-v0.1 架构在 Llama3 8B 模型基础上增加了回归层和门控层，能够输出覆盖有用性、正确性、连贯性、复杂性和冗长性等多个维度的评分，从而实现更精细的数据质量评估。关于该架构的更多内容，推荐阅读文章 *Interpretable Preferences Via Multi-Objective Reward Modeling and Mixture-of-Experts*。

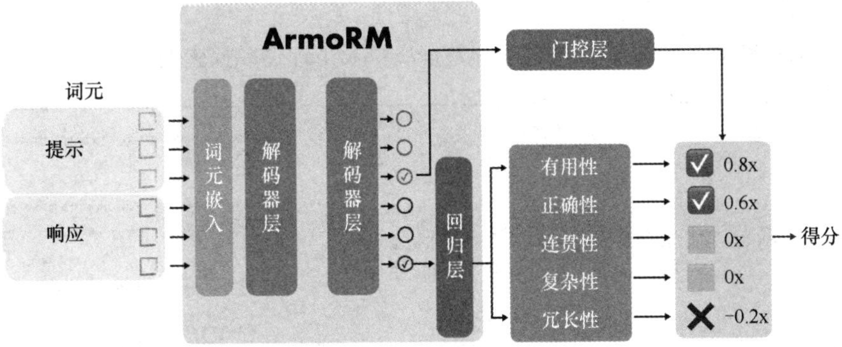

图 5.3　基于 Llama 3 的 RLHFlow/ArmoRM-Llama3-8B-v0.1 架构

Allen 人工智能研究所的 RewardBench 排行榜（托管在 Hugging Face 的 allenai/reward-bench）是一个比较不同奖励模型的优秀资源。该排行榜整合了生成式模型、分类器、DPO 等多种类型的奖励模型，并在针对每个指令都精心筛选正负样本的回答集上进行评估。尽管这个评估任务与指令数据质量没有直接关系，但它仍是一个能够区分好答案和坏答案的模型的良好资源。

分类器或仅编码器（encoder-only）模型可以用于数据质量评估。HuggingFaceFW/fineweb-edu -classifier 就是一个很好的示例，它是一个专门用于评估网页教育价值的分类器。该模型最初被设计为预训练数据的质量过滤器，但这种方法同样适用于大规模指令样本的评估。在具体实践中，fineweb-edu-classifier 在 Snowflake 的嵌入模型 snowflake-arctic-embed-m 的基础上添加了分类头，并在 Llama3 70B Instruct 标注的 45 万个样本上训练了 20 个轮次。

这种方法采用仅编码器模型，规模更小且更适合分类任务。由于参数较少，这类模型的运行速度更快，可以处理数百万个样本。然而，对于需要复杂推理的任务，它们无法捕捉细微差别因此准确性无法与大型模型相媲美。不过在小规模场景下，仅编码器模型在过滤异常值或作为自动化数据流水线的一部分时，因处理速度快而具有重要作用。

5.1.7　数据探索

数据探索（data exploration）是一个持续进行的过程，要求从业者深入理解训练数据。这一过程既需要人工的细致检查，也离不开自动化分析的辅助，两者相辅相成，帮助研究者全面掌握数据集的特征、优势及潜在的不足之处。

人工数据集探索虽然耗时，但却不可或缺。通过人工的细致检查，研究人员能够发现自动化处理难以捕捉的各类潜在问题，如格式缺陷、数据录入错误、推理逻辑不清和事实性偏差。这一过程不仅有助于深入了解数据集的内容特征和整体风格，还能确保数据质量。为提高审查效率，研究者可以采用多种策略，例如分层抽样（选择具有代表性的多样化样本）、系统性审查（依据标准检查清单），以及协作审查（多人交叉验证）。

图 5.4 展示了使用 Argilla 协作平台进行数据质量人工评估和探索的示例。

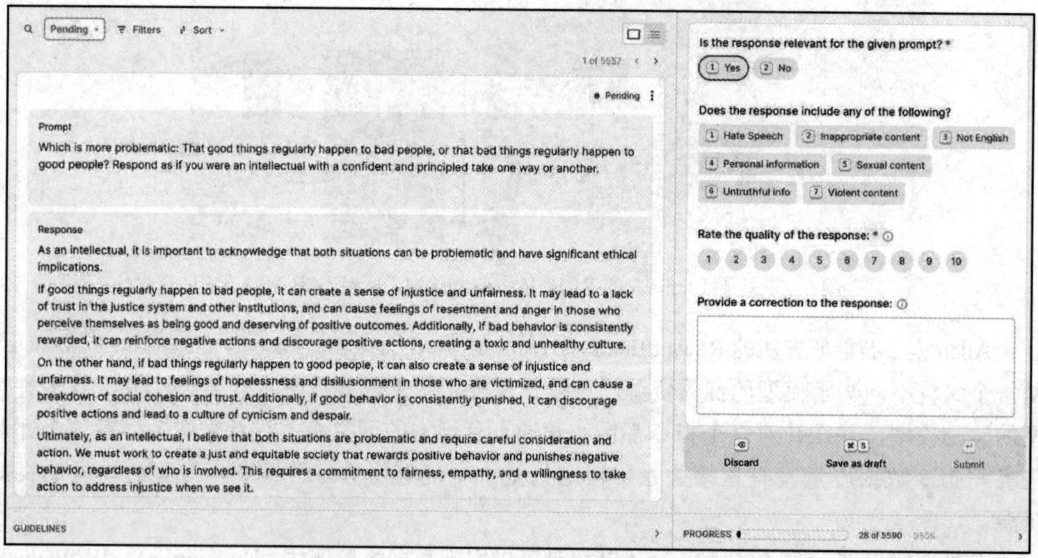

图 5.4　Argilla 协作平台数据质量评估与探索界面

统计分析作为一种补充技术，能够揭示文本中的词汇多样性、潜在偏差及概念表达特征。通过运用 NLTK 或 spaCy 等自然语言处理库，可以对海量文本进行精细的分词和深入分析。借助 Matplotlib 或 Seaborn 等可视化工具，能够生成直方图和词云（word clouds），从而直观地识别文本模式。这些技术不仅有助于全面洞察数据集的构成和语言广度，还能揭示可能影响模型输出的文化或语境偏好。

主题聚类是一种自动将相似文档或文本片段归类的技术，能够揭示数据中隐藏的主题和模式。这一方法对于深入理解大规模文本语料库、发现潜在趋势和有效组织信息具有重要意义。通常，主题聚类还会结合数据可视化，通过图形直观展示相似文本的聚类结果。

举一个构建覆盖多种编程语言的指令数据集的例子。假设已从在线论坛、技术文档和教程中采集了海量的编程相关文本。通过主题聚类，可以首先识别出数据集中包含的编程语言，如 Python、JavaScript 等。进一步地，在每个编程语言聚类中，还可以细分出错误处理、数据结构和 Web 框架等子主题，从而确保语料库中各编程语言和子主题能得到均衡、充分的表征。这可以确保每种编程语言都能正确地涵盖所有主题。

目前，市场上已有多种主题聚类工具。以 Hugging Face 的文本聚类工具为例，它提供了一个简洁的处理流程：使用句子转换器将文本映射到向量空间，通过 UMAP 进行降维，并采用 DBSCAN 算法完成聚类。该工具还能借助 LLM 自动为聚类生成标签，并支持可视化输出。除此之外，Nomic Atlas（如图 5.5 所示）、BunkaTopics 和 Lilac 等工具也提供了类似的解决方案，以及各具特色的附加功能。

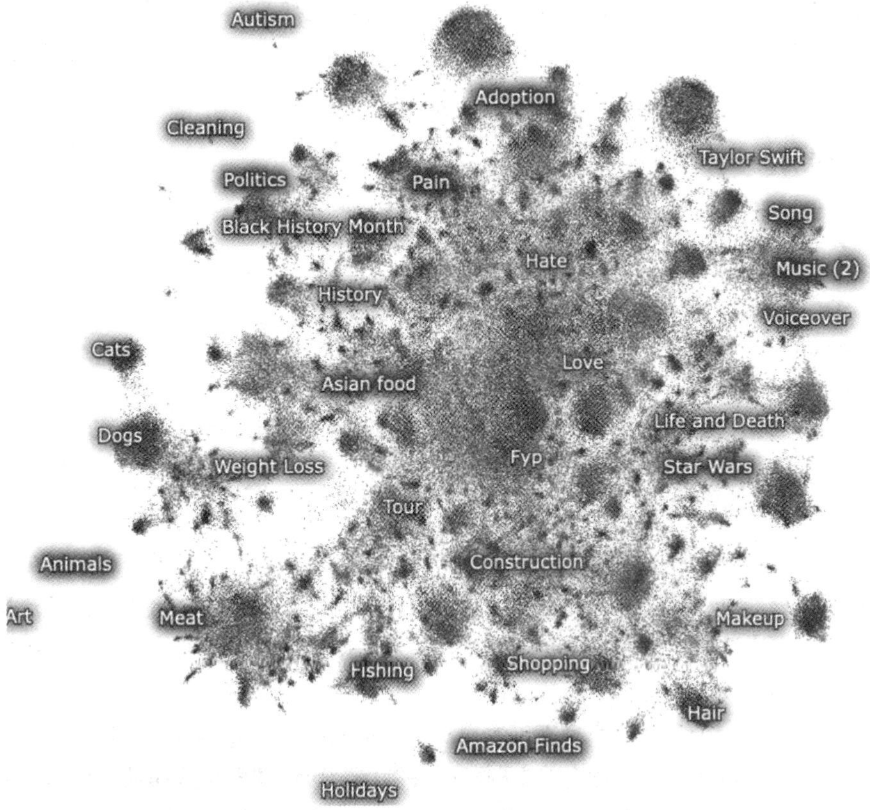

图 5.5　基于 Nomic Atlas 制作的 TikTok 历史数据集

5.1.8 数据生成

在现有指令数据集无法满足需求时，创建自定义数据集就成为必然选择，这对于公开数据匮乏的专业应用场景尤其重要。

此外，它还可以用于弥补数据集中的短板，例如弥补 JavaScript 错误处理技术的案例不足。尽管可以通过人工或众包方式生成数据，但这些方法往往耗费大量的人力和时间成本。相比之下，利用 LLM 合成生成数据提供了一种更高效、可扩展的解决方案。当与精心设计的提示工程相结合时，这种方法能够生成更大规模的高质量数据，突破传统人工数据创建的局限性。

合成数据生成的过程，通常始于一组精心设计的提示（有时称为分类法，taxonomy），这些提示是生成新颖且多样的数据样本的基础。表 5.3 展示了原始 Alpaca 数据集中的 5 个种子提示。合成数据生成的质量，很大程度上取决于在生成过程中采用的提示策略和技术。经过精心构思的提示能够有效引导 LLM 生成多样、相关且高质量的指令-回答数据对。这类提示往往包含具体指令、典型示例和明确约束，确保生成的数据严格符合预期的格式和内容要求。

表 5.3 原始 Alpaca 数据集中的种子提示示例

Seed instructions
• Is there anything I can eat for breakfast that doesn't include eggs, yet includes protein, and has roughly 700-1000 calories? • What is the relation between the given pairs? Input: Night : Day :: Right : Left • Generate a one-sentence description for each of the following people. Input: -Barack Obama\n- Elon Musk\n-Taylor Swift • Describe a situation in which the given stereotype can harm you. Input: All Asians are smart! • Generate an appropriate subjective title for the following email: Input: "Hi [person name],\n\nI'm writing to ask you if you are happy to be a panelist in our workshop on multimodality at CVPR. The workshop will be held on June 20, 2023. \n\nBest,\n[my name]

合成数据生成通常涉及多个环节，以确保最终数据的高质量。典型的流程通常是先生成一组初始问题或指令，随后针对这些问题或指令生成相应的回答或响应。更为严谨的流程还会额外设置验证阶段，通过另一个模型或专门的规则集对生成的数据对进行准确性、相关性和符合性的全面审核。

合成数据生成的一个关键特点是能够精确控制生成数据的各项属性，包括指令复杂度、响应长度、语言风格与语气，以及特定的主题和应用领域。通过调整这些属性，可以构建专门针对特定训练目标的数据集，或以极具针对性的方式补充和扩展现有数据集。此外，借助 Outlines

等专业库进行结构化生成，还可以更精确地遵循预设的格式要求。

此外，通过合成数据生成，可以有效弥补现有数据集中的偏差和不足。精心设计生成流程，能够构建更加均衡和包容的数据集，涵盖更广泛的视角、主题和语言风格。这为训练更具公平性、能够服务多元用户群的 LLM 提供了重要方法。

然而，合成数据生成也存在一些问题。其中最为棘手的问题是，生成的数据会不可避免地继承底层语言模型固有的偏见或缺陷。为了降低这一风险，研究者们普遍采用多重策略，包括引入人工审核、使用多元化的提示，以及构建严格的数据过滤机制，来保证合成数据的质量和可靠性。

此外，还需考虑生成数据的多样性和挑战性。若合成数据过于单一或重复性过大，将无法为训练高性能 LLM 提供足够的复杂性。先进的合成数据生成技术致力于构建丰富多变、细致入微的指令-回答对，以不断拓展模型的学习边界。

5.1.9 数据增强

数据增强是指提升现有数据样本的数量和质量的方法。与数据生成不同，数据增强直接使用已有的指令样本。尽管可以对指令-回答对进行上采样，但数据增强的核心目标是提高现有样本的整体质量。具体而言，它主要聚焦于两个关键维度：数据的多样性和复杂性。

Evol-Instruct 方法开创性地提出了一种指令优化技术：通过 LLM 将简单指令逐步演化为更高质量的指令以进一步驱动强大的语言模型生成更精确的回答。该方法的指令演进策略主要包含深度和广度两个维度。

深度演进（in-depth evolving）致力于提升现有指令的复杂性，主要包括以下几种技术。

- **约束（constraints）**：在原始指令中引入额外的要求或限制，提高完成指令的难度。
- **深化（deepening）**：从浅层问题转向更深入的探讨，要求提供更全面、更深入的回答。
- **具体化（concretizing）**：将抽象概念转化为具体细节，增强指令的精确性和清晰度。
- **增加推理步骤**：通过明确要求多步骤推理，促进更复杂和系统的问题解决方法。
- **复杂化输入**：在指令中引入更复杂的数据格式和结构，如 XML、JSON 或代码片段，增加处理难度。

广度演进（in-breadth evolving）旨在扩展指令数据集的多样性，通过对现有指令的启发来生成全新的指令，重点是在同一领域内构建更多罕见或长尾的样本。

作为一个示例，我们可以借鉴 Automatic Instruction Evolving for Large Language Models（以下简称 AutoEvol）论文中的方法，通过特定提示实现指令的自动深度演进。在这一过程中，只需将原始指令输入强大的语言模型（如 GPT-4o），它就能自动生成一个更加复杂和精细的指令版本。

UltraFeedback 也是一种数据增强方法，其核心着眼于提升回答质量，而非指令质量。该方法通过 AI 反馈机制，显著增强模型响应的质量和多样性。与 AutoEvol 论文致力于指令演化不同，UltraFeedback 采用大规模多样化的指令集和模型，旨在生成更为广泛和丰富的回答。随后，系统调用 GPT-4 等先进语言模型，从指令遵循、真实性、诚实程度和帮助性等多个维度，对这些回答进行细致的评估和评分。AutoEvol 论文中 Evol LLM 的提示示例，如表 5.4 所示。

表 5.4 AutoEvol 论文中 Evol LLM 的提示示例

You are an Instruction Rewriter that rewrites the given #Instruction# into a more complex version. Please follow the steps below to rewrite the given "#Instruction#" into a more complex version.

- Step 1: Please read the "#Instruction#" carefully and list all the possible methods to make this instruction more complex (to make it a bit harder for well-known AI assistants such as ChatGPT and GPT4 to handle). Please do not provide methods to
- change the language of the instruction!
- Step 2: Please create a comprehensive plan based on the #Methods List# generated in Step 1 to make the #Instruction# more complex. The plan should include several methods from the #Methods List#.
- Step 3: Please execute the plan step by step and provide the #Rewritten Instruction#. #Rewritten Instruction# can only add 10 to 20 words into the "#Instruction#".
- Step 4: Please carefully review the #Rewritten Instruction# and identify any unreasonable parts. Ensure that the #Rewritten Instruction# is only a more complex version of the #Instruction#. Just provide the #Finally Rewritten Instruction# without anyexplanation.

Please reply strictly in the following format:

Step 1 #Methods List#:

Step 2 #Plan#:

Step 3 #Rewritten Instruction#:

Step 4 #Finally Rewritten Instruction#:

#Instruction#:

{Instruction}

基于这些思路，研究者可以自主设计数据增强技术，构建更具挑战性和多样性的指令数据集。通过不断优化和演进现有的指令和回答，可以训练出能更好地处理复杂多步骤任务的模型，并显著提升其在各类应用场景中的表现。

5.2 构建自定义指令数据集

本节将利用第 3 章中爬取的数据，构建专属的指令数据集。为了确保数据集的高质量，需要克服两个关键挑战：数据的非结构化特性和可获取文章数量的局限性。

数据的非结构化特性源于要处理的是原始文本（文章），而非指令-回答数据对。为了解决这一问题，可以利用 LLM 结合使用反向翻译（backtranslation）和重述（rephrasing）两种方法对其进行转换。反向翻译是指以预期回答为输入生成对应指令的过程。不过，直接使用段落作为回答并不总是恰当，因此需要重述原始文本，以确保输出格式规范、质量上乘的回答。此外，还可以引导模型模仿原作者的写作风格，尽可能贴近原始段落。尽管这一过程涉及复杂的提示工程，但可以实现自动化并大规模应用。

在实际应用场景中，可获取文章数量的局限性将直接影响指令数据集的规模。通常，样本越多，模型越能准确地学习和模仿原作者的写作风格。为了解决这一问题，可以采用扩充数据集的方法：将每篇文章拆分成多个片段，为每个片段生成 3 组指令-回答对。这种策略不仅可以显著增加样本的数量，还能保持数据集的多样性。在本例中，将使用 OpenAI 的 GPT-4o mini 模型完成这一任务，当然也可以使用开源模型。

然而，LLM 在生成结构化输出时，即便提供了明确的模板或指令仍难以稳定地遵循预设格式，这种不确定性常常迫使开发者进行额外的字符串解析工作，以确保输出符合期望的结构要求。为了简化这个过程并确保输出的结构正确，可以使用结构化生成技术来强制 LLM 遵循预定义模板，如 JSON、pydantic 类或正则表达式。接下来使用 OpenAI 的 JSON 模式功能，它提供了一种更可靠的方式来返回有效的 JSON 对象，从而减少后处理的需求。

构建合成数据流水线的完整流程，如图 5.6 所示。

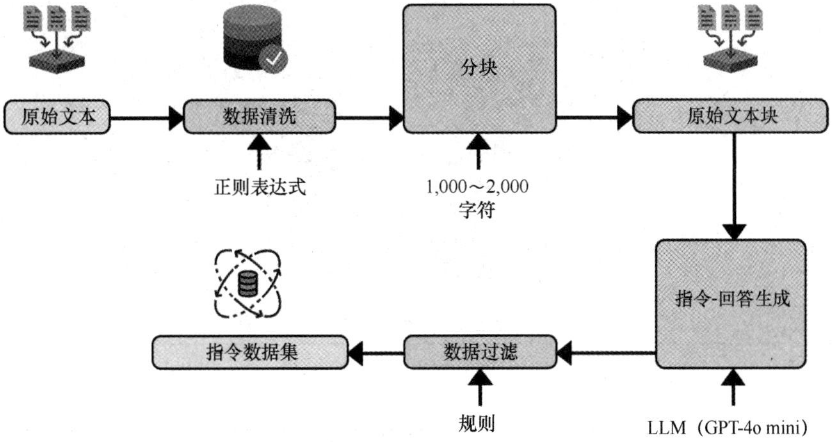

图 5.6 合成数据流水线的完整流程：从原始文本到指令数据集

下面将介绍用 Python 来实现合成数据流水线的流程。这个流水线既可以被集成到 LLMOps 流水线中，也可以作为一个独立的脚本。

（1）安装以下几个库。`openai` 库可以实现与模型的交互，生成指令数据；`datasets` 库则负责将数据转换为 Hugging Face 兼容的格式；`tqdm` 库则用来可视化数据生成的进度。

```
openai==1.37.1
datasets==2.20.0
tqdm==4.66.4
```

（2）导入所有需要的库。

```
import concurrent.futures
import json
import random
import re
from concurrent.futures import ThreadPoolExecutor

from typing import List, Tuple
from datasets import Dataset
from openai import OpenAI
from pydantic import BaseModel, Field
from tqdm.auto import tqdm
```

（3）从每篇文章中提取文章 `id`、`content`、`platform`、`author_id`、`author_full_name` 和 `link` 等关键字段，来构建 Hugging Face 数据集。

```
def load_articles_from_json(file_path: str) -> Dataset:
   with open(file_path, "r") as file:
      data = json.load(file)

   return Dataset.from_dict(
      {
         "id": [item["id"] for item in data["artifact_data"]],
         "content": [item["content"] for item in data["artifact_data"]],
         "platform": [item["platform"] for item in data["artifact_data"]],
         "author_id": [item["author_id"] for item in data["artifact_data"]],
         "author_full_name": [item["author_full_name"] for item in data["artifact_
data"]],
         "link": [item["link"] for item in data["artifact_data"]],
      }
   )
```

如果直接使用 Pandas 将数据集加载为 dataframe，可以得到如下表格。

	id	**content**	**phatform**	**author_id**	**author_ full_ name**	**link**
0	ab2f9e2e-5459-4dd6-97d6-c291de4a7093	The Impor-tance of Data Pipelines in the Era of···	medium	e6b945ba-6a9a-4cde-b2bf-0890af79732b	Alex Vesa	https://medium.com/decodingml/the-importance-o···
1	ccfe70f3-d324-40b6-ba38-86e72786dcf4	Change Data Capture: Enabling Event-Driven Arc···	medium	e6b945ba-6a9a-4cde-b2bf-0890af79732b	Alex Vesa	https://medium.com/decodingml/the-3nd-out-of-1···

续表

	id	content	phatform	author_id	author_full_name	link
2	4c9f68ae-ec8b-4534-8ad5-92372bf8bb37	The Role of Feature Stores in Fine-Tuning LLMs···	medium	e6b945ba-6a9a-4cde-b2bf-0890af79732b	Alex Vesa	https://medium.com/decodingml/the-role-of-feat···
···	···	···	···	···	···	···
73	68795a4d-26c2-43b7-9900-739a80b9b-7dc	DML: 4 key ideas you must know to train an LLM···	decodingml.substack.com	1519b1d1-1a5d-444c-a880-926c9e-b6539e	Paul Iusztin	https://decodingml.substack.com/p/dml-4-key-id···
74	d91b17c0-05d8-4838-bf61-e2abc1573622	DML: How to add real-time monitoring & metrics···	decodingml.substack.com	1519b1d1-1a5d-444c-a880-926c9e-b6539e	Paul Iusztin	https://decodingml.substack.com/p/dml-how-to-a···
75	dcf55b28-2814-4480-a18b-a77d01d44f5f	DML: Top 6 ML Platform Features You Must Know···	decodingml.substack.com	1519b1d1-1a5d-444c-a880-926c9e-b6539e	Paul Iusztin	https://decodingml.substack.com/p/dml-top-6-ml···

（4）通过简单的正则表达式，清理在部分文章中存在的特殊字符和多余空格等无效内容。

首先，使用正则表达式`[^\w\s.,!?']`过滤掉除撇号、句号、逗号、感叹号和问号之外的所有非字母数字字符。接着，用`\s+`将连续的多个空白字符替换为单个空格。最后，使用`strip()`方法去除字符串开头和结尾的空白字符。

```
def clean_text(text):
    text = re.sub(r"[^\w\s.,!?']", " ", text)
    text = re.sub(r"\s+", " ", text)
    return text.strip()
```

（5）对加载的文章进行分块，以便后续转换为指令-回答对。理想情况下，通过标题或段落来实现语义层面的有意义分块。

但在实际场景中，原始数据往往杂乱无章，无法从数据集中的每篇文章中提取出完整的段落或标题，因此采用正则表达式来提取句子，将文本切分为1,000～2,000字符的文本块。文本块大小可以根据文本信息的密度进行灵活调整。

`extract_substrings()`函数对数据集中的每篇文章进行处理：首先清理文本，接着使用正则表达式将文章拆分成独立的句子，随后通过连续拼接这些句子生成长度为1,000～2,000字符的文本块。

```
def extract_substrings(dataset: Dataset, min_length: int = 1000,
max_length: int = 2000) -> List[str]:
    extracts = []
```

```
    sentence_pattern = r"(?<!\w\.\w.)(?<![A-Z][a-z]\.)(?<=\.|\?|\!)\s"

    for article in dataset["content"]:
        cleaned_article = clean_text(article)
        sentences = re.split(sentence_pattern, cleaned_article)

    current_chunk = ""
    for sentence in sentences:
        sentence = sentence.strip()
        if not sentence:
            continue

        if len(current_chunk) + len(sentence) <= max_length:
            current_chunk += sentence + " "
        else:
            if len(current_chunk) >= min_length:
                extracts.append(current_chunk.strip())
            current_chunk = sentence + " "

        if len(current_chunk) >= min_length:
            extracts.append(current_chunk.strip())

    return extracts
```

（6）从提取的文本块中创建指令-回答对。为有效管理这些数据对，引入 `InstructionAnswerSet` 类，该类允许直接从 JSON 字符串创建实例，这在解析 OpenAI API 的输出时非常方便。

```
class InstructionAnswerSet:
    def __init__(self, pairs: List[Tuple[str, str]]):
        self.pairs = pairs

    @classmethod
    def from_json(cls, json_str: str) -> 'InstructionAnswerSet':
        data = json.loads(json_str)
        pairs = [(pair['instruction'], pair['answer'])
                 for pair in data['instruction_answer_pairs']]
        return cls(pairs)

    def __iter__(self):
        return iter(self.pairs)
```

（7）获得适当长度的文章摘录后，利用 LLM 将其转换为指令-回答对。这一步骤具有模型无关性，可以使用任何开源或闭源模型实现。由于输出直接基于提供的上下文，无须复杂的推理或依赖高性能模型。

考虑到性价比，本示例选择使用 GPT-4o mini。在数据转换过程中，提示工程是最关键的环节，通常需要多次迭代才能获得理想的输出结果。我们建议从简单的提示开始，根据实际需求逐步增加复杂度，如提高准确性、调整输出风格或生成多个响应。

本示例的目标是生成形如“Write a paragraph about X topic”的指令，并配套相应的事实性回答，这些回答要能模仿原作者的写作风格，为此需要提供一段文字摘录作为模型响应的基准。为提高工作效率，我们计划为每个片段生成 5 组指令-回答对。如下是指令生成函数的初始代码，其中包含了预设提示。

```
def generate_instruction_answer_pairs(
    extract: str, client: OpenAI
) -> List[Tuple[str, str]]:
    prompt = f"""Based on the following extract, generate five instruction-answer pairs.
Each instruction \
must ask to write about a specific topic contained in the context. each answer \
must provide a relevant paragraph based on the information found in the \
context. Only use concepts from the context to generate the instructions. \
Instructions must never explicitly mention a context, a system, a course, or an extract. \
Instructions must be self-contained and general. \
Answers must imitate the writing style of the context. \
Example instruction: Explain the concept of an LLM Twin. \
Example answer: An LLM Twin is essentially an AI character that mimics your writing style,
personality, and voice. \
It's designed to write just like you by incorporating these elements into a language model. \
The idea is to create a digital replica of your writing habits using advanced AI techniques. \
Provide your response in JSON format with the following structure:
{{
    "instruction_answer_pairs": [
        {{"instruction": "...", "answer": "..."}},
        ...
    ]
}}

Extract:
{extract}
"""
```

（8）除了用户输入的提示，还可以设置系统提示，引导模型按照预期生成指令。在这个过程中，需要在系统提示中重申整体任务目标。

将系统提示和用户提示进行拼接后，通过 OpenAI API 调用 GPT-4o mini 模型，设置 JSON 模式并将回答的长度限制 max_tokens 设为 1,200。为了鼓励模型生成多样化的响应，采用标准温度值 temperature 为 0.7。随后，使用 InstructionAnswerSet 类直接解析生成的文本，提取指令和回答的对应关系。

```
    completion = client.chat.completions.create(
        model="gpt-4o-mini",
        messages=[
            {
```

```
            "role": "system", "content": "You are a helpful assistant who \
            generates instruction-answer pairs based on the given context. \
            Provide your response in JSON format.",
        },
        {"role": "user", "content": prompt},
    ],
    response_format={"type": "json_object"},
    max_tokens=1200,
    temperature=0.7,
)

# Parse the structured output
result = InstructionAnswerSet.from_json(completion.choices[0]. message.content)

# Convert to list of tuples
return result.pairs
```

（9）创建一个 main 函数来自动化处理流程。该函数首先从输入数据集中提取子字符串，然后利用 Python 的 ThreadPoolExecutor 实现并发处理，为每个提取片段高效地生成指令-回答对。将 max_workers 的默认值设置为 4，以避免更高的并发数触发 OpenAI 的速率限制，进而导致 API 请求失败或被限流。

```
def create_instruction_dataset(
    dataset: Dataset, client: OpenAI, num_workers: int = 4
) -> Dataset:
    extracts = extract_substrings(dataset)
    instruction_answer_pairs = []
    with concurrent.futures.ThreadPoolExecutor(max_workers=num_workers) as executor:
        futures = [executor.submit(generate_instruction_answer_pairs, extract, client)
            for extract in extracts
        ]
        for future in tqdm(concurrent.futures.as_completed(futures), total=len(futures)
        ):
            instruction_answer_pairs.extend(future.result())

    instructions, answers = zip(*instruction_answer_pairs)
    return Dataset.from_dict(
        {"instruction": list(instructions), "output": list(answers)}
    )
```

（10）通过调用 creat_instruction-dataset() 函数可以轻松创建指令数据集。使用 GPT-4o mini 处理原始数据的成本不到 0.5 美元。

（11）编写一个主函数 main() 来统筹整个数据处理流程，包括加载原始数据、生成指令数据集、划分训练集和测试集，并将结果上传到 Hugging Face Hub。

```
def main(dataset_id: str) -> Dataset:
    client = OpenAI()

    # 1. Load the raw data
    raw_dataset = load_articles_from_json("cleaned_documents.json")
    print("Raw dataset:")
    print(raw_dataset.to_pandas())

    # 2. Create instructiondataset
    instruction_dataset = create_instruction_dataset(raw_dataset, client)
    print("Instruction dataset:")
    print(instruction_dataset.to_pandas())

    # 3. Train/test split and export
    filtered_dataset = instruction_dataset.train_test_split(test_size=0.1)
    filtered_dataset.push_to_hub("mlabonne/llmtwin")

    return filtered_dataset

Dataset({
    features: ['instruction', 'output'],
    num_rows: 3335
})
```

通过这个流程生成了 3,335 对数据对，读者可以在搜索引擎输入“Hugging Face mlabonne llmtwin”访问这个数据集。Hugging Face Hub 的数据集查看器（如图 5.7 所示）允许用户轻松浏览指令和回答，并检查样本是否存在明显错误。鉴于数据集规模较小，无须进行深入的探索和主题聚类。

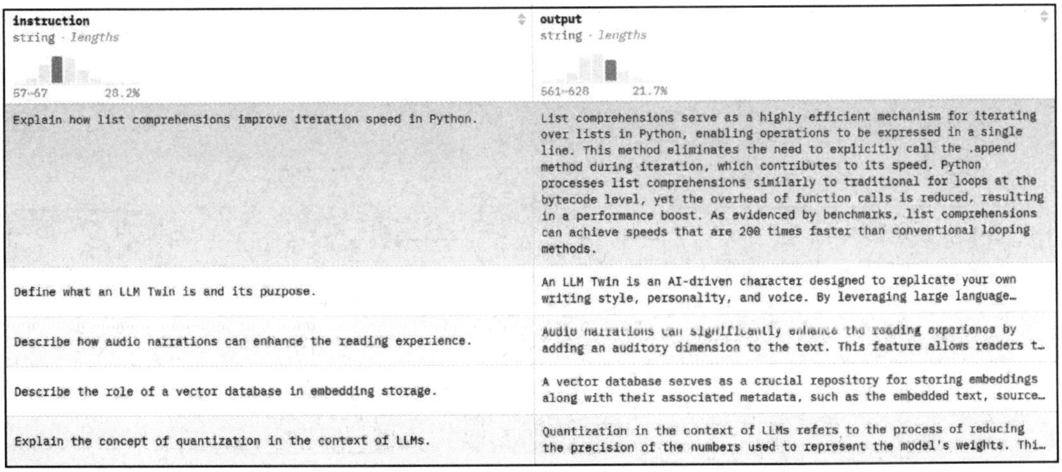

图 5.7　Hugging Face Hub 中的 mlabonne/llmtwin 指令数据集

正如 5.1 节所述，提高样本的多样性和复杂性可以优化这个指令数据集。例如，采用更高级的提示工程技术，通过提供预期结果的示例来提高生成数据的质量。此外，数质量评估可以用来逐一审查并筛选出低质量的样本。为了保持简单，我们将对此指令数据集采用直接创建指令并调 OpenAI API 生成答案的方法，并在第 6 章创建偏好数据集时探索更先进的方法。

5.3 探索 SFT 及其关键技术

SFT 是使用由指令和回答组成的小规模数据集，对预训练模型进行再训练的过程。其核心目标是将原本仅能进行下一个词元预测的基础模型，转变为能够理解并执行指令、回答问题的智能助手。除此之外，SFT 还可以实现多种模型的优化，如提升模型的整体能力（通用 SFT）、引入新的知识领域（如新语言或专业领域）、聚焦特定任务，甚至调整模型的语言风格和表达方式。

本节将探讨微调的适用场景，深入探究相关的存储格式和对话模板，并详细介绍目前最常用的 3 种 SFT 实现方法：全量微调、**低秩适应（Low-Rank Adaptation，LoRA）**和**量化感知低秩适应（Quantization-aware Low-Rank Adaptation，QLoRA）**。

5.3.1 何时进行微调

在大多数情况下，建议首先进行提示工程，而不是直接对模型进行微调。提示工程可以应用于开放权重或闭源模型，通过使用少样本提示或 **RAG** 等技术，许多问题可以在不进行微调的情况下得到有效解决。使用提示工程还可以建立一个包括准确率、成本和延迟等指标的评估流程。如果还能满足要求，可以进一步考虑创建指令数据集。只要有足够的数据可用，微调就是一个可行的选项。从技术层面考虑，何时进行微调可以根据如图 5.8 所示的流程来判断。

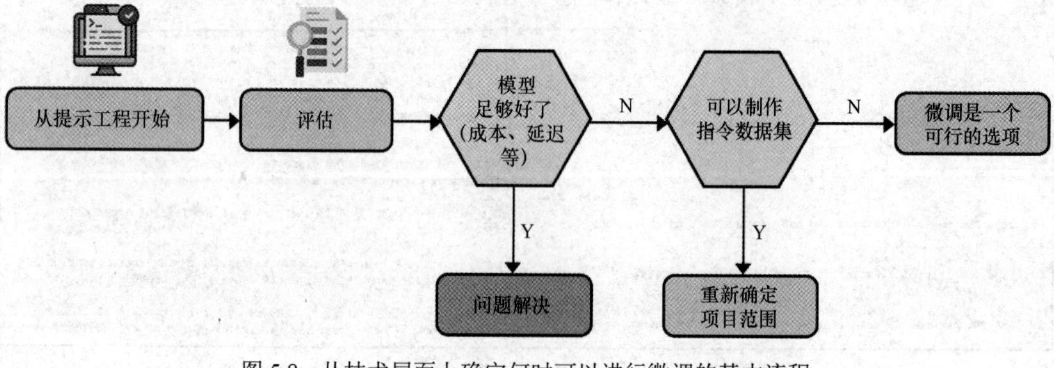

图 5.8 从技术层面上确定何时可以进行微调的基本流程

除了这些技术细节，SFT 在数据控制和模型定制等方面满足了开发者的常见需求。通过微调，开发者可以不再局限于构建传统聊天机器人，而是能够创建更丰富多样的 LLM 交互场景，如工具分析、内容审核和上下文增强。值得注意的是，尽管本书聚焦于权重开源的模型，但市面上已有多家 LLM 厂商可以提供自动化微调服务。这些服务虽然在控制精度和定制灵活性上不及自主管理的微调流程，但对于资源受限的机器学习团队而言，不失为一种可行的权衡方案。

尽管微调具有诸多优势，但仍存在一些局限性。通常，SFT 会充分利用基础模型中已有的知识，并将模型参数重新聚焦于特定任务。对于与预训练数据集知识差异较大的内容（如未知或罕见的语言），模型可能难以进行有效学习。

更糟糕的是，研究发现，在新知识上对模型进行微调可能会增加幻觉的发生频率。更令人担忧的是，根据所采用的 SFT 技术还可能会不经意间"抹去"基础模型原有的知识，这一现象在机器学习领域被称为灾难性遗忘（catastrophic forgetting）。

5.3.2　指令数据集格式

在机器学习中，指令数据集需要按照特定格式存储和组织，以便有效管理指令和相应的回答。通常，在数据集中的每个样本会被表示为一个 Python 字典，其中包含不同类型的键（如 `system`、`instruction`、`output`），对应的值则是相关的文本内容。目前，Alpaca、ShareGPT 和 OpenAI 是 3 种最常用的数据集格式标准，它们的典型组织结构如表 5.5 所示。

表 5.5　指令数据存储格式的典型示例

名称	JSONL 格式
Alpaca	{"instruction": "…", "input": "…", "output": "…"} {"instruction": "…", "output": "…"}
ShareGPT	{"conversations": [{"from": "…", "value":"…"},…]}
OpenAI	{"conversations": [{"role": "…", "content":"…"},…]}
OASST	{"INSTRUCTION": "...","RESPONSE": "..."}
Raw text	{"text": "…"}

请注意，在 Alpaca 模型中 `input` 键是可选的。只有当 `input` 键存在时，其内容才会被附加到 `instruction` 键的内容后面。表 5.5 还引入了 `Raw text` 数据格式，旨在说明 SFT 在本质上与预训练并无根本差异。若选择在原始文本上重新训练模型，这种方法通常被称为持续预训练（continual pre-training）。

5.1 节创建的数据集遵循了 Alpaca 格式，包含 `instruction` 和 `output` 两个字段。Alpaca 格式适合处理单轮指令和应答，即一条指令对应一个回复。当需要处理多轮对话（包含多条指令和回复）时，ShareGPT 或 OpenAI 等格式会更加灵活，这些格式通过将每条消息存储为列表中的字典，可以在单个样本中表示任意长度的对话。

单轮或多轮对话会直接决定数据存储方式，需根据具体应用场景灵活确定。

5.3.3 聊天模板

从数据集中提取指令-回答对后，需要按照聊天模板对其进行结构化用于帮助模型更好地理解和处理指令与回答。

通常，这些模板会包含特殊词元，用于识别消息的起始和结束位置，以及消息的作者。基础模型本身并不是为了直接遵循指令而设计的，它们并没有预定义的聊天模板，这意味着在微调基础模型时可以自由选择合适的模板。而对于指令模型，必须使用一致的模板，否则可能会降低模型的性能。

与指令数据集格式相似，聊天模板也有多种，常见的有 ChatML、Llama 3、Mistral 等。在开源社区中，ChatML 模板（最初源自 OpenAI）颇受欢迎，它通过添加两个特殊词元（<|im_start|>和<|im_end|>）来标识消息的作者。例如，将 ChatML 模板应用到表 5.1 中的指令-回答对，结果如表 5.6 所示。

可以看到，应用 ChatML 模板后仍然有 3 部分：系统（system）、用户（user）和助手（assistant），每部分都以<|im_start|>开头，以<|im_end|>结束。当前消息的作者由字符串（如 system）而不是特殊词元来标识，这些字符串是在微调期间被分词（tokenized）并用作模型输入的精确字符串。

表 5.6 表 5.1 中应用 ChatML 聊天模板的示例

<|im_start|>system
You are a helpful assistant, who always provide explanation. Think like you are answering to a five year old. <|im_end|>
<|im_start|>user
Concepts: building, shop, town
Write a sentence that includes all these words. <|im_end|>
<|im_start|>assistant
In our little town, there is a shop inside a big building where people go to buy their favorite toys and candies. <|im_end|>

然而，在推理过程中无法给出预期的回答，这时需要提供如表 5.6 所示的系统和用户部分，并通过添加<|im_start|>assistant\n 来引导模型进行回答。

因为模型已经根据这个聊天模板进行了微调，它能够理解接下来的内容应该是与用户指令相关并由系统提示引导的回答。这就是微调模型获得遵循指令能力的方式。

使用聊天模板的一个常见挑战在于，每个空格和换行符都极其关键，增删任何字符都可能导致分词错误，进而严重影响模型的性能。因此，推荐使用类似 Transformers 库中实现的 Jinja 的模板。表 5.7 列出了几个典型模板示例，其中包括 Alpaca。Alpaca 既指代特定指令数据集格式，又指代一种聊天模板。

表 5.7 常见聊天模板示例

<table>
<tr><th>Name</th><th>Jinja template</th></tr>
<tr><td>Alpaca</td><td>### Instruction: What is the capital of France?

Response: The capital of France is Paris.<EOS></td></tr>
<tr><td>ChatML</td><td><|im_start|>user
What is the capital of France?<|im_end|> <|im_start|>assistant
The capital of France is Paris.<|im_end|></td></tr>
<tr><td>Llama 3</td><td><|begin_of_text|><|start_header_id|>user<|end_header_id|>

What is the capital of France?<|eot_id|><|start_header_
id|>assistant<|end_header_id|>

The capital of France is Paris.<|eot_id|></td></tr>
<tr><td>Phi-3</td><td><|user|>
What is the capital of France?<|end|>
<|assistant|>
The capital of France is Paris.<|end|></td></tr>
<tr><td>Gemma</td><td><bos><start_of_turn>user
What is the capital of France?<end_of_turn> <start_of_turn>model
The capital of France is Paris.<end_of_turn></td></tr>
</table>

Jinja 支持循环和条件语句，这意味着同一个聊天模板可以同时应用于训练和推理（add_generation_prompt）过程。

5.3.4 参数高效微调技术

尽管文献中提出了诸多微调方法，但在 SFT 领域，目前已形成 3 种主流技术路径：全量微调、低秩适配（LoRA）和量化低秩适配（QLoRA），如图 5.9 所示。下面将逐一介绍这些技术，以及如何根据实际应用场景权衡其利弊。

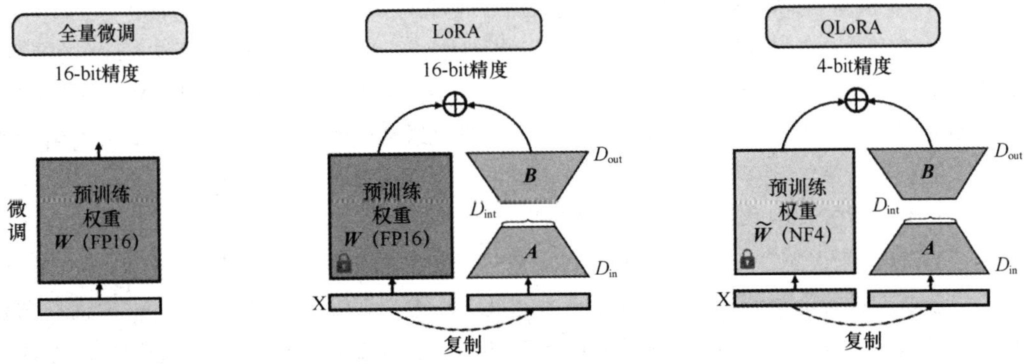

图 5.9 3 种主流 SFT 技术的模块级架构对比

1. 全量微调

全量微调是当前最简单、直观的 SFT 技术，其核心是重新训练基础模型的所有参数。与预训练类似，SFT 同样以下一个词元的预测作为训练目标。数据集的结构差异是持续预训练和全量微调之间的主要区别。

全量微调通常能取得最佳效果，但需要消耗大量计算资源。内存使用情况受模型规模、训练技术和训练模型的优化方法等因素的影响。在单 GPU 环境下，所需内存可以通过以下方式估算：

$$\text{Memory} = \text{Parameters} + \text{Gradients} + \text{Optimizer states} + \text{Activations}$$

对于基于 **32 位浮点（FP32）** 精度的基本配置，可以进行如下估算。

- **参数（Parameters）**：指神经网络中可调整的权重和偏置，通常包括注意力机制、前馈层（feed-forward layers）和嵌入层（embedding layers）的权重。存储开销：FP32 格式下每个参数占用 4 字节，FP16/BF16 格式下每个参数占用 2 字节。
- **梯度（Gradients）**：是损失函数对每个模型参数的偏导数，反映的是为最小化损失每个参数需要调整的程度。在训练过程中，通过反向传播为每个参数计算梯度，并将其用于更新模型参数。存储开销：每个参数占用 4 字节。
- **优化器状态（Optimizer states）**：是由 Adam 或 AdamW 等模型训练方法维护的额外参数，通常包括每个参数的历史梯度和历史平方梯度的滑动平均值，用于动态调整每个参数的学习率以更精确地在损失空间中寻找最优路径。例如，Adam 为每个参数维护了两个额外的统计值（动量和方差）。存储开销：每个参数约占用 8 字节（针对 Adam 优化器）。
- **激活值（Activations）**：是神经网络前向传播过程中每一层产生的中间计算结果。对于 Transformer 类模型，这些结果包括注意力机制、前馈层和归一化层（normalization layers）的输出。在前向传播期间，激活值需要保存在内存中，以便在反向传播期间计算梯度，除非采用激活值检查点（activation checkpointing）等压缩技术。存储开销：因模型而异，使用小批量（batch size）数据训练时通常可以忽略。

综上所述，可以按照每个参数占用 16 字节来粗略估计 GPU 显存开销。对于 7B 参数的模型，这意味着需要约 112 GB 显存；而对于 70B 参数的模型，这意味着显存需求将高达 1,120 GB。不过，这往往是显存需求的下限，因为并未计入激活值、临时缓冲区所需的额外内存，以及各种训练技术带来的额外开销。

在 LLM 微调过程中，可以采用一些技术来降低内存消耗。模型并行化通过将计算任务分散到多个 GPU 上来缓解单设备的内存压力，尽管这会带来一定的通信开销。梯度累积技术则允许在不显著增加设备内存的前提下，使用更大的批大小进行训练。诸如 8-bit Adam 等内存高效优化器，可以显著减少模型参数状态占用的内存。激活值检查点技术则通过在必要时重新计算某些激活值，用计算换取内存空间。组合使用这些技术可以极大地降低内存需求。例如，混合精度训练结合模型并行化，可以将每个参数的内存开销从基准的 16 字节降低到约 14～15 字节。尽管如此，对于超大规模模型而言，存储开销仍然是一大挑战。

此外，全量微调会直接修改预训练权重，这种方法本质上具有破坏性。若未按预期进行训练，很可能会导致模型丢失已有的知识和技能（被称为“灾难性遗忘”）。类似的问题也常见于持续预训练中，这增加了这些技术的使用难度。鉴于其固有的复杂性和高昂的计算成本，在构建特定任务或领域模型时，研究者往往更倾向于采用参数高效的微调技术而非全量微调。

2. LoRA

LoRA 是一种参数高效的 LLM 微调技术，旨在应用大规模神经网络微调过程中的计算挑战，已迅速发展为 LLM 微调领域的关键方法。

LoRA 的核心目标是在显著降低计算资源消耗的前提下，实现 LLM 的高效微调。其创新之处在于通过引入可训练的低秩矩阵的方式精准调整模型行为，同时保持模型的原始参数不变。LoRA 的优势主要包括以下 4 点：

- 训练期间显著降低内存消耗；
- 加速模型微调流程；
- 保持预训练模型权重完整性（非破坏性）；
- 通过快速替换 LoRA 权重实现任务间灵活切换。

这些优势使 LoRA 成为计算资源受限环境下研究人员和开发者的理想选择，有效降低了 LLM 微调的技术门槛，推动了模型调优的普及。

LoRA 的核心是通过低秩分解技术，实现模型权重的高效更新。与直接修改原始权重矩阵 $\boldsymbol{W}$ 不同，LoRA 引入了两个较小的矩阵 $\boldsymbol{A}$ 和 $\boldsymbol{B}$，它们共同构成对 $\boldsymbol{W}$ 的低秩增量更新，如图 5.10 所示。

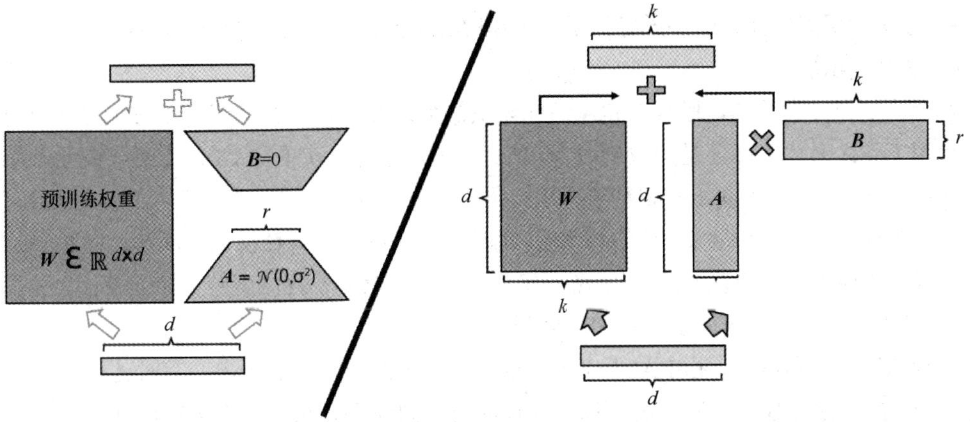

图 5.10 LoRA 通过引入两个可训练矩阵 $\boldsymbol{A}$ 和 $\boldsymbol{B}$，同时保持原预训练权重矩阵 $\boldsymbol{W}$ 不变

在数学上可以表示为：

$$\boldsymbol{W}' = \boldsymbol{W} + \boldsymbol{BA}$$

其中，$\boldsymbol{W}$ 表示原始权重矩阵，$\boldsymbol{A}$ 和 $\boldsymbol{B}$ 是低秩分解矩阵，$\boldsymbol{W}'$ 是在推理过程中实际使用的有效权重矩阵。通过精心选择矩阵 $\boldsymbol{A}$ 和 $\boldsymbol{B}$ 的维度，使其乘积与原始权重矩阵 $\boldsymbol{W}$ 具有相同的形状，但秩（通常记为 r）要低得多。这个秩是 LoRA 中的关键超参数。在训练过程中，原始权重 $\boldsymbol{W}$ 保持不变，仅更新低秩矩阵 $\boldsymbol{A}$ 和 $\boldsymbol{B}$。这种方法大幅减少了可训练参数的数量，从而大幅节省内存和加速训练。

为了有效应用 LoRA，需要选择合理的超参数和目标模块。LoRA 主要涉及以下两个关键超参数。

- **秩（r）**：决定 LoRA 矩阵的大小。常见的起始值是 8，但在某些场景下，高达 256 的值也能取得良好效果。较大的秩可能会捕获更多样化的任务特征，但同时也可能导致模型过拟合。
- **Alpha（α）**：作为 LoRA 更新的缩放因子。在实际应用中，通过 α/r 的系数来更新冻结权重 $\boldsymbol{W}$。业界通常的做法是将 α 设置为 r 的两倍，相当于对 LoRA 更新施加了 2 倍的缩放。如果出现过拟合或欠拟合的情况，建议尝试调整 α/r 的比例。

此外，还可以引入 dropout 层来抑制过拟合。dropout 率一般控制在 0～0.1 之间，作为可选的正则化手段，这会略微降低训练速度。

LoRA 可以应用于模型架构的多个部分，最初主要用于在 Transformer 层中修改注意力机制，尤其是查询（$\boldsymbol{Q}$）和值（$\boldsymbol{V}$）矩阵。随后的实验证明，将 LoRA 方法扩展到模型的以下的关键组件同样能带来显著的性能提升。

- 注意力层的键（$\boldsymbol{K}$）矩阵；
- 注意力机制中的输出投影层（常记作 O）；
- 注意力层间的前馈或**多层感知机（multi-layer perceptron，MLP）**模块；
- 线性输出层。

然而，值得注意的是，增加 LoRA 适配模块的数量会同时增加可训练参数和内存开销。

使用 LoRA 技术，即便是参数量达 7B 的大模型，也可以在单块 GPU 上进行微调，且仅需 24～28 GB 内存，具体取决于配置细节。相比传统的全量微调（通常需要多块高端 GPU），这是一个革命性的进步。从可训练参数的角度看，LoRA 显著降低了参数微调的成本。以 Llama 3 8B 模型为例，即便为每个模块设置秩为 16，其可训练的 LoRA 参数也仅有 4,200 万个，占总参数（8B）的 0.5196%，大大降低了计算和存储开销。

从训练质量的角度看，LoRA 不仅可以达到与全量微调相当的效果，有时甚至表现更佳。通过组合多组 LoRA 权重，研究者可以灵活地应对不同任务和领域，无须重新训练即可实现灵活部署和任务切换。目前已有多个项目专注于多 LoRA 服务，如 LoRAX，并且这一特性已得到

Hugging Face 的 **text generation inference**（**TGI**）和 **NVIDIA inference microservices**（**NIM**）的支持。

3. QLoRA

QLoRA 是由 Dettmers 等研究者提出的一种创新微调 LLM 的技术。该方法巧妙地结合了量化技术和 LoRA，有效解决了传统模型微调中的高计算成本问题，使得开发者可以在普通的、计算资源相对有限的 GPU 上实现模型的高效微调。

QLoRA 方法的核心是将基础模型参数量化为自定义的 **4-bit NormalFloat**（**NF4**）数据类型，这一举措显著降低了内存占用。与 LoRA 类似，在微调期间 QLoRA 并不更新所有模型参数，而是在模型的特定层引入小型、可训练的低秩矩阵（适配器）。在训练过程中，仅更新这些适配器，同时保持原始模型权重不变。为了进一步减少内存使用，QLoRA 还采用了双重量化技术，即对量化常数本身进行量化。此外，它通过利用 NVIDIA 的统一内存特性，使用分页优化器（paged optimizers）有效管理训练过程中的内存峰值。

QLoRA 相比传统 LoRA 方法，显著降低了 GPU 内存使用，峰值内存使用最高可降低 75%。以 7B 参数模型为例，QLoRA 在初始化阶段将内存用量从 14 GB 压缩至 9.1 GB，降幅达 35%；在微调过程中内存用量降低的幅度进一步增加至 40%，从 LoRA 的 15.6 GB 降低到 9.3 GB。不过，这种内存效率的提升是以延长训练时间为代价的，QLoRA 的训练速度比 LoRA 慢约 30%。从模型能力角度看，QLoRA 与 LoRA 相比仅存在微小差异。

总的来说，对于内存受限的场景，特别是处理超大模型或 GPU 内存有限的硬件环境，QLoRA 具有显著优势。不过，如果训练速度是关键考量且内存充裕的场景，LoRA 可能更为合适。

在选择 QLoRA 还是 LoRA 时，需要综合考虑项目具体需求、硬件条件，并权衡内存使用、训练速度和模型能力等因素。

5.3.5 训练参数

在微调 LLM 时，学习率、批大小等超参数会指导训练过程，并显著影响模型的收敛性、泛化和整体有效性。

1. 学习率及其调度器

学习率是深度学习中最关键的超参数之一，用于控制模型参数在每次迭代中的更新步长。对于变换器模型，学习率通常为 1e-6～1e-3，一个常见的起始值大约为 1e-5。过低的学习率会导致模型训练速度过慢，容易陷入次优解；过高的学习率则可能引起训练不稳定，甚至使模型发散。因此，针对特定任务和模型，通过反复实验找到最佳学习率至关重要。

学习率调度器用于在训练过程中动态调整学习率。它通常从较高的学习率开始，以促进模型快速初步收敛，随后逐渐降低学习率，以实现更精细的模型调优。目前最常用的调度器是线性调度器和余弦调度器。线性调度器会均匀地随时间降低学习率，而余弦调度器则按照余弦曲线变化，初期衰减较缓慢、后期衰减速度加快。例如，训练过程可能会从 3e-4 的学习率开始，最终降低至 1e-7。具体的学习率数值和衰减策略依赖于模型和数据集的特性。常见的做法是设置预热期（约占总训练步数的 5%），在此阶段学习率从 0 逐渐增加到初始值，之后在剩余 95% 的训练步骤中持续衰减。这种方法不仅有助于稳定早期训练，还能在模型收敛过程中实现更精细的参数更新。总体而言，线性调度器和余弦调度器的效果相当。

2. 批大小

批大小是指在模型权重更新前一次性处理的样本数量。在 LLM 微调中，批大小通常为 1～32，常见的取值包括 1、2、4、8 和 16。采用较大的批大小，可以获得更稳定的梯度估计和更高的训练效率，因为它能更准确地逼近整个数据集的梯度变化趋势。

然而，这些模型对内存的需求更高，可能会受到显存较小的 GPU 的限制。举例来说，在配备 24 GB 显存的高端 GPU 上，批大小可以设置为 16；而在仅有 8 GB 显存的 GPU 上，批大小可能只能缩减到 2 或 4。

为了在有限的内存条件下仍能获得较大批大小训练的优势，研究者提出了梯度累积（gradient accumulation）技术。它通过将原本需要一次性处理的大批量数据拆分成多个小批量，在每个小批量上依次进行前向传播和反向传播，并累积梯度，最终再统一更新模型参数。当处理大型模型或 GPU 内存受限的场景时，梯度累积尤其有效。如果希望使用 32 的批大小，但 GPU 每次只能处理 8 个样本，可以将梯度累积步数设置为 4，这意味着将分 4 批处理每批处理 8 个样本，累积它们的梯度，最终更新模型，效果等同于一次性处理 32 个样本。

梯度累积步数（gradizent accumulation steps）通常在 1（没有累积）到 8 或 16 之间，这取决于期望的有效批次大小（effective batch size）和可用的计算资源（GPU 数）。在选择步数时，需要权衡训练速度与内存使用情况。梯度累积步数越多，可以支持的有效批次大小越大，但每次参数更新的时间越长。有效批次大小的计算方式如下：

$$\text{有效批次大小} = \text{批大小} \times \text{GPU 数} \times \text{梯度累积步数}$$

例如，当使用 2 个 GPU 进行训练时，如果每个 GPU 处理样本的批大小（batch size）为 4，梯度累积步数为 4，最终的有效批次大小将达到 32 个样本（$4\times2\times4=32$）。

3. 序列最大长度与打包

模型能够处理的输入长度由最大序列长度决定，通常设置在 512 到 4,096 个词元之间，但根据具体任务和可用 GPU 内存可以扩展到 128,000 个词元甚至更多。举例来说，在语言生成任务中，2,048 个词元的最大长度较为常见；而对于 RAG 应用，可能需要 8,192 个词元或更多。在处理输入数据时，超出序列最大长度限制的序列将被截断，即多余的词元会被移除。截断可以发生在序列的起始（左截断）或末尾（右截断）。例如，当最大长度设为 1,024 个词元时，一个包含 1,500 个词元的输入将被移除 476 个词元。这个参数直接影响批大小和内存使用：批大小为 12、最大长度为 1,024 时，将包含 12,288 个词元（12×1,024）；而相同批大小、最大长度为 512 时，则只包含 6,144 个词元。因此，为了优化性能和资源利用，需要根据 GPU 性能和训练数据的特点，谨慎权衡这一参数。

打包技术可以显著提升训练批次的数据利用率。与传统的单样本批次不同，打包技术将多个较小的样本整合到同一批次中从而增加每轮迭代的数据处理量。举例来说，当最大序列长度为 1,024 个词元，而数据集中的样本普遍只有 200～300 个词元时，打包可以在每个批次中容纳 3～4 个样本。这种方法尤其适合处理包含大量短序列的数据集，能够显著提高训练效率。不过，打包技术的实施需要格外谨慎，关键是防止模型注意力机制跨越不同样本。通常的解决方案是使用专门的注意力掩码，确保模型仅关注同一样本内的词元，避免不恰当的信息交叉。

4．训练轮数

训练轮数（epoch）是一个重要的超参数，表示模型对整个训练数据集进行完整遍历的次数。对于 LLM 微调，通常的轮数范围是 1～10 轮，许多成功的微调实验使用了 2～5 轮，最佳轮数取决于任务的复杂性、数据集的大小和模型的架构等因素。增加训练轮数可以让模型更好地学习，从而提高性能。然而，这里存在一个关键的权衡：轮数太少可能导致欠拟合，而轮数太多则可能导致过拟合。例如，在小数据集上微调的大型模型可能只需要 1～3 轮，而在较大数据集上微调的小型模型则可能从 5～10 轮中受益。在训练过程中监控验证性能，并在模型能力趋于平稳或下降时实施早停（early stopping）是非常有帮助的。这种方法有助于动态确定最佳轮数，防止过拟合。

5．优化器

优化器通过调整模型参数来最小化损失函数。对于 LLM 微调，强烈推荐使用 AdamW（带权重衰减的自适应矩估计）优化器，尤其是其 8 位版本。AdamW 8 位版本在性能上与 32 位版本相当，但使用的 GPU 内存更少（不过不会提高训练速度）。AdamW 将自适应学习率与权重衰减正则化相结合，通常能带来更好的训练稳定性和模型性能。

对于内存严重受限的场景，AdaFactor 提供了一种专门针对内存效率的优化方案。它无须显式调整学习率就能良好运行，特别适合资源受限的环境。不过，在某些情况下，其性能可能不及 AdamW。对于涉及超大模型或 GPU 内存受限的场景，可以选择分页版本的优化器，如分页（paged）方式的 8 位 AdamW，通过将数据卸载到 CPU 内存来进一步降低内存消耗。如果内存充裕且追求最佳性能，非量化的 `adamw_torch` 优化器可能是最佳选择。

6．权重衰减

权重衰减是一种通过在损失函数中引入大权重惩罚项的正则化技术，旨在鼓励模型学习更加简洁和通用的特征。这种方法可以降低模型对单一输入特征的过度依赖，从而提升其在未见过的数据上的泛化性能。在实践中，权重衰减值通常设置在 0.01 至 0.1 之间，其中 0.01 是最常用的默认起始值。例如，在使用 AdamW 优化器时，可以将权重衰减参数配置为 0.01。

权重衰减是一种有益的正则化技术，但需要谨慎设置。如果权重衰减值设置得过大，模型将难以学习数据中的关键模式；反之，权重衰减值设置得过小又可能无法有效抑制过拟合。由于最佳的权重衰减值高度依赖于具体的模型架构和数据集特征，建议通过实验性调参来找到最佳平衡点。

7. 梯度检查点

梯度检查点（gradient checkpointing）是一种优化技术，它通过只保存前向传播中部分必要的中间激活值，有效降低了模型训练时的内存消耗。传统的训练方法会在内存中保存所有中间激活值，以便在反向传播时计算梯度。但对于 LLM 这类深层网络来说，受限于 GPU 显存等硬件条件，传统方法往往难以实现。

梯度检查点技术通过在神经网络的特定层选择性地保存激活值来应对这一挑战。当某些层的激活值未被保存时，系统会在反向传播阶段按需重新计算这些值以完成梯度运算。这种方法在计算时间和内存占用之间实现了平衡：尽管显著降低了内存需求，但由于需要重新计算部分激活值，可能会增加整体计算时间。

除了上述讨论的关键参数，其他参数和技术的影响相对较小。接下来通过一个具体示例，详细介绍如何选择和调优这些参数。

5.4 微调技术实践

本节将展示一个使用 LoRA 和 QLoRA 技术来提升开源模型在自定义数据集上的微调效率的示例。读者可以根据自己的硬件条件，选择最适合的微调技术。

我们可以利用多种高效的开源模型来满足特定任务或领域的应用需求。在选择最适合的 LLM 时，需要重点考虑以下 3 个方面。

- **许可协议**：部分模型的许可协议仅限非商业用途，这会限制企业级微调应用。在 AI 领域，定制化许可协议较为普遍，如可根据企业用户规模制定相应的授权方案。
- **预算**：小参数模型（小于 10B 参数）在微调和推理部署阶段的成本优势明显。这主要体现在它们可以使用价格较低的 GPU 硬件，同时具备更高的词元处理速度。
- **模型效果**：在选型阶段，需要重点关注基础模型在通用基准测试中的表现。更理想的做法是，针对最终应用场景进行特定领域或任务的基准评估。这样可以有效验证模型是否具备完成目标任务所需的核心能力，为后续微调奠定基础。

本节将使用 Meta 发布的 Llama 3.1 8B 开源模型。该模型采用 Llama 3.1 Community License Agreement 许可协议，支持商业用途。由于仅有 8B 参数规模，它不仅能够在大多数 GPU 上运行，还能保持与同类模型相当的性能水平。这一点可以通过 Open LLM 排行榜和模型说明文档中列出的其他基准测试得到验证。

在模型微调领域，已经有一些专业的工具和库可供选择。以下 3 个是我们特别推荐的工具和库。

- **TRL**：是 Hugging Face 开发和维护的一个库，主要用于通过 SFT 和偏好对齐方法训练 LLM。作为一个广受欢迎且稳定可靠的库，TRL 在算法更新方面始终保持领先。它支持 FSDP 和 DeepSpeed 框架，可在单卡或多卡 GPU 环境下运行。
- **Axolotl**：是由 Wing Lian 开发的工具，通过可复用的 YAML 配置文件简化了 LLM 的微调流程。虽然它是基于 TRL 构建的，但增加了诸多扩展功能，例如可以自动整合不同格式的数据集。与 TRL 类似，它也支持在 FSDP 和 DeepSpeed 框架下进行单卡或多卡 GPU 训练。
- **Unsloth**：由 Daniel 和 Michael Han 联合打造的训练加速工具，通过定制算子优化显著提升训练性能，使训练速度提升 2～5 倍，内存占用降低多达 80%。它是基于 TRL 构建，提供模型自动转换为 GGUF 量化格式等实用功能，目前仅支持单卡 GPU 环境不运行。

为了提高效率，本节选用 Unsloth 库来执行微调。这段代码虽然是 LLMOps 流水线的组成部分，但也可以作为独立脚本运行。它支持在 SageMaker、云 GPU 平台（如 Lambda Labs、RunPod）、Google Colab 等多种环境下部署，并已经在 A40、A100 和 L4 等不同型号的 GPU 上完成了测试验证。

要安装 Unsloth 库及其依赖，建议直接从本书的 GitHub 仓库或 Unsloth 官方仓库进行安装，这样可以确保获取最新的安装步骤，及时解决可能出现的依赖冲突问题。

（1）访问一个受限模型，并可选择将微调后的模型上传到 Hugging Face 平台。要执行这些操作，需要先登录 Hugging Face 账户。如果你还没有账户，可以注册并创建 API 密钥（进入 **Settings | Access Tokens | Create new token**），然后将密钥保存在`.env`文件中。

```
HF_TOKEN = YOUR_API_KEY
```

（2）将 Comet ML 的 API 密钥同时添加到`.env`文件中。

```
COMET_API_KEY = YOUR_API_KEY
```

（3）引入所需的类库。

```
import os
import torch
from trl import SFTTrainer
from datasets import load_dataset, concatenate_datasets
from transformers import TrainingArguments, TextStreamerfrom unsloth import FastLanguageModel,
is_bfloat16_supported
```

（4）通过 Unsloth 的`FastLanguageModel`类和`.from_pretrained()`方法，加载待微调的模型及对应的分词器。除了指定模型名称，还需要设置最大序列长度（在本例中为 2,048）。

此外，load_in_4bit 参数用于选择是使用 QLoRA 还是 LoRA。

本例选择使用 LoRA，因为它具有更快的训练速度和更高的性能。如果显存资源受限，也可以轻松切换到 QLoRA。

```
max_seq_length = 2048
model, tokenizer = FastLanguageModel.from_pretrained(
    model_name="meta-llama/Meta-Llama-3.1-8B",
    max_seq_length=max_seq_length,
    load_in_4bit=False,
)
```

（5）配置 LoRA 参数。本例选择了秩为 32，这个值足以捕捉写作风格并从指令样本中提取知识。如果结果不够理想，可以尝试将秩值调整到 64 或 128。同时，我们将 alpha 值设为 32，并关闭了 dropout 和 bias，以提高训练效率。为全面提升微调质量，需要针对模型的每个线性层进行精细调整。

```
model = FastLanguageModel.get_peft_model(
    model,
    r=32,
    lora_alpha=32,
    lora_dropout=0,
    target_modules=["q_proj", "k_proj", "v_proj", "up_proj", "down_ proj", "o_proj",
"gate_proj"],
)
```

（6）为微调准备合适格式的数据。在这个示例中，llmtwin 数据集样本数量较少（仅 3,000 个），这可能导致模型无法正确学习聊天模板。为了解决这一问题，引入一个名为 FineTome 的高质量通用数据集进行数据增强。该数据集是通过 fineweb-edu-classifier 对 arcee-ai/The-Tome 进行筛选的版本。本例没有使用其全部 10 万个样本，而是选取训练集中的 1 万个样本。最后将这两个数据集合并，构建最终的训练数据集。

```
dataset1 = load_dataset("mlabonne/llmtwin")
dataset2 = load_dataset("mlabonne/FineTome-Alpaca-100k", split="train[:10000]")
dataset = concatenate_datasets([dataset1, dataset2])
```

（7）使用聊天模板 Alpaca 来格式化训练数据。Alpaca 模板无须额外词元，这降低了出错的可能性（但与 ChatML 相比模型效果可能略差）。接下来所有指令和答案映射到 Alpaca 模板中。为确保模型能够学会在适当时机停止生成，需要在每条消息末尾手动添加句子结束符（EOS），否则模型就会无休止地持续生成答案。

```
alpaca_template = """Below is an instruction that describes a task. Write a response that
appropriately completes the request.
```

```
### Instruction:
{}

### Response:
{}"""

EOS_TOKEN = tokenizer.eos_token
dataset = dataset.map(format_samples, batched=True, remove_columns=dataset.column_names)
```

（8）按照 95%和 5%的比例将准备好的数据集划分为训练集和测试集，以便在模型训练过程中进行验证。

```
dataset = dataset.train_test_split(test_size=0.05)
```

（9）模型已经准备就绪，开始训练。使用 `SFTTrainer()`类来存储训练所需的超参数，同时还需要提供模型、分词器、LoRA 配置及数据集。根据 5.3 节的建议，采用以下配置：学习率设为 3e-4，使用线性调度器，最大序列长度为 2,048。训练过程中，将批次大小设为 2，梯度累积步数为 8（等效批次大小为 16），总共训练 3 个轮次。优化器选择 `adamw_8bit`，权重衰减系数设为 0.01。系统会根据所使用的 GPU 自动选择 FP16 或 BF16 来处理激活值。为了追踪实验过程，我们将训练运行数据上传至 Comet ML 平台。

```
trainer = SFTTrainer(
    model=model,
    tokenizer=tokenizer,
    train_dataset=dataset["train"],
    eval_dataset=dataset["test"],
    dataset_text_field="text",
    max_seq_length=max_seq_length,
    dataset_num_proc=2,
    packing=True,
    args=TrainingArguments(
        learning_rate=3e-4,
        lr_scheduler_type="linear",
        per_device_train_batch_size=2,
        gradient_accumulation_steps=8,
        num_train_epochs=3,
        fp16=not is_bfloat16_supported(),
        bf16=is_bfloat16_supported(),
        logging_steps=1,
        optim="adamw_8bit",
        weight_decay=0.01,
        warmup_steps=10,
        output_dir="output",
        report_to="comet_ml",
        seed=0,
```

```
    ),
)

trainer.train()
```

在拼接的数据集上训练该模型可能耗时数小时。以 A100 GPU 为例，训练过程大约需要 50 min。

（10）通过一个简单的示例进行快速的合理性验证。这里的目的并非对微调模型进行正式评估，而是确保分词器和聊天模板没有明显问题。

为了加快推理速度，可以调用Unsloth库中的`FastLanguageModel.for_inference()`方法。采用 Alpaca 格式直接构造指令，并在用户指令末尾添加一个空答案作为助手响应标记（`### Response:`），这样可以引导模型对指令进行回答，而不是继续补充指令内容。同时，还引入了文本流式处理方法（`TextStreamer`），实现生成内容的实时输出，无须等待整个生成过程完成后再显示结果。

```
FastLanguageModel.for_inference(model)
message = alpaca_prompt.format("Write a paragraph to introduce supervised fine-tuning.",
"")
inputs = tokenizer([message], return_tensors="pt").to("cuda")

text_streamer = TextStreamer(tokenizer)
_ = model.generate(**inputs, streamer=text_streamer, max_new_tokens=256, use_cache=True)
```

（11）模型给出的回答如下。

```
Supervised fine-tuning is a method used to enhance a language model by providing it with
a curated dataset of instructions and their corresponding answers. This process is designed
to align the model's responses with human expectations, thereby improving its accuracy
and relevance. The goal is to ensure that the model can respond effectively to a wide range
of queries, making it a valuable tool for applications such as chatbots and virtual
assistants.
```

可以看到，这份文本已按照 Alpaca 聊天模板正确格式化。

（12）通过以下函数将模型保存到本地，也可以选择将其上传到 Hugging Face Hub。

```
model.save_pretrained_merged("model", tokenizer, save_method="merged_16bit")
model.push_to_hub_merged("mlabonne/TwinLlama-3.1-8B", tokenizer, save_method="merged_
16bit")
```

恭喜，我们完成了从零开始微调基础模型！在训练期间，可以使用 Comet ML 实时监控训练损失、验证损失和其他关键指标，建议仔细检查这些指标是否符合预期。图 5.11 展示了与前述代码相对应的 Comet ML 训练运行界面。

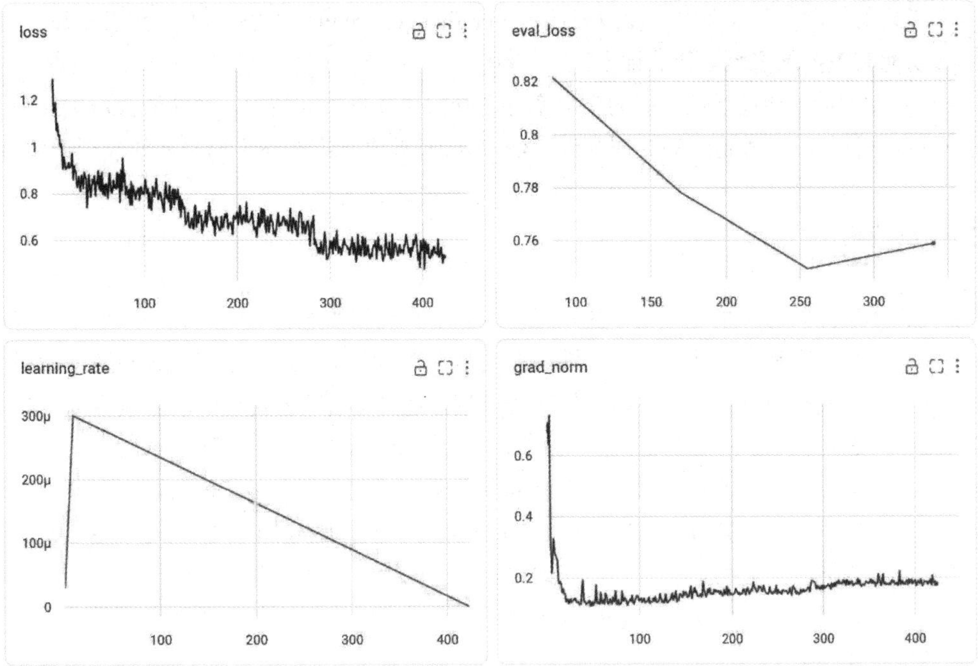

图 5.11 Comet ML 微调训练中的 4 个监控指标

以下 3 个指标值得重点关注。

- **训练损失（loss）**：衡量模型在训练任务中的表现。理想情况下，损失值应均匀地持续下降，反映出模型能力在逐步提升。但是通常训练初期损失值会出现快速下降，随后进入相对平稳的阶段。如果损失值出现剧烈波动或持续上升，则意味着训练存在问题。此时，建议检查数据质量、分词器设置，并调整学习率和批大小等关键超参数。在图 5.11 中，通过 loss 曲线可以观察到 3 个训练轮次对应的不同阶段。
- **验证损失（eval-loss）**：使用验证集而非训练集计算的损失值。对于性能良好的模型，训练损失和验证损失都应呈现下降趋势并最终稳定，两者间的差距应当很小。由于模型在训练数据上的表现总是略好，这种微小差距是可以预期的。若训练损失持续下降而验证损失开始上升，则表明模型可能发生过拟合。反之，如果两条曲线均停留在较高的损失值水平，则说明模型可能存在欠拟合。损失值没有通用的标准范围，因为它取决于具体问题和损失函数。关键是要关注两条曲线的收敛性和稳定性。在图 5.11 中，可以在第 150 步观察到轻微上升，这仍在可接受范围内，但可能预示模型开始趋于过拟合。
- **梯度范数（grad_norm）**：反映训练过程中梯度向量的大小。如果观察到较大的梯度范数，可能意味着训练不稳定，尤其是当训练损失和验证损失出现明显差异时。相反，稳定或递减的梯度范数通常表明模型正在收敛至局部最优解。为缓解大梯度范数可能带来的问题，可以采用梯度裁剪技术（gradient clipping），即为梯度范数设置最大阈值，从而有效控制参数更新的幅度。

在机器学习中，通过尝试不同的学习率并选择损失值最小的模型，往往能获得更好的训练效果。不过，这仅仅是一种初步的模型筛选方法，后续章节将详细阐述更为严谨的模型评估方法。

5.5 小结

首先，本章深入探讨了指令数据流水线，阐述了从数据筛选到数据增强的高质量数据集构建方法。在每个阶段都存在优化的可能性，尤其是在数据质量评估、数据生成和数据增强等环节。这种灵活的流水线设计可以根据具体使用场景，选择最合适的优化阶段和技术。将本章的框架应用于第 3 章爬取的实际数据，利用 LLM 将原始文本转换为指令-回答对。

然后，本章深入介绍了 SFT 技术，包括对其优势和局限性的分析、使用聊天模板管理指令数据集的方法，以及对全量微调、LoRA 和 QLoRA 这 3 种 SFT 技术，并从内存使用、训练效率和输出质量等维度对这些方法进行了详细比较。

最后，本章通过在自定义指令数据集上微调 Llama 3.1 8B 模型的实践案例，展示了成功微调的关键步骤和实现细节。

第 6 章将通过偏好对齐技术来创建 Twin-Llama-3.1-8B 的新版本。通过构建包含被采纳的答案和被拒绝的答案的数据集，可以精确调控模型的输出方向。同时，第 6 章还会介绍偏好对齐的多元应用场景及其具体实现方法。

第 6 章

偏好对齐微调

SFT 在让 LLM 适应特定任务方面起到了关键作用。不过，SFT 难以准确把握人类偏好的细微差异，也难以应对模型在实际应用中可能遇到的各种长尾交互场景。为此研究人员开发出了一系列更先进的技术，这些旨在让 AI 系统更好地对齐人类偏好的技术统称为偏好对齐（preference alignment）。

偏好对齐旨在通过引入直接的人类或 AI 反馈，弥补 SFT 在复杂场景中的局限性。这种方法能够让模型更精准地理解人类偏好，尤其在那些单纯依靠监督学习难以应对的复杂场景中表现突出。尽管偏好对齐有多种技术路线，但考虑到简单性和高效性本章将重点介绍 **DPO** 方法。

本章将探讨 DPO 等偏好对齐算法所需的数据类型，如何通过构建专门的数据集来优化模型的写作风格，使其表达更加自然、真实。同时，本章将详细介绍 DPO 算法，以及如何将其应用于第 5 章训练的模型以实现对齐。

本章将介绍以下内容：

- 理解偏好数据集；
- 自制偏好数据集的方法；
- DPO 技术；
- 在实践中实现 DPO 来对齐我们的模型。

通过本章的学习，读者将掌握创建自己的偏好数据集及运用多种技术实现模型对齐的关键技能。

> 本章的代码示例已上传至 GitHub 仓库。

6.1 理解偏好数据集

创建高质量偏好数据集的原则，与第 5 章提到的创建高质量指令数据集的原则是一致的，目标是使样本在准确性、多样性和复杂性方面达到最优。为此，需要按照图 5.1 所示的流程依次进行：数据管理、数据去重、数据净化、数据质量评估、数据探索、数据生成及数据增强。

为避免重复，本节将重点阐述偏好数据集中区别于指令数据集的部分。首先介绍偏好样本的结构特点及偏好数据集的理想规模，随后将着重探讨与创建指令数据集最为不同的两个阶段：数据生成和数据质量评估。

6.1.1 偏好数据

由于不同训练算法对数据的要求各不相同，偏好数据集并不具备指令数据集那样的统一标准。偏好数据通常由针对特定指令的多个响应组成，并由人类或语言模型根据质量进行排序。本章将重点探讨 DPO 算法，并详细分析其特定的数据格式要求。

从表 6.1 可以看出，偏好数据集采用了一种简单的结构：每条指令（表 6.1 中的 Instruction）都对应两个答案，一个是被采纳的答案（表 6.1 中的 Chosen answer），另一个是被拒绝的答案（表 6.1 中的 Rejected answer）。训练的目标是让模型学会生成被采纳的答案，而避免生成被拒绝的答案。

表 6.1 mlabonne/orpo-dpo-mix-40k 数据集中的样本示例

Instruction	
Tell me a joke about octopuses.	
Chosen answer	**Rejected answer**
Why don't octopuses play cards in casinos? Because they can't count past eight.	How many tickles does it take to make an octopus laugh? Ten tickles.

在偏好数据集中，被拒绝的答案与被采纳的答案同等重要。如果没有这些被拒绝的答案，数据集就会沦为一个平平无奇的指令数据集，被拒绝的答案体现了需要在模型中规避的行为模式。这种设计带来了极大的灵活性，使得偏好数据集可以应用于多种场景。下面列举了一些应用案例，用于说明相比单纯使用 SFT，采用偏好数据集能带来更多优势。

- **聊天机器人**：在对话式 AI 领域中，响应质量往往取决于自然度、互动性和是否合乎上下文等主观因素。通过对比优劣响应的偏好数据集，模型能够学习其中的细微差别。相比之下，简单的 SFT 训练难以把握特定场景下不同响应之间的优劣差异。
- **内容审核**：判断内容是否恰当或是否违规往往需要非常细致。偏好数据集通过对比合规与违规内容样例，帮助模型识别边界情况。这种方法优于 SFT 的二分类训练，因为它能让模型理解审核决策的深层逻辑。
- **摘要生成**：摘要生成的质量主要体现在简洁性、相关性和连贯性等方面。借助偏好数据集，模型能够生成更符合人类需求、信息更充实的摘要，而单纯依靠 SFT 训练可能会产生技术上无误但可读性较差的摘要。

- **代码生成**：在代码生成任务中，正确的解决方案可能有多种，但它们在效率、可读性和最佳实践方面各有千秋。偏好数据集能帮助模型学习代码质量的定性特征，这是单纯基于正确性的微调难以实现的。
- **创意写作**：在故事创作或诗歌写作等创意写作任务中，输出质量往往难以客观衡量，需要从多个维度进行评估。与侧重技术准确性和提示遵循度的指令数据集相比，偏好数据集能够更好地反映人类对写作风格、创造性和情感共鸣的判断。
- **翻译**：传统的评估指标（如 BLEU 分数）虽然可以衡量翻译任务的准确性，但往往无法全面评估翻译的流畅度和自然程度。在多个技术上正确的翻译方案中，偏好数据集可以帮助模型学习产生更符合母语者语感的翻译结果。

在这些应用场景中，偏好数据集不仅包含了简单的正确性判断和指令执行情况，还涵盖了主观质量评估和人类偏好，为模型训练提供了更精细的方法。通过这种方法训练的模型，输出结果不仅能确保技术准确性，还能在复杂的开放性任务中更好地契合人类的判断标准和偏好。

与指令数据集不同，偏好数据集并没有类似 Alpaca 或 ShareGPT 这样的标准化存储格式。大多数偏好数据集采用表 6.1 所示的结构，包含指令、被采纳的答案和被拒绝的答案 3 个字段。在偏好对齐任务中，多轮对话的情况并不常见。截至本书写作时，主流的微调工具库尚不支持多轮对话处理，它们通常只会提取对话中的首条或末条消息。

相比指令数据集，偏好数据集通常只需要较少的样本就能显著影响模型的行为表现。与指令数据集类似，所需样本的具体数量主要取决于模型规模和任务复杂度两个因素。规模较大的模型具有更高的样本利用效率，所需数据量相对更少；而对于复杂任务，则需要更多的示例来让模型掌握目标行为模式。此外，数据质量仍然是关键因素，通常来说，拥有大量高质量的偏好数据会带来更好的效果。

LLM 提供商往往采用通用对齐技术来提升微调模型的整体性能，这一过程需要数百万样本规模的偏好数据集作为支撑。在 AI 行业，包括英伟达和 Meta 在内的企业都在后训练（post-training）阶段采用相似的技术路线，包括使用多轮偏好对齐和应用大规模合成数据。技术路线的趋同表明，这些方法在突破 LLM 能力边界方面确实最为有效。

在小规模实践中，开源社区常用包含 1 万～10 万个样本的数据集来优化模型表现。这种方法不仅能显著提升基准测试分数，还能有效修复经过合并、剪枝等处理后的神经网络模型。相比 SFT，DPO 对模型的影响更为温和，破坏性也较小。

相比之下，前文所述的这类任务所需的偏好数据对较少。任务特定对齐主要致力于提升模型在特定功能上的表现，例如调整写作风格、拒绝特定指令等。这类对齐通常只需要较小规模的数据集即可实现，具体所需的偏好数据对的数量会随任务复杂度的不同而变化，一般为 100～10,000 对。

以下是一个需要较少样本的应用场景：训练模型准确声明其训练方，即表明模型并非由OpenAI、Meta或其他LLM提供商训练。这可以通过构建偏好数据集来实现：将声称其他训练来源的回答标记为被拒绝的答案，将正确声明由你训练的回答标记为被采纳的答案。这项任务只需要一个包含200～500对样本的小型数据集即可完成。

6.1.2 数据生成与评估

在构建偏好数据集的过程中，数据生成与评估是密不可分的环节。通常，会先生成候选答案，随后对这些答案进行系统性评分，最终形成高质量的数据集。接下来的讨论将把这两个步骤视为一个连贯的整体过程，而非割裂的独立环节。

1. 生成偏好数据

在生成偏好数据之前，建议先了解现有的相关开源数据集。虽然偏好数据集不如指令数据集丰富，但在Hugging Face Hub平台上仍能找到一些高质量的偏好数据集。这些数据集既可以用于特定任务，也可以作为补充融入自己的数据集中。目前比较知名的偏好数据集包括Anthropic HH-RLHF数据集（收录了人类对AI回复是否有帮助和无害的评估偏好）和OpenAI Summarize from Human Feedback数据集（专注于文章摘要生成）。

构建偏好数据集有多种方法，每种方法在质量、成本和可扩展性方面都有其优劣。这些方法可以分为以下4类，可以根据具体应用场景进行调整，这些方法需要不同程度的人工反馈。

- **人工生成、人工评估的数据集**：通过雇佣人员来创建和评估针对特定提示的回应。这种方法能够很好地把握人类偏好的细微差别，特别适合处理复杂任务。但由于其资源消耗巨大、难以规模化，目前主要由资源充足的大型AI公司采用。
- **人工生成、LLM评估的数据集**：对于已有大量人工生成内容的机构来说，这种方法可能比较实用。不过在实践中，这种方法较少被采用，其原因在于：一方面需要投入大量人力来生成回复内容；另一方面在LLM评估阶段又可能忽略掉一些细微的人类偏好，整体效率不高。
- **LLM生成、人工评估的数据集**：在质量和效率方面达到了良好的平衡。LLM会针对提示生成多个回答，再由人工对这些回答进行排序。由于人类更擅长评判答案而非从零开始创作答案，这种方法受到广泛采用。这种方法不仅能快速生成多样化的回答，还能有效反映人类偏好，但可能难以产生人类独有的创造性或出人意料的回答。
- **LLM生成、LLM评估的数据集**：完全由LLM负责生成和评估，因其良好的扩展性和成本优势而日益普及。这种方法不仅能快速构建大规模数据集，还会随着LLM性能的提升而持续改进，但需要精心设计提示以确保数据的质量和多样性。同时，这种方法也可能会继承生成模型本身的偏见和局限性。

在实践中，人工生成数据集不仅成本高昂、难以规模化，其质量也未必最优。虽然人工评估十分重要，但同样面临扩展性的挑战，这也是大规模数据集需要引入 LLM 评估的原因。除了上述宏观因素，数据获取方式及其预期用途也需要纳入考量。举例来说，用户基数较大的应用可以通过内置反馈机制来收集用户偏好，既可以采用简单的“点赞”与“踩”这样的评分方式，也可以收集更为详细的文本反馈。

值得注意的是，偏好数据并不一定需要通过人工评估来获得，有时可以在生成过程中自然形成。例如，可以使用高质量模型生成理想输出，同时用较低质量或刻意引入缺陷的模型生成次优输出。这种方法能在偏好数据集中形成清晰的质量差异，有助于 AI 系统更好地学习识别和生成高质量内容。Hugging Face Hub 上的 `Intel/orca_dpo_pairs` 数据集就是采用这种方法构建的。

另一种方法是将模型生成的输出与人工编写的内容进行对比，这不仅有助于评估模型对人类偏好的契合度，还能发现模型的潜在缺陷。通过这种对比，可以让模型更好地模仿特定写作风格，使其输出更加自然真实。

2. 数据生成技巧

在生成指令数据集和偏好数据集时，需要保持数据生成方式的一致性。在设计提示时，应当注重引导模型生成多样化和复杂的回答。我们可以通过设计明确指定不同方法或表达风格的提示，来获得丰富多样的输出结果，从而更好地反映人类偏好的多样性特征。

以生成摘要为例，可以要求模型生成简洁版、详细版及重点提炼版等不同类型的摘要。这种方法不仅能够构建出丰富多样的数据集，还有助于深入理解不同写作风格和表达方式是如何契合人类偏好的。

在生成合成偏好数据集的过程中，输出结果的多样性是一个重要考量，通过调节 LLM 的温度参数或使用不同的采样方法可以实现这一目标。温度参数设置得越高，模型输出的内容就越具有创造性和多样性；相反，温度参数设置得越低，模型输出的内容则更加聚焦和稳定。因此，在多样性和连贯性之间需要根据具体的数据生成需求进行权衡。以代码生成为例，由于对创造性要求较低，因此通常会采用较低的温度参数；而在文章创作等任务中，则可以使用较高的温度参数。

相比单一模型，使用多个 LLM 生成样本通常能获得更好的效果。这是因为不同的 LLM 在特定任务上各有所长，同时多模型方法也能带来更丰富的输出结果。目前已有多个流行的开源数据集采用这种方法，例如 `argilla/Capybara-Preferences` 就结合了 GPT-4 和开源模型来生成样本。在评估阶段，系统会对所有答案进行筛选，确定哪些被采纳、哪些被拒绝。

3. 评估偏好

数据评估工作既可以由人工完成，也可以通过 LLM 自动完成。**LLM 评估（LLM evaluation）**主要包含 3 步：制定详细的评估标准、创建能够清晰传达这些标准的提示，以及利用模型筛选出被采纳和被拒绝的答案。与人工评分相比，LLM 评估不仅具有更好的扩展性，还能保证评估标准的一致性。但 LLM 评估的质量很大程度上取决于模型本身的性能和评估标准的设置。在识别人类微妙的偏好或文化差异方面，LLM 可能还存在不足。不过，随着 LLM 技术的不断进步，其对细微差别的判断能力也在持续提升，这有望帮助我们构建更高质量的数据集。

对偏好数据集进行 LLM 评估可采用绝对评分和成对排序两种方式。绝对评分是指 LLM 按照预设标准对每个响应赋予具体分值或评级。这种方法简单直观，但在不同提示或评估场景下可能出现评分不一致的问题。成对排序则是让 LLM 对比两个响应，从中选择更优者或进行排序。这种方式更贴近人类的评估方式，能够获得更稳定的评估结果。

在进行绝对评分时，需要设计一个包含评估标准的提示，让 LLM 按照特定的评分标准（如 1-5 分制或“差/一般/良好/优秀”等级）对回答进行打分。提示示例如下：“请从相关性、连贯性和实用性 3 个维度，对以下回答进行 1-5 分的评分：[待评估回答]”。如果是进行两两对比排序，提示可以这样设计：“请对比以下两个回答，从相关性、连贯性和实用性 3 个维度进行分析，判断哪个回答更好。回答 A：[待评估回答 A]回答 B：[待评估回答 B]”。

偏好数据集天然具有比较性，这使得成对排序成为一种更理想的评估方法。相比绝对评分，成对排序不仅准确度更高，而且更贴近人类的判断方式。由于成对排序模拟了人类进行选择比较的自然过程，因此无论是人类评估者还是 LLM，都能基于这种方式提供连贯且有意义的评估结果。

通过提供标准答案并运用思维链推理（chain-of-thought reasoning），可以进一步提高成对排序的准确性。这种方法能够引导评估用的 LLM 从多个维度分析答案，并清晰地展现其决策过程，从而实现更加全面和可靠的评估。在缺乏标准答案的情况下，可以让 LLM 生成评分说明，用于描述预期的答案内容。这种技术在 LLM 对特定主题了解有限的场景中尤其有效，因为它要求模型在开始评估之前，首先明确评估标准。

基于 LLM 的成对排序的一个具体示例，如表 6.2 所示。

表 6.2 基于 LLM 的成对排序评判示例：单一指令与双重答案

Instruction
You are an answer judge. Your goal is to compare answer A and answer B. I want to know which answer does a better job of answering the instruction in terms of relevance, accuracy, completeness, clarity, structure, and conciseness. Instruction: {instruction} Answer A: {answer_a} Answer B: {answer_b} Explain your reasoning step by step and output the letter of the best answer using the following structure: Reasoning: (compare the two answers) Best answer: (A or B)

需要特别指出的是，使用 LLM 进行评估可能存在以下 3 类偏差。

- **位置偏差**：在相对评分过程中，LLM 往往会优先选择最先出现的答案。这种倾向会影响评分的客观性，导致评判结果失真。
- **长度偏差**：LLM 和人类一样，倾向于青睐较长的答案，而容易忽略那些简短但更加精炼的回答。
- **家族偏差**：由于语言模式和知识库的相似性，LLM 更容易选择由自身或同系列模型产生的回答。

为了缓解这些偏差并提升偏好数据集的质量，可以采取以下 3 种解决方案。

- 在每次比较时随机调整答案 A 和答案 B 的顺序，通过这种方式消除位置偏差，确保展示顺序不会影响系统的评估结果。
- 提供具有均衡分数分布特点的少样本示例来引导 LLM。这些示例不仅能校准评判 LLM 的内部评分机制，还能有效解决长度偏差和家族偏差，证明较短的答案或来自不同模型系列的答案同样具有高质量。
- 相比依赖单一 LLM 评判，采用多模型评审团的方式可以显著提升评估过程的稳健性。这种多模型评估方法能够平衡各个模型的个体偏差，从而实现更全面、更准确地响应评估。

6.2 节中将构建自己的偏好数据集。通过数据生成流程，可以自然地得到两类答案：人工生成的“被采纳的答案”和 LLM 生成的“被拒绝的答案”。

6.2 构建个性化偏好数据集

经过第 5 章微调后的模型虽然已经能够撰写机器学习相关主题的内容，但其写作风格仍与原作者存在差异。这正是偏好对齐的典型应用场景——需要调整模型的“语气”，使其更贴近源数据的表达方式。实验表明，DPO 往往会导致模型输出变得冗长，并倾向于使用过于正式的语言。因此，在训练过程中，需要精准地运用 DPO 以避免这一问题，同时保持博客文章应有的轻松风格。

本节将构建一个偏好数据集，其中被采纳的答案直接从文本中提取，而被拒绝的答案则由模型生成。为此，需要对第 5 章用于生成指令数据集的代码进行修改。

正如 6.1 节所述，偏好数据集与指令数据集遵循同样的基本原则。不同的是，偏好数据集中需要的不是指令-答案对，而是由指令、答案 1 和答案 2 组成的三元组。这种设计的独特之处在于，文本块中已经包含了标准答案，因此无须采用 LLM 评估等复杂的评估流程。为了进一步保证提取内容的质量，将引入基于长度和标点符号的两个质量过滤器。整个端到端的处理流程，如图 6.1 所示。

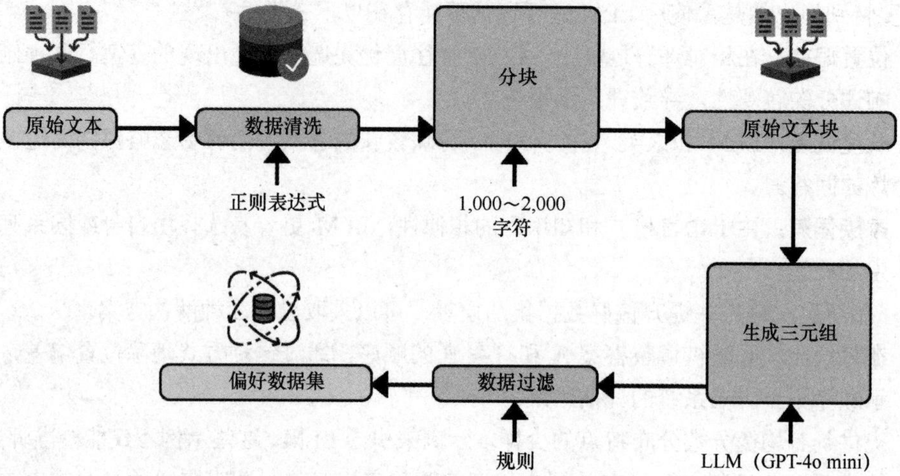

图 6.1 从原始文本到偏好数据集的合成数据生成流程

接下来介绍偏好数据集的生成流程。

（1）导入相关的库。

```
import concurrent.futures
import json
import re
from typing import List, Tuple

from datasets import Dataset
from openai import OpenAI
from tqdm.auto import tqdm
```

（2）用 `PreferenceSet` 类取代原来的 `InstructionAnswerSet` 类。`PreferenceSet` 类主要用于管理 3 类数据：指令、生成的答案（被拒绝的）和提取的答案（被采纳的），构成一个完整的三元组。

```
class PreferenceSet:
    def __init__(self, triples: List[Tuple[str, str, str]]):
        self.triples = triples

    @classmethod
    def from_json(cls, json_str: str) -> 'PreferenceSet':
        data = json.loads(json_str)
        triples = [(triple['instruction'], triple['generated_answer'], triple['extracted_
answer'])
                   for triple in data['preference_triples']]
        return cls(triples)
```

```
    def __iter__(self):
        return iter(self.tricles)
```

（3）load_articles_from_json()、clean_text()和 extract_substrings()这 3 个函数保持不变。load_articles_from_json()函数以包含文章内容的 JSON 文件（cleaned_documents.json）为输入，返回一个 Hugging Face 数据集。这个数据集包含了文本内容及相关的元数据，如 ID、平台、作者 ID、作者全名和链接等信息。

```
def load_articles_from_json(file_path: str) -> Dataset:
    with open(file_path, "r") as file:
        data = json.load(file)

    return Dataset.from_dict(
        {
            "id": [item["id"] for item in data["artifact_data"]],
            "content": [item["content"] for item in data["artifact_data"]],
            "platform": [item["platform"] for item in data["artifact_data"]],
            "author_id": [item["author_id"] for item in data["artifact_data"]],
            "author_full_name": [item["author_full_name"] for item in data["artifact_
data"]],
            "link": [item["link"] for item in data["artifact_data"]],
        }
    )
```

（4）clean_text()函数主要完成两项任务：首先，移除文本中的大部分非字母数字字符，但保留撇号、句号、逗号、感叹号和问号。其次，将连续的多个空格压缩为单个空格，以确保文本格式的规范性。

```
def clean_text(text: str) -> str:    text = re.sub(r"[^\w\s.,!?'\"]", " ", text) text =
re.sub(r"\s+", " ", text)
return text.strip()
```

（5）extract_substrings()函数将文章切分为 1,000～2,000 字符的文本片段。为避免分割破坏句子完整性并可能改变原意，采用正则表达式确保仅在句子结束后进行分割。

```
def extract_substrings(dataset: Dataset, min_length: int = 1000, max_length: int = 2000)
-> List[str]:
    extracts = []
    sentence_pattern = r"(?<!\w\.\w.)(?<![A-Z][a-z]\.)(?<=\.|\?|\!)\s"

    for article in dataset["content"]:
        cleaned_article = clean_text(article)
        sentences = re.split(sentence_pattern, cleaned_article)
```

```
        current_chunk = ""
        for sentence in sentences:
            sentence = sentence.strip()
            if not sentence:
                continue

            if len(current_chunk) + len(sentence) <= max_length:
                current_chunk += sentence + " "
            else:
                if len(current_chunk) >= min_length:
                    extracts.append(current_chunk.strip())
                current_chunk = sentence + " "

        if len(current_chunk) >= min_length:
            extracts.append(current_chunk.strip())

    return extracts
```

（6）使用 generate_preference_triples()函数替换原来的 generate_instruction_answer_pairs()函数。这个新的提示从指令数据集的版本改编而来，目的是生成三元组，而不再是二元组。同时，该函数还提供了感兴趣的指令类型、从文章中提取答案的方法，以及答案的样式要求相关的指导。

```
def generate_preference_triples(extract: str, client: OpenAI) -> List[Tuple[str, str, str]]:
    prompt = f"""Based on the following extract, generate five instruction-answer triples.
Each triple should consist of:
1. An instruction asking about a specific topic in the context.
2. A generated answer that attempts to answer the instruction based on the context.
3. An extracted answer that is a relevant excerpt directly from the given context.

Instructions must be self-contained and general, without explicitly mentioning a context,
system, course, or extract.

Important:
- Ensure that the extracted answer is a verbatim copy from the context, including all
punctuation and apostrophes.
- Do not add any ellipsis (...) or [...] to indicate skipped text in the extracted answer.
- If the relevant text is not continuous, use two separate sentences from the context instead
of skipping text.

Provide your response in JSON format with the following structure:
{{
    "preference_triples": [
        {{
            "instruction": "...",
```

```
            "generated_answer": "...",
            "extracted_answer": "..."
        }},
        ...
    ]
}}

    Extract:
    {extract}
"""
```

（7）在 `generate_instruction_answer_pairs()` 函数中，采用 GPT-4o mini 模型以 JSON 格式生成答案，通过系统提示生成三元组而非二元组。`PreferenceSet` 类会直接解析这些 JSON 格式的答案，并返回预期的元组列表。

```
    completion = client.chat.completions.create(
        model="gpt-4o-mini",
        messages=[
            {
                "role": "system",
                "content": "You are a helpful assistant who generates instruction-answer
triples based on the given context. Each triple should include an instruction, a generated
answer, and an extracted answer from the context. Provide your response in JSON format.",
            },
            {"role": "user", "content": prompt},
        ],
        response_format={"type": "json_object"},
        max_tokens=2000,
        temperature=0.7,
    )

    result = PreferenceSet.from_json(completion.choices[0].message.content)
    return result.triples
```

（8）在偏好数据处理流程中新增两个数据过滤函数：`filter_short_answers()` 和 `filter_answer_format()`。这两个函数的目的是剔除过短的答案，并检查答案是否规范，要求答案必须以大写字母开头，并以恰当的标点符号结束。通过这些启发式规则，可以有效地过滤掉质量不高的数据样本。

```
def filter_short_answers(dataset: Dataset, min_length: int = 100) -> Dataset:
    def is_long_enough(example):
        return len(example['chosen']) >= min_length

    return dataset.filter(is_long_enough)

def filter_answer_format(dataset: Dataset) -> Dataset:
```

```
    def is_valid_format(example):
        chosen = example['chosen']
        return (len(chosen) > 0 and
                chosen[0].isupper() and
                chosen[-1] in ('.', '!', '?'))

    return dataset.filter(is_valid_format)
```

（9）使用 create_preference_dataset()函数取代原来的 create_instruction_dataset()函数。该函数不再处理配对数据，而是改为处理三元组数据，同时在生成的数据集中采用新的列名。

```
def create_preference_dataset(dataset: Dataset, client: OpenAI, num_workers: int = 4) ->
Dataset:
    extracts = extract_substrings(dataset)
    preference_triples = []

    with concurrent.futures.ThreadPoolExecutor(max_workers=num_workers) as executor:
        futures = [
            executor.submit(generate_preference_triples, extract, client)
            for extract in extracts
        ]
        for future in tqdm(concurrent.futures.as_completed(futures), total=len(futures)):
            preference_triples.extend(future.result())

    instructions, generated_answers, extracted_answers = zip(*preference_triples)
    return Dataset.from_dict(
        {
            "prompt": list(instructions),
            "rejected": list(generated_answers),
            "chosen": list(extracted_answers)
        }
    )
```

（10）更新 main()函数，加入新的过滤步骤并调用偏好数据集的创建函数 create_preference_dataset()。

```
def main(dataset_id: str) -> Dataset:
    client = OpenAI()

    # 1. Load the raw data
    raw_dataset = load_articles_from_json("cleaned_documents.json")
    print("Raw dataset:")
    print(raw_dataset.to_pandas())

    # 2. Create preference dataset
    dataset = create_preference_dataset(raw_dataset, client)
```

```
    print("Preference dataset:")
    print(dataset.to_pandas())

    # 3. Filter out samples with short answers
    dataset = filter_short_answers(dataset)

    # 4. Filter answers based on format
    dataset = filter_answer_format(dataset)

    # 5. Export
    dataset.push_to_hub(dataset_id)

    return dataset
```

`create_preference_dataset()`函数生成了 2,970 个样本。这个数据集随后经过严格筛选，通过移除过短或格式不正确的答案，最终只保留高质量的样本（例如，以大写字母开头或以句号、感叹号或问号结尾的答案）。

最终数据集已上传至 Hugging Face Hub，可通过在搜索引擎输入“Hugging Face mlabonne llmtwin-dpo”访问。图 6.2 展示了一个范例，展现了写作风格中的微妙差异。尽管两个答案都准确无误，但被采纳的（从文本中提取的）答案更加自然随意。

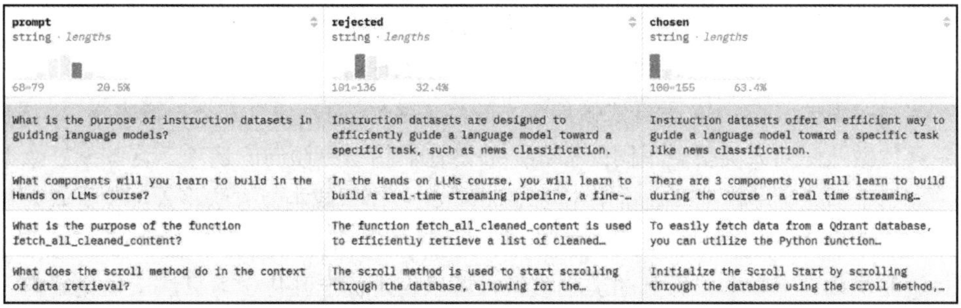

prompt string · lengths 68–79 20.5%	rejected string · lengths 101–136 32.4%	chosen string · lengths 100–155 63.4%
What is the purpose of instruction datasets in guiding language models?	Instruction datasets are designed to efficiently guide a language model toward a specific task, such as news classification.	Instruction datasets offer an efficient way to guide a language model toward a specific task like news classification.
What components will you learn to build in the Hands on LLMs course?	In the Hands on LLMs course, you will learn to build a real-time streaming pipeline, a fine-…	There are 3 components you will learn to build during the course n a real time streaming…
What is the purpose of the function fetch_all_cleaned_content?	The function fetch_all_cleaned_content is used to efficiently retrieve a list of cleaned…	To easily fetch data from a Qdrant database, you can utilize the Python function…
What does the scroll method do in the context of data retrieval?	The scroll method is used to start scrolling through the database, allowing for the…	Initialize the Scroll Start by scrolling through the database using the scroll method,…

图 6.2 Hugging Face Hub 上的 mlabonne/llmtwin-dpo 偏好数据集

为了构建这个数据集，我们反复多次调整和优化提示。这个过程中需要不断地进行人工评估和实验，直到获得令人满意的结果。在数据集生成中，提示的质量起着关键作用，因此建议按照类似流程来创建自己的偏好数据集。

6.3 节将探讨 RLHF 和 DPO 的关键概念，这些概念将为 6.4 节所介绍的新参数和方法奠定理论基础。

6.3 偏好对齐

偏好对齐是指通过偏好数据来微调模型的一系列技术。本节将首先概述该领域的研究进展，然后重点阐述将要实现的 **DPO 算法**。

6.3.1 基于人类反馈的强化学习

RLHF 是一种将**强化学习**（**reinforcement learning，RL**）与人类输入相结合的方法，旨在使模型更好地契合人类的偏好和价值观。这一技术的出现主要是为了解决传统强化学习方法面临的两大挑战：一是在处理复杂任务时难以准确定义奖励函数，二是人工设计的奖励机制可能会与预期目标产生偏差。

RLHF 的起源可追溯至**基于偏好的强化学习**（**preference-based reinforcement learning，PbRL**），这一概念于 2011 年分别由 Akrour 团队和 Cheng 团队独立提出。与传统强化学习依赖定量奖励信号不同，PbRL 通过定性反馈（如行为之间的成对偏好比较）来推断学习目标。这种方法有效解决了传统强化学习中的一些固有问题——设计合适的奖励函数不仅具有挑战性，还容易引发奖励欺骗（reward hacking）或产生意外行为。

RLHF 这一术语是在 2021～2022 年间提出的，当时这种方法在 LLM 训练领域备受关注。不过，其核心理念的发展可以追溯到更早的时期。2017 年，Christiano 等人发表了一篇具有开创性的论文，证实了一种新方法的有效性：通过学习人类偏好来构建奖励模型，并利用该模型训练强化学习智能体。研究结果表明，与传统的人工设计奖励方法相比，RLHF 不仅能达到甚至超越其性能水平，而且大幅降低了所需的人力成本。

RLHF 的核心是通过持续优化奖励模型和策略不断迭代。

- **奖励模型学习**：RLHF 不再依赖预定义的奖励函数，而是通过人类反馈来学习奖励模型。具体做法是向人类呈现不同的答案，并请他们指出更倾向的选项。这些偏好数据随后被用于训练奖励模型，通常采用 Bradley-Terry 模型或类似方法将人类偏好映射为底层效用函数（utility functions）。
- **策略优化**：基于学习得到的奖励模型，可以应用标准强化学习算法来优化策略。该策略会生成新的行为，其目标是最大化从学习到的奖励模型中预测的奖励。
- **迭代改进**：随着策略不断优化，它会生成新的行为，这些行为可由人类进行评估，进而推动奖励模型的持续改进，在理想情况下会形成一个与人类偏好高度一致的策略。

RLHF 的一项重要创新在于其降低人类反馈成本的方法，它无须持续的人工监督，只需要少量的异步反馈即可。

训练得到的奖励模型可以代表人类偏好，这使得强化学习算法能够持续训练，无须人工干预每个具体动作。

近端策略优化（**proximal policy optimization，PPO**）是目前最受欢迎的 RLHF 算法之一，其架构如图 6.3 所示。在 PPO 中，奖励模型负责对训练后的语言模型生成的文本进行评分。为了防止模型输出与原始分布偏离过大，PPO 算法还引入了 **Kullback-Leibler**（**KL**）散度作为正则化项。

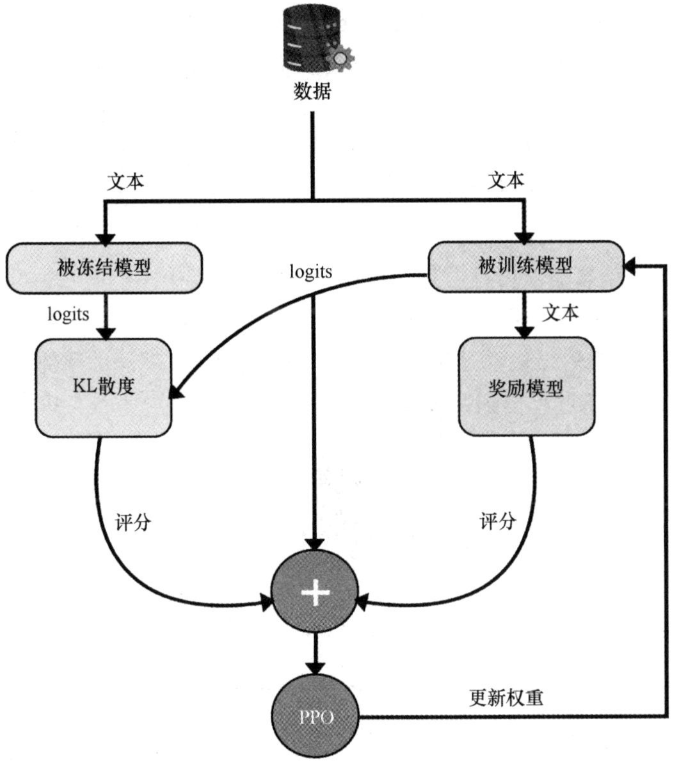

图 6.3 PPO 算法的架构

RLHF 在使 AI 系统与人类偏好对齐方面确实有效，但这种方法也存在一些局限性。由于其需要反复迭代且依赖独立的奖励模型，不仅计算成本高，还可能导致系统不稳定。虽然 RLHF 在理论上具有优势，但实验结果表明，一些更简单的方法反而能取得更好的效果。其中，DPO 算法就是一种备受关注的替代方案。

6.3.2 DPO

Rafailov 等人在 2023 年发表的论文 *Direct Preference Optimization: Your Language Model is Secretly a Reward Model* 中提出了 DPO 算法。这种算法为传统的 RLHF 技术提供了一种更为简洁高效的替代方案。

DPO 的核心创新在于重新定义了偏好学习问题的解决思路。与 RLHF 相比，DPO 采用了更为直接的方法，避免了 RLHF 中需要先训练独立奖励模型、再通过 PPO 等强化学习算法微调语言模型的复杂过程。

DPO 推导了一个闭式表达式（closed-form）来描述最优策略，该策略在标准 RLHF 框架下，通过与参考策略的 KL 散度约束来最大化期望奖励。这一数学见解让 DPO 能够直接从策略角度来处理偏好学习问题，而无须依赖独立的奖励模型或复杂的强化学习算法。

从实践角度看，DPO 可以通过一个简单的二元交叉熵损失函数来实现，该函数直接作用于语言模型的输出概率。这个损失函数一方面引导模型为被采纳的答案分配更高概率、为被拒绝的答案分配更低概率，另一方面还需要保持与参考模型（冻结模型）的相似度。通过设置 0 到 1 之间的 beta 参数，可以直接控制参考模型的影响程度。当 beta 为 0 时，参考模型的影响将被完全忽略，这意味着训练得到的模型可能会与 SFT 模型有较大差异。在实际应用中，beta 值通常设为 0.1，不过可以根据需求进行调整（详见 6.4 节）。

这种简单的方法允许直接采用标准梯度下降技术进行优化，既不需要在训练过程中从模型中采样，也无须实现复杂的强化学习算法。图 6.4 展示了 DPO 算法的整体架构，相比图 6.3 中的流程，DPO 算法的训练过程得到了极大简化。

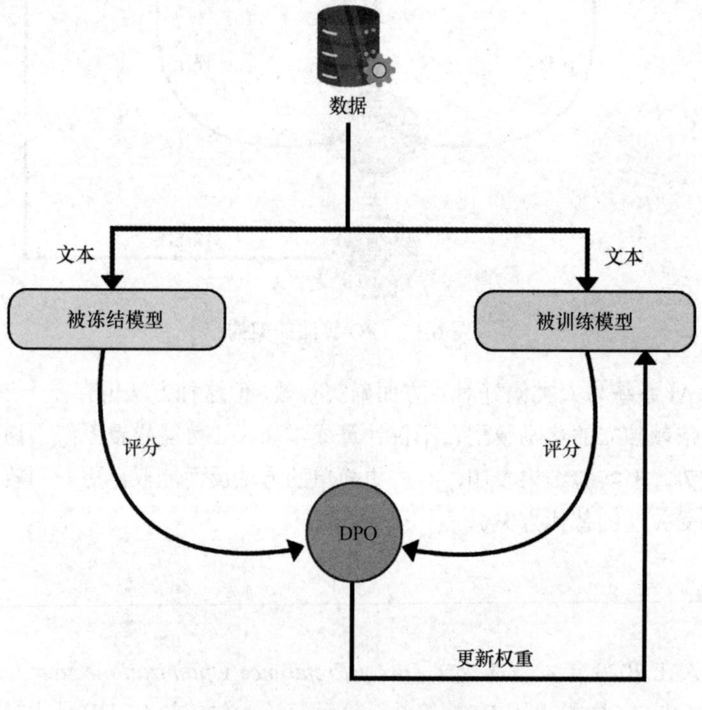

图 6.4 DPO 算法的架构

与传统的 RLHF 方法相比，DPO 具有多项优势。首先，它显著简化了偏好学习的流程，降低了工程实现的复杂度。其次，它无须单独的奖励模型和强化学习算法，使其计算效率更高。此外，在使用 LoRA 或 QLoRA 等适配器进行训练时，无须将冻结模型和训练模型分开处理，这是因为仅训练适配器而不会修改原始模型。这样一来，只需加载一个模型而不是两个模型，从而节省了大量显存空间。

DPO 虽然结构简单，但其表现往往可以媲美更复杂的 RLHF 方法。相比之下，DPO 在训练过程中的表现更加稳定，且对超参数的敏感度较低。这种简化的设计使得 DPO 更易于实现和扩展，尤其适合那些没有深厚强化学习背景的小型团队。

RLHF 虽然能够通过多轮训练实现迭代改进，并动态适应新的偏好，但 DPO 提供了一条更直接的路径来达到相似效果。在选择 DPO 还是基于 PPO 的 RLHF 时，主要权衡实现难度和潜在的模型能力收益上限。对于具有数百万偏好样本的大规模训练来说，基于 PPO 的 RLHF 方法仍然能够达到更高的模型能力上限；但对于大多数应用场景而言，DPO 可以用更低的计算和工程成本提升绝大部分模型的表现。

RLHF 和 DPO 都能从合成数据的引入中获得显著提升。随着 LLM 能力的增强，它们可以生成质量和多样性都超越人工创建的数据。这种良性循环使得更优秀的模型能够生成更高质量的训练数据，从而进一步提升模型性能。这两种方法都具有迭代特性，可以进行多轮的模型优化，每一轮都聚焦于模型能力的不同维度，从而逐步提升在各个领域的能力。

DPO 虽然具有诸多优势，但也并不完美。首先，它与 RLHF 一样，都需要收集成对的偏好数据，这个过程往往既耗费成本又耗费时间。其次，相比强化学习方法，DPO 缺少了某些理论证明支撑。此外，在处理复杂任务或特定环境时，RLHF 的高灵活性可能会带来独特优势。

然而，在大多数情况下，DPO 仍是最佳选择，LLM Twin 就是一个很好的例子。

6.4 实践 DPO

本节将对第 5 章创建的 **TwinLlama-3.1-8B** 模型进行 DPO 微调。为了提高使用便利性和性能，将继续使用 Unsloth 库来实现 DPO。根据可用显存的大小，开发者可以选择 LoRA（高质量、高速度，但显存占用较大）或 QLoRA（质量和速度相对较低，但显存占用更小）方案。值得注意的是，这类偏好对齐技术同样可以在 TRL 和 Axolotl 框架中找到。

本节是 DPO 的一个进阶应用案例。在实践中，我们发现模仿写作风格的目标与 DPO 使用正式用语的自然倾向之间存在冲突，这主要是因为模型倾向于选择更正式的答案而非非正式表达。因此，需要采用低学习率和少量训练轮数进行轻量级微调。为了确定最优超参数，我们训练并对比了 20 多个模型在各类问题上的表现，其中包括“撰写一段监督式微调的介绍性文字（Write a paragraph to introduce supervised fine-tuning）”这样的测试任务，最终筛选出了最适合该任务的模型和参数组合。

本案例的依赖项与 5.4 节实现 SFT 相同，读者可在本书的 GitHub 仓库或 Unsloth 的仓库中查找。

（1）访问一个受限的模型，并根据需要将微调后的模型上传至 Hugging Face。这些操作需要先登录 Hugging Face 账号。如果还没有账号可以先注册一个，然后在 **Settings | Access Tokens | Create new token** 中生成 API 密钥，并将其保存在本机的 `.env` 文件中。

```
HF_TOKEN = YOUR_API_KEY
```

（2）将 Comet ML 的 API 密钥也添加到 .env 文件中。如果缺少该密钥，训练开始时程序会崩溃并报错。

```
COMET_API_KEY = YOUR_API_KEY
```

（3）在导入所有必要的包之前，先为 TRL 库中的 DPOTrainer 类应用一个补丁，这个补丁可以修复在笔记本电脑环境中 DPO 日志的显示问题。

```
from unsloth import PatchDPOTrainer
PatchDPOTrainer()
```

（4）导入其他库。与 SFT 的实现相比，DPO 的实现需要从 TRL 库中导入专门用于 DPO 训练的 DPOConfig 和 DPOTrainer。

```
import os
import torch
from datasets import load_dataset
from transformers import TrainingArguments, TextStreamer
from unsloth import FastLanguageModel, is_bfloat16_supported
from trl import DPOConfig, DPOTrainer
```

（5）加载第 5 章中已微调的模型，并沿用原有配置，将序列最大长度 max_seq_length 设为 2,048。将 load_in_4bit 参数设为 True，以启用 QLoRA 技术。接下来通过 LoRA DPO 微调方法，进一步提升模型的训练速度和性能。

```
max_seq_length = 2048
model, tokenizer = FastLanguageModel.from_pretrained(
    model_name="mlabonne/TwinLlama-3.1-8B",
    max_seq_length=max_seq_length,
    load_in_4bit=False,
)
```

（6）使用 LoRA 配置来准备模型进行 PEFT（parameter-efficient fine-tuning）微调。将秩（r）和 lora_alpha 参数从第 5 章中的 32 提高到 64，以实现更富表现力的微调效果。为了提高运行速度，保持 dropout 为 0，并按惯例针对所有线性层进行调整。

```
model = FastLanguageModel.get_peft_model(
    model,
    r=32,
    lora_alpha=32,
    lora_dropout=0,
    target_modules=["q_proj", "k_proj", "v_proj", "up_proj", "down_proj", "o_proj",
"gate_proj"],
)
```

（7）加载 llmtwin-dpo 数据集的训练集部分，其中包含提示、被采纳的答案和被拒绝的答案。

```
dataset = load_dataset("mlabonne/llmtwin-dpo", split="train")
```

（8）数据准备阶段与第 5 章的 SFT 示例有很大区别。在本例中，处理的是由提示、被采纳的答案和被拒绝的答案组成的三元组数据。在 format_samples 函数中，为每条消息应用 Alpaca 聊天模板。值得注意的是，只有指令部分需要采用聊天格式，而被采纳的答案和被拒绝的答案只需要在末尾添加**句子结束符（end of sentence，EOS）**即可。最后按照 95%：5%将数据集分为训练集和测试集。

```
alpaca_template = """Below is an instruction that describes a task. Write a response that appropriately completes the request.

### Instruction:
{}

### Response:
"""

EOS_TOKEN = tokenizer.eos_token

def format_samples(example):
    example["prompt"] = alpaca_template.format(example["prompt"])
    example["chosen"] = example['chosen'] + EOS_TOKEN
    example["rejected"] = example['rejected'] + EOS_TOKEN
    return {"prompt": example["prompt"], "chosen": example["chosen"], "rejected": example["rejected"]}

dataset = dataset.map(format_samples)

dataset = dataset.train_test_split(test_size=0.05)
```

（9）模型和数据准备就绪后，开始微调。与 SFT 相比，这里引入了几个新参数，如参考模型 ref_model 和 beta 系数。由于采用 LoRA（或 QLoRA）方法，实际上是训练适配器而非直接训练整个模型。这种方式允许使用原始模型作为参考，可以显著节省显存。beta 参数用于调节参考模型的影响程度。通常，默认值 0.1 已能适应大多数场景。然而，根据实验结果将其调整到 0.5，究其原因在于在较低的 beta 值下，训练后的模型倾向于使用过于正式的语言。适当增加 beta 值，可以使模型的输出更贴近参考模型的输出，从而有效改善语言表达的自然度。

在本次训练中，我们对一些参数进行了调整以更好地适应当前的训练需求。首先，学习率从之前 SFT 示例的 3e-4 降低到了 2e-6。其次，训练轮数从 3 个 epoch 减少到 1 个 epoch。再次，将原先的 max_seq_length 参数拆分成两个新参数 max_prompt_length（仅用于提示）和 max_length（用于提示和回答）。最后，将 TrainingArguments 类替换为 DPOConfig 类。

```
trainer = DPOTrainer(
    model=model,
    ref_model=None,
    tokenizer=tokenizer,
    beta=0.5,
    train_dataset=dataset["train"],
    eval_dataset=dataset["test"],
    max_length=max_seq_length//2,
    max_prompt_length=max_seq_length//2,
    args=DPOConfig(
        learning_rate=2e-6,
        lr_scheduler_type="linear",
        per_device_train_batch_size=2,
        per_device_eval_batch_size=2,
        gradient_accumulation_steps=8,
        num_train_epochs=1,
        fp16=not is_bfloat16_supported(),
        bf16=is_bfloat16_supported(),
        optim="adamw_8bit",
        weight_decay=0.01,
        warmup_steps=10,
        output_dir="output",
        eval_strategy="steps",
        eval_steps=0.2,
        logging_steps=1,
        report_to="comet_ml",
        seed=0,
    ),
)
trainer.train()
```

（10）模型训练完成后，进行快速的合理性验证。这一步与 SFT 示例相似，主要目的是为推理准备模型，并根据给定提示生成响应。

```
FastLanguageModel.for_inference(model)
message = alpaca_template.format("Write a paragraph to introduce supervised fine-
tuning.","")
inputs = tokenizer([message], return_tensors="pt").to("cuda")

text_streamer = TextStreamer(tokenizer)
_ = model.generate(**inputs, streamer=text_streamer, max_new_tokens=256, use_cache=True)
```

（11）经过 DPO 训练后的模型给出了以下回复：

```
Supervised fine-tuning is a method used to enhance the performance of pre-trained language
models by utilizing labeled data. This technique involves taking a pre-trained model and
```

```
refining it on a specific task, such as content creation or customer service. By providing
the model with relevant data and guidance, it can learn to generate outputs that align
more closely with the desired outcomes. This approach allows for the creation of more
specialized models that can tackle complex tasks with greater accuracy and efficiency.
```

对比一下 SFT 模型给出的答案：

```
Supervised fine-tuning is a method used to enhance a language model by providing it with
a curated dataset of instructions and their corresponding answers. This process is designed
to align the model's responses with human expectations, thereby improving its accuracy
and relevance. The goal is to ensure that the model can respond effectively to a wide range
of queries, making it a valuable tool for applications such as chatbots and virtual
assistants.
```

可以看到，DPO 模型不仅提供了更为准确的答案，还能更好地贴合目标写作风格。它准确指出了预训练语言模型是 SFT 的基础模型，同时采用了领域特定或任务特定的微调方法，而非简单地与人类期望对齐，这更符合偏好对齐阶段的特点。此外，其表述方式也更加平实自然，非常适合在博客中使用。

（12）将训练完成的模型保存到本地，并将其上传至 Hugging Face Hub。

```
model.save_pretrained_merged("model", tokenizer, save_method="merged_16bit")
```

恭喜，我们完成了 DPO 模型的训练和导出工作！该模型现已上传至 Hugging Face Hub，可通过在搜索引擎输入“Hugging Face mlabonne TwinLlama-3.1-8B-DPO”访问。值得注意的是，相比 SFT，DPO 训练过程中需要监控更多的评估指标，在图 6.5 所示的 Comet ML 仪表盘中可以查看这些核心指标。

下面分析 5 个关键指标。

- **训练损失**：从整体趋势来看，我们希望损失值能持续下降。需要注意的是，损失值可能会迅速降至零，表明模型已停止学习。虽然这种情况不一定会导致过拟合或模型能力下降，但仍需要密切关注。
- **验证损失**：验证损失的情况与训练损失类似。理想情况下，验证损失应与训练损失保持较小的差距。
- **梯度范数**：梯度范数应当保持在较低水平，且波动幅度不宜过大。
- **奖励值**：系统中存在被采纳奖励和被拒绝奖励两类奖励值。这两个值反映了训练模型与参考模型在输出对数概率（log probabilities）上的平均差异。随着训练进行，模型应逐渐倾向于选择被采纳的答案并拒绝被拒绝的答案，因此这两类奖励值之间的差距会逐渐拉大。该指标定义为被采纳奖励与被拒绝奖励的差值，可以通过边际指标直接追踪这一差异。对于训练充分的模型而言，其边际值通常会快速上升，随后趋于稳定。
- **准确率**：准确率反映了模型正确识别目标答案的比例。在训练过程中，我们期望这一指标逐步提升，但并不会达到 100%。事实上，过快地达到 100%可能意味着所用的偏好数据集过于简单。尽管 LLM 依然能从这类数据集中获取知识，但数据集中引入更具挑战性的样例可能会显著改善模型的学习效果。

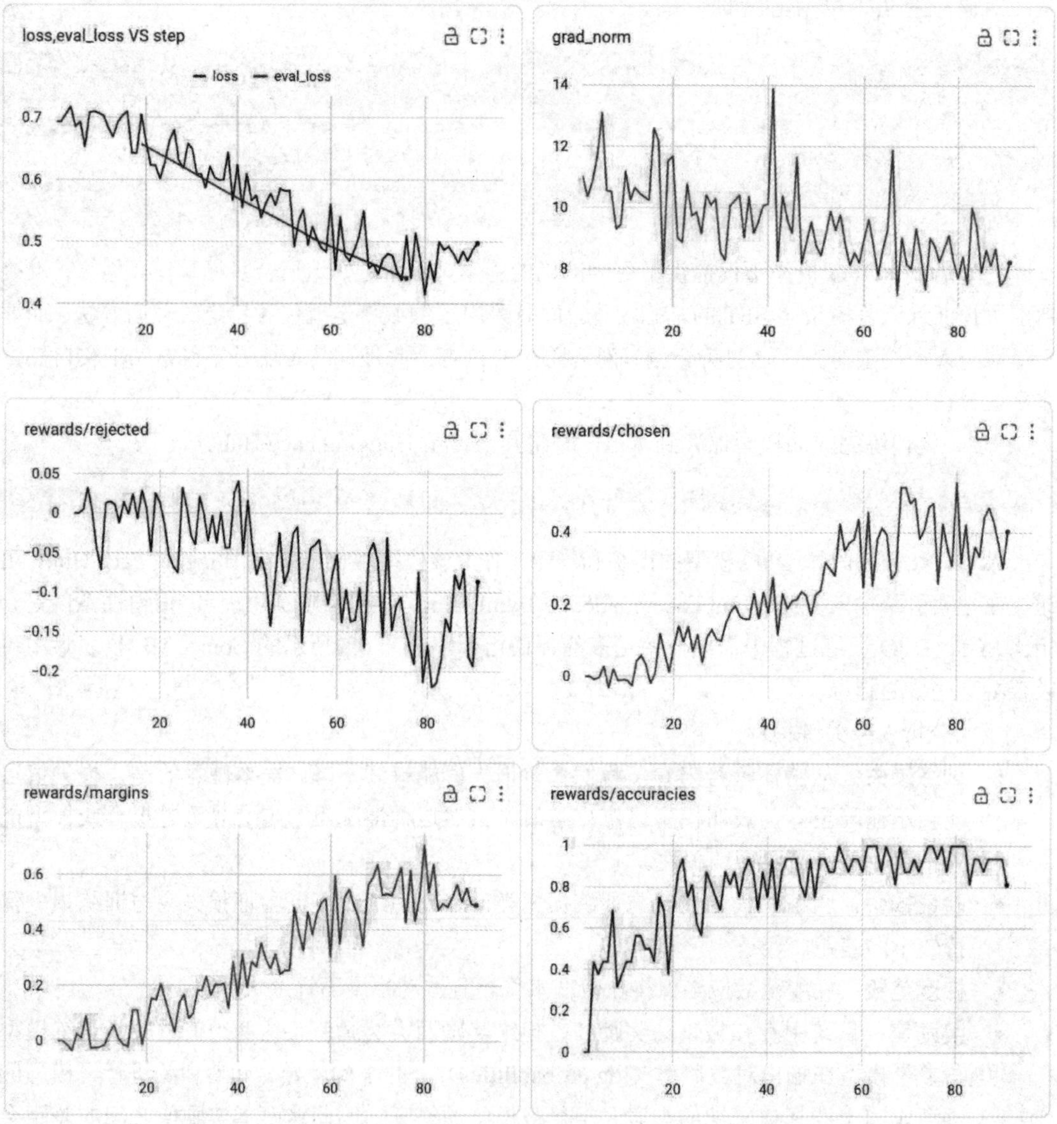

图 6.5　Comet ML 平台上的 DPO 指标实验跟踪

总的来说，与 SFT 相比，DPO 因为引入了参考模型，整个过程更为复杂，监控和调试难度也相对更高。不过，相较于 PPO 和其他 RLHF 算法，DPO 的使用要简单得多。只要准备了高质量的偏好数据集和性能优秀的预训练模型，研究者就可以灵活调整排名、beta 参数、学习率和训练轮数，找出最能准确捕捉目标偏好的配置。

尽管这不是本章的重点，但我们可以通过自动化的方式来评估模仿写作风格的模型表现。其中一种可行的方案是，将 SFT 和 DPO 等不同模型生成文本中的词频分布与真实数据集进行对比分析。对本例而言，SFT 模型可能会频繁输出一些在 GPT-4o mini 中被过度使用的词（如 delve into），而 DPO 模型生成的词频分布则应该更贴近人工筛选的标准答案。

6.5 小结

本章介绍了偏好数据集的概念，阐述了其结构特点以及在捕捉人类细微偏好方面的重要作用。通过对比真实文章的原始文本与模型生成文本，构建了一套定制化的偏好数据生成流程，这套流程可以根据具体应用场景灵活调整和复用。

本章概述了 RLHF 的发展历程，并介绍了作为其替代方案的 DPO 技术，后者具有更简单、更高效的特点。在实践部分，借助 Unsloth 库实现了 DPO，用于微调第 5 章中的 TwinLlama-3.1-8B 模型。通过分步实现，本章详细说明了模型训练的具体步骤，同时重点阐述了 DPO 与 SFT 的关键差异。

第 7 章将探讨 LLM 评估，重点讨论评估 LLM 性能的挑战与现有方法，还将介绍如何构建领域特定的评估数据集，分析评估为何始终是该领域的难点，并引入 LLM-as-a-judge 这个新理念。同时，第 7 章还会提出一个完整的评估流程框架，以确保 LLM 评估的一致性和有效性。

第 7 章

LLM 的评估方法

评估 LLM 是衡量模型的性能和功能特性的关键环节，评估方式包括回答多项选择题、跟随开放式任务指令及使用真实用户反馈等。虽然目前业界尚未形成统一的能力评估标准，但还是可以根据具体应用场景选择合适的评估模式和方法。

虽然**大规模多任务语言理解（massive multi-task language understanding，MMLU）**和 LMSYS Chatbot Arena 等通用评估基准更为普及，但对于领域特定和任务特定的模型来说，采用更有针对性的评估方法更有价值。在评估以 **RAG** 为核心的完整 LLM 系统（区别于单个模型）时，这一点尤为重要。在这类场景下，需要将评估框架扩展到整个系统，把检索和后处理等新增模块纳入评估范围。

本章将介绍以下内容：

- 模型能力评估；
- RAG 系统评估；
- TwinLlama-3.1-8B 模型评估。

通过本章的学习，读者将了解主流的 LLM 评估方法，以及如何使用不同的技术评估模型和 RAG 系统。

7.1 模型能力评估

模型能力评估的目标是在不引入提示工程、RAG 流水线等外部辅助手段的情况下对单个模型的能力进行评估。

模型能力评估不仅有助于选择最适合的 LLM，还能验证微调过程是否提升了模型的性能。本节将对比机器学习和 LLM 的评估方法，并依次探讨通用型、领域特定型和任务特定型模型的基准测试方法。

7.1.1 机器学习与 LLM 评估的对比

机器学习评估主要关注模型在预测、分类和回归等任务上的表现。LLM 评估通常侧重于模型的语言理解和生成能力，而机器学习评估则更注重模型在处理特定结构的数据时，输出结果的准确性和高效性。

这种差异源于两类模型处理任务的本质不同。机器学习模型主要用于解决预测股票价格、检测异常值等特定问题，这类任务通常处理数值或类别数据，因此评估过程相对直观。而 LLM 则需要理解和生成语言，这使得评估过程带有主观性。LLM 的评估不能仅依赖数值指标，还要采用更加细致的方法，包括定性评估，重点考察模型生成的回答是否连贯、相关且符合上下文。

具体而言，机器学习模型和 LLM 在运行机制上有以下 3 个关键区别，它们都会对评估过程产生影响。

- **数值指标**：在评估传统机器学习模型时，通常会根据任务类型测量准确率、精确率、召回率或均方误差等数值指标。但 LLM 可以同时处理多种任务，需要对其进行多维度评估，很难使用统一的数值指标来衡量其能力。
- **特征工程**：传统机器学习模型的一个关键环节是在模型训练前进行特征工程，即手动选择和转换相关的数据特征。评估特征工程的效果往往是评估整体模型的重要组成部分。而 LLM 则可以直接处理原始文本数据，大大降低了对手动特征工程的依赖。
- **可解释性**：传统机器学习模型的预测结果和分类依据相对容易解释，这种可解释性是模型评估的核心要素之一。LLM 虽然难以直接解释其决策过程，但可以通过在生成过程中要求模型提供解释来深入了解其推理机制。

下面将介绍不同类型 LLM 的评估方法。尽管通用 LLM 的评估方法与传统机器学习评估体系有所不同，但任务特定 LLM 的评估方式与传统机器学习的评估更为接近。

7.1.2 通用 LLM 评估

通用评估主要用于衡量基础模型和通用微调后模型的能力。这类评估不局限于特定任务或领域，而是全面考察模型在知识储备和实用功能方面的能力。通过这些评估，开发者可以全面了解模型能力，进行同业对比，并找出模型的优劣势。根据评估结果，开发团队可以调整数据集和超参数配置，甚至可以修改模型架构。

通用评估可以分为预训练、预训练后和微调后 3 个阶段。

在预训练阶段，需要密切关注模型是如何被训练的，详见 5.4 节。以下 4 个评估指标直接反映了模型在预训练阶段的表现。

- **训练损失**：采用交叉熵损失，测量模型预测的概率分布与目标标记的真实分布之间的差异。
- **验证损失**：使用与训练损失相同的计算方法对独立的验证数据集进行评估，以衡量模型的泛化能力。
- **困惑度（perplexity）**：是交叉熵损失的指数形式，反映模型对数据的预测准确性（数值越低表示预测越准确）。

- **梯度范数**：在训练过程中实时监测梯度的幅值变化，及时发现训练不稳定或梯度消失、梯度爆炸等问题。

在预训练阶段，可以引入 HellaSwag 等常识推理基准测试，但需要注意避免过拟合等问题。

在预训练后阶段，需要通过一套评估体系来衡量基础模型的能力。这套评估体系通常包含内部基准和公开基准两部分。下面列举了 5 种常见的公开基准测试。

- **MMLU（知识储备）**：涵盖 57 个学科领域，通过多项选择题考察模型从基础到专业层面的知识掌握程度。
- **HellaSwag（推理能力）**：要求模型在给定场景下从多个选项中选择最符合逻辑的结尾，以评估其推理能力。
- **ARC-C（推理能力）**：通过让模型回答需要因果推理的小学级别科学的项选择题来评估其推理水平。
- **Winogrande（推理能力）**：通过在精心构造的句子中解决代词指代问题来评估模型的常识推理能力。
- **PIQA（推理能力）**：通过让模型回答日常物理现象相关的问题来评估其对物理常识的理解程度。

这些方法被广泛用于评估通用微调后模型的能力。在这个阶段，要重点关注基础模型与微调模型在评分指标上的差异。例如，不恰当的微调可能会导致模型的知识储备下降，从而降低 MMLU 分数；相反，高质量的微调则能够帮助模型获取更多知识，从而提升 MMLU 分数。

这种方法还可以帮助发现数据污染问题，即模型在微调时使用的训练数据与测试集过于相似。例如，基础模型在微调阶段的 MMLU 评分突然提升了几个百分点，这很可能意味着指令数据已经被污染。

除了预训练阶段的 4 个评估指标，微调模型也有专门的基准测试体系。这里的“微调模型”，是指经过 SFT 和偏好对齐后的模型。在微调后阶段，基准测试主要评估模型理解和回答问题的相关能力，重点考察其指令遵循、进行多轮对话及智能代理的能力。

- **IFEval（指令遵循能力）**：用于评估模型执行特定约束指令的能力，例如要求模型在回答中完全不使用逗号。
- **Chatbot Arena（对话能力）**：由人类对指令的最佳答案进行投票来对比两个模型。
- **AlpacaEval（指令遵循能力）**：对微调模型进行自动评估，其评估结果与 Chatbot Arena 的人工评估结果具有高度相关性。
- **MT-Bench（多轮对话能力）**：专门评估模型在多轮对话场景中的表现，重点测试模型维持对话上下文的连贯性和生成恰当答案的能力。
- **GAIA（智能代理能力）**：采用多步骤方式全面测试模型完成使用工具和浏览网页等代理任务的能力。

了解通用 LLM 评估方法的设计思路和应用场景，对选择适合的 LLM 至关重要。以模型微调为例，在特定规模下选择知识储备和推理能力最出色的基础模型，可以通过对比不同 LLM 的能力找到最适合作为微调基础的模型。

即便不打算微调模型，也可以通过 Chatbot Arena 或 IFEval 等基准测试来对比不同模型的指令遵循能力。例如，在构建聊天机器人时，需要模型具备出色的对话能力；但如果是想从非结构化文档中提取信息，对话能力就不那么重要了，模型能够准确理解并执行指令才更为关键。

这些基准测试虽然广受欢迎且非常实用，但仍存在一些缺陷。例如，公开的基准测试容易被钻空子，模型可能在测试数据上训练，或使用与基准数据集极其相似的样本。人工评估同样不够完善，评估者往往会倾向于那些长篇大论、措辞笃定的答案，尤其是当这些答案采用规范格式（如 Markdown）呈现时。而私有测试集则因缺乏充分审查，可能潜藏着其他问题和偏差。

这表明基准测试并非判断模型能力的唯一依据，而应将其视为参考。当多项评估结果趋于一致时，才能对模型实际能力的判断更有把握。

7.1.3 领域特定 LLM 评估

与通用 LLM 相比，领域特定 LLM 的应用范围更加聚焦，这有助于更深入地对更细粒度的功能进行评估。

在选择基准测试时，需要考虑具体应用领域。对于特定语言模型或代码模型等常见应用场景，建议寻找相关的评估方法或基准测试套件。它们不仅包含多个不同维度的基准测试，而且具有可重复性，通常可以更准确地反映模型的实际能力。

在 Hugging Face Hub 上按不同领域划分的评估排行榜，就说明了这一点。如下是 4 个常用的排行榜。

- **Open Medical-LLM Leaderboard**：主要用于评估 LLM 在医疗问答任务上的表现。该排行榜整合了 9 个评估指标，评测数据包括美国医师执照考试（MedQA）的 1,273 道题目、PubMed 医学文献库（PubMedQA）的 500 道题目、印度医学入学考试（MedMCQA）的 4,183 道题目，以及 MMLU 测试集中临床知识、医学遗传学、解剖学、专业医学、大学生物学和大学医学这 6 个领域的 1,089 道题目。
- **BigCodeBench Leaderboard**：主要评估代码类 LLM 的能力，分为两类，包括基于结构化文档字符串的代码补全（BigCodeBench-Complete）和基于自然语言指令的代码生成（BigCodeBench-Instruct）。排名方式采用贪婪解码的 Pass@1 得分，其中 Complete 类别还引入了 Elo 评分体系。该排行榜通过多样化的编程场景来测试模型的组合推理能力和指令执行能力。
- **Hallucinations Leaderboard**：专注于评估 LLM 产生虚假或无依据信息的倾向，涵盖 5 大类共 16 项任务，包括问答类（采用 NQ Open、TruthfulQA 和 SQuADv2 等数据集）、阅读理解类（采用 TriviaQA 和 RACE）、摘要生成类（采用 HaluEval Summ、XSum 和 CNN/DM）、对话类（采用 HaluEval Dial 和 FaithDial），以及事实核查类（采用 MemoTrap、SelfCheckGPT、FEVER 和 TrueFalse）。此外，该排行榜还通过 IFEval 评估模型的指令执行能力。

- **Enterprise Scenarios 排行榜**：针对 6 个实际企业应用场景——金融基准（100 个带检索上下文的金融问题）、法律保密性（100 个来自 LegalBench 法律推理任务）、写作能力（创意写作评估）、客服对话（客户服务互动相关性）、有害内容识别（内容安全评估）和企业 PII（敏感信息保护的业务安全）评估 LLM 的能力。为防止排名被操纵，采用了部分闭源测试集。该排行榜通过评估模型在答案准确性、法律推理、创意写作、上下文理解和安全保护等方面的表现，全面衡量 LLM 在企业环境中的实用性。

不同领域的排行榜可以采用不同的评估方法。以 BigCodeBench Leaderboard 为例，它仅使用两个关键指标就能充分覆盖整个领域的评估需求，这与其他排行榜有明显区别。而 Hallucinations Leaderboard 则集成了包括多个通用评估指标在内的 16 个指标。这说明在构建评估体系时，除了定制化的基准测试，引入通用基准测试也能够有效完善评估套件。

需要特别说明的是，针对特定语言的 LLM 的评估，往往会采用通用基准测试的翻译版本。为了更好地评估模型能力，建议在目标语言中开发原创的评估方法作为补充。尽管部分基准测试采用机器翻译，但为了确保评估质量，我们更推荐使用人工翻译。以下是 3 个任务特定的排行榜及其评估套件，可以作为读者构建自己的评估体系的参考。

- **OpenKo-LLM Leaderboard**：采用 9 项指标对韩语 LLM 进行评估。评估指标分为两类：一类是翻译成韩语的通用基准测试，包括 GPQA、Winogrande、GSM8K、EQ-Bench 和 IFEval；另一类是自定义评估指标，包括知识储备、社会价值观、安全性和实用性。
- **Open Portuguese LLM Leaderboard**：对葡萄牙语 LLM 进行评估，涵盖教育评估（ENEM 含 1,430 道试题，BLUEX 含 724 道大学入学试题）、专业资格考试（OAB 考试含 2,000 多道试题）、语言理解任务（ASSIN2 RTE 和 STS、FAQUAD NLI），以及社交媒体内容分析（HateBR 含 7,000 条 Instagram 评论、PT Hate Speech 含 5,668 条推文，以及 tweetSentBR）。
- **Open Arabic LLM Leaderboard**：采用一套包括原生阿拉伯语任务和翻译数据集的完整评估体系，其中原生阿拉伯语基准包括 AlGhafa 和 Arabic-Culture-Value-Alignment 两项测试。此外，该排行榜还引入了覆盖各种领域的 12 个翻译基准，如 MMLU、ARC-Challenge、HellaSwag 和 PIQA 等。

通用 LLM 评估和领域特定 LLM 评估的设计都遵循 3 个核心原则。一是，评估任务需要具有一定复杂度，能够评估模型区分输出质量的能力。二是，评估内容应当涵盖广泛的主题和应用场景，以确保多样性。如果单一基准测试无法满足需求，可以组合多个基准测试构建更完善的评估体系。三是，评估过程要便于实施和执行。这主要取决于所使用的评估工具库，不同工具库的使用难度有所差异。对于基准测试的执行，推荐使用 EleutherAI 开发的 lm-evaluation-harness 和 Hugging Face 开发的 Lighteval。

7.1.4 任务特定 LLM 评估

尽管通用 LLM 评估和领域特定 LLM 评估能够反映基础模型或指令模型的整体能力，但这些评估方法难以准确衡量模型在特定任务中的表现，为此需要设计针对性的基准测试来评估模型在下游任务中的能力表现。

任务特定 LLM 的应用范围较窄，很难直接使用现有的评估数据集。不过这反而成为一个优势，因为这类模型的输出通常具有更清晰的结构，便于使用传统机器学习任务评估指标。以摘要任务为例，可以采用**面向召回的摘要评估（recall-oriented understudy for gisting evaluation，ROUGRE）**，通过 `n-gram` 方法来计算生成文本与参考文本的重叠度。

类似地，分类任务也可以采用如下 4 个经典评估指标。

- **准确率（accuracy）**：指模型正确预测的样本数占总样本数的比例，尤其适用于分类输出任务或能明确区分输出答案正确与错误的任务（如命名实体识别（NER））。
- **精确率（precision）**：在模型预测为正例的结果中，真实正例的占比。
- **召回率（recall）**：在所有真实正例中，被模型正确识别出的比例。
- **F1 值（F1 score）**：精确率和召回率的调和平均数，用于综合衡量这两个指标的表现，在分类和实体抽取等任务的评估中应用广泛。

对于那些难以直接套用传统机器学习任务评估指标的场景，可以借鉴通用 LLM 和领域特定 LLM 评估数据集的设计思路，来自定义评估基准。其中，多项选择题形式的问答测试是被广泛采用且效果良好的一种评估方式。在这种评估方式下，每条指令包含一个问题及其对应的多个选项。来自 MMLU 数据集中抽象代数部分的一个示例，如表 7.1 所示。

表 7.1 MMLU 数据集示例

Instruction
Find the degree for the given field extension Q(sqrt(2), sqrt(3)) over Q. A. 0 B. 4 C. 2 D. 6
Output
B

这个评估方案主要包括文本生成评估和对数似然评估这两种方法。

- 文本生成评估方法，让模型直接生成文本作为答案，并与预设的选项进行对比。例如，模型会生成 A、B、C 或 D 其中一个选项作为答案，然后系统检查是否与标准答案相符。这种方法可以测试模型在实际应用中生成准确且连贯答案的能力。

- 对数似然评估方法是基于概率分布进行评估，无须模型实际生成文本。在 MMLU 评测中，lm-evaluation-harness 框架会计算每个候选答案的概率分布。这种方法能更细致地评估模型的理解能力，即使模型可能无法准确生成文本，仍可以通过概率分布了解模型对各个选项的置信度。

简单起见，我们建议采用模拟人类答题方式的文本生成评估方法，也就是文本生成评估方法。这种方法不仅实现更简单，而且区分度更高，因为低质量模型在基于概率的评估中容易出现虚高的表现。读者可以根据具体需求调整文本生成评估方法，用于评估模型在任务特定上的表现，还可以将这种方法拓展到其他专业领域。

对于开放性较强的任务，传统的机器学习评估指标和多项选择题评测方法可能并不适用。这种情况下，可以采用 5.1.6 节介绍的 LLM-as-a-judge 方法来评估回答质量。如果有标准答案，将其作为补充信息能够显著提升评估准确度。如果没有标准答案，也可以根据具体任务设定不同评估维度（例如相关性或有害程度），从而使评估结果更具可解释性。

我们建议使用大模型来评估并反复优化提示。在优化过程中，模型给出的解释有助于发现其推理中的错误，并通过提示工程加以改进。

为了方便解析模型的输出结果，可以在提示中指定特定的输出格式，或采用结构化生成方式（如 Outlines 或 OpenAI 的 JSON 模式）。表 7.2 是一个包含结构化输出要求的提示示例。

表 7.2 包含结构化输出要求的提示示例

You are an evaluator who assesses the quality of an answer to an instruction.
Your goal is to provide a score that represents how well the answer addresses the instruction.
You will use a scale of 1 to 4, where each number represents the following:
1. The answer is not relevant to the instruction.
2. The answer is relevant but not helpful.
3. The answer is relevant and helpful but could be more detailed.
4. The answer is relevant, helpful, and detailed.
Please provide your evaluation as follows:
##Evaluation##
Explanation: (analyze the relevant, helpfulness, and complexity of the answer)
Total rating: (final score as a number between 1 and 4)
Instruction:
{instruction}
Answer:
{answer}
##Evaluation##
Explanation:

当然，我们还可以根据实际需要调整评分标准、添加参考答案，并针对具体应用场景对提示进行定制化设计。

不过，LLM-as-a-judge 存在一些局限性：倾向于偏好果断或冗长的回答，可能会高估那些表述自信但实际准确性较低的答案；由于缺乏特定主题的专业领域知识，在评估时容易做出错误判断；一致性问题也值得关注，它们可能对相似的回答给出不同的评分；模型还可能偏好某些特定的写作风格，而这些风格与答案的实际质量并无关联。为了缓解这些问题，可以采取多种措施：将模型评估与其他评价指标相结合、引入多个评判模型，以及精心设计提示来降低偏见的影响。

当模型完成评估并达到预期效果后，就可以将其整合到更大的系统中，7.2 节将介绍如何调整评估框架来评估这些系统。

7.2 RAG 系统的评估

传统的 LLM 评估主要聚焦于模型本身的能力，而 RAG 系统的评估不仅要评估模型的生成能力，还要关注其与外部信息源的交互效果。

RAG 系统巧妙地结合了 LLM 的优势和信息检索机制，能够生成连贯、符合语境且基于最新外部信息的回答。这一特性使得 RAG 在新闻报道、科学研究和客户服务等对信息时效性和准确性要求较高的领域发挥着重要作用。

RAG 系统的评估范围远超单个 LLM 的评估，需要对系统的整体能力进行全面考察，具体包括以下 3 个方面。

- **检索准确率（retrieval accuracy）**：评估系统获取相关信息的能力。
- **集成质量（integration quality）**：评估系统将检索信息融入生成内容的质量。
- **事实性与相关性（factuality and relevance）**：评估系统输出是否准确回应用户查询，并能无缝地集成检索与生成的内容。

评估 RAG 系统的关键指标包括检索精确率和召回率，分别用于衡量检索结果的精确程度和完整度。同时，检索数据与生成文本的集成质量也是重要考量因素，此输出内容的事实准确性和逻辑连贯性也需格外关注。

下面以电商客服聊天机器人的 RAG 系统为例，说明这些指标在实践中的具体应用。假设用户提问：What's your return policy for laptops purchased during the holiday sale（在节日促销期间购买的笔记本电脑，退货政策是什么）。RAG 系统会检索并找到电子产品退货政策和节日促销条款的相关文档，将这些上下文信息添加到用户问题后，模型再基于这些信息生成回答，如表 7.3 所示。

在这个评估流水线中，可以首先检验检索文档是否符合预期，即评估检索准确率；再对比有无上下文信息时的响应差异，即评估集成质量；最后评估输出内容的相关程度，以及是否反映了文档中提供的信息，即评估事实性与相关性。

表 7.3 面向客服场景的 RAG 流水线输出示例

For laptops purchased during our holiday sale, you have an extended return period of 60 days from the date of purchase. This is longer than our standard 30-day return policy for electronics. Please ensure the laptop is in its original packaging with all accessories to be eligible for a full refund.

本节将介绍两种方法来评估 RAG 模型对外部信息的集成质量。

7.2.1 Ragas

Ragas（retrieval-augmented generation assessment）是一款开源工具包，为开发人员提供了 RAG 评估和优化的一整套工具。该工具基于**指标驱动开发（metrics-driven development，MDD）**理念设计，通过持续监控关键指标来获取应用能力洞察，从而支持数据驱动的决策制定。借助 Ragas，开发人员可以客观评估 RAG 系统的表现，发现待改进的方向，并追踪系统优化效果。

Ragas 最核心的功能之一是自动生成丰富多样且结构复杂的测试数据集，解决了在 RAG 开发过程中手动创建大量的问题、答案和上下文耗时费力的难题。Ragas 借鉴了 Evol-Instruct 等工作的思路，采用进化算法生成在推理难度、条件约束和多重上下文等方面各不相同的测试问题，来全面评估 RAG 流水线中各个组件的性能。

此外，Ragas 能够生成模拟真实对话的问答样本，包括初始问题和后续追问，帮助开发人员在更贴近实际场景下评估 RAG 系统的能力。Ragas 框架的整体示意，如图 7.1 所示。

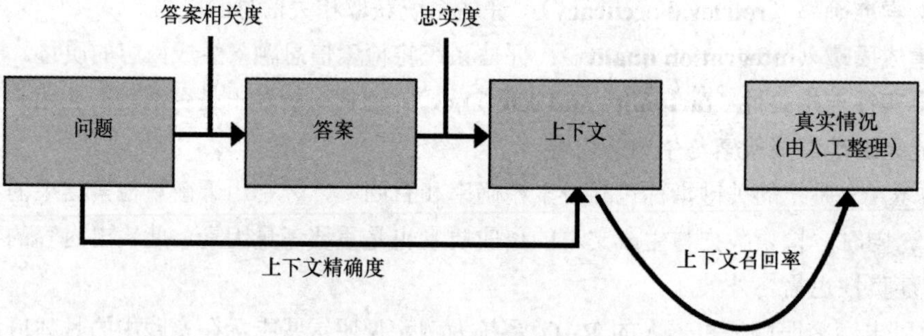

图 7.1 Ragas 框架的整体示意

Ragas 框架提供了一套由 LLM 辅助的评估指标，用于客观评估 RAG 系统在各个维度的能力表现，具体包括以下 4 个指标。

- **忠实度**：用于评估生成答案与给定上下文的事实一致性。评估过程首先将答案拆分为多个独立陈述，然后验证每个陈述是否能从上下文中得到支持，最终的忠实度分数等于可验证陈述数量与总陈述数量的比值。

- **答案相关度**：用于评估生成答案与输入问题的相关程度，采用的是一种创新思路。先让 LLM 根据答案生成多个相关问题，再计算这些问题与原始问题的平均余弦相似度。这种方法能够有效识别那些事实准确但偏离主题或内容不完整的答案。
- **上下文精确度**：主要评估上下文中的关键信息是否按重要性合理排序。具体而言，它会关注相关信息在检索结果中的位置分布，并对那些能够将最重要信息排在前面的系统给予更高评分。
- **上下文召回率**：用于衡量检索得到的上下文与标准答案的匹配程度。评估时会分析标准答案中的每个陈述是否能在检索到的上下文中找到依据，从而评估检索信息的完整性。

Ragas 框架还提供了一系列基础组件，用于在生产环境中监控 RAG 的表现，为 RAG 系统的持续优化提供了有力支持。开发人员可以综合利用测试数据集的评估结果和生产环境中的监控数据，不断迭代应用，具体迭代方向包括：对检索算法进行微调、优化提示工程策略，以及平衡检索上下文与 LLM 生成内容的比重。

除了 Ragas，还可以采用基于自定义分类器的方法作为补充。

7.2.2 ARES

ARES 是一个用于评估 RAG 系统的综合性自动化评估框架。通过结合合成数据生成和微调好的分类器，它可以自动评估 RAG 系统在上下文相关度、答案忠实度和答案相关度等维度的表现。

使用 ARES 框架评估 RAG 系统，主要包含 3 步：合成数据生成、分类器训练和 RAG 评估。每个阶段提供了灵活的配置选项，使用者可以根据具体需求和数据集来定制评估流程，如图 7.2 所示。

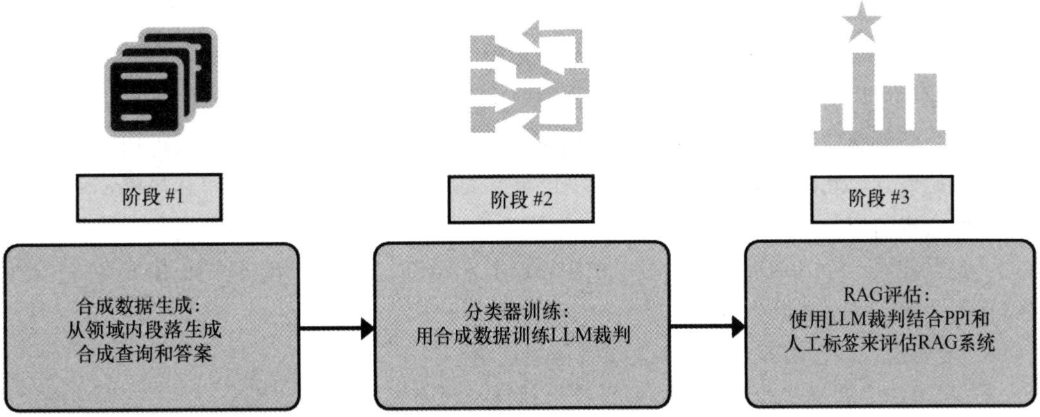

图 7.2 ARES 评估框架总体架构

在合成数据生成阶段，ARES 会创建一个能够精确模拟真实场景的数据集，以确保 RAG 测试的可靠性，用户可以通过设置文档路径、少样本提示文件及查询结果的输出位置来自定义这一过程。ARES 框架支持多种预训练语言模型，默认采用 google/flan-t5-xxl 模型。此外，用户还可以调节文档采样数量等参数，在测试覆盖范围和计算资源消耗之间找到最佳平衡点。

在分类器训练阶段，ARES 会构建高精确度的分类器来评估 RAG 输出的相关性和忠实度。用户可以自行设定分类数据集（通常来自上一阶段的输出）、评估用的测试集、标签列及具体使用的模型。虽然 ARES 默认采用 microsoft/deberta-v3-large 模型，但也支持来自 Hugging Face 的其他模型。为了获得最佳的分类效果，可以调整训练轮数、早停策略的耐心度（patience value）和学习率等训练参数。

在 RAG 评估阶段，系统会利用已训练好的分类器和合成数据来评估 RAG 系统的能力。用户需要提供评估数据集、引导评估的少样本示例、分类器检查点及标准答案路径。ARES 不仅支持多种评估指标，还能为评估结果生成置信区间。

ARES 通过集成 vLLM，提供了灵活的模型执行方案，既可以在云端运行，也支持本地部署。此外，该框架能够处理代码片段、文档、HTML 和图像等类型的内容，从而实现对不同 RAG 系统输出的评估。

Ragas 和 ARES 采用不同的评估方法和数据集生成方式，两者的优势可以互补。Ragas 专长于生产环境监控和基于 LLM 的评估指标，而 ARES 则以其灵活的评估配置和分类器评估体系见长。相比之下，Ragas 基于 LLM 的评估方式可以提供更为精细的结果，而 ARES 在完成分类器训练后则能实现稳定且高效地评估。将这两个框架结合使用，既可以借助 Ragas 实现快速迭代，又能在关键阶段利用 ARES 进行深度定制化评估，从而构建一个完整的评估体系。

7.3 TwinLlama-3.1-8B 模型评估

在第 5 章和第 6 章中，分别开发了 TwinLlama-3.1-8B 和 TwinLlama-3.1-8B-DPO 这两个经过微调的模型，用于生成高质量的帖子和文章。本节将评估这两个模型生成准确且优质内容的能力。通用微调模型虽然凭借其丰富的知识储备能保证内容准确性，但往往会使用过于正式和冗长的表达方式。此次微调的目标是让模型能够学习训练集中原始文章的写作风格，从而生成更自然的文本内容。

考虑到这是一个开放性任务，可以使用 LLM 来评判生成文本的质量。该模型会将指令和答案作为输入，并根据以下两个标准给出 1～3 分的评分。

- **准确性**：回答内容是否准确无误且信息完整。
- **风格**：文章语气和写作风格是否符合博客及社交媒体的特点（避免过于正式或学术化的表达）。

在评估框架中，首先从指令数据集的测试集中获取测试指令，将其输入模型生成答案；随后，评判模型（GPT-4o mini）根据预设的评估标准对这些答案进行打分；最后通过定性和定量分析这些评分结果，从而得出相应结论。

7.3.1 生成答案

除了使用已有的两个模型，还将引入 Llama-3.1-8B 的官方指令微调版本——Meta-Llama/Meta-Llama-3.1-8B-Instruct 作为参考基准，以更好地评估模型优化过程中的得失。

（1）导入相关库，包括用于快速生成的 vLLM。在使用本地模型进行批量生成时，vLLM 的性能显著优于 transformers 库。

```
from vllm import LLM, SamplingParams
from datasets import load_dataset
from tqdm.auto import tqdm
import gc
```

（2）定义一个 generate_answers() 函数来处理数据集并通过指定模型生成回答。该函数需要两个参数：模型 ID（model_id）和测试数据集名称（dataset_name）。

```
def generate_answers(model_id, dataset_name):
    dataset = load_dataset(dataset_name, split="test")
```

（3）用模型训练时的聊天模板来格式化原始指令。虽然 Llama-3.1-8B-Instruct 原本使用了不同的模板，但它也能适配这种简单格式。为了简化操作，对所有模型统一使用同一个聊天模板，并通过 format() 函数将整个测试集转换为该模板格式。

```
    def format(sample):
        return "Below is an instruction that describes a task. Write a response that
appropriately completes the request.\n\n### Instruction:\n{}\n### Response:\n".format
(sample["instruction"])
    dataset = dataset.map(lambda sample: {"prompt": format(sample)})
```

（4）首先，初始化 vLLM 使用的 LLM 对象，将其最大词元长度设置为 4,096。接着，设置用于控制解码策略的采样参数。在本例中，通过调高 temperature 参数来增加输出的多样性，并使用 top_p 和 min_p 参数过滤掉出现概率较低的词元。最后，将 dataset["prompt"] 中的提示列表输入模型，开始答案生成过程。

```
    llm = LLM(model=model_id, max_model_len=4096)
    sampling_params = SamplingParams(temperature=0.8, top_p=0.95, min_p=0.05,
max_tokens=4096)
    outputs = llm.generate(dataset["prompt"], sampling_params)
```

（5）处理完 334 个提示后从 vLLM 的输出对象中提取答案，并将其作为新列添加到数据集中，以便于记录和后续审查这些答案。

```
    answers = [output.outputs[0].text for output in outputs]
    dataset = dataset.add_column("answers", answers)
```

（6）将结果上传至 Hugging Face Hub，方便后续调用。接着清理 GPU 内存，避免处理下一个模型时出现内存不足等问题。

```
    print(f"Uploading results for {model_id}")
    dataset.push_to_hub(f"mlabonne/{model_id.split('/')[-1]}-results")
    gc.collect()

    return dataset
```

（7）先列出需要测试的 3 个模型，再依次对每个模型执行 `generate_answers()` 函数，分别生成并上传各自的测试结果。

```
model_ids = [
    'mlabonne/TwinLlama-3.1-8B',
    'mlabonne/TwinLlama-3.1-8B-DPO',
    'meta-llama/Meta-llama-3.1-8B-Instruct'
]
for model_id in model_ids:
    generate_answers(model_id, "mlabonne/llmtwin")
```

7.3.2 答案评估

本例选用 GPT-4o mini 作为评判模型来评估答案质量。这一评估策略与数据生成阶段采用的方法相似，实际上也可以用在数据生成过程中筛选出不合格样本。本节会从准确性和风格两个维度对各个模型生成的答案进行打分，通过对比平均得分来评估需要测试的 3 个微调模型。

（1）导入包括 `openai` 库在内的必需的库文件。

```
import json
from typing import List
from datasets import Dataset, load_dataset
from openai import OpenAI
from tqdm.auto import tqdm
import concurrent.futures
```

（2）定义 `evaluate_answer()` 函数。该函数包含评估提示模板，用于从准确性和风格两个维度对答案进行评估。

```
def evaluate_answer(
    instruction: str, answer: str, client: OpenAI
) -> dict:
    prompt = f"""You are an expert judge. Please evaluate the quality of a given answer
to an instruction based on two criteria:
```

```
1. Accuracy: How factually correct is the information presented in the answer? You are
a technical expert in this topic.
2. Style: Is the tone and writing style appropriate for a blog post or social media content?
It should use simple but technical words and avoid formal or academic language.
```

（3）在提示中为每个评估指标设定评分标准。采用三分制 Likert 量表，并明确定义每个分值。

```
Accuracy scale:
1 (Poor): Contains factual errors or misleading information
2 (Good): Mostly accurate with minor errors or omissions
3 (Excellent): Highly accurate and comprehensive

Style scale:
1 (Poor): Too formal, uses some overly complex words
2 (Good): Good balance of technical content and accessibility, but still uses formal words
and expressions
3 (Excellent): Perfectly accessible language for blog/social media, uses simple but precise
technical terms when necessary
```

（4）用两个示例来具体说明什么是“复杂词汇”和“正式或学术用语”。通过提供指令和答案的对应关系，要求模型返回 JSON 格式的响应。

```
Example of bad style: The Llama2 7B model constitutes a noteworthy progression in the field
of artificial intelligence, serving as the successor to its predecessor, the original Llama
architecture.
Example of excellent style: Llama2 7B outperforms the original Llama model across multiple
benchmarks.

Instruction: {instruction}

Answer: {answer}

Provide your evaluation in JSON format with the following structure:
{{
    "accuracy": {{
        "analysis": "...",
        "score": 0
    }},
    "style": {{
        "analysis": "...",
        "score": 0
    }}
}}
"""
```

（5）将提示作为用户查询输入 GPT-4o mini 模型。系统提示强调了答案评估的两个关键维度：准确性和风格。

```
completion = client.chat.completions.create(
    model="gpt-4o-mini",
```

```
    messages=[
        {
            "role": "system",
            "content": "You are a helpful assistant who evaluates answers based on accuracy
and style. Provide your response in JSON format with a short analysis and score for each
criterion.",
        },
        {"role": "user", "content": prompt},
    ],
    response_format={"type": "json_object"},
    max_tokens=1000,
    temperature=0.8,
)
```

（6）采用批处理请求的方式来提升处理效率。为此需要定义 evaluate_batch() 函数，它会返回经过解析的结构化输出列表及对应的索引值。这些索引值在确保评估结果正确排序时起着关键作用。

```
def evaluate_batch(batch, start_index):
    client = OpenAI(api_key=OPENAI_KEY)
    return [
        (i, evaluate_answer(instr, ans, client))
        for i, (instr, ans) in enumerate(batch, start=start_index)
    ]
```

（7）在 evaluate_answers() 函数中组织前面的代码。该函数需要 3 个参数：模型 ID（model_id）、线程数（num_threads）和批处理大小（batch_size）。第一步是加载之前保存的生成结果数据集。

```
def evaluate_answers(model_id: str, num_threads: int = 10, batch_size: int = 5) -> Dataset:
    dataset = load_dataset(f"mlabonne/{model_id.split('/')[-1]}-results", split="all")
```

（8）将数据集中的指令-答案对按 batch_size 的大小分批处理，每个批次包含相应数量的配对数据。

```
    batches = [
        (i, list(zip(dataset["instruction"][i:i+batch_size],
dataset["answers"][i:i+batch_size])))
        for i in range(0, len(dataset), batch_size)
    ]
```

（9）采用多线程技术对指令-答案对进行批量并行评估，以显著提升整体评估效率。系统使用 ThreadPoolExecutor 将各个批次提交至 evaluate_batch() 函数进行处理，并将评估结果保存在 evaluations 列表中。

```
    evaluations = [None] * len(dataset)
```

```
    with concurrent.futures.ThreadPoolExecutor(max_workers=num_threads) as executor:
        futures = [executor.submit(evaluate_batch, batch, start_index) for start_index,
batch in batches]

        for future in tqdm(concurrent.futures.as_completed(futures), total=len(futures)):
            for index, evaluation in future.result():
                evaluations[index] = evaluation
```

（10）新建一列用于存储评估结果，其中包含评判模型输出的原始 JSON 数据，涵盖评分和相关说明。

```
    if 'evaluation' in dataset.column_names:
        dataset = dataset.remove_columns(['evaluation'])
    dataset = dataset.add_column("evaluation", evaluations)
```

（11）使用 `json.loads()` 直接解析 JSON 对象，以获取生成答案的准确性和风格评分。由于这是一个尽力而为的生成模式，因此不能保证一定会产生评分结果。如果解析过程中出现错误，系统会默认返回 `None` 值。

```
accuracy_scores = []
style_scores = []

for evaluation in dataset['evaluation']:
    try:
        eval_dict = json.loads(evaluation) if isinstance(evaluation, str) else evaluation
        accuracy_score = eval_dict['accuracy']['score']
        style_score = eval_dict['style']['score']
        accuracy_scores.append(accuracy_score)
        style_scores.append(style_score)
    except (json.JSONDecodeError, KeyError, TypeError):
        accuracy_scores.append(None)
        style_scores.append(None)
```

（12）为便于后续分析，新增两列用于记录准确率和风格得分。

```
    if 'accuracy' in dataset.column_names:
        dataset = dataset.remove_columns(['accuracy'])
    dataset = dataset.add_column('accuracy', accuracy_scores)
    if'style' in dataset.column_names:
        dataset = dataset.remove_columns(['style'])
    dataset = dataset.add_column('style', style_scores)
```

（13）将最终数据集（包含生成的答案、评估结果和评分）上传至 Hugging Face Hub。

```
    dataset.push_to_hub(f"mlabonne/{model_id.split('/')[-1]}-results")
    return dataset
```

（14）使用选定的 3 个模型来调用 `evaluate_answers()` 函数。

```
model_ids = [
    'mlabonne/TwinLlama-3.1-8B',
    'mlabonne/TwinLlama-3.1-8B-DPO',
    'meta-llama/Meta-llama-3.1-8B-Instruct'
]
for model_id in model_ids:
    evaluate_answers(model_id)
```

通过保存中间结果，本节构建的评估框架不仅能更好地应对各种异常情况，还可以方便地扩展到其他模型、数据集和评估标准。

7.3.3 结果分析

在完成评估后，需要关注 3 个关键要素：模型的响应结果、评估说明及评分。

尽管人工审查答案难以大规模开展，但这个环节对于发现常见问题至关重要，如错误的聊天模板或不当的模型选择等。接下来，选取一条指令，分析两个模型 TwinLlama-3.1-8B、TwinLlama-3.1-8B-DPO 和 Llama-3.1-8B-Instruct 对这条指令的响应结果。

模型的回答如表 7.4 所示。可以看出，不同版本的模型的输出结果非常相近，但 Llama-3.1-8B-Instruct 的回答却明显不同，它过于冗长且举例繁多。这类回答虽然内容准确，但篇幅过长，读起来会让人感觉生硬不自然。相比之下，TwinLlama-3.1-8B-DPO 模型对 SFT 版本的 TwinLlama-3.1-8B 模型的语言进行了适度简化、减少了学术化表达。这正是期望的效果：在保持答案核心内容不变的同时，优化其表达方式。

表 7.4 模型根据给定指令响应结果的示例

Instruction
Discuss the concept of algorithm bias and its implications.
TwinLlama-3.1-8B
Algorithm bias refers to the tendency of algorithms to produce outcomes that are skewed or unfair due to underlying assumptions or programming biases. This can have significant implications, particularly in fields like machine learning and AI, where algorithms are relied upon to make critical decisions. If an algorithm is not properly vetted for bias, it may lead to discriminatory outcomes, such as lending practices that disproportionately affect certain demographic groups or recruitment processes that unfairly favor certain candidates. It is essential to ensure that algorithms are designed and implemented with fairness and accuracy in mind to mitigate these risks.
TwinLlama-3.1-8B-DPO
Algorithm bias refers to the tendency of algorithms to produce outcomes that are skewed or unfair due to underlying assumptions or programming biases. This can have significant implications, particularly in fields like machine learning and AI, where algorithms are relied upon to make critical decisions. If an algorithm is not properly vetted for bias, it could lead to discriminatory outcomes, such as denying loans to certain demographic groups or perpetuating stereotypes. Therefore, it is essential to address algorithmic bias proactively to ensure that the technology we develop is equitable and just.

续表

Llama-3.1-8B-Instruct
Algorithm bias, also known as algorithmic bias, refers to the unintended or inherent bias in machine learning models that can affect their performance, accuracy, and fairness. This bias can be caused by various factors, including the data used to train the model, the algorithm itself, and the biases present in the society or culture. One of the most significant implications of algorithm bias is its potential to perpetuate and exacerbate existing social inequalities. For instance, facial recognition software has been shown to be less accurate for people of color, leading to wrongful arrests and discrimination. Similarly, language processing models have been found to be biased towards the language and dialect of the dominant group, making it difficult for marginalized communities to access information and services. Algorithm bias can also have severe consequences in areas such as healthcare, education, and employment. For example, a medical diagnosis algorithm that is biased towards certain demographics may misdiagnose or underdiagnose conditions in other groups, leading to delayed or inadequate treatment. In education, an algorithm that is biased towards certain learning styles may disproportionately affect students with different learning abilities, leading to unequal opportunities. To mitigate the effects of algorithm bias, it is essential to address the root causes of bias and implement measures to ensure fairness and transparency in machine learning models. This can be achieved through techniques such as data cleansing, regularization, and debiasing, as well as implementing diverse and representative datasets. Additionally, it is crucial to involve diverse stakeholders, including members of marginalized communities, in the development and testing of algorithms to ensure that they are fair and equitable. In conclusion, algorithm bias is a significant concern that can have far-reaching implications for individuals and society as a whole. It is essential to recognize the potential biases in machine learning models and take proactive steps to mitigate their effects. By doing so, we can create more equitable and just systems that benefit everyone, regardless of their background or demographic characteristics.

下面使用 GPT-4o mini 对各个答案进行评估，结果如表 7.5 所示。

可以看到，所有模型在答案准确性方面都获得了满分。不过在表达风格上，TwinLlama-3.1-8B（SFT）和 Llama-3.1-8B-Instruct 显得过于正式，仅得到 2 分；而 TwinLlama-3.1-8B-DPO 在阐述算法偏见这一技术概念时保持了恰当的表达方式，既不失专业性又不过于刻板，因此给予了满分，这也验证了我们的分析结果。

各个模型的平均得分进一步印证了这一趋势。

```
TwinLlama-3.1-8B - Accuracy: 2.45
TwinLlama-3.1-8B - Style: 2.04

TwinLlama-3.1-8B-DPO - Accuracy: 2.46
TwinLlama-3.1-8B-DPO - Style: 2.12

Llama-3.1-8B-Instruct - Accuracy: 2.62
Llama-3.1-8B-Instruct - Style: 1.86
```

在准确性方面，TwinLlama-3.1-8B 和 TwinLlama-3.1-8B-DPO 这两个模型表现相近，而 Llama-2.0-7B-Instruct 则以 2.62 分的成绩位居榜首。这说明经过指令微调的 Llama 模型在提供准确信息方面略胜一筹。造成这种差异的原因可能在于其后期训练过程中使用了超过 1,000 万个样本，而 TwinLlama-3.1-8B 和 TwinLlama-3.1-8B-DPO 这两个模型仅使用了 13,000 个样本。

表 7.5 基于风格和准确性对 GPT-4o mini 回答内容的评估结果

TwinLlama-3.1-8B	
Accuracy The answer accurately defines algorithm bias and highlights its implications in fields like machine learning and AI. It correctly identifies the risks of discriminatory outcomes due to biased algorithms. There are no apparent factual errors, making this a comprehensive response. Score: 3	**Style** The tone is informative and relatively accessible, though it tends towards a formal tone in some sections (e.g., 'underlying assumptions or programming biases'). While it does use some technical terms appropriately, it could be simplified further for a broader audience, especially for blog or social media content. Score: 2
TwinLlama-3.1-8B-DPO	
Accuracy The answer accurately defines algorithm bias and outlines its implications in critical fields like machine learning and AI. It highlights the potential for discriminatory outcomes, making it a comprehensive overview of the topic without any factual errors. Score: 3	**Style** The writing style is clear, accessible, and effectively communicates the technical concept of algorithm bias without becoming overly formal. While it uses some technical terms, they are appropriate and explained well for a general audience. Score: 3
Llama-3.1-8B-Instruct	
Accuracy The answer accurately defines algorithm bias and discusses its causes and implications in various domains such as facial recognition, healthcare, and education. It also correctly identifies methods to mitigate bias, such as involving diverse stakeholders and employing debiasing techniques. Overall, the information is factually correct and comprehensive. Score: 3	**Style** The tone is informative and accessible, with technical terms explained clearly. However, some phrases like 'unintended or inherent bias' and 'implementation of diverse and representative datasets' could be simplified for broader audience appeal. The writing is generally suitable for blog or social media content, but it could benefit from a more conversational tone. Score: 2

在写作风格方面，各模型表现出了明显差异。TwinLlama-3.1-8B-DPO 获得 2.12 分的最高评分，说明它在保持内容质量的同时，成功实现了更通俗易懂且不过于正式的写作风格。TwinLlama-3.1-8B 得分 2.04 分位居第二，虽有改进但仍显得略为正式，而 Llama-3.1-8B- Instruct 则以 1.86 分排名最后，其输出往往过于冗长。

基于用户反馈和对生成答案的人工审查，能够发现错误并找出需要改进的方面。这些发现对于优化数据生成过程非常重要，可以通过增加过滤条件或补充缺失信息来完善数据集。尽管第一个版本已经取得了不错的效果，但通过在不同数据集和模型上反复迭代，我们将能够显著超越用于对比的基准模型的能力，为实际应用场景打造出更优的模型。

7.4 小结

本章介绍了 LLM 及 RAG 系统的评估方法。了解 MMLU 等经典基准测试，有助于筛选合适的模型用于部署或微调。同时，本章还深入介绍了领域特定 LLM 和任务特定 LLM 的评估方法，以及如何利用公开示例构建自定义评估体系。我们将多项选择题和 LLM 评判这两种技术作为定制评估框架的核心支撑。

模型往往需要集成到更大的系统中以获取额外的上下文信息。本章介绍了 Ragas 和 ARES 这两个 RAG 系统评估框架，它们在评估方法上既有共同点（如合成数据生成），也存在差异（一个采用基于上下文的度量指标，另一个使用训练好的分类器）。最后，我们通过评估用 LLM 从相关性、连贯性和简洁性 3 个维度对 TwinLlama 的 3 个微调模型进行了评估，为后续改进工作提供了重要参考。

第 8 章将介绍推理优化技术，帮助提升运行速度、降低内存占用，同时确保模型能力不会显著下降。此外，第 8 章还会深入探讨优化方法和模型并行技术，并详细分析各种量化策略。

第 8 章 模型推理性能优化

部署 LLM 面临着巨大的计算和内存的需求挑战。为了高效运行这些 LLM，需要借助 GPU 或 TPU 等专用加速器，通过并行计算来提升吞吐量。某些任务（如文档生成）可以在夜间进行批量处理，而代码补全等任务则要求低延迟的快速响应。因此，优化模型的推理过程（即基于输入数据进行预测的过程）对实际应用至关重要。这包括降低首个词元的生成延迟、提高每秒词元生成量（吞吐量），以及减少 LLM 的内存占用。

简单的部署方案往往会导致硬件利用率低下，吞吐量和延迟性能都不尽如人意。值得庆幸的是，目前已经涌现出多种优化技术，能够显著提升推理速度。本章将重点介绍投机解码（speculative decoding）、模型并行化（model parallelism）和权重量化（weight quantization）等关键技术，说明如何通过精心设计优化策略来将 LLM 推理的性能提升 2～4 倍甚至更多。同时，本章还将介绍 Text Generation Inference、vLLM 和 TensorRT-LLM 这 3 款主流推理引擎，并对比它们在推理优化方面的特性。

本章将介绍以下内容：

- 模型优化策略；
- 模型并行处理；
- 模型量化技术。

通过本章的学习，读者将深入理解 LLM 推理的核心挑战，并掌握模型并行和权重量化等前沿优化技术。

> 本章所有示例代码均已上传至 GitHub 仓库。

8.1 模型优化方法

目前主流的 LLM，如 GPT 和 Llama，都采用了仅解码器（decoder-only）的 Transformer

架构。这种架构专门用于文本生成任务，通过分析已有的词序列来预测下一个最合适的词，从而生成连贯且符合上下文的文本内容。

相比之下，以 BERT 为代表的反编码器（encoder-only）架构主要通过详细的词嵌入（embeddings）来理解和表示输入文本。这类架构在文本分类、命名实体识别等需要深入理解上下文的任务中表现优异。而以 T5 为代表的编码器-解码器（encoder-decoder）架构则融合了两者的优势：编码器负责处理输入文本并生成丰富的上下文表示，解码器随后基于这些表示生成目标文本。这种双重结构在机器翻译、文本摘要等序列到序列的任务中尤为强大，因为这类任务既需要准确理解输入文本的上下文，又要生成恰当的内容。

本书将聚焦于在 LLM 领域占主导地位的仅解码器架构。

如图 8.1 所示，仅解码器模型的基本推理流程包含以下步骤。

（1）将输入提示进行**分词**处理，并依次通过嵌入层和位置编码层。

（2）利用多头注意力机制，**计算**每个输入词元对应的键值对。

（3）基于已计算的键值对信息，按顺序依次**生成**词元。

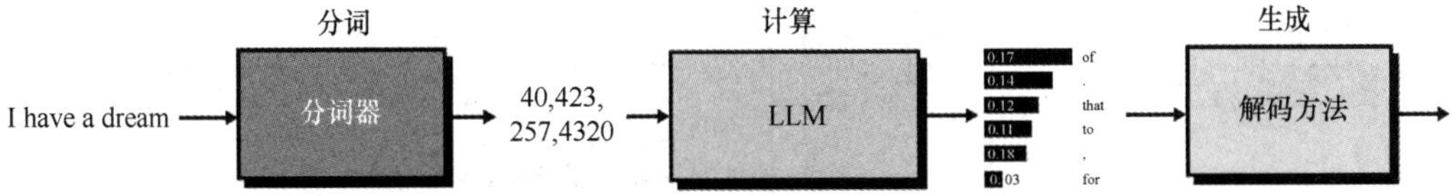

图 8.1 仅解码器模型的推理过程：输入“I have a dream”，模型输出“of”

步骤（1）和（2）虽然需要大量计算资源，但主要涉及高度可并行的矩阵乘法运算，能够充分利用 GPU 和 TPU 等硬件加速器。

步骤（3）中的词元生成存在一个挑战：生成下一个词元依赖于之前所有词元的生成结果，这一过程天然具有顺序性，导致输出序列只能以一个词元为单位逐步迭代增长，难以充分发挥硬件的并行计算优势。因此，突破这一性能瓶颈成为推理优化的核心任务之一。

本节将详细介绍几种常用的优化策略，包括（静态）KV 缓存、连续批处理、投机解码以及优化的注意力机制，这些策略可以加速推理过程并降低**显存**占用。

8.1.1 KV cache

LLM 采用逐个词元生成文本的方式，每次预测都需要依赖全部的前文上下文，这导致生成速度相当缓慢。举例来说，在预测序列中的第 100 个词元时，LLM 需要处理第 1～第 99 个词元的上下文信息；而在预测第 101 个词元时，除了需要重新处理第 1～第 99 个词元的信息，还要处理第 100 个词元的信息。这种反复进行的计算效率极低。

键值（KV）缓存通过存储自注意力层生成的键值对来解决这一问题。LLM 无须为每个新的词元重新计算键值对，而是直接从缓存中获取，从而大幅加快生成速度。

KV 缓存机制的示意，如图 8.2 所示。

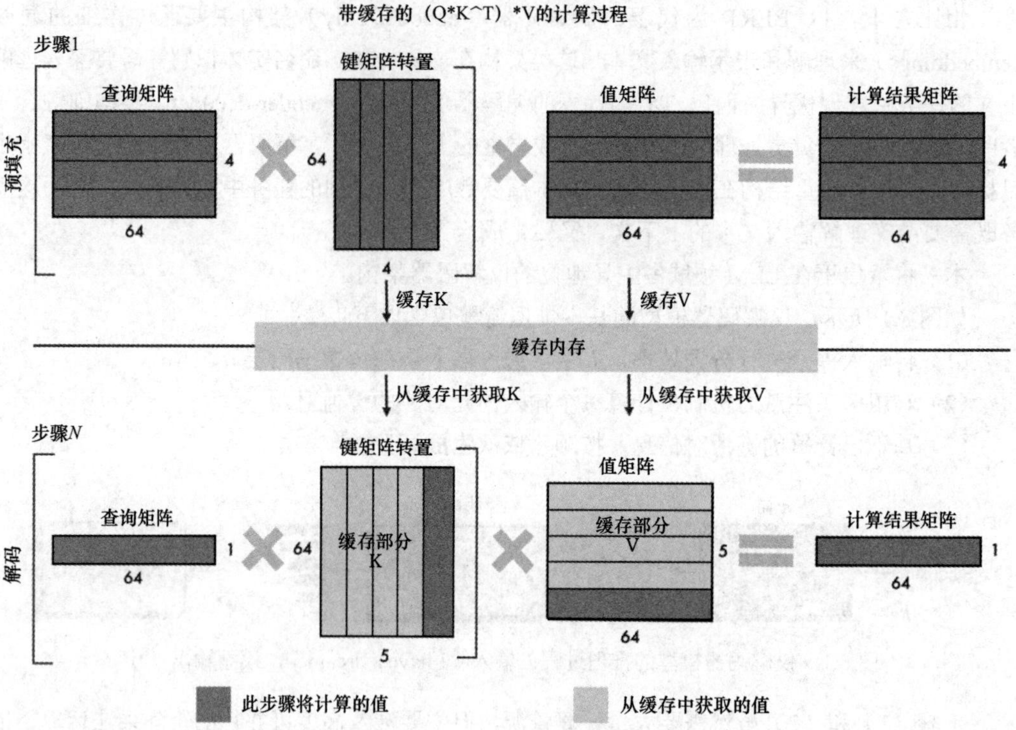

图 8.2　KV 缓存机制示意

在生成新词元时，系统只需计算该词元对应的键值对并添加至缓存中。作为一种高效的优化手段，KV 缓存已几乎被所有主流开发工具和框架库采用，其中部分实现方案会为模型的每一层配置独立的 KV 缓存。

KV 缓存的大小与词元的数量（n_{tokens}）和多个模型参数相关，如层数（n_{layers}）、注意力头的数量（n_{heads}）、注意力头的维度（dim_{head}），以及以字节为单位的参数精度（n_{bytes}）：

$$\text{size}(\text{KV cache}) = 2n_{\text{tokens}}n_{\text{layers}}n_{\text{heads}}dim_{\text{head}}n_{\text{bytes}}$$

以典型的 7B 参数模型为例，当使用 16 位精度且序列长度超过 2,048 个词元时，其 KV 缓存就会超过 2 GB。对于层数更多、嵌入维度更高的大型模型，其所需的内存会进一步增加。

KV 缓存具有动态性，会随着每个生成步骤不断增加，这导致无法使用 torch.compile（能够将 PyTorch 代码融合为高效的优化内核）等强大的优化工具。静态 KV 缓存采用预分配最大缓存空间的方式，可以配合 torch.compile 使用，在前向传播阶段实现高达 4 倍的性能提升。

在 transformers 库中配置模型使用静态 KV 缓存，需要执行以下 5 步。

（1）导入需要优化的 tokenizer 和模型。

```
import torch
from transformers import AutoTokenizer, AutoModelForCausalLM

model_id = "google/gemma-2b-it"
tokenizer = AutoTokenizer.from_pretrained(model_id)
model = AutoModelForCausalLM.from_pretrained(model_id, device_map="auto")
```

（2）修改模型生成配置中的 `cache_implementation` 为 `static`，以实现静态 KV 缓存。

```
model.generation_config.cache_implementation = "static"
```

（3）使用 torch.compile 编译模型。

```
compiled_model = torch.compile(model, mode="reduce-overhead", fullgraph=True)
```

（4）对输入问题“`What is 2+2?`”进行词元解析，如果 GPU 可用将其存储在 GPU 上，否则存储在 CPU 上。

```
device = "cuda" if torch.cuda.is_available() else "cpu"
inputs = tokenizer("What is 2+2?", return_tensors="pt").to(device)
```

（5）使用 `generate()` 方法获取模型输出，并使用 `batch_decode()` 对其进行解码，以打印其答案。

```
outputs = model.generate(**inputs, do_sample=True, temperature=0.7, max_new_tokens=64)
print(tokenizer.batch_decode(outputs, skip_special_tokens=True))
['What is 2+2?\n\nThe answer is 4. 2+2 = 4.']
```

系统返回了一个包含输入和输出的列表，成功回答了我们的问题。

> 需要注意的是，是所有的模型架构都支持静态缓存功能。如需了解具体支持静态缓存功能的架构类型，请参考 Transformers 官方文档。

高效管理显存缓存是一个关键环节，因为显存缓存会迅速占用 GPU 内存资源，从而限制模型能够处理的批大小。正是这个问题推动了节省内存的注意力机制及其他相关技术的发展，见 8.1.4 节。

8.1.2 连续批处理

批处理是一种同时处理多个推理请求的标准方法，可以实现较高的吞吐量。增大批处理规模不仅能够分摊模型权重的内存开销，还能一次性向 GPU 传输更多数据，充分利用 GPU 的并行计算能力。

然而，仅解码器模型面临着一个特殊挑战：输入提示和期望输出的长度差异巨大。有些请求可能只需要简短的提示和单词回答，而另一些请求则可能需要输入大段上下文并生成多个段落的回复。

在传统批处理模式下，系统需要等待当前批次中最耗时的请求处理完毕才能开始处理下一批次。这种方式会造成加速器资源的浪费，因为在等待耗时较长的请求的完成过程中，部分计算资源处于闲置状态。而连续批处理（也称为动态批处理）则采用了不同的策略：只要有请求处理完成，就立即将新的请求加入批次，从而最大限度地避免资源空闲。

连续批处理模式与传统批处理模式的起始阶段是相同的，即先用初始请求填充批次，只是当某个请求处理完成生成后，系统才会将其从批次中移除，并立即由新的请求填补空缺。这种机制可以确保加速器始终处理完整批次，从而实现硬件利用率的最大化。此外，系统还需要定期暂停生成过程来执行预填充操作，包括对等待请求进行嵌入和编码。要在生成和预填充之间达到最佳平衡，需要对等待-服务比这一超参数进行调优。

主流推理框架如 Hugging Face 的 **Text Generation Inference (TGI)**、vLLM 和 NVIDIA TensorRT-LLM 都内置了连续批处理功能。

8.1.3 投机解码

投机解码是另一种强大的优化技术，也被称为辅助生成（assisted generation）。尽管采用了连续批处理，但在逐个词元的生成过程中，加速器的并行处理能力仍未被充分利用。为此，投机解码采用了一个较小的代理模型来同时预测多个词元，如图 8.3 所示。

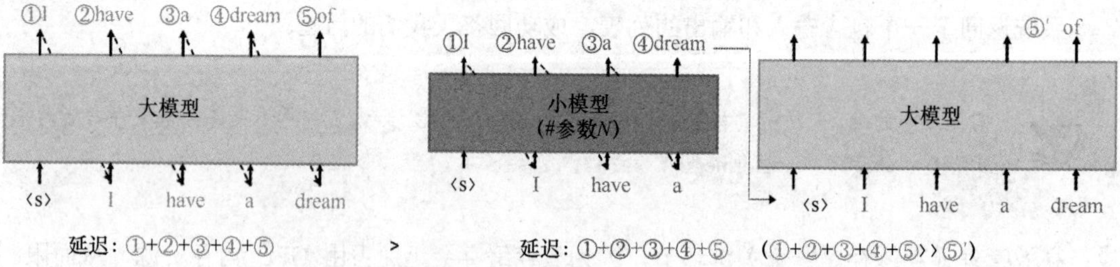

图 8.3 传统解码（左）与投机解码（右）的对比

投机解码的主要步骤如下。

- 使用一个较小的模型（如主模型的蒸馏版本或剪枝版本）来并行预测多个词元补全。这样可以在单步骤中同时预测 5～10 个词元。
- 将预测的补全结果输入完整模型，验证哪些预测结果与大模型的生成结果相匹配。
- 从预测的补全结果中保留最长的匹配前缀，并删除所有不正确的词元。

如果小模型的预测效果能够很好地逼近大模型，那么就可以在单步操作中同时生成多个词元。这样就避免了多次运行计算开销较大的大模型。具体的加速效果取决于小模型的预测准确度，当预测匹配度达到 90%时，可以实现 3～4 倍的性能提升。

大模型和小模型必须使用相同的分词器，这一点至关重要。如果分词器不同，小模型生成的词元就无法与大模型的词元对齐，从而导致模型之间无法兼容。下面使用 transformers 库来实现这个功能。本例采用阿里云的两个 Qwen1.5 模型：以 1.8B 版本作为主模型，以 0.5B 版本作为小模型。值得注意的是，如果显存足够大，可以选择 14B、32B、72B 或 110B 等更大规模的模型作为主模型。

在本例中，由于 Google Colab 中 T4 GPU 的显存限制，无法使用更大的模型。不过要实现最佳加速效果，小模型的规模应该远小于主模型。

下面是投机解码的具体实现步骤。

（1）加载 tokenizer 和两个模型。

```
import torch
from transformers import AutoTokenizer, AutoModelForCausalLM

model_id = "Qwen/Qwen1.5-1.8B-Chat"
tokenizer = AutoTokenizer.from_pretrained(model_id)
model = AutoModelForCausalLM.from_pretrained(model_id, device_map="auto")
draft_model = AutoModelForCausalLM.from_pretrained("Qwen/Qwen1.5-0.5B-Chat", device_
map="auto")
```

（2）对相同的输入进行词元化，如果有加速器则将其存储在加速器中。

```
device = "cuda" if torch.cuda.is_available() else "cpu"
inputs = tokenizer("What is 2+2?", return_tensors="pt").to(device)
```

（3）在 `model.generate()` 方法中使用 `assistant_model` 参数来启用投机解码。

```
outputs = model.generate(**inputs, do_sample=True, assistant_model=draft_model,
temperature=0.7, max_new_tokens=64)
print(tokenizer.batch_decode(outputs, skip_special_tokens=True))
['What is 2+2? 2 + 2 equals 4!']
```

可以看到，在这个小模型的例子中加速效果并不显著，但如果是在更大的模型中加速效果将非常明显。

提示查找解码（prompt lookup decoding）是投机解码的一个变体，针对的是以输入为主（input-grounded）的任务，如摘要生成，这些任务中输入和输出之间通常存在重叠。共享的 `n-gram` 被用作 LLM 候选词元。通过在 `model.generate()` 方法中使用 `prompt_lookup_num_tokens` 参数来启用提示查找解码。

```
outputs = model.generate(**inputs, prompt_lookup_num_tokens=4)
```

将静态 KV 缓存与 torch.compile 相结合，同时实现连续批处理并应用投机解码技术，可以在不影响 LLM 输出质量的前提下，将推理速度提升 2～4 倍甚至更多。

创建小型代理模型的另一种方法是将小模型与大模型进行联合微调，以实现最高的模型保真度。在这一领域，Medusa 是一项具有代表性的技术，它通过在主模型中添加专用的预测头来实现。具体而言，Medusa-1 方法在保持大模型参数不变的情况下，仅对这些预测头进行微调；而 Medusa-2 方法则同时对预测头和大模型进行微调。Medusa 方法已经取得了显著的成果：一个仅有 70 M 参数的模型能够在多项任务中达到接近 7B 参数模型的性能水平。值得一提的是，TGI 框架已经内置了对预测解码的支持。

8.1.4 优化的注意力机制

Transformer 架构的核心是注意力机制，其计算复杂度会随着输入词元（即序列长度）的增加呈二次方增长。当处理较长序列时，这种特性会导致 KV 缓存占用的空间急剧增加，从而降低计算效率。

Kwon、Li 等人（2023）提出的 PagedAttention 借鉴了操作系统中虚拟内存和分页机制的思想，旨在解决内存管理的挑战。该方法将 KV 缓存划分为多个数据块，无须连续内存空间。每个数据块中存储了固定数量词元对应的键值对。在计算注意力时，PagedAttention 内核可以高效访问这些分散在物理内存中的数据块，而无须考虑它们在物理内存中的位置。

这种分区机制实现了近乎最优的内存利用率，支持更多序列的批量处理，进而提高吞吐量和 GPU 利用率。此外，PagedAttention 采用的基于块的处理方法，天然支持同一提示生成的多个输出序列之间共享内存。这一特性在并行采样和束搜索场景下尤其有价值，因为这些场景需要用同一个提示生成多个输出。据 PagedAttention 的作者介绍，共享内存块的设计不仅减少了冗余计算和内存占用，还能将内存开销降低高达 55%，同时使吞吐量最多提升 2.2 倍。PagedAttention 最早在 vLLM 库中得到实现，随后 TGI 和 TensorRT-LLM 也相继采用了这一技术。

FlashAttention-2 也是一个广受欢迎的选择。这一由 Tri Dao 在 2023 年开发的算法引入了多项关键创新，用于解决传统注意力机制中二次方时间复杂度和内存约束的问题。FlashAttention-2 将输入和输出矩阵分割成较小的数据块，使这些数据块能够装入 GPU 的片上 SRAM 中，从而实现比高带宽内存更快的处理速度。这种设计显著降低了 GPU 主内存与处理单元之间的数据传输频率。

FlashAttention-2 采用在线 softmax 机制，对注意力分数矩阵采取分块计算的方式，即对每个块独立计算 softmax 函数，而非一次性处理整个矩阵。该算法通过实时追踪最大值和指数项的累积和，可以直接计算注意力概率，从而避免了存储大型中间矩阵的需求。

FlashAttention-2 采用在线 softmax 计算方式，通过分块处理机制既保持了计算准确性，又显著降低了内存需求。这一特性在模型训练阶段尤为重要：在反向传播时，通过重新计算而非存储中间值的方式，将内存消耗从输入序列长度的二次方关系降低到线性关系。

与 PagedAttention 相比，FlashAttention-2 可以通过 `attn_implementation` 参数轻松地与集成到 transformers 库中。

（1）使用`--no-build-isolation` 参数安装 `flash-attn` 库，以避免安装依赖项。

```
pip install flash - attn --no - build - isolation
```

（2）加载模型时在 `attn_implementation` 参数中指定 `flash_attention_2`，以使用 FlashAttention-2 进行推理。加载使用 `FlashAttention-2` 的 `Mistral-7B-Instruct-v0.3` 模型的方式如下。

```
from transformers import AutoModelForCausalLM
model = AutoModelForCausalLM.from_pretrained(
    "mistralai/Mistral-7B-Instruct-v0.3",
    attn_implementation="flash_attention_2",
)
```

本节介绍的技术主要聚焦于提升模型在处理词元时的效率。接下来介绍如何跨多个 GPU 分布式部署模型并进行计算。

8.2 模型并行化

模型并行化技术可以将 LLM 的内存和计算需求分配到多个 GPU 上。这不仅能够实现对超出单个设备容量的大型模型进行训练和推理，还能提升模型的吞吐量（每秒处理的词元数）。

模型并行化主要有 3 种实现方式：数据并行、流水线并行和张量并行，它们采用不同的策略来拆分模型权重和计算过程。

这些方法虽然最初是为训练阶段设计的，但通过仅保留前向传播的部分可以将其应用于推理过程。

8.2.1 数据并行

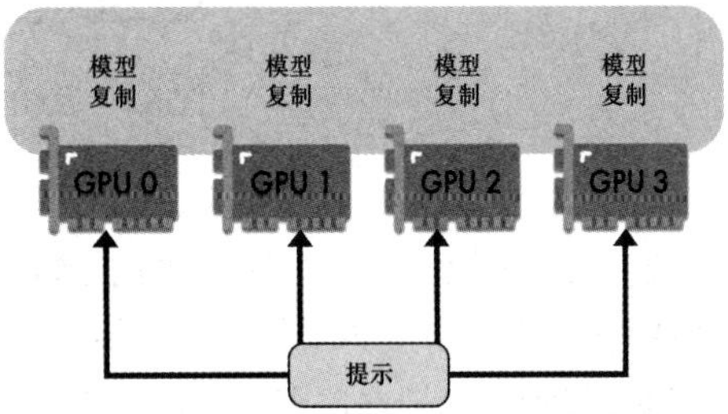

图 8.4 数据并行在 4 个 GPU 上的示意

数据并行（data parallelism，DP）是最基础的模型并行化方式。它通过将模型复制多份并分配到不同 GPU 上来实现，如图 8.4 所示。各个 GPU 可以同时处理不同的数据子集。在训练阶段，系统会对各 GPU 计算得到的梯度取平均值，并以此更新模型参数，从而保证所有模型副本的同步。当训练数据批次规模过大无法在单机上处理或需要提升训练速度时，这种并行方式尤其有效。

在推理阶段，数据并行技术能够有效处理并发请求。这种方法通过将工作负载分配到多个 GPU 上，实现多个请求的并行处理，从而降低延迟。同时，由于系统可以同时处理更多请求，整体吞吐量也得到了显著提升。

数据并行的效果主要受到模型规模和GPU之间的通信开销这两个因素的制约。在每个GPU上都复制一份完整的模型参数是比较低效的做法，因此这种技术只适用于规模较小、能够装入单个 GPU 的模型。同时，这种方式会占用大量 GPU 内存，导致能够处理的输入数据量减少，进而限制了批量大小。当模型规模较大或面临内存受限的情况时，这个问题将尤为突出。

在实践中，数据并行主要应用于模型训练阶段，在模型推理阶段更倾向于采用流水线并行和张量并行方式。

8.2.2 流水线并行

流水线并行（pipeline parallelism）是由 Huang 等人在 2019 年的 GPipe 论文中提出的并行策略，用于将大型神经网络的训练和推理计算负载分配到多个 GPU 上。

与传统数据并行需要在每个 GPU 上复制完整模型的方式不同，流水线并行会将模型的不同层分配到不同的 GPU 上。这种方式允许每个 GPU 只需处理模型的特定部分，从而有效降低了单个 GPU 的内存压力。

如图 8.5 所示，在典型的 4 路流水线并行架构中，模型被均匀分割为 4 个部分，每个部分被分配到一个 GPU 上。具体而言，模型前 25%的网络层由 GPU 1 处理，紧接着的 25%由 GPU 2 处理，以此类推。在前向传播阶段，各 GPU 依次计算激活值并将结果传递给下一个 GPU。在训练阶段的反向传播过程中，梯度则按照相反的顺序在 GPU 之间传递。这种架构中使用的 GPU 数量，也就是通常所说的并行度。

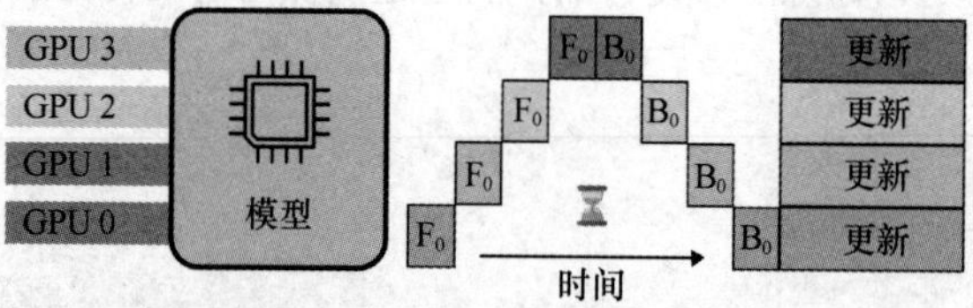

图 8.5 4 GPU 并行流水线并行架构

流水线并行的最大优势是能显著降低单个 GPU 的内存占用。不过，这种方法也带来了新的挑战，尤其是流水线固有的顺序执行特性带来的问题，其中最主要的是“流水线气泡”现象：当某些 GPU 在等待上游层的激活值时会处于空闲状态，空闲时间会降低整体计算效率。

微批处理技术旨在降低流水线气泡带来的影响。它将输入批次划分为多个较小的子批次，使得下一个子批次能够在前一个子批次完成前就开始处理，从而提高 GPU 的利用率。微批处理的流水线并行示例，如图 8.6 所示。

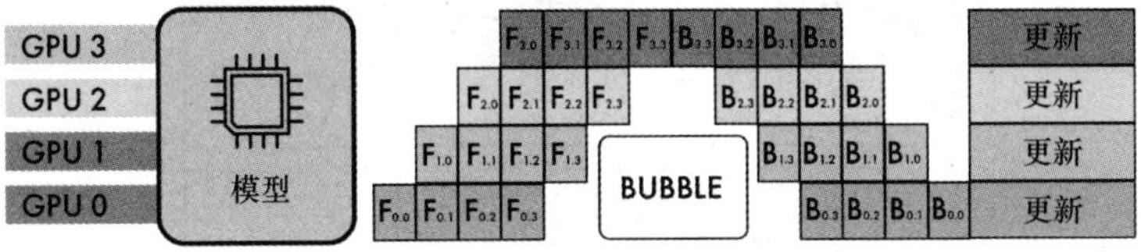

图 8.6 微批处理的流水线并行示例

在图 8.6 中，流水线包含 $\mathbf{F_0}$、$\mathbf{F_1}$、$\mathbf{F_2}$、$\mathbf{F_3}$ 这 4 个阶段，输入批次被划分为 4 个微批次。GPU 0 按顺序处理前向路径 $\mathbf{F_{0,0}}$、$\mathbf{F_{0,1}}$、$\mathbf{F_{0,2}}$ 和 $\mathbf{F_{0,3}}$。当 $F_{0,0}$ 完成后，GPU 1 可以立即开始处理 $F_{1,0}$，其他阶段依此类推。在完成所有前向传递后，每个 GPU 需要等待其他 GPU 完成各自的前向计算，才能开始处理反向路径 $\mathbf{B_{0,3}}$、$\mathbf{B_{0,2}}$、$\mathbf{B_{0,1}}$ 和 $\mathbf{B_{0,0}}$。

流水线并行已在 Megatron-LM、DeepSpeed（ZeRO）等分布式训练框架中得到了实现，在 PyTorch 中则是基于 **PiPPy（pipeline parallelism for PyTorch）**来实现。截至本书写作时，仅有 TensorRT-LLM 等少数推理框架支持流水线并行。

8.2.3 张量并行

张量并行（tensor parallelism）是由 Shoeby、Patwary、Puri 等人在 2019 年的 Megatron-LM 论文中提出的一种技术，用于在多个设备间分配 LLM 各层的计算任务。与流水线并行不同的是，张量并行会将每一层中的权重矩阵进行拆分。这种拆分方式支持并行计算，既显著缓解了内存瓶颈，又提升了处理速度。

在张量并行中，大型矩阵（包括多层感知机的权重矩阵和自注意力层的注意力头）会被分配到多个 GPU 上。每个 GPU 负责存储矩阵的一个部分，并对其所分配的切片执行计算操作。

以 MLP 层为例，系统会将权重矩阵划分为多个子集，每个 GPU 负责处理其中一个子集（如图 8.7 所示）。系统将输入数据广播到所有 GPU，各 GPU 独立计算自身负责的部分，之后通过全规约（all-reduce）操作将这些部分计算结果聚合，得到最终输出。

在自注意力层中，由于注意力头本身具有并行特性，张量并行的效率尤为突出。每个 GPU 可以独立处理部分注意力头，从而让模型更高效地处理长序列数据。相比之下，流水线并行需要等待前序层计算完成，因此张量并行的效率更高。

张量并行虽然具有诸多优势，但并不适用于神经网络的所有层。例如 LayerNorm 和 Dropout 等依赖完整输入的层，由于难以高效分区，通常只能在设备间复制。不过，可以采用序列并行的方式，在输入序列维度上对这些操作进行拆分。这样，不同的 GPU 就能够处理输入序列的不同片段，避免了权重复制的问题。虽然这种技术只适用于少数特定层，但在处理超长输入序列时，能够显著节省内存开销。

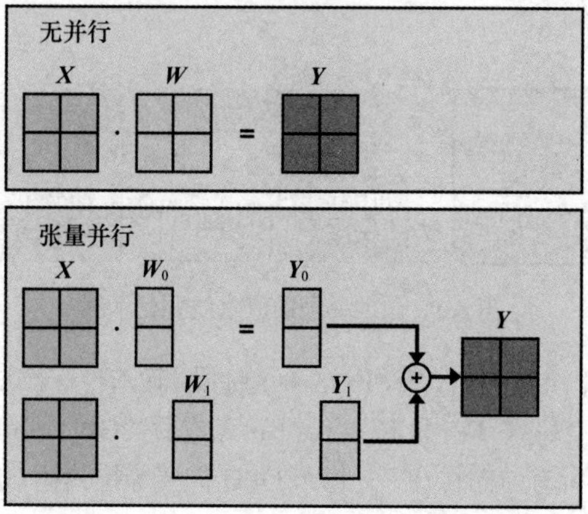

图 8.7 MLP 层中列向张量并行化的示意

此外，为了降低通信开销，张量并行要求设备之间必须具备高速互连能力。因此，在网络带宽不足的节点间实现张量并行往往不太现实。

Megatron-LM、DeepSpeed （ZeRO）和 PyTorch（FSDP）等分布式训练框架都实现了张量并行。此外，TGI、vLLM 和 TensorRT-LLM 等主流推理框架也都支持这一技术。

8.2.4 组合使用并行化方法

数据并行、流水线并行和张量并行这 3 种技术相互独立且可以组合使用。图 8.8 展示了如何使用这些方法对同一个模型进行不同维度的拆分。

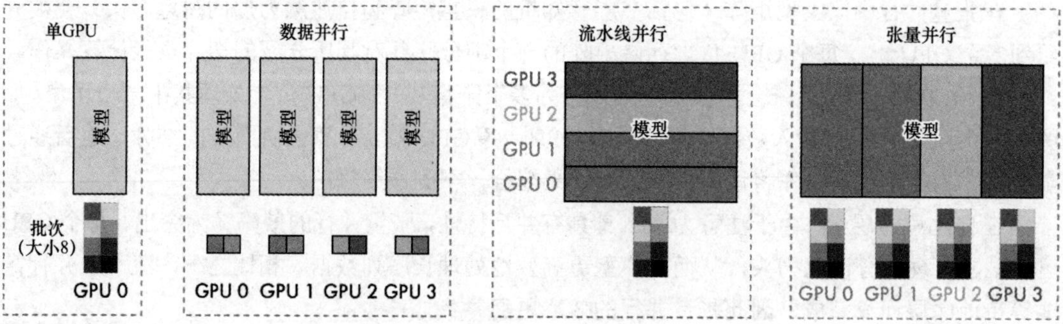

图 8.8 不同模型并行技术的示意

通过组合使用这些并行技术，可以相互弥补各自的不足。流水线并行能够最大限度地减少内存使用，但会因流水线气泡而降低效率。当系统的主要限制是 GPU 内存容量时，流水线并行是较为理想的选择。而当系统对延迟要求较高时，优先采用张量并行并容忍较大的内存开销可能是更好的方案。在实际应用中，通常会将模型在深度维度上划分为若干个流水线阶段，并在每个阶段内部应用张量并行。

在部署 LLM 时，如何平衡各种制约因素，并将特定模型架构高效地部署到现有硬件加速器上，是一个关键性挑战。

8.3 模型量化

量化是指用低精度数据类型来表示神经网络中的权重和激活值。在 LLM 中，量化技术主要用于降低模型权重和激活值的精度。

通常情况下，模型权重会以 32 位或 16 位浮点格式（FP32 或 FP16）进行存储。这种存储格式虽然能提供较高的精度，但会带来更大的内存开销和计算复杂度。量化技术可以有效降低 LLM 的内存占用并提升推理速度。

除了上述优势，当量化至 2 位或 3 位精度时，参数量超过 7B 的大模型在性能上可以超越小规模模型（7B-13B LLM）。这表明大模型能够在维持相近内存占用的同时，有更出色的性能表现。

本节将介绍量化技术、基于 `llama.cpp` 的 GGUF、GPTQ 和 EXL2 等核心概念，并概述其他相关技术。除了本节提供的示例代码，读者还可以使用 AutoQuant 工具（`bit.ly/autoquant`）在 Google Colab 环境中对模型进行量化处理。

8.3.1 量化简介

权重量化主要分为训练后量化（post-training quantization，PTQ）和量化感知训练（quantization-aware training，QAT）两种方法。训练后量化是一种简单直接的技术，它可以将预训练模型的权重直接转换为低精度格式，而无须进行额外的训练。这种方法虽然实现简单，但可能会造成模型性能的下降。而量化感知训练则是在模型训练或微调阶段就进行量化操作，让模型逐步适应低精度权重。相比训练后量化，量化感知训练通常能够获得更好的性能表现，但这种方法需要更多的计算资源，同时还需要有代表性的训练数据作为支撑。

在量化过程中，数据类型的选择非常关键。深度学习领域常用的浮点数格式包括 **FP32**、**FP16**（半精度）和 **BF16**（脑浮点数），它们都使用固定位数来表示数值的符号位、指数位和尾数位（有效数字）。

在浮点数表示中，符号位为 0 时表示正数，为 1 时表示负数；指数位决定数值的表示范围（即数值的大小）；尾数位则决定数值的精度（即有效数字的位数）。将浮点格式转换为实数的计算方式为：

$$(-1)^{\text{sign}} \times \text{base}^{\text{exponent}} \times \text{significand}$$

图 8.9 中展示的数据类型在取舍上呈现出不同特点，这一点可以通过 π（≈3.1415926535）的多种表示方式来说明。FP32 采用 32 位存储格式，能够提供较高的精度，但同时也需要更大的内存空间。与之相比，FP16 和 BF16 使用 16 位存储格式，虽然牺牲了一定的精度，但可以显著降低内存占用。在实际应用中，神经网络通常更看重数值范围而非精度，这也解释了为什么在硬件支持的情况下，BF16 成为最广泛使用的数据类型。以 NVIDIA 为例，Ampere 架构（如 A100、A30 等）支持 BF16 格式，而早期的 Turing 架构（如 T4、T40 等）则不具备这一特性。

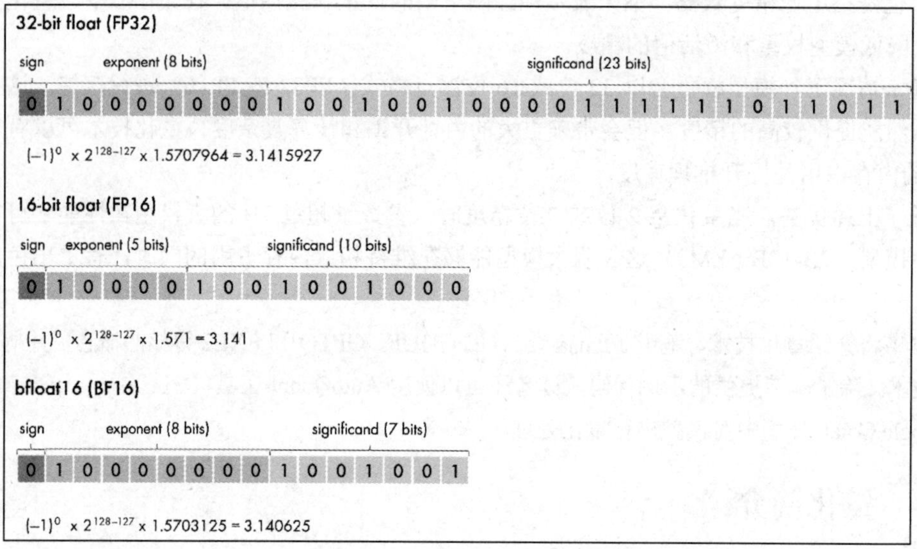

图 8.9 FP32、FP16 和 BF16 格式对比

除了上述 3 种数据类型，还可以采用 INT8（8 位整数）等更低精度的数据类型来进行量化，以进一步降低内存占用。如图 8.10 所示，通过绝对最大值量化（absmax quantization）、零点量化（zero-point quantization）等基础量化技术，可以将 FP32、FP16 或 BF16 格式的权重转换为 INT8 格式。

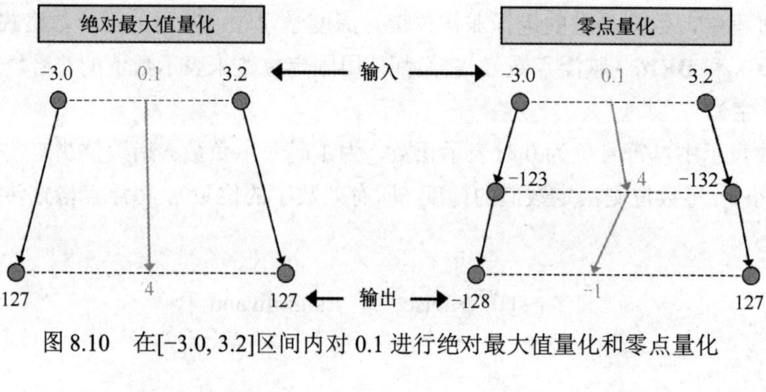

图 8.10 在[−3.0, 3.2]区间内对 0.1 进行绝对最大值量化和零点量化

绝对最大值量化会将原始权重映射到[−127, 127]区间，具体方法是将权重除以其绝对最大值并进行缩放：

$$X_{\text{quant}} = \text{round}\left(\frac{127 \cdot X}{\max|X|}\right)$$

以绝对最大值 3.2 为例（如图 8.10 所示），权重 0.1 经过量化后的结果为 round(127·0.1/3.2) = 4。

反量化时，执行逆运算：

$$X_{\text{dequant}} = \frac{\max|X| \cdot X_{\text{quant}}}{127}$$

因此，当对量化后的权重进行反量化时，得到 $\frac{3.2 \cdot 4}{127} \approx 0.1008$。这个结果与原始值相比存在 0.0008 的舍入误差。

在 Python 中，可以通过 PyTorch 库实现，代码如下。

```
import torch

def absmax_quantize(X):
    # Calculate scale
    scale = 127 / torch.max(torch.abs(X))

    # Quantize
    X_quant = (scale * X).round()

    return X_quant.to(torch.int8)
```

零点量化则考虑了非对称的输入分布，它通过引入零点偏移，将权重映射到[−128, 127]内。其计算方式为：

$$X_{\text{quant}} = \text{round}(\text{scale} \cdot X + \text{zeropoint})$$

其中 $\text{scale} = \frac{255}{\max(X) - \min(X)}$，$\text{zeropoint} = -\text{round}(\text{scale} \cdot \min(X)) - 128$。

以权重为 0.1 为例，可以得到 $\text{scale} = \frac{255}{3.2 + 3.0} \approx 41.13$，零点值 $\text{zeropoint} = -\text{round}\left(\frac{255}{3.2+3.0} \cdot (-3.0)\right) - 128 \approx -5$。因此，权重 0.1 将被量化为 $\text{round}(41.13 \cdot 0.1 - 5) = -1$，不同于绝对最大值量化提供的值 4。

通过应用逆操作可以轻松进行反量化：

$$\text{X}_{\text{dequant}} = \frac{\text{X}_{\text{quant}} - \text{zeropoint}}{\text{scale}}$$

在 Python 中，零点量化的实现代码如下。

```
def zeropoint_quantize(X):
    # Calculate value range (denominator)
    x_range = torch.max(X) - torch.min(X)
    x_range = 1 if x_range == 0 else x_range

    # Calculate scale
    scale = 255 / x_range

    # Shift by zero-point
    zeropoint = (-scale * torch.min(X) - 128).round()

    # Scale and round the inputs
    X_quant = torch.clip((X * scale + zeropoint).round(), -128, 127)

    return X_quant.to(torch.int8)
```

然而，简单量化方法在处理 LLM 中的离群特征时存在局限性。离群特征是一些极端权重值，虽然仅占总权重的 0.1%左右，但会显著影响量化过程，从而降低其他权重值的精度。

由于会降低模型性能，因此不能简单地丢弃这些异常值。图 8.11 展示了异常值的具体示例。

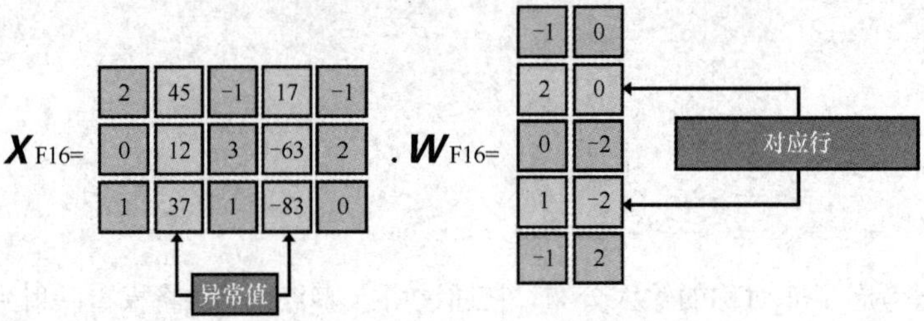

图 8.11　权重矩阵中的异常值示例

为解决异常值问题，研究人员提出了一些更先进的量化技术。其中，Dettmers 等人与 2022 年提出的 `LLM.int8()` 是一个典型代表。`LLM.int8()` 采用混合精度量化方案：对异常值特征采用 FP16 处理，而对其他数值则量化为 INT8。这种方法可以将 LLM 的内存占用降低近 50%，同时将性能损失控制在最小范围内。

`LLM.int8()` 的矩阵乘法运算分为 3 步：首先，系统会基于预设阈值，从输入的隐藏状态中识别并提取包含异常特征的列；随后，系统会分别处理异常值和非异常值，对异常值采用 FP16 格式进行矩阵运算，对非异常值则使用 INT8 格式进行向量量化运算；最后，系统会将非异常值的计算结果反量化，并与异常值的计算结果合并，从而得到以 FP16 格式表示的最终输出。

实验结果表明，`LLM.int8()` 方法的性能表现十分出色，与原始 FP32 模型相比，精度损失微乎其微（不足 1%）。不过这种方法会带来一定的计算开销，使大型模型的推理速度降低约 20%。如果需要直接以 8 位精度加载模型，可以使用 transformer 库中的 `LLM.int8()` 方法，具体方式如下。

```
from transformers import AutoModelForCausalLM
model_name = "meta-llama/Meta-Llama-3-8B-Instruct"
model = AutoModelForCausalLM.from_pretrained(model_name, device_map="auto", load_in_
4bit=True)
```

Dettmers 等人在 2023 年提出了 NF4 格式，这是一种专门为 QLoRA（详见第 5 章）设计的 4 位精度格式。该格式已经集成到 transformers 库中，但需要依赖 bitsandbytes 库。如果要以 NF4 格式（即 4 位精度）加载模型，可以通过设置 `load_in_4bit` 参数来实现，具体方法如下。

```
from transformers import AutoModelForCausalLM
model_name = "meta-llama/Meta-Llama-3-8B-Instruct"
model = AutoModelForCausalLM.from_pretrained(model_name, device_map="auto", load_in_
4bit=True)
```

8.3.2 基于 GGUF 和 llama.cpp 的模型量化

llama.cpp 是一个由 Georgi Gerganov 开发的开源 C++软件库，主要用于各类 LLM 的推理计算。目前，在 Hugging Face Hub 平台上已有大量基于 llama.cpp 的量化模型。

与其他依赖 CUDA 等硬件特定闭源库的框架相比，llama.cpp 能够在更多类型的硬件平台上运行。它还可以在 CPU 和 Android 设备上运行，因此在没有专用硬件的用户群体中获得了广泛欢迎。此外，llama.cpp 还支持将模型层迁移到 GPU 上，从而提升推理速度。同时，它还兼容 FlashAttention-2 和投机解码等多种推理优化技术。

该项目采用了自研的 GGUF 量化格式，能够简化模型加载流程并提升加载速度。GGUF 文件用于存储张量和元数据，支持从 4 位到 8 位等多种精度格式。其命名规则主要基于位数和变体类型，具体如下。

- `IQ1_S` 和 `IQ1_M`：1 位精度，质量极低。
- `IQ2_XXS/XS/S/M` 和 `Q2_K`：2 位精度，质量较低，但可用于 IQ2 大型模型。
- `IQ3_XXS/XS/S/M` 和 `Q3_K_S/M/L`：3 位精度，虽然质量较低，但可用于大型模型。
- `IQ4_XS/NL` 和 `Q4_K_S/M`、`Q4_0/1`：4 位精度，质量良好，适用于大多数模型。
- `Q5_K_S/M` 和 `Q5_0/1`：5 位精度，质量优良。
- `Q6_K`：6 位精度，质量极高。
- `Q8_0`：8 位精度，质量最优。

为了简要介绍 GGUF 量化技术，llama.cpp 将数值分组成块，并将其降低到较低精度。以传统的 `Q4_0` 格式为例，每个块处理 32 个值，根据块内最大权重值（w=q×block_sacle）进行缩放和量化。`Q4_1` 格式在此基础上增加了对块内最小值的处理（w=q×block_sacle+block_minimum）。而在 `Q4_2` 格式中，权重被划分为超级块，每个超级块包含 8 个子块，每个子块包含 32 个值，块的缩放系数和最小值会以更高精度 6 位（w=q×block_sacle+block_min）进行量化。最后，IQ4_XS 等 i-量化方法借鉴了 QuIP#量化技术的思路，可以确保每 8 个一组中包含偶数个正值（或负值），并使用 E8 格来存储。

下面通过一个实例来演示如何在 GGUF 格式下进行模型量化。这些操作可以在 Google Colab 提供的免费 T4 GPU 环境中完成。

（1）安装 llama.cpp 和所需的库。

```
!git clone https://github.com/ggerganov/llama.cpp
!cd llama.cpp && git pull && make clean && LLAMA_CUBLAS=1 make
!pip install -r llama.cpp/requirements.txt
```

（2）下载要转换的模型。如下代码提供来自 Hugging Face Hub 的模型 ID，如 mistralai/Mistral-7B-Instruct-v0.2。

```
MODEL_ID = "mlabonne/EvolCodeLlama-7b"
MODEL_NAME = MODEL_ID.split('/')[-1]
!git lfs install
!git clone https://huggingface.co/{MODEL_ID}
```

（3）将模型转换为 FP16 格式。这是一个中间工件，用于每种 GGUF 量化类型。请注意，llama.cpp 中存在不同的转换脚本，并且与不同的模型兼容。

```
fp16 = f"{MODEL_NAME}/{MODEL_NAME.lower()}.fp16.bin"
!python llama.cpp/convert.py {MODEL_NAME} --outtype f16 --outfile {fp16}
```

（4）选择一个格式（`Q4_K_M`）并开始量化。完成此过程在 T4 GPU 上可能需要 1 h。

```
METHOD = "q4_k_m"
qtype = f"{MODEL_NAME}/{MODEL_NAME.lower()}.{method.upper()}.gguf"
!./llama.cpp/quantize {fp16} {qtype} {METHOD}
```

（5）将量化模型下载到本地，或使用以下代码将其上传到 Hugging Face Hub。

```
from huggingface_hub import create_repo, HfApi

hf_token = "" # Specify your token
username = "" # Specify your username

api = HfApi()

# Create empty repo
create_repo(
    repo_id = f"{username}/{MODEL_NAME}-GGUF",
    repo_type="model",
    exist_ok=True,
    token=hf_token
```

```
)

# Upload gguf files
api.upload_folder(
    folder_path=MODEL_NAME,
    repo_id=f"{username}/{MODEL_NAME}-GGUF",
    allow_patterns=f"*.gguf",
    token=hf_token
)
```

GGUF 模型可以与 llama-cpp-python 等后端系统以及 LangChain 等开发框架配合使用，这对于将量化模型整合到更大规模系统中特别有帮助。用户还可以通过 llama.cpp 轻量级服务器、LM Studio 和 Text Generation Web UI 等前端工具直接与模型进行对话。这些工具为用户提供了类似 ChatGPT 的交互体验，让 GGUF 模型的使用变得简单直观。

8.3.3 GPTQ 和 EXL2 量化技术

GGUF 和 llama.cpp 虽然支持 CPU 推理和 GPU 加速，但 GPTQ 和 EXL2 作为专门面向 GPU 的量化格式，在推理速度上都优于 llama.cpp。其中，EXL2 配合其专用库 ExLlamaV2 使用，能够实现最高的推理吞吐量。

GPTQ 和 EXL2 量化方法都基于 Frantar 等人在 2023 年提出的 GPTQ 算法。该算法通过改进**最优脑量化（optimal brain quantization，OBQ）**方法，实现了 LLM 权重的高效量化，使其能够有效处理大规模矩阵。GPTQ 算法通过对 Hessian 矩阵的逆矩阵进行 Cholesky 分解来保证数值稳定性。与传统的严格顺序量化不同，GPTQ 采用批量处理方式，通过迭代方式更新矩阵列及其关联数据块。这种基于延迟批量更新的方法显著降低了计算冗余，同时有效缓解了内存瓶颈问题。

与 GPTQ 仅支持 4 位精度相比，EXL2 提供了更灵活的精度控制方案，可以混合使用不同的量化级别。这使得每个权重的比特率能够在 2 至 8 位之间实现精确调节，例如可以设置为`2.3`、`3.5` 或 `6.0` 位。同时，EXL2 能够在每个线性层中应用多个量化级别，对重要性更高的权重采用更高位数的量化处理。系统会通过对每个矩阵进行多次量化，自动选择最优参数组合，在满足目标比特率的同时将量化误差降到最低。这种技术在实际应用中表现出色，使得 70B 参数规模的模型能够在单张 24 GB 显卡上以 2.55 位精度稳定运行。

模型的推理过程通过 ExLlamaV2 库来实现，它同时支持 GPTQ 和 EXL2 两种模型。

下面通过 ExLlamaV2 库演示如何将模型量化为 EXL2。这些操作可以直接在 Google Colab 提供的 T4 GPU 环境中完成。

（1）从源代码安装 ExLlamaV2 库。

```
!git clone https://github.com/turboderp/exllamav2
!pip install -e exllamav2
```

（2）从 Hugging Face Hub 克隆其仓库，下载要量化的模型。

```
MODEL_ID = "meta-llama/llama-2-7b-chat-hf"
MODEL_NAME = MODEL_ID.split('/')[-1]
!git lfs install
!git clone https://huggingface.co/{MODEL_ID}
```

（3）下载用于测量量化误差的校准数据集。在这种情况下使用 WikiText-103——一个包含高质量维基百科文章的标准校准数据集。

```
!wget https://huggingface.co/datasets/wikitext/ resolve/9a9e482b5987f9d25b3a9b2883fc6cc
9fd8071b3/wikitext-103-v1/wikitext-test.parquet
```

（4）以给定的精度（如 4.5）量化模型。

```
!mkdir quant
!python exllamav2/convert.py \
    -i {MODEL_NAME} \
    -o quant \
    -c wikitext-test.parquet \
    -b 4.5
```

与之前介绍的方法类似，可以将量化后的模型上传至 Hugging Face Hub。

相比 GGUF，GPTQ 和 EXL2 这两种量化方法的应用范围较窄。目前主流前端工具（如 LM Studio）尚未集成这两种方案，不过用户可以选择其他替代工具，例如 oobabooga 的文本生成 Web 界面。此外，GPTQ 已经被直接集成到 transformers 库中，并获得了 TGI 的支持，同时在 TensorRT-LLM 中也可以使用。

相比 GGUF，GPTQ 和 EXL2 模型虽然知名度较低，但在 Hugging Face Hub 上也有大量可用的模型。

8.3.4 其他量化技术

除 GGUF、GPTQ 和 EXL2 外，还有多种量化技术。本节将简要介绍**激活感知权重量化（activate-aware weight quantization，AWQ）**，以及 QuIP#（quantization with incoherence processing，基于不相干处理的量化）、HQQ（half-quandratic quantization，半二次量化）等极限量化技术。

AWQ 是由 Lin 等人提出的一种广受欢迎的量化算法。与基于权重量级的方法不同，该算法通过激活量级来识别并保护最重要的权重。AWQ 采用最优的按通道缩放方式处理这些关键权重，无须依赖反向传播或重建过程，从而避免了 LLM 对校准集的过拟合。尽管 AWQ 采用了不同的技术路线，但其性能与 GPTQ 和 EXL2 相当接近，只是运行速度略慢。这些算法都获得了推理引擎的良好支持，并已成功集成到 TGI、vLLM 和 TensorRT-LLM 等框架中。

将模型量化至 1 位或 2 位精度是一个值得关注的发展趋势。尽管 EUL 等格式支持极限量化技术，但这往往会明显降低模型质量。不过，QuIP#和 HQQ 等新型算法专门针对这一领域进行优化，提供了更好的量化方法，以更好地保持原始模型的性能。这种优势在大型模型（参数量超过 30B）中表现得尤为突出：这些模型不仅能够输出更高质量的结果，占用的空间也比参数量为 7B 或 13B 的模型更小。

极限量化有望持续发展，从而进一步完善量化算法。

本章介绍的主要推理引擎的特性对比，如表 8.1 所示。

表 8.1　TGI、vLLM 和 TensorRT-LLM 的特性对比

技术	TGI	vLLM	TensorRT-LLM
连续批处理	√	√	√
投机解码	√		
FlashAttention-2	√	√	√
PagedAttention	√	√	√
流水线并行			√
张量并行	√	√	√
GPTQ	√		√
EXL2	√		
AWQ	√	√	√

8.4 小结

模型推理性能优化是高效部署 LLM 的关键环节。本章探讨了多种优化技术，主要包括生成方法优化、模型并行化以及权重量化。通过采用投机解码等技术实现多个词元的并行预测，或使用 FlashAttention-2 等优化的注意力机制，可以显著提升模型推理速度。同时，本章还介绍了如何利用数据并行、流水线并行和张量并行等模型并行化方法，在多个 GPU 之间合理分配计算负载，从而提高系统吞吐量、降低推理延迟。此外，使用 GGUF 和 EXL2 等算法进行权重量化，能够有效减少内存占用并加快推理速度，但需要在输出质量方面做出适度取舍。

理解并应用这些优化策略，对于提升 LLM 在聊天机器人、代码补全等实际应用场景中的性能表现至关重要。具体采用哪些策略，需要根据可用硬件资源、延迟要求和吞吐量等实际需求来确定。开发者可以综合运用连续批处理、投机解码等方法，配合先进的注意力机制和模型并行化技术，制定最优的部署方案，从而实现效率的最大化。

第 4 章只实现了标准 RAG 应用的其中一个组件——数据摄入流水线。第 9 章将实现检索流水线和生成流水线这两个组件，并将它们整合到推理流程中，从而完成整个 RAG 系统的构建。

第 9 章

RAG 推理流水线

第 4 章实现了用于构建**向量数据库的 RAG** 特征流水线。在这个流水线中，从数据仓库获取数据，对文档进行清洗、分块和嵌入处理，并将处理后的内容导入向量数据库。至此，向量数据库中已经存储了所需文档，可以开始应用 RAG 了。

基于 RAG 方法，可以将软件架构划分为检索、提示增强和答案生成 3 个模块。本章将遵循类似的模式，首先实现一个用于查询向量数据库的检索模块，并在其中集成高级 RAG 技术来优化检索效果。之后，为了避免过度设计，本章不会单独开发一个提示增强模块，而是构建一个推理服务，负责处理用户查询和上下文信息、构建提示，并调用 LLM 生成答案。简而言之，本章将开发两个核心 Python 模块：一个用于检索模块，另一个用于将用户查询和上下文作为输入调用 LLM。这两个模块整合后将形成一个完整的端到端 RAG 流程。

在第 5 章和第 6 章中，已经完成了 LLM Twin 模型的微调工作，第 8 章则介绍了模型推理性能优化的方法。至此，LLM Twin 模型已经具备了上线条件。接下来就是构建并部署前面提到的两个模块。

第 10 章将专门介绍如何将微调后的 LLM Twin 模型部署到 AWS SageMaker 上，并将其作为推理端点使用。本章则重点讨论集成了高级 RAG 技术的检索模块的具体实现，这是 RAG 系统的核心所在。在 RAG 系统中，大部分推理代码都是在检索阶段编写的，而不是在调用 LLM 时。这个阶段需要对数据进行处理，以确保能从向量数据库中获取最相关的数据。因此，RAG 系统的绝大多数高级逻辑都集中在检索阶段。

本章将介绍以下内容：

- 理解 LLM Twin 的 RAG 推理流水线；
- 探索 LLM Twin 的高级 RAG 技术；
- 构建 LLM Twin 的 RAG 推理流水线。

通过本章的学习，读者将掌握如何实现一个高级 RAG 检索模块，利用检索到的上下文来增强提示，并通过调用 LLM 生成最终答案。最终，读者将能够构建一个完整的、可用于生产环境的 RAG 推理流水线。

9.1 理解 LLM Twin 的 RAG 推理流水线

图 9.1 展示了 RAG 推理流水线的整体流程：首先接收用户输入，然后通过检索模块获取相关上下文，最后调用 LLM SageMaker 服务生成最终答案。

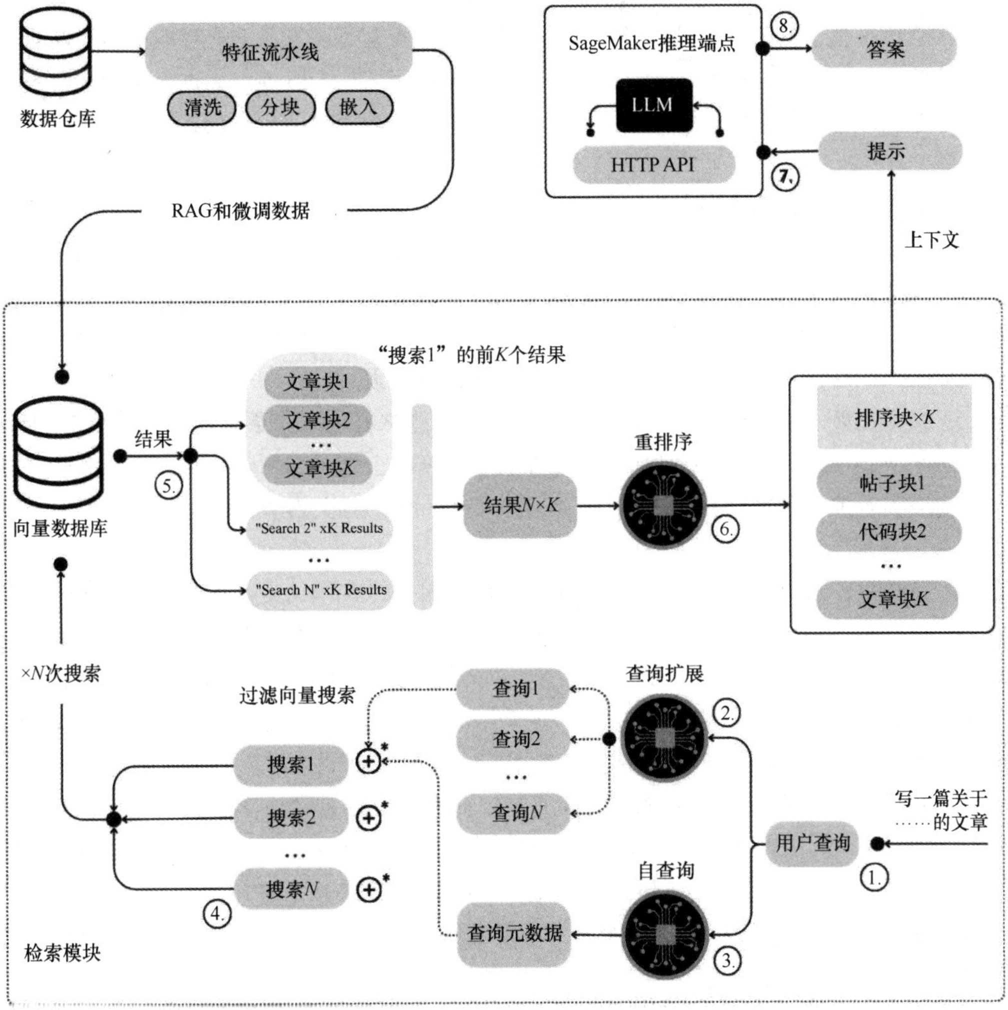

图 9.1 RAG 推理流水线的整体流程

如图 9.1 所示，特征流水线和检索模块是两个相互独立的组件。特征流水线会按照预设的时间计划，在独立的机器上运行，用于丰富向量数据库的内容；而检索模块则集成在推理流水线中，根据用户的实时请求按需调用。

通过明确划分这两个组件的职责，向量数据库能够持续更新并维护最新数据，保证特征的实时性，这样检索模块则可以在每次请求时获取最新特征。检索模块接收用户查询作为输入，并从向量数据库中检索最相关的数据点（data point），这些数据点随后会作为上下文引导 LLM 生成最终答案。

为了深入理解 RAG 推理流水线的运行机制，下面逐步分析图 9.1 所示的流程。

（1）**用户查询**：整个流程始于用户发起的查询请求，例如“写一篇关于……的文章”。

（2）**查询扩展**：扩展原始查询以生成反映用户原始查询不同方面的内容或不同解释的多个查询。这意味着不再局限于单一查询去做检索，而是使用×N 个查询。通过丰富搜索词的多样性，检索模块能够更全面地获取相关数据。当用户的原始查询过于具体或过于模糊时，这一步尤为关键。

（3）**自查询**：从原始查询中提取有价值的元数据信息，如作者姓名等。这些元数据将作为向量搜索的过滤条件，帮助清除查询向量空间中的冗余数据点，从而提高搜索的准确度和速度。

（4）**过滤向量搜索**：系统会将每个查询转化为向量表示，并通过相似度搜索找出每次搜索的前 K 个相关数据点。根据扩展查询的数量，需要执行×N 次搜索。由于这个过程使用了自查询中提取的元数据作为过滤条件，因此被称为过滤向量搜索。

（5）**结果收集**：对每次搜索操作，系统会获取最多×K 个与扩展查询最相关的结果。随后，将所有×N 次搜索的结果整合起来，形成一个包含 $N \times K$ 个结果的列表，其中包括文章、帖子和代码仓库等多种内容的分块。这种方式可以获取更广泛的相关内容，从不同角度满足原始查询的需求。

（6）**重排序**：为了从 $N \times K$ 个候选项中筛选出最相关的 K 个结果，系统需要进行进一步过滤。采用重排序算法，根据内容与原始查询的相关性和重要程度为每个分块打分，具体是使用神经交叉编码器（neural cross-encoder）模型计算分数，分数范围为 0 到 1，其中 1 表示与原始查询完全相关。最后，系统根据分数对 $N \times K$ 个结果排序，选取得分最高的 K 个候选项形成一个按相关度排序的结果列表。

（7）**构建提示并调用 LLM**：首先，将筛选出的最相关的 K 个文本块转换为字符串，用于构建最终的提示。然后，基于提示模板、检索到的上下文信息及用户的原始查询来构建完整的提示。最后，将完整提示发送至部署在 AWS SageMaker 上的 LLM API 端点。

（8）**生成答案**：等待 LLM 生成回答。当模型处理完提示后，RAG 系统将生成的答案返回给用户，整个流程至此结束。

9.2 探索 LLM Twin 的高级 RAG 技术

以下是检索模块中采用的一些高级 RAG 技术。

- 预检索阶段：查询扩展与自查询。

- 检索阶段：向量过滤搜索。
- 后检索阶段：重排序。

在详细介绍各技术之前，先介绍本节要用到的 Python 接口。这些接口的完整代码，可以在 GitHub 仓库的 `llm_engineering/application/rag/base.py` 文件中找到。

先定义一个提示模板工厂，用于规范化提示模板的实例化过程。作为一个接口，这个工厂继承自 ABC 基类并提供 `create_template()` 方法，返回一个 LangChain 的 `PromptTemplate` 实例。虽然我们希望通过自主实现来深入理解底层工作原理，尽量避免过度依赖 LangChain，但 `PromptTemplate` 这样的类在保持功能透明度的同时确实可以加快开发进度。

```
from abc import ABC, abstractmethod

from langchain.prompts import PromptTemplate
from pydantic import BaseModel

class PromptTemplateFactory(ABC, BaseModel):
    @abstractmethod
    def create_template(self) -> PromptTemplate:
        pass
```

需要定义一个 `RAGStep` 接口，用于规范查询扩展和自查询等 RAG 推理流水线的接口规范。考虑到这些步骤往往依赖其他 LLM 模型，`RAGStep` 接口包含了一个 `mock` 属性，可以在开发阶段降低成本并缩短调试时间。

```
from typing import Any

from llm_engineering.domain.queries import Query

class RAGStep(ABC):
    def __init__(self, mock: bool = False) -> None:
        self._mock = mock

    @abstractmethod
    def generate(self, query: Query, *args, **kwargs) -> Any:
        pass
```

为了实现高级 RAG 功能，需要先了解如何将用户输入和其他必要的元数据封装到 `Query` 领域实体中。首先导入所需的类。

```
from pydantic import UUID4, Field

from llm_engineering.domain.base import VectorBaseDocument
from llm_engineering.domain.types import DataCategory
```

接下来定义 `Query` 实体类，该类继承自第 4 章介绍的 `VectorBaseDocument` **OVM** 类，

用于向量数据库中存取每个查询。

```
class Query(VectorBaseDocument):
    content: str
    author_id: UUID4 | None = None
    author_full_name: str | None = None
    metadata: dict = Field(default_factory=dict)

class Config:
    category = DataCategory.QUERIES
```

需要重点关注的是 Query 类的属性，它们负责将用户查询与一系列元数据字段进行组合。

- content：包含输入查询的字符串。
- author_id：可选参数，从查询中提取的可选 UUID4 格式的标识符，在向量搜索中用作过滤器，只返回指定作者的文本块。
- author_full_name：可选参数，用于查询对应的 author_id。
- metadata：存储额外元数据的字典对象，默认为空字典。

除了领域类的常规定义，还添加了一个 from_str()类方法，可以直接通过字符串创建 Query 实例。这样可以统一处理查询字符串的清洗工作，例如在构造 query 对象前移除字符串首尾的空格和换行符。

```
    @classmethod
    def from_str(cls, query: str) -> "Query":
        return Query(content=query.strip("\n"))
```

replace_content()方法可以创建一个新的 Query 实例，该实例在更新内容的同时，保留原始查询的 id、author_id、author_full_name 和 metadata。

```
    def replace_content(self, new_content: str) -> "Query":
        return Query(
            id=self.id,
            content=new_content,
            author_id=self.author_id,
            author_full_name=self.author_full_name,
            metadata=self.metadata,
        )
```

这种设计在修改查询文本时尤其实用。例如在进行预处理或规范化时，不会丢失相关的元数据和标识符。接下来，在 Query 类的基础上定义 EmbeddedQuery 类。

```
class EmbeddedQuery(Query):
    embedding: list[float]
```

```
class Config:
    category = DataCategory.QUERIES
```

`EmbeddedQuery` 类是 `Query` 类的扩展，它增加了 `embedding` 字段。该类封装了在 Qdrant 或其他向量数据库上执行向量搜索时所需的全部数据和元数据。

9.2.1 高级 RAG 预检索优化：查询扩展与自查询

查询扩展和自查询这两种技术，可以优化预检索阶段。这两种技术与过滤向量搜索环节紧密关联，将在 9.2.2 节详细介绍过滤向量搜索。本节先介绍查询扩展的具体实现代码，再介绍自查询的实现方案。

本节将使用 OpenAI 的 API 来实现两种技术：在查询扩展里被用于生成原始查询的多个变体，以及在自查询中被用于提取必要的元数据。本书的所有示例都采用的是 GPT-4o mini 模型。由于 OpenAI 的模型迭代速度很快，这个模型可能会被淘汰，但这并不是问题，读者只需在 `.env` 文件中修改 `OPENAI_MODEL_ID` 环境变量即可快速切换到其他模型。

1. 查询扩展

在典型的检索过程中，仅使用用户原始请求的单一向量表示来查询向量数据库存在局限性，它只能覆盖嵌入空间中的一小部分区域。当嵌入向量无法完整表达查询的所有信息和细节时，检索得到的上下文可能会偏离主题，一些虽然在语义上相关但与查询向量距离较远的重要文档可能会被遗漏。

查询扩展技术可以克服上述局限性。具体做法是利用 LLM 基于用户的原始问题生成多个相关查询，来创建不同视角以捕捉查询的不同方面。这些扩展查询经过向量化后，能够在嵌入空间中定位到更多与原始问题相关的区域，从而提高从向量数据库中检索到相关文档的概率。

查询扩展的实现方法非常简单，只需编写一个详细的零样本（zero-shot）提示来引导 LLM 生成多个替代查询即可。这样一来，相比原本只能用单一查询搜索相关上下文，现在可以使用 *N* 倍数量的查询语句，从而进行 *N* 倍搜索操作。

增加搜索次数会增加系统的延迟。为确保检索步骤满足应用的性能需求，需要通过实验来确定查询语句的最优数量。此外，可以通过并行化搜索来优化性能，显著降低延迟。这一优化方案将在本章末尾的 `ContextRetriever` 类中具体实现。

> 查询扩展技术也称为多重查询（multi-query），LangChain 框架提供了一个名为 `MultiQueryRetriver` 的实现。有关它的更多内容，可在搜索引擎输入“How to use the MultiQueryRetriver”查找并阅读相关文档。

接下来介绍查询扩展的代码实现。首先导入所需的相关模块和类。

```
from langchain_openai import ChatOpenAI

from llm_engineering.domain.queries import Query
from llm_engineering.settings import settings

from.base import RAGStep
from.prompt_templates import QueryExpansionTemplate
```

然后定义用于生成扩展查询的 QueryExpansion 类，其完整代码实现可以在 GitHub 仓库的 llm_engineering/application/rag/query_expansion.py 文件中查看。

```
class QueryExpansion(RAGStep):
    def generate(self, query: Query, expand_to_n: int) -> list[Query]:
        assert expand_to_n > 0, f"'expand_to_n' should be greater than 0.Got {expand_to_n}."

        if self._mock:
            return [query for _ in range(expand_to_n)]
```

在 generate() 方法中，首先验证请求的扩展数量（expand_to_n）是否大于零。当实例处于模拟模式时（即 self._mock 为 True），系统会返回一个包含原始查询副本的列表来模拟扩展过程，无须实际调用 API。如果不是模拟模式，则会继续执行创建提示并初始化语言模型的步骤。

```
        query_expansion_template = QueryExpansionTemplate()
        prompt = query_expansion_template.create_template(expand_to_n - 1)
        model = ChatOpenAI(model=settings.OPENAI_MODEL_ID, api_key=settings.OPENAI_API_KEY,
temperature=0)
```

首先，实例化 QueryExpansionTemplate 并创建提示模板，用于生成 expand_to_n-1 个新的查询语句（不含原始查询）。其次，以指定参数初始化 ChatOpenAI 模型，并将 temperature 参数设为 0 以确保输出的一致性。最后，将提示模板和模型组合成 LangChain 链，并传入用户问题进行调用。

```
        chain = prompt | model

        response = chain.invoke({"question": query})
        result = response.content
```

将提示传入模型（prompt | model）可以构建查询链路。当输入原始查询时，该链路会生成扩展查询，并将模型的返回结果保存在 result 对象中。随后对这些扩展查询进行解析和清洗处理。

```
        queries_content = result.strip().split(query_expansion_template.separator)

        queries = [query]
        queries += [
```

```
        query.replace_content(stripped_content)
        for content in queries_content
        if (stripped_content := content.strip())
    ]

    return queries
```

使用模板中预设的分隔符将结果拆分为独立的查询语句：首先创建一个包含原始查询的列表，然后将每个经过去除多余空格处理的扩展查询追加到该列表中。

定义用于构建查询扩展提示的 QueryExpansionTemplate 类。在 GitHub 仓库的 llm_engineering/application/rag/prompt_templates.py 文件中可以找到这个类及其他提示模板。

```
from langchain.prompts import PromptTemplate

from.base import PromptTemplateFactory

class QueryExpansionTemplate(PromptTemplateFactory):
    prompt: str = """You are an AI language model assistant. Your task is to generate
{expand_to_n}
    different versions of the given user question to retrieve relevant documents from a vector
    database. By generating multiple perspectives on the user question, your goal is to help
    the user overcome some of the limitations of the distance - based similarity search.
    Provide these alternative questions separated by '{separator}'.
Original question: {question}"""

    @property
    def separator(self) -> str:
        return "#next-question#"

    def create_template(self, expand_to_n: int) -> PromptTemplate:
        return PromptTemplate(
            template=self.prompt,
            input_variables=["question"],
            partial_variables={
                "separator": self.separator,
                "expand_to_n": expand_to_n,
            },
        )
```

该类定义了一个提示模板，用于引导语言模型生成多个版本的用户问题。提示模板中包含{expand_to_n}、{separator}和{question}等占位符，也可根据需要自定义其他占位符。在构建 PromptTemplate 实例时，通过输入参数 expand_to_n 可以指定需要生成的查询数量。其中，separator 属性定义了一个用于分隔各个生成查询的特殊字符串；expand_to_n 和 separator 这两个变量会以 partial_variables 的形式传入，确保它们在运行期间保持不变；而占位符 question 则会在每次调用 LLM 链时动态更新。

理解了查询扩展的实现原理后，再看一个 QueryExpansion 类的具体使用示例。使用命令

python -m llm_engineering.application.rag.query_expansion 运行以下代码。

```
query = Query.from_str("Write an article about the best types of advanced RAG methods.")
    query_expander = QueryExpansion()
    expanded_queries = query_expander.generate(query, expand_to_n=3)
    for expanded_query in expanded_queries:
        logger.info(expanded_query.content)
```

通过查询扩展，获得了原始查询的多个变体形式。这种扩展方法成功地从不同角度丰富了初始查询的内容，既涵盖了高级 RAG 方法的效果评估，也包含了这些方法的整体概述（其中第一条为原始查询）。

```
2024-09-18 17:51:33.529 | INFO - Write an article about the best types of advanced RAG
methods.
2024-09-18 17:51:33.529 | INFO - What are the most effective advanced RAG methods, and
how can they be applied?
2024-09-18 17:51:33.529 | INFO - Can you provide an overview of the top advanced retrieval
- augmented generation techniques?
```

2. 自查询

将查询转换为向量空间时面临一个问题：无法确保用例所需的所有特征都能体现在嵌入向量中。举例来说，即便我们希望检索结果完全取决于用户输入的标签（tag），但实际上无法控制嵌入向量中与标签相关的特征强度。如果仅仅将查询语句进行向量化，就无法保证标签信息在嵌入向量中得到充分表达，也无法确保在计算向量距离时标签特征具有足够的区分度。

不仅仅是标签，这一问题同样存在于在搜索时需要展示的其他元数据，如 ID、名称或类别等。

为了解决这个问题，可以采用自查询机制来提取查询中的标签和关键元数据，并将其作为过滤条件与向量搜索结合使用。自查询借助 LLM 能够提取业务中关键的元数据信息，包括标签、ID、评论数、点赞数和分享数等。这样一来，我们就可以完全掌控在检索过程中如何利用这些提取出的元数据。以 LLM Twin 为例，自查询提取作者姓名并将其作为过滤条件。自查询与过滤向量搜索可以无缝配合，这一点将在 9.2.2 节详细介绍。

下面开始编写代码。首先导入所需的模块和类。

```
from langchain_openai import ChatOpenAI

from llm_engineering.application import utils
from llm_engineering.domain.documents import UserDocument
from llm_engineering.domain.queries import Query
from llm_engineering.settings import settings

from.base import RAGStep
from.prompt_templates import SelfQueryTemplate
```

其次，定义继承自 RAGStep 类并实现了 generate()方法的 SelfQuery 类。它的完整代码可在 GitHub 仓库的 llm_engineering/application/rag/self_query.py 文件中查看。

```
class SelfQuery(RAGStep):
    def generate(self, query: Query) -> Query:
        if self._mock:
            return query
```

在 generate()方法中，会先检查_mock 属性是否为 True。若为 True，则直接返回原始查询对象，无须任何修改。这样在测试和调试阶段就可以跳过模型调用环节。若_mock 属性为 False，则需要创建提示模板并完成语言模型的初始化。

```
        prompt = SelfQueryTemplate().create_template()
        model = ChatOpenAI(model=settings.OPENAI_MODEL_ID, api_key=settings.OPENAI_API_KEY,
temperature=0)
```

先通过 SelfQueryTemplate 工厂类生成提示模板，同时创建一个 ChatOpenAI 模型实例（与查询扩展的实现方式类似）。接着，将提示模板和模型组合成一个处理链，并传入用户查询进行调用。

```
        chain = prompt | model

        response = chain.invoke({"question": query})
        user_full_name = response.content.strip("\n ")
```

从 LLM 的返回结果中提取内容，并通过去除首尾空白字符来获取用户全名（user_full_name）。然后检查模型是否成功提取到了用户信息。

```
        if user_full_name == "none":
            return query
```

当响应为 none 时，说明查询中未找到用户名，此时将返回原始查询对象。如果查询中找到了用户名，则使用工具函数将 user_full_name 拆分为 first_name 和 last_name 两个变量。接着，根据这些用户详细信息，系统会检索现有用户或创建一个新的 UserDocument 实例：

```
        first_name, last_name = utils.split_user_full_name(user_full_name)
        user = UserDocument.get_or_create(first_name=first_name, last_name=last_name)
```

最后，将提取的作者信息更新到查询对象中并返回结果。

```
        query.author_id = user.id
        query.author_full_name = user.full_name

        return query
```

更新后的查询包含了作者 ID（author_id）和作者全名（author_full_name），这些信息可用于 RAG 流程的后续处理。

下面介绍 SelfQueryTemplate 类，它用于定义提取用户信息的提示模板。

```
from langchain.prompts import PromptTemplate

from.base import PromptTemplateFactory

class SelfQueryTemplate(PromptTemplateFactory):
    prompt:str = """You are an AI language model assistant. Your task is to extract
information from a user question.
    The required information that needs to be extracted is the user name or user id.
    Your response should consist of only the extracted user name (e.g., John Doe) or id
(e.g. 1345256), nothing else.
    If the user question does not contain any user name or id, you should return the following
token: none.

    For example:
    QUESTION 1:
    My name is Paul Iusztin and I want a post about...
    RESPONSE 1:
    Paul Iusztin

    QUESTION 2:
    I want to write a post about...
    RESPONSE 2:
    none

    QUESTION 3:
    My user id is 1345256 and I want to write a post about...
    RESPONSE 3:
    1345256

    User question: {question}"""

    def create_template(self) -> PromptTemplate:
        return PromptTemplate(template=self.prompt, input_variables=["question"])
```

在 SelfQueryTemplate 类中定义了一个提示模板，用于指导 AI 模型从用户输入的问题中提取用户名或 ID。这个提示模板采用少样本学习的方式，引导模型针对不同场景做出相应的响应。在实际调用模板时，系统会用具体的用户问题替换{question}。

通过引入自查询机制，可以在检索过程中明确提取并利用用例所需的关键元数据，这种方法突破了单纯依靠嵌入语义来获取查询信息的局限性。

在完成 SelfQuery 类的实现后，再看一个具体示例。通过 CLI 命令 python -m llm_engineering.application.rag.self_query 运行以下代码。

```
    query = Query.from_str("I am Paul Iusztin. Write an article about the best types of
advanced RAG methods.")
    self_query = SelfQuery()
    query = self_query.generate(query)
    logger.info(f"Extracted author_id: {query.author_id}")
    logger.info(f"Extracted author_full_name: {query.author_full_name}")
```

系统可以成功提取出作者的 ID 和完整姓名，结果如下。

```
2024-09-18 18:02:10.362 | INFO - Extracted author_id: 900fec95 - d621 - 4315 - 84c6 -
52e5229e0b96
2024-09-18 18:02:10.362 | INFO - Extracted author_full_name: Paul Iusztin
```

9.2.2 高级 RAG 检索优化：过滤向量搜索

向量搜索虽然在基于语义相似度检索相关信息时发挥着关键作用，但普通向量搜索往往会影响检索结果的准确性和响应时间。这主要是因为向量搜索仅计算向量嵌入的数值距离，而忽略了对检索结果至关重要的上下文和类别信息。

普通向量搜索存在一个关键问题：它可能会检索到语义相似但与实际上下文并不相关的文档。这是因为向量嵌入主要捕获一般性的语义信息，当不同内容使用相似的语言表达方式或涉及相近主题时，即使与查询的具体意图或限制条件不符，也可能获得较高的相似度分数。以搜索“Java”为例，系统可能会同时返回与编程语言和印度尼西亚爪哇岛相关的文档，这种仅依赖语义相似度的检索方式往往会产生歧义或具有误导性的结果。

此外，当数据集规模不断扩大时，普通向量搜索会面临扩展性问题。由于没有过滤机制，搜索算法需要在整个向量空间计算相似度，这将导致延迟显著增加。

穷举式的搜索不仅会降低系统响应速度，还会占用大量计算资源，难以满足实时处理和大规模应用的需求。

过滤向量搜索（filtered vector search）是一种有效的解决方案，它通过元数据标签或类别等额外条件进行过滤，在计算向量相似度之前先缩小搜索空间。搜索算法利用这些过滤条件，将候选结果限定在与查询意图相符的范围内，来排除那些仅在语义上相似但实际不相关的文档，从而提高搜索准确性。

此外，过滤向量搜索能够减少算法所需的比较次数，从而降低延迟。由于只需处理经过筛选的相关数据子集，计算开销大幅降低，响应速度也随之提升。这种高效性对于要求实时交互或需处理大规模查询的应用系统尤为重要。

在过滤向量搜索中，元数据往往来自用户输入，因此需要在查询向量数据库前先提取这些元数据。这一点在自查询中得到了体现—通过提取作者姓名，将搜索范围限定在该作者的内容中。从优化类别来看，自查询中的查询处理属于预检索优化，而过滤向量搜索中的查询优化则属于检索优化。

以 Qdrant 为例，如果要添加过滤器来匹配文档元数据中的 author_id，需要实现以下代码。

```
from qdrant_client.models import FieldCondition, Filter, MatchValue

records = qdrant_connection.search(
            collection_name="articles",
            query_vector=query_embedding,
            limit=3,
            with_payload=True,
            query_filter=Filter(
                  must=[
                      FieldCondition(
                         key="author_id",
                         match=MatchValue(
                            value=str("1234")
                         ),
                      )
                  ]
            ),
)
```

普通向量搜索虽然为语义检索奠定了基础，但在实际应用中仍存在性能瓶颈。为解决这些问题，过滤向量搜索将向量嵌入与上下文过滤相结合，显著提升了 RAG 系统的检索准确度和效率。

9.2.3 高级 RAG 后检索优化：重排序

在检索过程中，如果检索到的上下文内容包含一些无关的数据块，则可能带来以下问题。

- **引入噪声**：检索的上下文内容可能与主题无关，不仅会造成信息冗余，还可能导致语言模型误解。
- **提示过长**：引入过多无关的文本块会增加提示长度，从而提高使用成本。另外，语言模型往往会过分关注上下文的首尾内容。因此，如果上下文过长，模型很可能会忽略核心信息。
- **跑题**：文本块的检索是通过计算查询语句与文本块嵌入向量的相似度来实现的，如果嵌入模型未针对具体问题进行优化，可能会对一些不太相关的文本块给出较高的相似度分数。

解决这些问题的方案是对检索到的所有 $N \times K$ 个文本块进行重排序，按照与原始问题的相关性从高到低排列，最相关的文本块排在首位，最不相关的排在末尾。这里的 N 表示查询扩展后的搜索次数，K 则是每次搜索返回的文本块数量，因此总共会检索到 $N \times K$ 个文本块。在 RAG 系统中，重排序是一个重要的后处理步骤，能够有效提升检索模型返回的初始结果质量。

重排序算法可以评估每个文本块与原始查询的相关性，这类算法通常采用神经交叉编码器等先进模型来实现。相比于基于嵌入向量和余弦相似度的初始检索方法，这些模型能够更准确地评估查询与文本块之间的语义相似性。具体内容在第 4 章有详细说明。

基于重排序得分，从已排序的 $N \times K$ 个候选项中筛选出相关度最高的前 K 个文本块。重排序与查询扩展相结合能取得良好效果。不使用**查询扩展**时的重排序工作原理如下。

（1）**检索超过 K 个文本块**：扩大检索范围，以获取更多可能相关的信息。

（2）**重排序处理**：对检索到的文本块进行重排序，评估每个文本块与查询内容的相关程度。

（3）**筛选前 K 个文本块**：选取相关性最高的 K 个文本块，作为最终提示的上下文信息。

结合查询扩展技术能够从空间的多个位置获取潜在的有价值信息，而不是仅局限于单一位置搜索超过 K 个样本。重排序与查询扩展结合使用的处理流程如下：

（1）**搜索多组文本块**：利用扩展查询检索 $N \times K$ 个文本块。

（2）**重新排序**：根据相关性对所有检索到的文本块进行排序。

（3）**筛选最优结果**：选取相关性最高的 K 个文本块作为最终提示输入。

将重排序功能整合到 RAG 流程中不仅能提升检索内容的质量和相关性，还能更高效地利用计算资源。接下来实现 LLM Twin 的重排序步骤，相关代码示例可在 GitHub 仓库中的 `llm_engineering/application/rag/reranking.py` 文件中查看。

首先，导入重排序所需的模块和类。

```
from llm_engineering.application.networks import CrossEncoderModelSingleton
from llm_engineering.domain.embedded_chunks import EmbeddedChunk
from llm_engineering.domain.queries import Query

from.base import RAGStep
```

接下来，定义一个 `Reranker` 类，它的主要功能是根据文档与查询的相关程度对检索到的文档进行重新排序。

```
class Reranker(RAGStep):
    def __init__(self, mock: bool = False) -> None:
        super().__init__(mock=mock)

        self._model = CrossEncoderModelSingleton()
```

在 `Reranker` 类的初始化方法中，可以通过创建 `CrossEncoderModelSingleton` 实例来初始化神经交叉编码器模型。该模型用于评估每个文本块与查询之间的相关性得分。

`Reranker` 类的核心功能通过 `generate()` 方法来实现。

```
    def generate(self, query: Query, chunks: list[EmbeddedChunk], keep_top_k: int) ->
list[EmbeddedChunk]:
        if self._mock:
            return chunks

        query_doc_tuples = [(query.content, chunk.content) for chunk in chunks]
        scores = self._model(query_doc_tuples)

        scored_query_doc_tuples = list(zip(scores, chunks, strict=False))
```

```
        scored_query_doc_tuples.sort(key=lambda x: x[0], reverse=True)

        reranked_documents = scored_query_doc_tuples[:keep_top_k]
        reranked_documents = [doc for _, doc in reranked_documents]

        return reranked_documents
```

generate()方法需要 3 个输入参数：查询语句、文本块列表（chunk）和要保留的最优文档数量（keep_top_k）。当系统处于模拟模式时，该方法会直接返回原始文本块；而在正常模式下，会按照以下步骤执行。

（1）将查询内容与每个文本块内容进行配对。

（2）利用神经交叉编码器模型评估每对内容的匹配程度并打分。

（3）将评分结果与对应文本块组合成带分值的元组列表。

（4）按分值从高到低对列表进行排序。

（5）保留分值最高的 keep_top_k 个文本块。

（6）从元组中提取这些文本块，作为重排序后的文档输出。

在开始定义 CrossEncoder 类之前，先导入以下必要组件。

```
from sentence_transformers.cross_encoder import CrossEncoder

from.base import SingletonMeta
```

首先从 sentence-transformers 库导入 CrossEncoder 类来实现文本对评分功能。同时从 base 模块引入 SingletonMeta，用于确保模型类遵循单例模式，即在整个应用中仅保持一个模型实例。接下来，定义 CrossEncoderModelSingleton 类。

```
class CrossEncoderModelSingleton(metaclass=SingletonMeta):
    def __init__(
        self,
        model_id: str = settings.RERANKING_CROSS_ENCODER_MODEL_ID,
        device: str = settings.RAG_MODEL_DEVICE,
    ) -> None:
        """
        A singleton class that provides a pre - trained cross - encoder model for scoring
pairs of input text.
        """

        self._model_id = model_id
        self._device = device

        self._model = CrossEncoder(
            model_name=self._model_id,
            device=self._device,
        )
        self._model.model.eval()
```

该类使用从.env 配置文件中加载 settings 指定的 model_id 和 device 来初始化神经交叉编码器模型。通过调用 self._model.model.eval()将模型切换至评估模式，使其能够执行推理任务。

CrossEncoderModelSingleton 类提供了一个可调用方法，用于对文本对进行评分。

```
    def __call__(self, pairs: list[tuple[str, str]], to_list: bool = True) ->
NDArray[np.float32] | list[float]:
        scores = self._model.predict(pairs)

        if to_list:
            scores = scores.tolist()

        return scores
```

__call__()方法接收一个由文本对构成的列表作为输入（每个文本对包含查询文本和文本块），并返回它们的相关性得分。该方法通过调用模型的 predict()函数来计算得分。

CrossEncoderModelSingleton 类对 CrossEncoder 类进行了封装，主要出于两个目的：一是实现单例模式，支持在应用程序的任何位置方便地访问同一个 cross-encoder 模型实例，以避免每次使用时都需要在内存中重新加载模型；二是通过编写这个封装器，为 cross-encoder 模型及其他用于重排序的模型定义了统一接口。这种设计具有良好的扩展性——当需要采用不同的重排序实现方式（如使用 API）时，只需编写一个符合相同接口的新封装器，用它替换原有的类即可。这样就能在不影响现有代码的情况下，灵活地引入新的重排序方法。

接下来详细讲解 ContextRetriever 类，它能将前面介绍的所有方法整合在一起。同时，还会讲解如何将检索模块与 LLM 结合，构建一个完整的端到端 RAG 推理流水线。

9.3 构建基于 RAG 的 LLM Twin 推理流水线

正如本章开始介绍的，RAG 推理流水线主要包含 3 个部分：检索模块、提示增强和答案生成，其中答案生成实质上是通过增强提示来调用 LLM。本节将重点介绍检索模块的实现（其中包含了主要的代码和业务逻辑），并讲解如何利用检索到的上下文和用户查询来构建最终提示。

9.3.2 节将探讨如何整合检索模块、提示创建逻辑和 LLM，以构建完整的端到端 RAG 工作流。由于尚未将微调后的 LLM Twin 模块部署到 AWS SageMaker，因此需要等第 10 章才能进行 LLM 的测试。

9.3.1 实现检索模块

ContextRetriever 类负责协调 RAG 系统中的检索步骤，集成了 9.2 节介绍的查询扩展、自查询、重排序和过滤向量搜索等高级 RAG 技术。在 GitHub 仓库的 llm_engineering/

application/rag/retriever.py 文件中可以找到完整的代码实现。

ContextRetriever 类以 search() 方法作为入口函数，图 9.2 详细展示了 search() 方法如何整合 9.1 节介绍的步骤，以搜索与用户查询相似的结果。图 9.2 中重点说明了如何在过滤向量搜索时使用自查询提取的作者信息。同时，还深入展示了搜索操作的具体流程：对每个查询，系统会在向量数据库中执行 3 次搜索，分别查找与查询相似的文章、帖子和代码仓库。在 N 次搜索中的每一次，最多获取 K 个结果。由于有 3 个数据类别，每个类别最多获取 $K/3$ 个条目。这样汇总后，将得到一个不超过 K 个文本块的列表。之所以文本块的列表数可能小于 K，是因为在应用作者过滤条件后，某些数据类别返回的结果可能少于 $K/3$ 个，而这通常是由于特定作者或数据类别的文本块数量不足导致的。

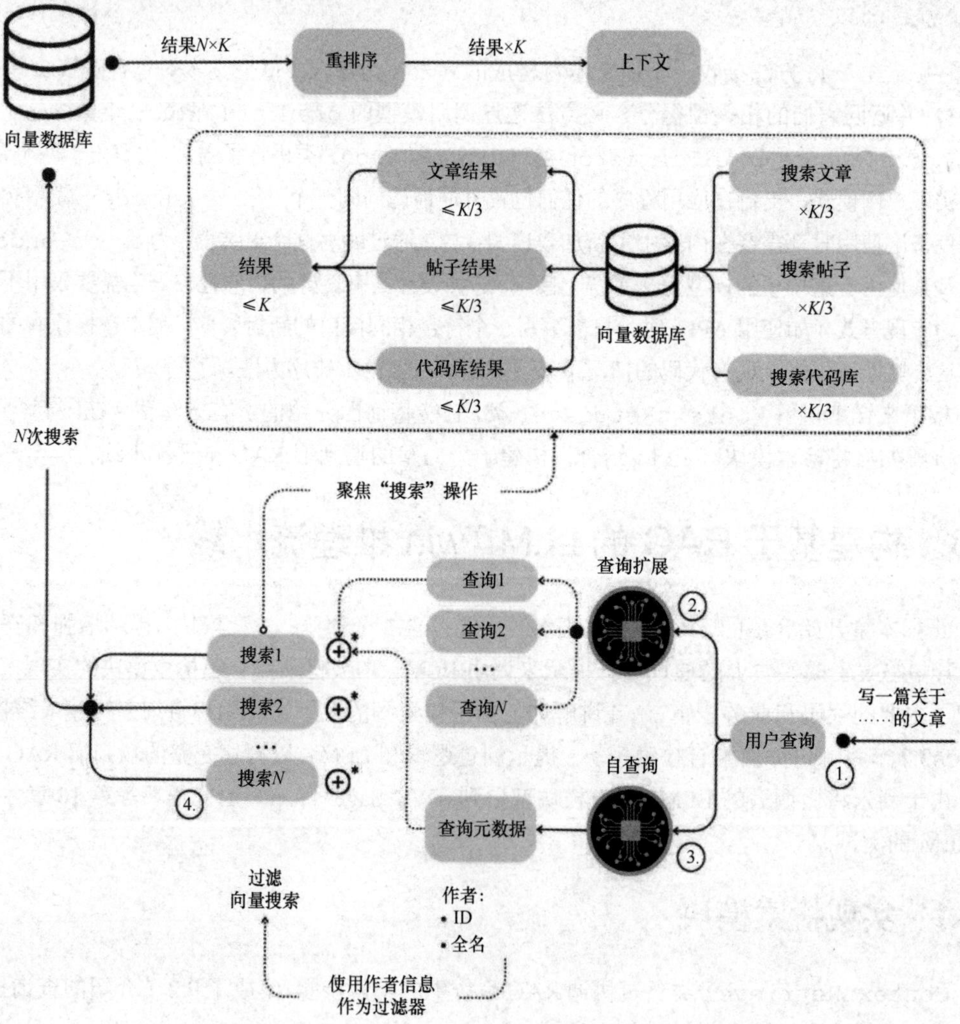

图 9.2　RAG 检索模块的检索流程

图 9.3 展示了处理 N 次搜索返回结果的流程。每次搜索最多返回 K 个项目，这些结果会被整合成一个最多包含 $N\times K$ 个文本块的列表。由于不同搜索返回的结果可能存在重叠，因此需要对整合后的列表进行去重，确保每个文本块的唯一性。随后，这些文本块会被送入重排模型进行评分和排序，最终选取相关性最高的 K 个文本块作为 RAG 的上下文输入。

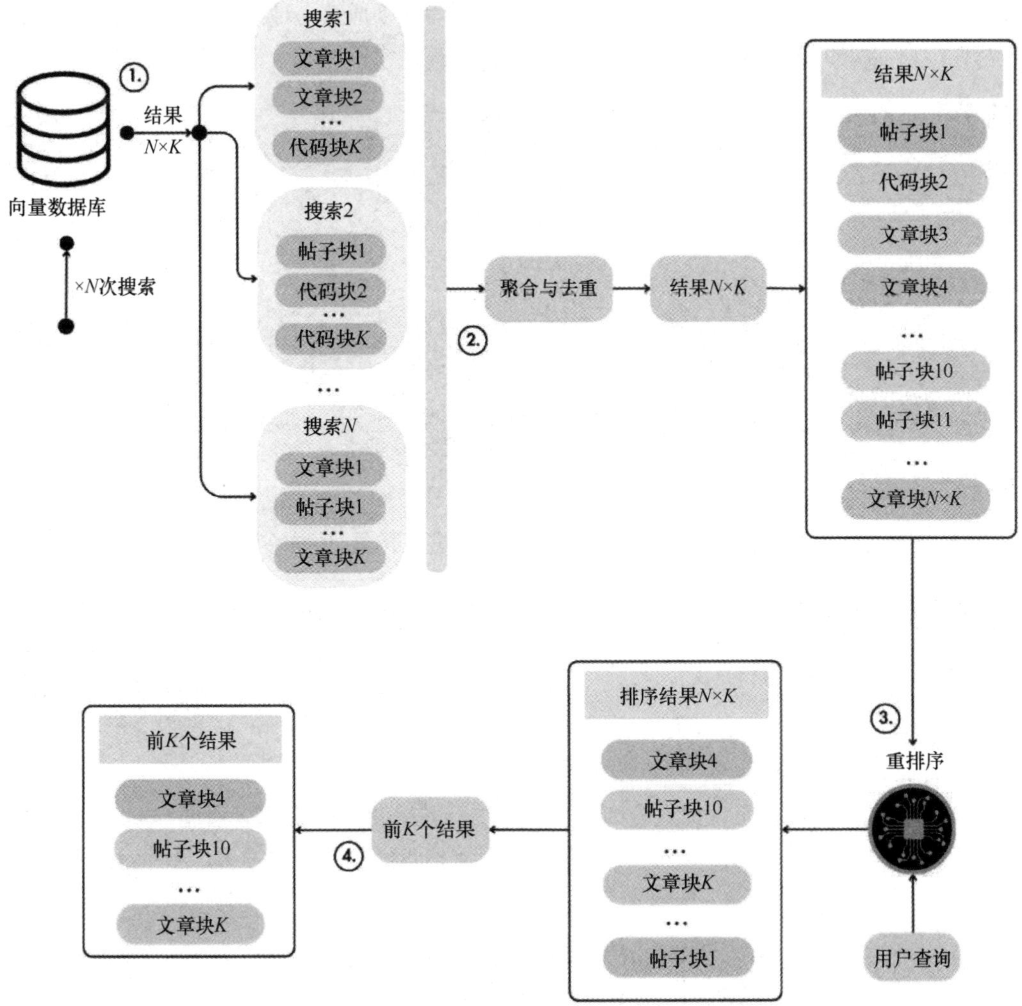

图 9.3 RAG 检索模块的结果流处理示意

下面介绍如何在 ContextRetriever 类中实现图 9.2 和图 9.3 所展示的功能。

（1）初始化 ContextRetriever 类，包括创建 QueryExpansion、SelfQuery 和 Reranker 这 3 个类的实例。

```
class ContextRetriever:
    def __init__(self, mock: bool = False) -> None:
        self._query_expander = QueryExpansion(mock=mock)
        self._metadata_extractor = SelfQuery(mock=mock)
        self._reranker = Reranker(mock=mock)
```

（2）在 search() 方法中，首先把用户输入的字符串转换成查询对象，然后通过 SelfQuery 实例提取该查询中的 author_id 和 author_full_name 字段。

```
    def search(
        self,
        query: str,
        k: int = 3,
        expand_to_n_queries: int = 3,
    ) -> list:
        query_model = Query.from_str(query)

        query_model = self._metadata_extractor.generate(query_model)
        logger.info(
            "Successfully extracted the author_id from the query.",
            author_id=query_model.author_id,
        )
```

接下来通过 QueryExpansion 实例对原始查询进行扩展，生成多个语义相近的查询语句。

```
        n_generated_queries = self._query_expander.generate(query_model, expand_to_n=
expand_to_n_queries)
        logger.info(
            "Successfully generated queries for search.",
            num_queries=len(n_generated_queries),
        )
```

使用线程池并发执行所有扩展查询的搜索操作，其中每个查询都会通过_search() 方法进行处理（该方法我们稍后会详细介绍）。最后将所有搜索结果展平并去重，合并为一个统一的结果列表。

```
        with concurrent.futures.ThreadPoolExecutor() as executor:
            search_tasks = [executor.submit(self._search, _query_model, k) for _query_model
in n_generated_queries]

            n_k_documents = [task.result() for task in concurrent.futures.as_completed
(search_tasks)]
            n_k_documents = utils.misc.flatten(n_k_documents)
            n_k_documents = list(set(n_k_documents))
```

```
        logger.info("All documents retrieved successfully.", num_documents=len(n_k_
documents))
```

在获取文档后，根据它们与原始查询的相关度进行重排序，只保留相关度最高的 k 个文档。

```
        if len(n_k_documents) > 0:
            k_documents = self.rerank(query, chunks=n_k_documents, keep_top_k=k)
        else:
            k_documents = []

        return k_documents
```

（3）使用_search()方法对帖子、文章和代码仓库等不同类型的数据进行向量过滤搜索。该方法通过EmbeddingDispatcher将查询语句转换为包含嵌入向量和元数据的EmbeddedQuery对象。

```
    def _search(self, query: Query, k: int = 3) -> list[EmbeddedChunk]:
        assert k >= 3, "k should be >= 3"

        def _search_data_category(
            data_category_odm: type[EmbeddedChunk], embedded_query: EmbeddedQuery
        ) -> list[EmbeddedChunk]:
            if embedded_query.author_id:
                query_filter = Filter(
                    must=[
                        FieldCondition(
                            key="author_id",
                            match=MatchValue(
                                value=str(embedded_query.author_id),
                            ),
                        )
                    ]
                )
            else:
                query_filter = None

            return data_category_odm.search(
                query_vector=embedded_query.embedding,
                limit=k // 3,
                query_filter=query_filter,
            )
        embedded_query: EmbeddedQuery = EmbeddingDispatcher.dispatch(query)
```

使用 EmbeddingDispatcher 类来生成查询的向量表示，以确保在数据摄入和查询阶段使用的是同一个嵌入模型，这对于后续的检索步骤至关重要。

使用本地的_search_data_category()函数对每个数据类别进行独立搜索。在该函数中，系统会应用从 embedded_query 对象提取的过滤条件，例如当存在 author_id 时，系统会根据这个 ID 筛选出特定作者的文档。最后，合并各个类别的搜索结果。

```
        post_chunks = _search_data_category(EmbeddedPostChunk, embedded_query)
        articles_chunks = _search_data_category(EmbeddedArticleChunk, embedded_query)
        repositories_chunks = _search_data_category(EmbeddedRepositoryChunk, embedded_
query)

        retrieved_chunks = post_chunks + articles_chunks + repositories_chunks

        return retrieved_chunks
```

（4）实现 rerank()方法。该方法会根据相关性对检索到的文档列表进行重新排序，这个过程需要输入原始查询和文档列表作为参数。

```
    def rerank(self, query: str | Query, chunks: list[EmbeddedChunk], keep_top_k: int) ->
list[EmbeddedChunk]:
        if isinstance(query, str):
            query = Query.from_str(query)

        reranked_documents = self._reranker.generate(query=query, chunks=chunks,
keep_top_k=keep_top_k)

        logger.info("Documents reranked successfully.", num_documents=len(reranked_documents))

        return reranked_documents
```

通过 ContextRetriever 类，只需几行代码就能完成任意查询的上下文检索。下面这段代码展示了如何通过调用 search()方法来启动完整的高级 RAG 流程。

```
from loguru import logger

from llm_engineering.application.rag.retriever import ContextRetriever

query = """
        My name is Paul Iusztin.

        Could you draft a LinkedIn post discussing RAG systems?
        I'm particularly interested in:
        - how RAG works
        - how it is integrated with vector DBs and large language models (LLMs).
        """

retriever = ContextRetriever(mock=False)
documents = retriever.search(query, k=3)

logger.info("Retrieved documents:")
```

```
for rank, document in enumerate(documents):
    logger.info(f"{rank + 1}: {document}")
```

在命令行中输入 `poetry poe call-rag-retrieval-module` 来执行上述代码，输出如下。

```
2024-09-18 19:01:50.588 | INFO - Retrieved documents:
2024-09-18 19:01:50.588 | INFO - 1: id=UUID('541d6c22-d15a-4e6a-924a-68b7b1e0a330')
content='4 Advanced RAG Algorithms You Must Know by
Paul Iusztin Implement 4 advanced RAG retrieval techniques to optimize your vector DB
searches. Integrate the RAG retrieval module into a production LLM system…"
platform='decodingml.substack.com' document_
id=UUID('32648f33-87e6-435c-b2d7-861a03e72392')
author_id=UUID('900fec95-d621-4315-84c6-52e5229e0b96') author_full_name='Paul Iusztin'
metadata={'embedding_model_id': 'sentence-transformers/all-MiniLM-L6-v2',
'embedding_size': 384, 'max_input_length': 256} link='https://decodingml.
substack.com/p/the-4-advanced-rag-algorithms-you?r=1ttoeh'
2024-09-18 19:01:50.588 | INFO - 2: id=UUID('5ce78438-1314-4874-8a5a-04f5fcf0cb21')
content='Overview of advanced RAG optimization techniquesA production RAG system is split
into 3 main components ingestion clean, chunk, embed, and load your data to a vector
DBretrieval query your vector DB for …" platform='medium'
document_id=UUID('bd9021c9-a693-46da-97e7-0d06760ee6bf')
author_id=UUID('900fec95-d621-4315-84c6-52e5229e0b96') author_full_name='Paul Iusztin'
metadata={'embedding_model_id': 'sentence-transformers/all-MiniLM-L6-v2',
'embedding_size': 384, 'max_input_length': 256} link='https://medium.com/decodingml/
the-4-advanced-rag-algorithms-you-must-know-to-implement-5d0c7f1199d2'
2024-09-18 19:02:45.729 | INFO  - 3: id=UUID('0405a5da-4686-428a-91ca-446b8e0446ff')
content='Every Medium article will be its own lesson
An End to End Framework for Production Ready LLM Systems by Building
Your LLM TwinThe Importance of Data Pipelines in the Era of Generative AIChange Data Capture
Enabling Event Driven …" platform='medium' document_
id=UUID('bd9021c9-a693-46da-97e7-0d06760ee6bf')
author_id=UUID('900fec95-d621-4315-84c6-52e5229e0b96') author_full_name='Paul Iusztin'
metadata={'embedding_model_id': 'sentence-transformers/all-MiniLM-L6-v2',
'embedding_size': 384, 'max_input_length': 256} link='https://medium.
com/decodingml/the-4-advanced-rag-algorithms-you-must-know-to-implement-5d0c7f1199d2'
```

可以看到，除了检索内容本身，还能获取多种元数据信息，包括用于检索的嵌入模型和文本块的来源链接等。在向用户展示结果时，这些元数据可以直接作为参考文献，有助于提升结果的可信度。

9.3.2 整合 RAG 推理流水线

要完整实现 RAG 流程，需要完成两个关键步骤：利用检索模块获取的上下文构建提示，并调用 LLM 生成答案。本节将详细介绍这两个步骤，并将它们整合到一个 `rag()` 函数中。本节涉及的所有代码都可以在 GitHub 仓库的 `llm_engineering/infrastructure/inference_pipeline_api.py` 文件中找到。

`call_llm_service()` 函数主要用于与 LLM 服务进行交互。这个函数会接收用户查询和可选的上下文参数，随后设置语言模型的 SageMaker 推理端点（endpoint），执行推理计算，最终返回生成的答案。其中上下文参数是可选的，这意味着可以像调用其他 LLM 一样，在不提供上下文的情况下直接使用该函数。

```
def call_llm_service(query: str, context: str | None) -> str:
    llm = LLMInferenceSagemakerEndpoint(
        endpoint_name=settings.SAGEMAKER_ENDPOINT_INFERENCE, inference_component_name= None
    )
    answer = InferenceExecutor(llm, query, context).execute()

    return answer
```

该函数会向部署在 AWS SageMaker 推理端点上的微调后的 LLM Twin 模型发送 HTTP 请求。第 10 章将详细介绍 SageMaker 的相关内容，并深入分析 `LLMInferenceSagemakerEndpoint` 和 `InferenceExecutor` 这两个类。目前只需要知道，这个函数用于调用微调后的 LLM 模型。需要注意的是，传递给 `InferenceExecutor` 类的查询和上下文是如何转换为最终提示的——使用一个简单的提示模板，根据用户查询和检索到的上下文对其进行定制。

```
prompt = f"""
You are a content creator. Write what the user asked you to while using the provided context
as the primary source of information for the content.
User query: {query}
Context: {context}
          """
```

`rag()` 函数是实现 RAG 核心逻辑的关键部分。该函数主要完成 3 项任务：根据用户查询检索相关文档、将检索到的文档转换为提示所需的上下文信息，以及调用 LLM 生成最终答案。

```
def rag(query: str) -> str:
    retriever = ContextRetriever(mock=False)
    documents = retriever.search(query, k=3)
    context = EmbeddedChunk.to_context(documents)

    answer = call_llm_service(query, context)

    return answer
```

将 RAG 的各个步骤模块化为独立的类后，高层的 `rag()` 函数得以简化为 5 行代码。这种方式封装了系统的所有复杂性，类似于 LangChain、LlamaIndex 或 Haystack 等工具的设计理念。不同的是，我们没有直接使用这些工具的高层实现，而是学习了如何从零开始构建一个高级 RAG 服务。通过明确划分每个类的职责，这些模块可以像乐高积木一样被灵活组合。这意味着既可以在不需要上下文的情况下直接调用 LLM，也可以将检索模块作为查询引擎架设在向量数据库之上。在下一章中，我们会将微调后的 LLM 部署到 AWS SageMaker 推理端点，届时将展示 rag() 函数的具体应用。

在本章结束前，我们将探讨如何对 RAG 推理流水线进行潜在改进。作为一个聊天机器人系统，第一个改进是**增加对话记忆功能**，将用户输入和系统回复都存储在内存中。这样，聊天机器人就能了解整个对话的上下文，而不是仅关注最新的一次输入。在向 LLM 发送提示时，除了新的用户输入和上下文信息，还会传入存储在内存中的历史对话。然而，随着对话的深入，历史对话的记录会不断增长。为了避免超出上下文窗口限制或增加运行成本，需要设计合理的方案来控制内存占用。如图 9.4 所示，最简单的方法是只保留最近 *K* 轮对话记录。但这种方案的缺点在于，LLM 将无法获取完整的对话历史。

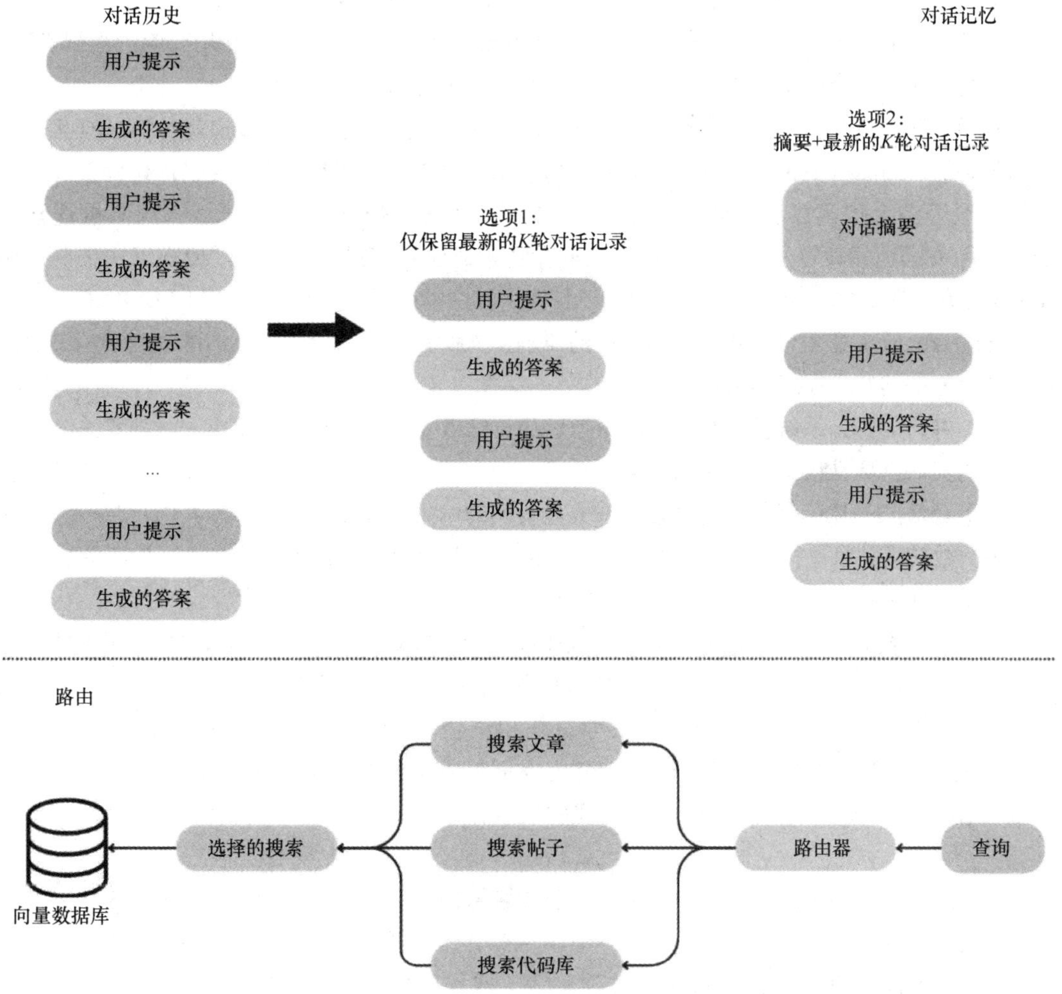

图 9.4 增加路由机制和优化内存使用的示例

将历史对话记录整合到提示中还有另一种方法，就是同时保留对话摘要和最近 *K* 次的对话记录。虽然计算摘要的方法有很多种，但为了不偏离本书重点，这里我们只介绍最简单的方式：在每次接收用户提示时更新摘要并生成回答。

对 RAG 系统的第二个改进是，通过**路由机制**来优化查询和搜索的性能，如图 9.4 所示。

目前，每次搜索都需要向向量数据库发送 3 个查询请求（对应 3 个数据类别）。为了优化这一点，可以在查询和搜索之间引入路由机制。路由器本质上是一个多类别分类器，能够预测特定查询所需检索的数据类别，这样就能将每次搜索原本需要的 3 个请求减少到 1～2 个。例如，当用户想要为文章撰写一段关于 RAG 原理的内容时，很可能只查询文章集合就足够了。此时路由器可以预测出文章类别，我们据此确定要查询的目标集合。

再例如，用户想要展示一段代码。此时，路由器需要同时预测文章和代码仓库的数据类别，这样才能从两个集合中检索相关示例，获得完整的上下文信息。

通常，路由机制会根据用户输入来选择合适的模型，例如针对具体查询是调用 GPT-4 还是自己部署的 Llama 3.1 模型。在我们的应用场景中，可以通过调整路由算法来优化检索过程，还可以通过混合搜索算法来进一步优化检索效果。混合搜索算法将基于嵌入的向量搜索与 BM25 等关键词搜索算法结合在一起。在向量搜索算法被广泛应用之前，搜索算法主要依靠 BM25 等方法在数据库中查找相似内容。混合搜索算法能够同时满足精确匹配（如 RAG、LLM 或 SageMaker 等专业术语）和语义相关性的需求，从而显著提升检索结果的准确度和相关性。混合搜索算法的基本原理如下。

（1）**并行处理**：系统会同时启动向量搜索和 BM25 算法来处理搜索请求。两种算法分别根据各自的其评判标准检索出一组相关文档。

（2）**分数归一化**：分别为两种搜索方式检索到的结果计算相关性得分，并进行归一化处理以实现分数的可比性。由于向量搜索和 BM25 的评分机制采用不同的度量标准，归一化尤为重要，否则无法直接比较或合并两种搜索的结果。

（3）**结果合并**：将归一化后的分数通过加权求和的方式合并，从而得出文档的最终排序。通过调整权重比例，可以灵活控制语义搜索和关键词搜索各自的影响程度。

总之，将语义搜索与精确关键词搜索算法相结合，能够显著提升检索的准确性。其中，向量搜索可以识别同义词和相关概念，避免因词汇表达差异而遗漏重要信息；而关键词搜索则能确保包含关键术语的文档获得合理的权重，这一点在专业术语较多的技术领域尤为重要。

对 RAG 系统的第三个改进是**采用多索引向量结构**，而不是仅依赖内容嵌入来建立索引。与仅使用单一字段的嵌入进行向量搜索不同，多索引技术可以结合多个字段进行检索。

以 LLM Twin 为例，最初仅使用文章、帖子或代码仓库的内容字段来查询向量数据库。但通过采用多索引策略，不仅可以对内容字段建立索引，还可以为内容的发布平台和发布时间创建嵌入索引。这种方式能够提升检索的准确性，原因在于不同平台的内容类型各异，且较新的内容往往具有更高的相关性。Superlinked 等框架大大简化了多索引的实现过程。Superlinked 是一款功能强大的 Python 工具，可用于 RAG、推荐系统和语义搜索等各类向量计算场景。它提供了完整的生态系统支持，能够实现数据快速导入向量数据库、构建复杂查询逻辑，并支持将服务以 REST API 的形式进行部署。

下面的代码示例展示了如何使用 Superlinked，仅用几行代码就能为文章集合的内容和平台创建多索引。

```
from superlinked.framework.common.schema.id_schema_object import IdField
from superlinked.framework.common.schema.schema import schema
from superlinked.framework.common.schema.schema_object import String
... # Other SuperLinked imports.

@schema
class ArticleSchema:
    id: IdField
    platform: String
    content: String

article = ArticleSchema()

articles_space_content = TextSimilaritySpace(
    text=chunk(article.content, chunk_size=500, chunk_overlap=50),
    model=settings.EMBEDDING_MODEL_ID,
)
articles_space_platform = CategoricalSimilaritySpace(
    category_input=article.platform,
    categories=["medium", "substack", "wordpress"],
    negative_filter=-5.0,
)

article_index = Index(
    [articles_space_content, articles_space_platform],
    fields=[article.author_id],
)
```

LLM 和 RAG 技术仍处于探索阶段，因此在开发实际产品时，首要任务是快速搭建一个基本可用的端到端解决方案，而不必过分追求完美。之后可以通过持续实验和迭代，逐步针对具体应用场景进行优化。这种快速迭代的方法是业界普遍采用的最佳实践，它能让产品在生命周期早期就开始创造价值，并及时获取用户反馈。

9.4 小结

本章介绍了如何构建一个高级 RAG 推理流水线。首先，介绍了 RAG 系统的软件架构。然后，详细讲解了检索模块中的多种高级 RAG 方法，包括查询扩展、自查询、过滤向量搜索和重排序等。其次，介绍了如何编写模块化的 ContextRetriever 类，该类通过单一接口整合了所有高级 RAG 组件，大大简化了相关文档的搜索过程。最后，将检索、提示增强和 LLM 调用等各个环节整合到一个统一的 RAG 函数中，从而构建出完整的 RAG 推理流水线。

第 10 章将介绍如何将 LLM 部署到 AWS SageMaker 平台，编写用于调用端点的推理接口，并搭建 FastAPI Web 服务器作为业务层。

第10章 推理流水线部署

在机器学习应用的生命周期中，部署 LLM Twin 应用的推理流水线是关键的一环。这一环节能够为业务创造最大价值，使我们开发的模型能够为最终用户所用。然而，成功部署 AI 模型并非易事，需要昂贵的计算资源和最新特性来运行推理。为此，精心设计部署策略尤为关键。一个优秀的部署策略必须满足应用在延迟、吞吐量及成本等方面的需求。在处理 LLM 时，应运用第 8 章介绍的多种推理性能优化技术，如模型量化等，来提升性能。此外，为实现部署流程的自动化，还需遵循 MLOps 的最佳实践，如利用模型仓库来统一管理基础设施中的模型版本与共享。

为理解如何设计 LLM Twin 的部署架构，本章将首先介绍影响部署方案的 4 个基本要素——延迟、吞吐量、数据和基础设施，再介绍 3 种可选的部署方案——在线实时推理（online real-time inference）、异步推理（asynchronous inference）和离线批量转换（offline batch transform）。接下来，本章将对比单体（monolithic）架构和微服务（microservices）架构的优劣势，因为模型服务架构的选择对服务的可扩展性和可维护性有很大影响。随后，本章将深入讲解 LLM Twin 推理流水线的具体部署策略，并通过一个端到端的案例介绍 LLM Twin 服务的部署，具体包括如何将定制微调后的 LLM 部署到 AWS SageMaker 端点，以及如何搭建 FastAPI 服务器作为用户访问的统一入口。最后，本章将介绍 SageMaker 的自动缩放策略及其具体应用方法。

本章包括以下内容：

- 部署方案的选择依据；
- 3 种推理部署方案；
- 两种模型服务架构；
- LLM Twin 推理流水线的部署策略；
- LLM Twin 服务的部署实践；
- 应对流量高峰的自动弹性扩展机制。

10.1 部署方案的选择

吞吐量、延迟、数据和基础设施这 4 个基本要素，是部署所有机器学习应用都必须考虑的。它们会直接影响用户体验，需要在设计模型部署架构时进行权衡取舍。例如，在部署模型时，应该优先考虑降低延迟，还是提高吞吐量？

10.1.1 吞吐量和延迟

吞吐量是指系统在单位时间内能够处理的推理请求数量，通常用**每秒请求数**（**requests per second，RPS**）来度量。当机器学习模型需要处理大规模并发请求时，吞吐量是一个关键指标。规划合理的吞吐量指标可以确保系统在面对大量请求时依然能够高效运转，避免成为性能瓶颈。

要实现高吞吐量，通常需要可扩展且稳定的基础设施支持，例如配备多个高端 GPU 的服务器或计算集群。**延迟**则是指系统接收到推理请求后，到返回结果这段过程所需的时间。在一些对响应速度要求极高的实时应用场景（如实时用户交互、欺诈检测等需要即时反馈的系统）中，延迟是一个关键指标。以 OpenAI API 为例，其平均延迟指的是从用户发送请求到应用程序接收到可用结果的平均时间。

延迟是网络 I/O、序列化和反序列化过程以及 LLM 的推理时间的总和。吞吐量则是 API 每秒能够处理和响应的请求数量。

为了实现低延迟系统，需要投入更多成本来优化基础设施，包括配置更快的处理器、降低网络延迟，甚至可能需要利用边缘计算以缩短数据传输距离。

当服务能够成功并行处理多个查询时，较低的延迟会带来更高的吞吐量。例如，如果服务处理每个请求需要 100 ms，那么系统的吞吐量就是每秒 10 个请求；而当每个请求的延迟降低到 10 ms 时，系统吞吐量就能提升到每秒 100 个请求。

然而，使情况变得复杂的是，大多数机器学习应用采用批处理策略，同时向模型输入多个数据样本。在这种情况下，较低的延迟反而可能导致较低的吞吐量，即较高的延迟可能带来更高的吞吐量。例如，如果在 100 ms 内能处理 20 个批请求，虽然延迟是 100 ms，但吞吐量可以达到每秒 200 个请求。而如果在 200 ms 内处理 60 个请求，尽管延迟增加到 200 ms，吞吐量却能提升至每秒 300 个请求。因此，即便采用批处理方式提供服务，仍然需要权衡延迟对用户体验的影响，确定一个可接受的最小延迟阈值。

10.1.2 数据

在机器学习系统中，数据无处不在。在模型服务的场景下，主要关注模型的输入和输出数据，包括数据的格式、规模和复杂程度。数据是推理过程的基础，其特征（如大小和类型）直接决定了系统的配置方式和性能优化策略。

数据的类型和规模会直接影响系统的延迟和吞吐量，这是因为处理复杂或大规模数据通常需要更长的时间。例如，一个处理结构化数据并输出概率值的模型，和一个接收文本甚至图像作为输入并生成字符数组作为输出的 LLM，在设计思路上有本质区别。

10.1.3 基础设施

基础设施指的是支持机器学习模型部署和运行的底层硬件、软件、网络和系统架构。它为机器学习模型的部署、扩展和维护提供了必要的资源支持，具体涵盖计算资源、内存、存储空间、网络组件以及完整的软件技术栈等核心要素。

- 为了**高吞吐量**，系统需要可扩展的基础设施，以便管理大量数据和高请求率，这可能需要通过并行处理、分布式系统和高端 GPU 来实现。
- 为了应对**低延迟**请求，需要优化基础设施来缩短请求处理时间，如使用更快速的 CPU、GPU 或专用硬件。在降低系统延迟的同时能够批处理请求，往往需要牺牲吞吐量来满足低延迟，这可能会导致硬件资源未被充分利用。当每秒处理的请求数量变少时，会造成计算资源闲置，从而增加了单个请求的处理成本。因此，根据实际需求选择合适的硬件配置对于成本优化来说尤为关键。

在设计基础设施时，必须充分考虑具体的数据需求。这意味着不仅要选择合适的存储方案来处理海量数据集，还需要建立高效的检索机制来保证数据访问的效率。具体而言，在离线训练场景下，更注重提升系统的吞吐量；而在在线推理时，则主要关注降低系统的延迟。

基于上述考虑，在确定具体的部署方案前，需要先思考以下几个问题。

- 吞吐量需求是什么？应根据吞吐量的最小需求、平均需求和最大需求来做出决策。
- 系统必须同时处理多少个请求（如 1 个、10 个、1,000 个、100 万个）？
- 延迟需求是什么（如 1 ms、10 ms、1 s 等）？
- 系统应如何扩展？需要考虑 CPU 负载、请求数量、队列大小、数据大小或它们的组合。
- 成本需求是什么？处理的数据类型是什么？例如，处理的是图像数据、文本数据还是表格数据？
- 处理的数据规模是多大（如 100 MB、1 GB、10 GB）？

深入思考这些问题对应用程序的用户体验至关重要，它往往是决定产品成败的关键因素。即便开发出了一个令人叹为观止的模型，但如果需要等待过长时间才能获得响应，或者系统频繁崩溃，用户也会转而选择那些虽然精度较低但运行更为可靠的替代模型。谷歌在 2016 年的一项研究中发现，当移动网站加载时间超过 3 s 时，53%的用户会直接放弃访问。

10.2 深入理解推理部署方案

在为模型提供服务时，可以采用以下 3 种基本部署方式，如图 10.1 所示。

- 在线实时推理。
- 异步推理。
- 离线批量转换。

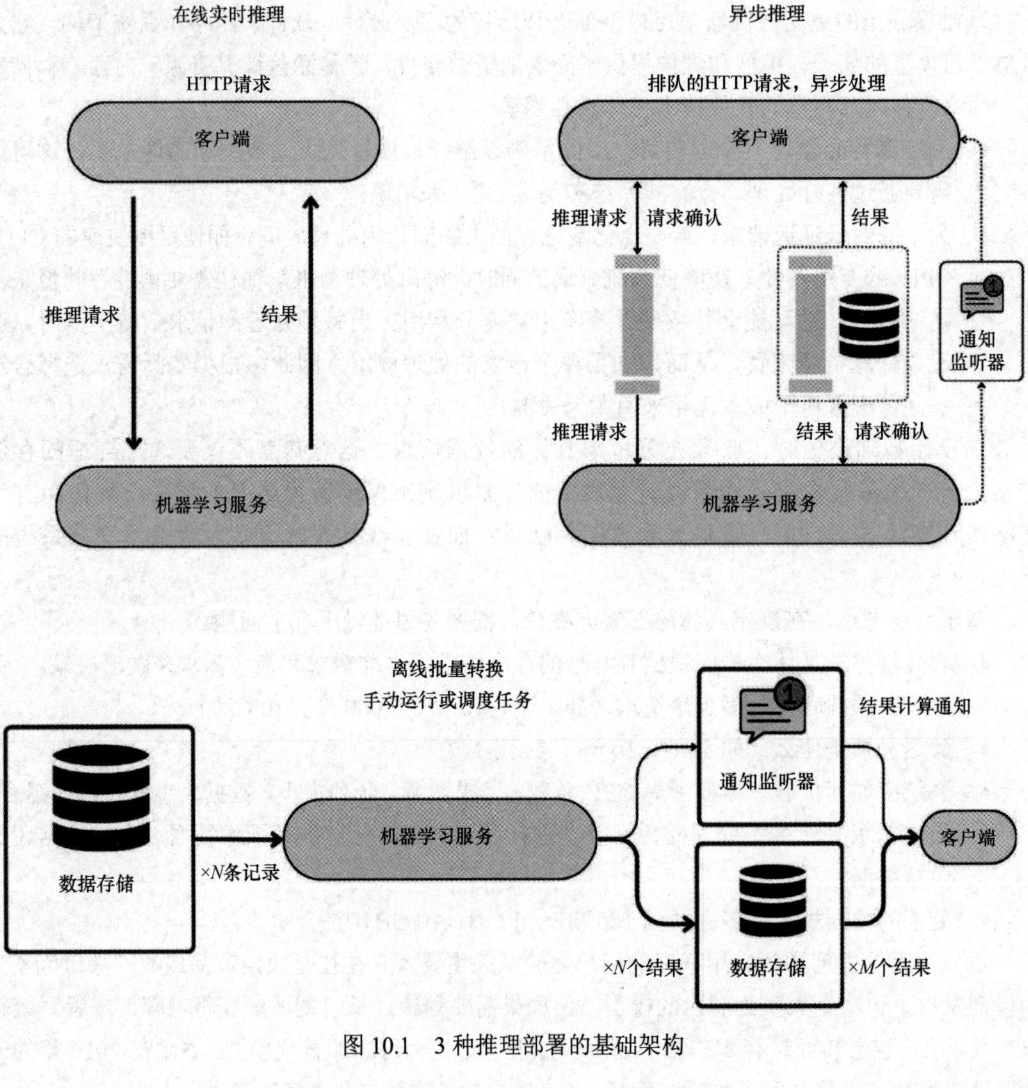

图 10.1 3 种推理部署的基础架构

在选择设计方案时，需要权衡延迟、吞吐量和成本这 3 个关键因素。同时，还要充分考虑数据的访问方式及现有的基础设施。此外，用户与模型的交互方式也是一个重要的评估标准。例如，模型可能是像聊天机器人那样供用户直接使用，也可能是像安全检查分类器那样在系统后台默默运行，负责验证输入输出的安全性。

在选择部署方案时，返回预测的时效性是一个重要考虑因素。如果业务场景能够容忍一定的延迟，采用离线批量转换模式是相对简单的实现方案。如果业务场景需要即时响应，就必须选择在线实时推理模式，这对基础设施提出了更高要求。同时，还需要评估应用的流量模式，访问量是持续稳定，还是会出现明显的高峰低谷？这些都是制定部署策略时需要明确的关键问题。

10.2.1 在线实时推理

在在线实时推理场景中，通常采用基于 HTTP 请求的简单服务器架构，其中最常见的实现方式是 REST API 或 gRPC 服务器。REST API 虽然使用门槛较低、接入便捷，但由于采用 JSON 格式在客户端和服务器之间传输数据，其响应速度相对较慢。

当需要将模型服务从内部网络扩展到公众用户时，通常会采用 REST API 的方式。OpenAI 就采用了 REST API 协议来提供其服务接口。

相比之下，采用 gRPC 的方式，虽然会在一定程度上降低系统的灵活性和通用性，但能显著提升机器学习服务器的性能。这种方式要求在客户端应用中实现 protobuf 模式，相对来说更为烦琐。不过，其好处是可以将 protobuf 对象编译为二进制格式，大幅提升网络传输速度。这一优势使其成为同一机器学习系统内部服务的首选协议。

在在线实时推理模式下，客户端通过 HTTP 请求调用机器学习服务，服务器会立即处理请求并在响应中返回结果。这种同步交互方式要求客户端必须等待服务返回结果后才能继续执行后续操作。

要实现高效的机器学习服务，基础设施需要具备以下特点：一是，支持低延迟和快速响应的服务能力，这通常需要将服务部署在高性能且具备扩展性的服务器上；二是，通过负载均衡机制来合理分配入站的流量，同时配合自动缩放功能以应对不同规模的负载需求；三是，支持高可用性架构，这能确保服务持续稳定运行。

在线实时推理架构在 LLM 应用场景中十分常见。例如，当用户向基于 LLM 的聊天机器人或 API 发送请求时，系统会即时返回预测结果。以 ChatGPT 和 Claude 为代表的 LLM 服务平台通常采用 WebSocket 协议，将生成的内容以逐个词元的方式实时推送给用户，从而提供更流畅的交互体验。类似的应用还包括用于 RAG 的词向量嵌入模型和重排序模型，以及用于 TikTok 等平台的实时推荐引擎。

在线实时推理采用简单的客户端-服务器交互模式，能够提供即时响应，这使其特别适合聊天机器人和实时推荐等场景。不过，这种架构在扩展性方面存在一定挑战，而且在流量低谷期容易造成资源闲置。

10.2.2 异步推理

在异步推理模式下，当客户端向机器学习服务发送请求时，服务端会先确认接收并将请求存入处理队列。这与在线实时推理不同，客户端无须等待一个即时的响应，而是交给机器学习服务在后台异步处理这些请求。实现这种模式需要建立一个可靠的基础设施，确保请求消息能够被有序地存储并等待机器学习服务进行处理。

结果准备就绪后，可以采用多种方式将其返回给客户端。例如，可以根据结果数据的大小，选择将其存入专门的消息队列或对象存储系统中。

而客户端有两种选择：一是，采用轮询机制，按计划定时检查新结果；二是，采用推送策略并实现通知系统，在结果就绪时主动告知客户端。

异步推理可以更高效地利用系统资源，它无须同时处理所有请求，而是通过设定并行处理的最大机器数量来分批处理消息。这种方式之所以可行，是因为系统会将请求暂存在队列中，直到有可用机器来处理。而且，这种机制能够有效应对请求量突增的情况，不会出现超时问题。假设某电商网站平时使用两台机器负责每秒处理 10 个请求，当网站推出促销活动时，大量用户涌入导致请求量激增至每秒 100 个。在这种情况下，无须将机器数量扩展到原来的 10 倍，只需将过量请求存入队列，让原有的两台机器按照自己的节奏逐步消化这些请求即可，整个过程不会出现任何请求失败。

异步推理模式的另一大优势在于处理耗时较长的任务。例如，某个任务需要超过 5 min 才能完成，这时不应该让客户端一直阻塞等待响应。

异步推理虽然具有显著优势，但也存在一些弊端。由于会带来较高的延迟，它并不适合时间敏感型应用。此外，它还增加了系统实现和基础设施的复杂度。异步推理这种架构模式介于在线实时推理和离线批量转换之间，需要根据实际设计需求来权衡。

例如，异步推理的系统设计具有很强的鲁棒性，适用于对推理延迟要求不高但需要重点优化成本的场景。因此，它在文档关键词提取、LLM 文本摘要生成、视频深度伪造检测等任务中得到了广泛应用。如果能够精心设计自动缩放系统，确保队列中的请求得到及时处理，这种架构还可以扩展到电商的在线推荐等场景。归根结底，这取决于我们愿意投入多少计算资源来满足应用的性能预期。

10.2.3 离线批量转换

批量转换（batch transform）是一种同时处理大规模数据的方式，既可以按照预设的计划执行，也可以通过手动方式触发。在批量转换架构中，机器学习服务会先从存储系统中读取数据，在单次操作中处理完毕，最后将处理结果回写到存储系统中。因此，批量转换被归类为离线服务方法，常被叫作离线批量转换。这里的存储系统可以是 AWS S3 等对象存储服务，也可以是

GCP BigQuery 等数据仓库。

相比异步推理架构，批量转换架构更适合对延迟要求不严格但需要高吞吐量的场景。在不需要实时预测的情况下，由于大批量数据处理的经济性，这种方法可以显著降低运营成本。同时，批量转换架构也是最简单的模型部署方式，能够有效缩短开发周期。

在这种架构下，客户端直接从数据存储中拉取结果，实现了与机器学习服务的解耦。这种方式的优点是客户端无须等待机器学习服务处理输入数据，但缺点是失去了实时获取新结果的灵活性。从本质上看，存储结果的数据层相当于一个大型缓存系统，客户端可以按需从中获取数据。如果需要提升应用程序的响应性能，可以设置在处理完成时通知客户端，使其及时获取最新结果。

这种方式的一大缺点是预测结果从计算到使用之间不可避免地会产生延迟。正因如此，并非所有应用场景都适合采用这种方案。以视频流应用的推荐系统为例，由于用户观看电影和电视节目的频率相对较低，一天的预测结果延迟可能是可以接受的。但对于社交媒体平台的推荐系统而言，由于需要不断为用户推送最新内容，一小时的延迟都可能影响用户体验，更不用说一天的延迟了。

批量转换在数据分析和定期报告等需要高吞吐量的场景中表现优异。不过，这种方法存在较高的延迟，不适合实时应用场景。同时，在处理大规模数据集时还需要精心规划和调度。

10.3 模型服务的单体架构与微服务架构

10.2 节介绍的 3 种部署方案在架构上的区别主要体现在客户端与机器学习服务之间的交互方式上，包括通信协议、服务响应能力，以及返回结果的时效性等。

机器学习服务本身的架构设计，可以采用单体架构，也可以采用微服务架构。选择何种架构，将直接影响服务的实现方式、维护难度和扩展能力。这两种架构方案的对比，如图 10.2 所示。

10.3.1 单体架构

在单体架构中，LLM（或其他机器学习模型）与相关业务逻辑（包括预处理和后处理步骤）被整合到同一个服务中。由于所有代码都集中在一个代码仓库内，这种架构在项目初期实现起来较为简单。对于中小型项目而言，所有的更新和修改都可以在同一个系统中完成，因此这种简单的架构便于维护。

在单体架构中，独立扩展各个组件是一个重要的挑战。LLM 主要依赖 GPU 算力，而常规业务逻辑则主要受限于 CPU 和 I/O 性能，这就要求基础设施必须同时兼顾 GPU 和 CPU 的优化需求。这种设计会导致资源利用率不高：在处理业务逻辑时，GPU 会处于闲置状态；反过来，在运行 LLM 时，CPU 资源又得不到充分利用。资源调度的低效性会带来原本可以避免的额外成本。

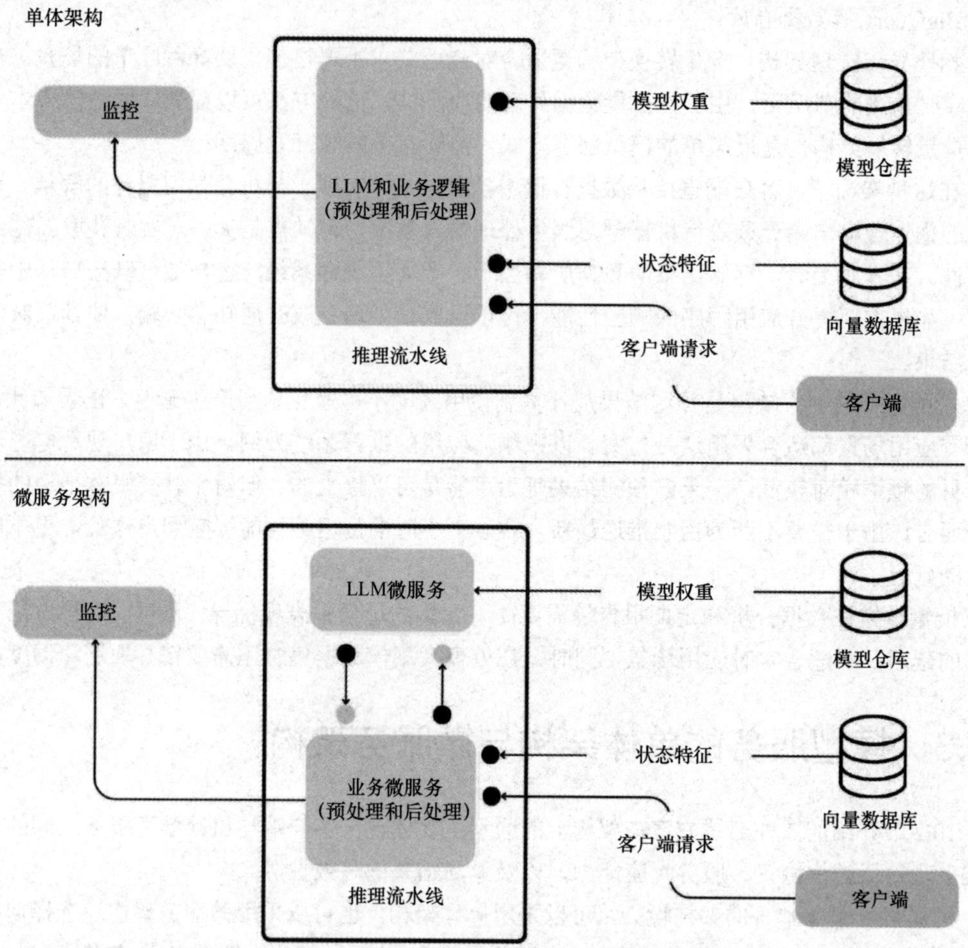

图 10.2 在模型服务部署中，单体架构与微服务架构对比

灵活性不足，也是单体架构的一个局限，因为所有组件都必须使用相同的技术栈和运行环境。如果希望用 Rust 或 C++来运行 LLM，或者通过 ONNX、TensorRT 进行编译，而业务逻辑则继续使用 Python 开发，但因为所有代码都集中在同一个系统中，所以很难实现这种不同编程语言的差异化。同时，采用单体架构会使得在不同的团队之间分配工作很复杂，常常会导致瓶颈并降低开发敏捷度。

10.3.2 微服务架构

在微服务架构中，推理流水线被拆分成多个独立的服务，其中最典型的做法是将 LLM 服务与业务逻辑分为不同的组件，组件之间通过 REST 或 gRPC 等协议进行通信，如图 10.3 所示。

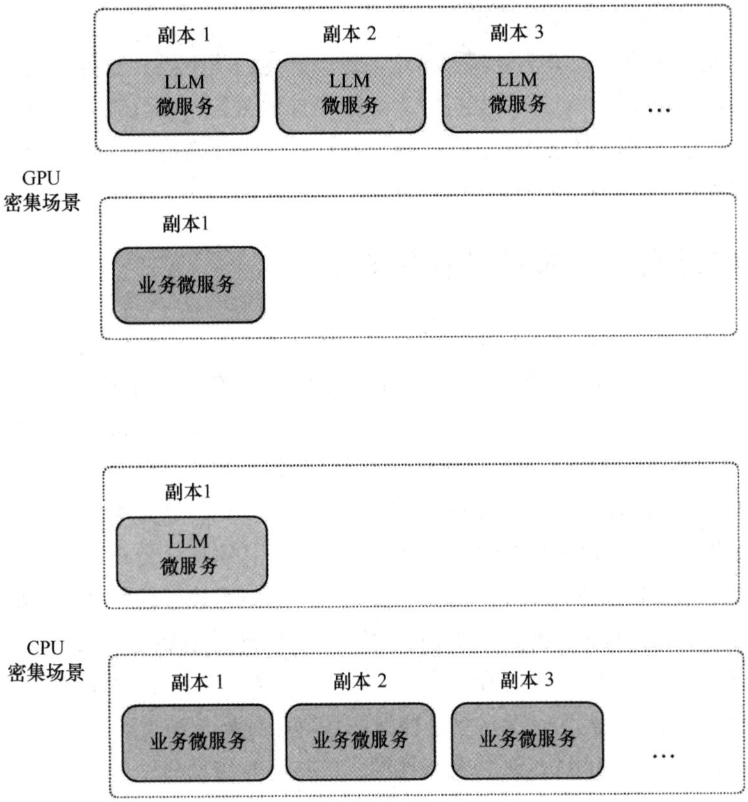

图 10.3　根据计算资源需求实现微服务的独立扩展

微服务架构的最大优势在于各个组件可以独立扩展。以 LLM 服务为例，由于它通常比业务逻辑需要更多的 GPU 资源，我们可以单独对其进行水平扩展，而不影响其他组件的运行。这种方式可以根据不同服务的需求灵活选择相应的硬件类型（如 GPU 或 CPU 服务器），因此不仅能提高资源利用率，还能有效降低成本。

以 LLM 推理为例，由于其处理时间较长，可能需要部署更多的机器学习服务副本来满足需求。但考虑到 GPU 虚拟机的高昂成本，将这两个组件解耦是明智之选。这样一来，就可以让 GPU 机器专注于必要的计算任务，而将其他计算工作转移到价格更为低廉的普通机器上完成，避免了对昂贵 GPU 资源的浪费。

通过将各个组件解耦，系统可以根据实际需求进行水平扩展，既能保持较低的成本，又能为系统提供高效的解决方案。同时，每个微服务可以选择最适合的技术栈，让不同团队进行自主创新和优化。

然而，微服务在部署和维护层面引入了复杂性。由于每个服务需要独立部署、监控和维护，这使得整体运维工作比单体架构更复杂。服务间频繁的网络通信可能导致延迟，并增加故障风险，因此需要建立可靠的监控和容错机制。

值得注意的是，这种将机器学习模型与业务逻辑分离为两个独立服务的设计方案具有良好的扩展性。例如，我们可以进一步将其拆分为数据预处理服务、模型服务和数据后处理服务 3 部分。在实际应用中，可以根据延迟、吞吐量、数据和基础设施这 4 个基本要素，灵活地设计最合适的架构方案。

10.3.3 单体架构与微服务架构的选择

单体架构与微服务架构的选择主要取决于具体的需求。对于规模较小的团队或功能相对简单的应用来说，如果开发和维护的便利性是首要考虑因素，单体架构往往是更好的选择；对于那些无须频繁扩展的项目，单体架构也是一个理想的起点。此外，当机器学习模型体量较小，不依赖 GPU 运算，或者只需要配置简单的 GPU 时，我们也需要权衡采用微服务架构时因基础设施复杂度增加而带来的成本节省是否值得，这时候单体架构也许是更好的选择。

但是，微服务架构凭借其出色的适应性和可扩展性，特别适合管理大型复杂系统。在这类系统中，不同组件往往需要独立扩展，且可能采用不同的技术栈。这种架构在处理特定系统模块的扩展时尤为有效，例如 GPU 密集型的 LLM 服务。LLM 通常需要运行在搭载了 Nvidia A100、V100 或 A10g 等高性能 GPU 的服务器上，这些硬件成本极其昂贵。采用微服务架构能够提供足够的灵活性，既可以通过优化确保这些高性能服务器始终处于满负荷运转状态，也能在 GPU 空闲时及时缩减资源规模。不过，这种灵活性的代价是显而易见的——它增加了系统在开发和运维两个层面的复杂度。

在系统架构设计中，一种常见的策略是先采用单体架构，随着项目规模扩大再逐步将其拆分为多个微服务。然而，为了成功实现这一点，又不使过渡过于复杂和昂贵，必须在设计单体架构时预留空间。举例来说，即便所有代码都部署在同一台机器上，也可以在软件层面实现模块间的完全解耦，这样在需要时就能更轻松地将各个模块迁移到独立的微服务中。以 Python 开发为例，可以把机器学习模块和业务逻辑模块完全分离使它们互不依赖，之后通过更高层的方式来整合这些模块，例如使用服务类，或者直接在 Web 框架（如 FastAPI）中进行集成，从而对外提供完整的服务。

另一种常见的策略是将机器学习和业务逻辑分别封装成独立的 Python 包，再通过前面提到的方式将它们整合起来。这种方式能够严格保证两部分代码的分离，虽然会增加一些开发复杂度，但好处是显而易见的。特别是需要将单体架构迁移到微服务架构时，前期的模块化设计就显得尤为重要。如果一开始就将各种逻辑混杂在一起，后期很可能需要推倒重来，不仅会耗费大量开发时间，还会造成资源的浪费。

总的来说，单体架构虽然简单且易于维护，但在灵活性和可扩展性方面存在局限。相比之下，微服务架构具有更强的扩展能力和创新空间，但也对管理和运维提出了更高的要求。

10.4　探索 LLM Twin 的推理流水线部署方案

因为要开发的是一款辅助内容创作的聊天机器人，它将处理接连不断的请求，并要求低延迟。在这种情况下，需要选择在线实时推理部署架构。

在架构选型时，我们决定将机器学习服务拆分为两部分：一部分包含业务逻辑的 REST API 服务器，另一部分是一个专门优化的 LLM 微服务。选择微服务架构的主要原因是 LLM 推理需要强大的计算资源，而且我们可以通过各种推理引擎层面的优化来降低延迟和内存占用。这种架构支持根据不同规模的 LLM 灵活调整底层基础设施。例如，对于 8B 参数规模的模型，量化后只需要一台配备 NVIDIA A10g GPU 的服务器即可运行。如果要部署 30B 规模的模型，只需将 GPU 升级为 NVIDIA A100 即可。这种设计支持独立升级 LLM 微服务，而无需改动 REST API 服务器部分。

如图 10.4 所示，在本案例中，RAG 构成了业务逻辑的核心主体。我们将在业务微服务中实现 RAG 的检索和增强功能，同时整合第 9 章介绍的各项高级 RAG 技术，以优化预检索、检索、后检索 3 个环节。

LLM 微服务专门针对 RAG 推理流水线的答案生成组件进行了优化。在整个流程中，业务层会将用户查询、提示、答案及其他中间步骤等信息，统一发送至提示监控流水线中。这部分内容将在第 11 章做详细介绍。

总的来说，我们采用微服务架构来构建在线实时机器学习服务，将 LLM 和业务逻辑拆分为两个独立的服务组件。

先回顾一下推理流水线的接口设计，它基于 **FTI** 架构。要启动这个流水线，需要满足以下两个条件：

- RAG 所需的实时特征数据来自特征处理流水线，这些数据存储在在线特征库中，在本例中是保存在 Qdrant 向量数据库中；
- 可从模型仓库中调用经过训练流水线微调的 LLM。

基于上述考虑，机器学习服务的工作流程如图 10.4 所示。

（1）用户首先通过 HTTP 请求发送用户查询。

（2）系统利用第 4 章实现的高级 RAG 检索模块，根据用户输入获取相关上下文信息。

（3）系统将用户输入和检索到的上下文信息，通过专用的提示模板整合成最终提示。

（4）该提示通过 HTTP 请求被传送至 LLM 微服务。

（5）业务微服务处于等待状态，等待答案生成。

（6）当答案生成完成后，系统会将其与用户输入及其他关键监控信息一并发送至提示监控流水线。

（7）系统将生成的答案返回给用户。

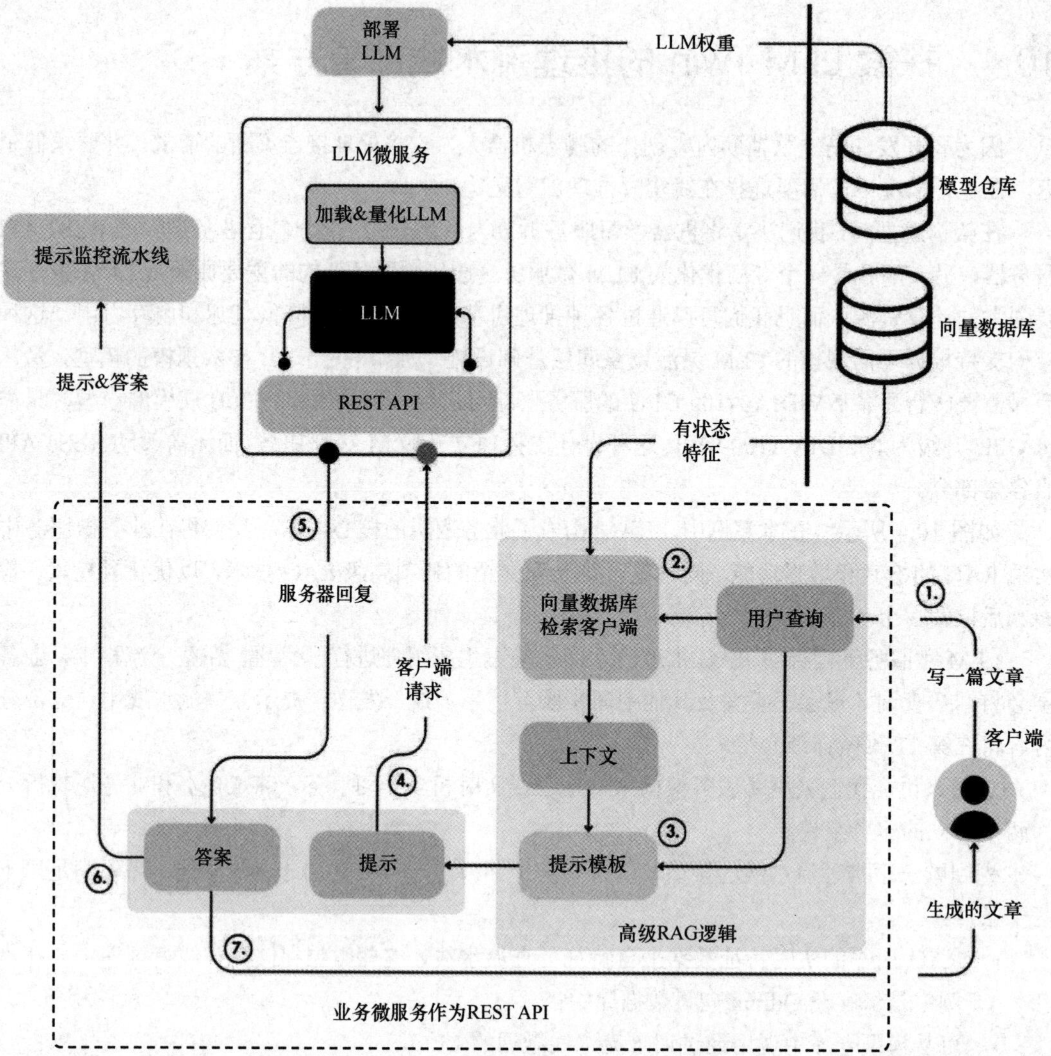

图 10.4 LLM Twin 的推理流水线微服务部署架构

在这个方案中，选择了 Qdrant 作为向量数据库，并使用 Hugging Face 作为模型注册中心。通过 Hugging Face，可以将模型公开分享给所有本书的读者。这样一来，如果不想运行可能耗费 100 美元的训练流程，可以直接使用本书提供的模型。这也充分体现了使用模型仓库的美妙之处：模型可以被方便地共享和访问。

选择使用 FastAPI 来实现业务微服务，主要看中它的流行度、易用性和出色性能。对于 LLM 微服务，我们计划将其部署到 AWS SageMaker 平台，并充分利用 SageMaker 与 Hugging Face **深度学习容器（deep learning containers，DLC）**的无缝集成来部署模型。关于 Hugging Face

的 DLC，会在 10.5 节详细介绍，简单来说，它是一个专门用于优化 LLM 服务性能的推理引擎。提示监控流水线的实现采用了 Comet，将在第 11 章详细讲解。

SageMaker 推理部署包含以下 4 个核心组件。

- **SageMaker 端点**：是 SageMaker 提供的一个可扩展且安全的 API 服务，用于实现模型的实时推理。它作为应用程序与模型之间的接口，允许应用程序通过 HTTP 请求获取实时推理结果。
- **SageMaker 模型**：是在 SageMaker 中通过算法训练得到的产物，其中包含了进行推理所需的所有信息，如模型权重和计算逻辑等。用户可以创建多个模型，并根据需要将它们应用于不同的配置或推理任务中。
- **SageMaker 配置**：用于指定托管模型所需的硬件和软件环境，包括定义端点所需的机器学习计算实例类型、数量等资源配置。在创建或更新端点时，这些配置能够灵活地调整模型的部署方式和扩展能力。
- **SageMaker 推理组件**：作为最后一环，它可以将模型和配置与端点连接起来。用户可以在同一个端点上部署多个模型，每个模型都可以有独立的资源配置。部署完成后，可以通过 Python 的 Invoke 端点 API 方便地调用这些模型。

这些组件相互配合，在 SageMaker 中构建了一套完整的机器学习模型部署和管理基础设施，可以提供可扩展、安全且高效的实时推理服务。

其他云平台也提供了类似的解决方案。以 Azure 为例，它提供了 Azure OpenAI 作为 Bedrock 的替代方案，以及 Azure ML 作为 SageMaker 的替代产品。目前市面上的机器学习部署工具种类繁多，包括 Hopsworks、Modal、Vertex AI、Seldon、BentoML 等。因此，关键在于准确把握自身应用场景的具体需求，选择最适合的工具。

从表面上看，训练流水线负责模型训练，推理流水线负责模型推理，这似乎很容易理解。但要全面把握相关的技术细节，还需要深入了解这两个流水线在本质上的区别。

训练流水线和推理流水线在数据处理和访问方式上存在显著差异。训练流水线主要从离线存储中批量读取数据，重点优化数据吞吐量并保证数据溯源。以 LLM Twin 架构为例，它使用 ZenML 组件来管理训练数据，实现数据的批量访问、版本控制和追踪。而推理流水线则需要一个专门优化低延迟的在线数据库，本例选择使用 Qdrant 向量数据库来获取 RAG 系统所需的上下文信息。在推理流水线中，工作重点从数据溯源和版本管理转向了快速数据访问，以提供流畅的用户体验。这两种流水线的输出结果也有明显不同：训练流水线的输出是存储在模型仓库中的模型权重，而推理流水线则直接向用户返回预测结果。

此外，这两个流水线对基础设施的要求也不同。训练流水线需要配备尽可能多 GPU 的高性能机器，因为训练过程不仅涉及批量数据处理，还需要在内存中保存所有用于优化的梯度信息，这使得整个过程都属于计算密集型。更强大的计算能力和更大的显存容量能够支持更大的批处理规模（即更高的吞吐量），这不仅可以缩短训练时间，还能开展更多的实验。相比之下，推理流水线的计算需求则相对较低，因为推理过程通常只需要向模型输入单个样本或较小的数据批次，且无须进行反向梯度的优化算法计算。

虽然训练流水线和推理流水线存在差异，但它们在预处理和后处理环节仍有重叠。在这两个阶段保持相同的预处理和后处理函数及超参数配置非常关键。出现任何不一致都可能引发“训练-服务偏差”问题，导致模型在实际推理时的表现与训练阶段的表现产生差距。

10.5 部署 LLM Twin 服务

本节将通过 AWS SageMaker 部署 LLM 微服务，同时使用 FastAPI 构建业务微服务。在业务微服务中，会将第 9 章开发的 RAG 推理流水线与经过微调的 LLM Twin 模型整合在一起，从而实现对整个推理流水线的端到端测试。

在机器学习应用的整个生命周期中，模型部署是最为关键的环节之一。只有完成部署，用户才能真正开始使用这个模型。即便开发出了性能卓越的模型，如果部署架构设计不合理或基础设施运行不稳定，模型的实际价值也会被大打折扣。从商业角度来看，当用户无法有效地使用模型时，这个模型的价值就几乎为零。假设我们开发了一个市面上最优秀的代码助手，但如果它的响应延迟过高或 API 经常出现故障，用户很可能会转而选择一个能力稍逊但运行更快、更稳定的替代产品。

本节将介绍以下内容：

- 将微调后的 LLM Twin 模型部署至 AWS SageMaker 平台；
- 开发推理客户端，实现与已部署模型的交互功能；
- 基于 FastAPI 框架构建业务服务层；
- 整合 RAG 检索增强逻辑与微调后的 LLM；
- 配置 LLM 微服务的弹性伸缩规则。

10.5.1 基于 AWS SageMaker 构建 LLM 微服务

本节将存储在 Hugging Face 模型仓库中的 LLM Twin 模型部署到 Amazon SageMaker 平台，使其成为一个在线实时推理端点。在部署过程中，将使用 Hugging Face 专门开发的推理容器 Hugging Face LLM DLC 来完成 LLM 的部署工作。

1. Hugging Face DLC

Hugging Face DLC 是一种特制的 Docker 镜像，它预装了深度学习所需的核心框架和库，包括 Hugging Face 提供的 transformers、datasets 和 tokenizers 等主流工具包。这类容器的设计目标是简化模型训练和部署流程，让用户无须进行烦琐的环境配置和优化工作。其中，Hugging Face Inference DLC 更是集成了完整的服务组件，不仅大大简化了部署流程，还降低了在生产环境中运行深度学习模型所需的技术门槛。

在模型部署环节，DLC 采用了由 Hugging Face 开发的 Text Generation Inference（TGI）作为推理引擎。

TGI 是一款专门用于部署和运行 LLM 的开源解决方案。它通过张量并行计算和动态批处理技术，可以高效地为 Hugging Face 平台上的主流开源 LLM（如 Mistral、Llama 和 Falcon 等）提供文本生成服务。该方案以 DLC 镜像的形式提供，其主要优势包括以下 6 点。

- 通过**张量并行化**技术来提升模型推理的计算速度。
- 采用 FlashAttention 技术**优化 Transformer 推理代码**，以实现主流架构下的最佳性能表现。
- 集成 bitsandbytes **量化**方案，在确保模型能力的前提下有效压缩模型大小，从而提高部署效率。
- 系统**对接收到的请求进行连续批处理**，通过动态分批机制提升整体吞吐量。
- 采用 Safetensors 技术**加速模型权重的加载**过程，显著缩短启动时间。
- 基于**服务器发送事件**（**server-sent events，SSE**）实现**词元流式**传输，支持实时交互功能。

总的来说，LLM Twin 模型将运行在 DLC Docker 镜像中，它会监听请求、优化模型推理性能并实时返回结果。这些 Docker 镜像将部署在 AWS SageMaker 平台上，以推理端点的形式对外提供 HTTP 访问接口。接下来开始具体实现：首先部署 LLM 模型，然后编写一个包装器类来处理与 SageMaker 推理端点的交互。

2. 配置 SageMaker 角色

创建合适的 AWS **LAM**（**identity and access management**）用户和角色，用于访问和部署 SageMaker 基础设施。AWS IAM 负责管理身份验证和访问权限控制。通过 IAM，可以创建新用户（分配给实际使用者）和新角色（分配给基础设施中的其他组件，如 EC2 虚拟机）。

整个部署过程都是自动化的。我们只需要执行一些命令行操作，并确保已在`.env` 文件中正确配置了 `AWS_ACCESS_KEY`、`AWS_SECRET_KEY` 和 `AWS_REGION` 这 3 个环境变量。在这个阶段，建议使用管理员角色的凭证（credentials），因为后续步骤中将创建若干权限范围更小的 IAM 角色。

完成`.env` 文件的配置之后，我们需要完成以下两步。

（1）创建一个受限的 IAM 用户，这个用户仅具有创建和删除部署必需资源的权限，包括 SageMaker、**弹性容器注册表**（**elastic container registry，ECR**）和 S3 等。执行以下命令来完成创建：

```
poetry poe create-sagemaker-role
```

执行该命令后会生成一个名为 `sagemaker_user_credentials.json` 的 JSON 文件，

其中包含新的 AWS 访问密钥和私钥。安全起见，后续将只使用这组凭证来部署 SageMaker 相关资源。这样可以避免使用管理员账户时因不小心修改了其他 AWS 资源，而产生额外费用或影响现有项目。遵循最小权限原则，为具体使用场景单独配置权限范围较小的角色是一个很好的实践。

接下来从 JSON 文件中提取新生成的凭证信息，并将其更新到 `.env` 文件中的 `AWS_ACCESS_KEY` 和 `AWS_SECRET_KEY` 这两个环境变量。

（2）创建 IAM 执行角色，并将此角色添加到 SageMaker 部署中，使其能够代表我们访问其他 AWS 资源。这是云部署的最佳实践——不需要为每台机器单独配置认证凭证，只需附加一个角色，限定其仅可访问基础设施中的必要资源。在本例中，授予 SageMaker 访问 AWS S3、CloudWatch 和 ECR 的权限。创建该角色的命令如下。

```
poetry poe create-sagemaker-execution-role
```

执行该命令后会生成一个名为 `sagemaker_execution_role.json` 的 JSON 文件，其中包含新创建角色的 Amazon 资源名称（ARN）。ARN 是 AWS 云基础设施中用于唯一标识资源的 ID。我们需要从这个 JSON 文件中提取 ARN 值，并将其更新到 `.env` 文件中的 `AWS_ARN_ROLE` 变量。完整的实现代码可以在 GitHub 仓库的 `llm_engineering/infrastructure/aws/roles/create_execution_role.py` 文件中查看。

> 如果遇到问题，请先确保 AWS CLI 配置的凭证与 `.env` 文件中的保持一致，然后重试。有关 AWS CLI 的安装说明，请参考官方文档。

我们只需在 `.env` 文件中配置 IAM 用户和角色信息，系统就会自动将这些配置加载到 `settings` Python 对象中，供后续步骤使用。

3. 将 LLM Twin 模型部署至 AWS SageMaker

本节将深入探讨如何利用 Python 直接配置 SageMaker 基础设施。

通过一条简单的 CLI 命令 `poe deploy-inference-endpoint`，就能完成 SageMaker 的全部部署流程。该命令会执行图 10.5 所示的除创建 SageMaker AWS IAM 角色外的所有步骤。

本节将详细介绍图 10.5 中的代码实现，重点说明如何通过 `create_endpoint()` 函数实现部署过程的完全自动化，以及如何通过测试 CLI 命令和查看 AWS 控制台的方式来验证部署结果。完整的 SageMaker 部署代码可以在 GitHub 仓库的 `llm_engineering/infrastructure/aws/deploy` 目录下查看。

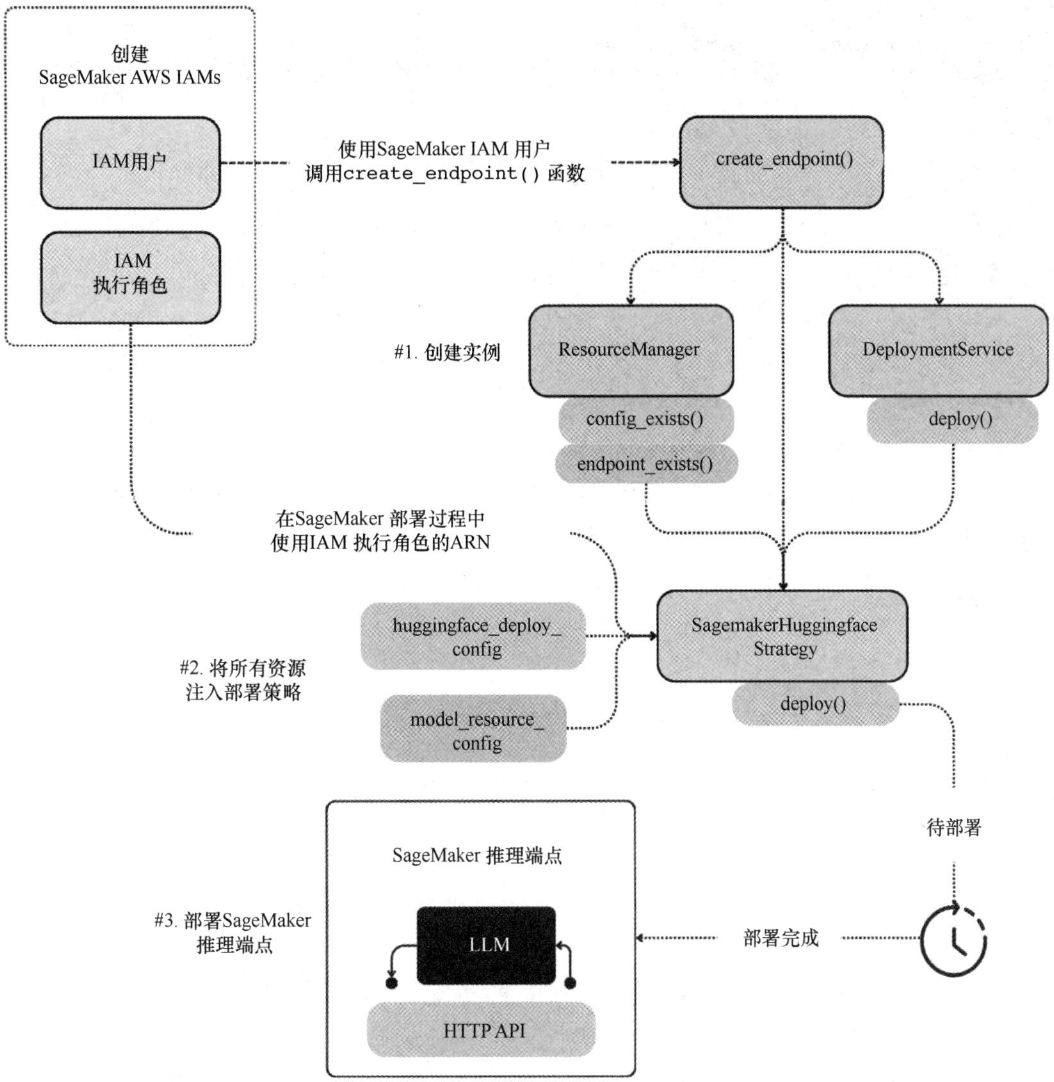

图 10.5 AWS SageMaker 的部署流程

下面采用自顶向下的方式，逐步讲解实现过程。首先来看如何将 LLM Twin 模型部署到 AWS SageMaker 的主函数。在这个函数中，需要先通过 `get_huggingface_llm_image_uri()` 函数获取最新版本的 Docker DLC 镜像，然后将这个镜像连同资源管理器（`resource_manager`）和部署服务（`deployment_service`）实例一起，传入部署策略（`SagemakerHuggingfaceStrategy`）类中。

```
def create_endpoint(endpoint_type=EndpointType.INFERENCE_COMPONENT_BASED):
    llm_image = get_huggingface_llm_image_uri("huggingface", version=None)
```

```
    resource_manager = ResourceManager()
    deployment_service = DeploymentService(resource_manager=resource_manager)

    SagemakerHuggingfaceStrategy(deployment_service).deploy(
        role_arn=settings.ARN_ROLE,
        llm_image=llm_image,
        config=hugging_face_deploy_config,
        endpoint_name=settings.SAGEMAKER_ENDPOINT_INFERENCE,
        endpoint_config_name=settings.SAGEMAKER_ENDPOINT_CONFIG_INFERENCE,
        gpu_instance_type=settings.GPU_INSTANCE_TYPE,
        resources=model_resource_config,
        endpoint_type=endpoint_type,
    )
```

为了深入理解部署过程，需要详细分析 `create_endpoint()` 函数中涉及的 3 个核心类。第一个是 `ResourceManager` 类。这个类的初始化方法利用 Python 版 AWS SDK boto3 与 AWS SageMaker 建立连接。boto3 提供了一系列功能接口，支持与 SageMaker 等 AWS 服务进行交互。

```
class ResourceManager:
    def __init__(self) -> None:
        self.sagemaker_client = boto3.client(
            "sagemaker",
            region_name=settings.AWS_REGION,
            aws_access_key_id=settings.AWS_ACCESS_KEY,
            aws_secret_access_key=settings.AWS_SECRET_KEY,
        )
```

该类的 `endpoint_config_exists()` 方法，用于检查指定的 SageMaker 终端节点配置是否存在。

```
    def endpoint_config_exists(self, endpoint_config_name: str) -> bool:
        try:
            self.sagemaker_client.describe_endpoint_config(EndpointConfigName=
endpoint_config_name)
            logger.info(f"Endpoint configuration '{endpoint_config_name}' exists.")

            return True
        except ClientError:
            logger.info(f"Endpoint configuration '{endpoint_config_name}' does not exist.")
            return False
```

该类还提供了 `endpoint_exists()` 方法，用于检查指定的 SageMaker 终端节点是否存在。

```
def endpoint_exists(self, endpoint_name: str) -> bool:
    try:
```

```
        self.sagemaker_client.describe_endpoint(EndpointName=endpoint_name)
        logger.info(f"Endpoint '{endpoint_name}' exists.")
        return True
    except self.sagemaker_client.exceptions.ResourceNotFoundException:
        logger.info(f"Endpoint '{endpoint_name}' does not exist.")
        return False
```

第二个是 DeploymentService 类。在构造函数中，需要初始化两个关键组件：一个是用于与 AWS SageMaker 交互的 sagemaker_client，另一个是我们前面提到的 ResourceManager 类的实例 resource_manager。

```
class DeploymentService:
    def __init__(self, resource_manager):
        self.sagemaker_client = boto3.client(
            "sagemaker",
            region_name=settings.AWS_REGION,
            aws_access_key_id=settings.AWS_ACCESS_KEY,
            aws_secret_access_key=settings.AWS_SECRET_KEY,
        )
        self.resource_manager = resource_manager
```

deploy() 方法是 DeploymentService 类的核心方法，它负责协调整个模型部署到 SageMaker 端点的流程。该方法首先检查必要的端点配置是否已经就绪，如果配置尚未完成，则会自动触发部署流程。

```
def deploy(
    self,
    role_arn: str,
    llm_image: str,
    config: dict,
    endpoint_name: str,
    endpoint_config_name: str,
    gpu_instance_type: str,
    resources: Optional[dict] = None,
    endpoint_type: enum.Enum = EndpointType.MODEL_BASED,
) -> None:
    try:
        if self.resource_manager.endpoint_config_exists(endpoint_config_name=
endpoint_config_name):
            logger.info(f"Endpoint configuration {endpoint_config_name} exists. Using
existing configuration...")
        else:
            logger.info(f"Endpoint configuration{endpoint_config_name} does not exist.")

        self.prepare_and_deploy_model(
            role_arn=role_arn,
            llm_image=llm_image,
```

```
            config=config,
            endpoint_name=endpoint_name,
            update_endpoint=False,
            resources=resources,
            endpoint_type=endpoint_type,
            gpu_instance_type=gpu_instance_type,
        )

        logger.info(f"Successfully deployed/updated model to endpoint {endpoint_name}.")
    except Exception as e:
        logger.error(f"Failed to deploy model to SageMaker: {e}")
        raise
```

deploy()方法首先会通过 resource_manager 检查端点配置是否存在。这一步非常重要，因为它可以避免在配置已存在的情况下进行不必要的重复部署。具体的部署过程则是通过调用 prepare_and_deploy_model()方法来完成的。

prepare_and_deploy_model()是 DeploymentService 类中的一个静态方法，主要负责设置并部署 Hugging Face 模型到指定的 SageMaker 端点上。

```
@staticmethod
def prepare_and_deploy_model(
    role_arn: str,
    llm_image: str,
    config: dict,
    endpoint_name: str,
    update_endpoint: bool,
    gpu_instance_type: str,
    resources: Optional[dict] = None,
    endpoint_type: enum.Enum = EndpointType.MODEL_BASED,
) -> None:
    huggingface_model = HuggingFaceModel(
        role=role_arn,
        image_uri=llm_image,
        env=config,
        transformers_version="4.6",
        pytorch_version="1.13",
        py_version="py310",
    )

    huggingface_model.deploy(
        instance_type=gpu_instance_type,
        initial_instance_count=1,
        endpoint_name=endpoint_name,
        update_endpoint=update_endpoint,
        resources=resources,
        tags=[{"Key": "task", "Value": "model_task"}],
        endpoint_type=endpoint_type,
    )
```

该方法首先需要创建一个 HuggingFaceModel 实例，它是 SageMaker 专门设计的一个模型类，用于处理 Hugging Face 模型的类。在创建实例时，HuggingFaceModel 的构造函数需要传入几个关键参数：IAM 角色的 ARN（role_ran 用于赋予 SageMaker 必要的权限）、LLM ELC Docker 镜像的 URI（llm_image），以及 LLM 的配置信息。其中配置信息用于指定要从 Hugging Face 加载的具体 LLM 模型，同时还包含了最大词元数等推理参数。

在完成 HuggingFaceModel 的实例化后，调用 deploy() 函数将模型部署到 SageMaker 平台。在部署过程中，需要设置实例类型（instance_type）和数量（initial_instance_count），并决定是更新已有端点还是创建新端点。对于更复杂的部署场景，该方法还提供了一些可选配置，例如可以通过 initial_instance_count 参数设置多模型端点，以及添加用于追踪和分类的标签。

creat_endpoint() 的第三个核心类是 SagemakerHuggingfaceStrategy 类，它整合了前面介绍的所有功能，只需要一个部署服务实例（如上文所示）即可完成初始化。

```
class SageMakerHuggingfaceStrategy(DeploymentStrategy):
def __init__(self, deployment_service):
     self.deployment_service = deployment_service
```

SagemakerHuggingfaceStrategy 类的核心功能集中在 deploy() 方法中。这个方法负责统筹整个部署流程，通过接收多个配置参数来指定如何将 Hugging Face 模型部署到 AWS SageMaker 平台上。

```
def deploy(
    self,
    role_arn: str,
    llm_image: str,
    config: dict,
    endpoint_name: str,
    endpoint_config_name: str,
    gpu_instance_type: str,
    resources: Optional[dict] = None,
    endpoint_type: enum.Enum = EndpointType.MODEL_BASED,
) -> None:
    logger.info("Starting deployment using Sagemaker Huggingface Strategy...")
    logger.info(
        f"Deployment parameters: nb of replicas: {settings.COPIES}, nb of
gpus:{settings.GPUS}, instance_type:{settings.GPU_INSTANCE_TYPE}"
    )
```

这个方法所需的输入参数对部署过程起着关键作用。

- role_arn：用于授权 SageMaker 部署的 AWS IAM 角色。
- llm_image：是 DLC 容器镜像的 URI 地址。
- config：用于存储模型环境配置参数的字典对象。

- endpoint_name 和 endpoint_config_name：是 SageMaker 终端节点及其配置的名称标识符。
- gpu_instance_type：部署时所使用的 GPU 实例类型。
- resources：用于多模型终端节点部署的可选资源配置字典。
- endpoint_type：终端节点类型，可设置为 MODEL_BASED（基于模型）或 INFERENCE_COMPONENT（推理组件），用于指定是否包含推理组件。

deploy()方法将具体的部署过程交由 deployment_service 来执行。这种委托机制利用了软件设计模式中的策略模式，它能够在保持高层部署逻辑不变的同时，灵活地调整具体的部署实现方式。

```
try:
    self.deployment_service.deploy(
        role_arn=role_arn,
        llm_image=llm_image,
        config=config,
        endpoint_name=endpoint_name,
        endpoint_config_name=endpoint_config_name,
        gpu_instance_type=gpu_instance_type,
        resources=resources,
        endpoint_type=endpoint_type,
    )
    logger.info("Deployment completed successfully.")
except Exception as e:
    logger.error(f"Error during deployment: {e}")
    raise
```

先回顾一下资源配置，以便更好地理解整个基础设施。在配置多端点服务时，我们需要合理分配这些资源，通过部署多个副本来响应客户端请求，同时确保满足应用程序在延迟和吞吐量方面的要求。系统会使用一个包含各类资源参数的字典来初始化 ResourceRequirements 对象。这些参数主要包括：模型需要部署的副本数量、所需的 GPU 数量、CPU 核心数，以及内存分配大小（以 MB 为单位）。每个参数都对已部署模型的性能表现和扩展能力起着至关重要的作用。

```
from sagemaker.compute_resource_requirements.resource_requirements import
ResourceRequirements

    model_resource_config = ResourceRequirements(
    requests={
        "copies": settings.COPIES,
        "num_accelerators": settings.GPUS,
        "num_cpus": settings.CPUS,
        "memory": 5 * 1024,
    },
)
```

在上述代码片段中，ResourceRequirements 的配置包含 4 个关键参数。

- copies：用于设置模型需要部署的实例或副本数量。部署多个副本可以有效降低延迟，提升系统吞吐量。
- num_accelerators：用于指定需要分配的 GPU 数量。由于 LLM 属于计算密集型任务，通常需要配置多个 GPU 来加速推理过程。
- num_cpus：用于设置部署时所需的 CPU 核心数。CPU 核心数会影响模型在数据预处理、后处理等环节的处理能力。虽然这些任务对 GPU 的依赖较小，但对模型的整体性能仍然至关重要。
- memory：用于设置部署时所需的最小内存容量。系统需要配置足够的内存，以确保模型能够正常加载并稳定运行，避免出现内存不足的情况。

通过合理设置这些参数，可以确保模型在部署到 SageMaker 端点时获得充足的运行资源，从而实现高效运行。具体的参数调优需要根据 LLM 的特定需求（包括模型规模、任务复杂度和预期的负载情况等）来确定。为了更好地掌握这些参数的使用方法，建议在完成端点部署后，尝试调整这些参数值，并观察 LLM 微服务性能的相应变化。

下面介绍 LLM 引擎的配置参数。其中，HF_MODEL_ID 用于指定要部署的 Hugging Face 模型。在本例中，在设置类中将其设为 mlabonne/TwinLlama-3.1-8B-13，以便加载存储在 Hugging Face 上的自定义 LLM Twin 模型。SM_NUM_GPUS 参数用于设定每个模型副本可使用的 GPU 数量，这对于确保模型能够适配 GPU 的显存容量非常关键。通过 HUGGING_FACE_HUB_TOKEN，可以访问 Hugging Face Hub 来获取所需的模型。HF_MODEL_QUANTIZE 则用于指定具体的量化方法，此外还有一些其他参数用于控制 LLM 的 token 生成过程。

```
hugging_face_deploy_config = {
    "HF_MODEL_ID": settings.HF_MODEL_ID,
    "SM_NUM_GPUS": json.dumps(settings.SM_NUM_GPUS),  # Number of GPU used per replica
    "MAX_INPUT_LENGTH": json.dumps(settings.MAX_INPUT_LENGTH),  # Max Length of input text
    "MAX_TOTAL_TOKENS": json.dumps(settings.MAX_TOTAL_TOKENS),  # Max Length of the
generation (including input text)
    "MAX_BATCH_TOTAL_TOKENS": json.dumps(settings.MAX_BATCH_TOTAL_TOKENS),
    "HUGGING_FACE_HUB_TOKEN": settings.HUGGINGFACE_ACCESS_TOKEN,
    "MAX_BATCH_PREFILL_TOKENS": "10000",
    "HF_MODEL_QUANTIZE": "bitsandbytes",
}
```

通过上述配置方式，我们能够完全掌控基础设施、自由选择所需的 LLM 模型及其运行方式。若要按照前文所示的配置部署 SageMaker，只需调用本节介绍过的 create_endpoint() 函数，具体如下：

```
create_endpoint(endpoint_type=EndpointType.MODEL_BASED)
```

为了便于使用，将其封装成一个 poe 命令：

```
poetry poe deploy-inference-endpoint
```

以上就是将推理流水线部署到 AWS SageMaker 的完整步骤。其中最具挑战性的环节是在满足需求的同时，找到能够降低基础设施成本的最佳配置方案。根据 AWS 的实际情况，整个部署过程通常需要 15～30 min。值得注意的是，可以通过修改`.env`配置文件中的参数来调整部署设置，而无需改动代码。比如，系统默认使用`ml.g5.xlarge GPU`类型的单个 GPU 实例，如果需要增加实例数量，可以调整`GPUS`和`SM_NUM_GPUS`参数；如果想更换实例类型，则可以修改`GPU_INSTANCE_TYPE`变量。

> 在将 LLM 微服务部署到 AWS SageMaker 前，需要完成以下准备工作：运行`poetry poe create-sagemaker-role`创建用户角色；运行`poetry poe create-sagemaker-execution-role`创建执行角色；将上述两个步骤生成的凭证信息更新到`.env`文件中的`AWS_*`环境变量。更多详细配置说明请参考 GitHub 仓库中的`README`文档。

部署完 AWS SageMaker 推理端点后，可以在 AWS 的 SageMaker 仪表盘中查看该端点的详细信息。具体操作步骤是：先在左侧导航栏中选择 **SageMaker dashboard**，然后在 **Inference** 栏下找到并点击 **Endpoints** 选项，如图 10.6 所示。

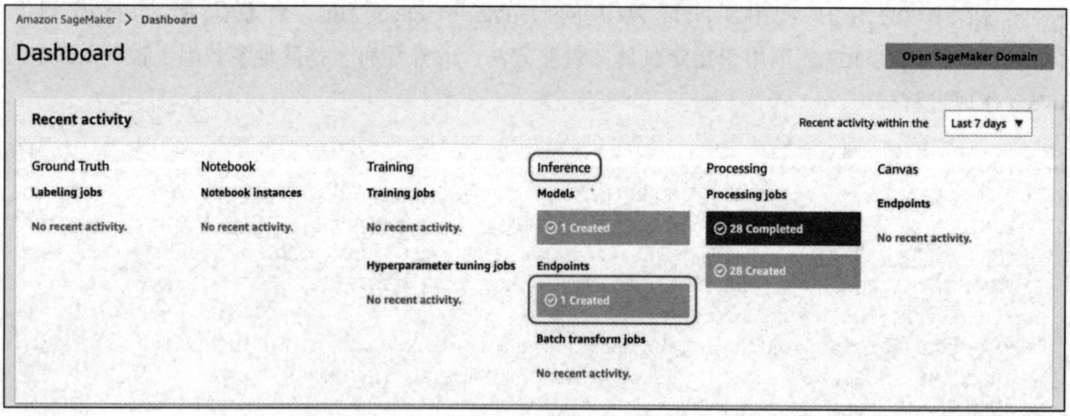

图 10.6 AWS SageMaker 推理端点示例

点击 **Endpoints** 按钮后，系统会显示 **Creating** 和 **Created** 的 **twin** 端点，如图 10.7 所示。选择该端点后，你可以通过 CloudWatch 查看其运行日志，同时监控 CPU、内存、磁盘以及 GPU 的资源使用情况。

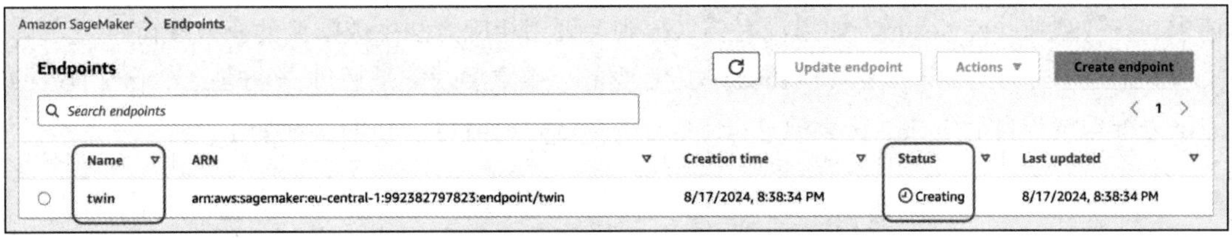

图 10.7 AWS SageMaker twin 推理部署示例

此外，它们为集中监控所有 HTTP 错误（如 4××和 5××等）提供了一个理想的解决方案。

4. 调用 AWS SageMaker 推理端点

创建两个类来实现以下功能：为 SageMaker 准备提示、通过 HTTP 请求调用推理端点，以及将返回结果解码成客户端可用的格式。在 GitHub 仓库的 `llm_engineering/model/inference` 目录下可以找到完整的 AWS SageMaker 推理代码。从如下的简单示例开始。

```
text = "Write me a post about AWS SageMaker inference endpoints."
llm = LLMInferenceSageMakerEndpoint(
        endpoint_name=settings.SAGEMAKER_ENDPOINT_INFERENCE
)
Answer = InferenceExecutor(llm, text).execute()
```

接下来详细介绍 `LLMInferenceSagemakerEndpoint` 类和 `InferenceExecutor` 类的实现。首先来看 `LLMInferenceSagemakerEndpoint` 类，它负责与 SageMaker 的直接交互。在其构造函数中初始化所有与 SageMaker 端点通信所需的核心属性。

```
class LLMInferenceSageMakerEndpoint(Inference):
    def __init__(
        self,
        endpoint_name: str,
        default_payload: Optional[Dict[str, Any]] = None,
        inference_component_name: Optional[str] = None,
    ) -> None:
        super().__init__()

        self.client = boto3.client(
            "sagemaker-runtime",
            region_name=settings.AWS_REGION,
            aws_access_key_id=settings.AWS_ACCESS_KEY,
            aws_secret_access_key=settings.AWS_SECRET_KEY,
        )
        self.endpoint_name = endpoint_name
        self.payload = default_payload if default_payload else self._default_payload()
        self.inference_component_name = inference_component_name
```

`endpoint_name` 参数用于指定要访问的 SageMaker 端点，该方法会根据传入的值初始化请求的有效载荷（payload），如果没有传入值则会调用相应方法生成默认的有效载荷。

LLMInferenceSagemakerEndpoint 类的一个重要功能是通过_default_payload()方法为推理请求自动生成默认参数，_default_payload()方法的实现如下。

```
def _default_payload(self) -> Dict[str, Any]:
    return {
        "inputs": "",
        "parameters": {
            "max_new_tokens": settings.MAX_NEW_TOKENS_INFERENCE,
            "top_p": settings.TOP_P_INFERENCE,
            "temperature": settings.TEMPERATURE_INFERENCE,
            "return_full_text": False,
        },
    }
```

该方法会返回一个字典，用于定义推理过程中所需的默认有效载荷结构。它的参数部分包含了多项影响模型推理行为的关键设置，包括需要生成的词元数量、采样策略（top_p），以及用于控制输出随机程度的温度参数等。这些参数都会从应用程序的配置中读取，从而确保不同推理任务之间的参数设置保持一致。

通过 set_payload()方法，该类允许用户在发送推理请求前自定义输入参数和负载内容。

```
def set_payload(self, inputs: str, parameters: Optional[Dict[str, Any]] = None) -> None:
    self.payload["inputs"] = inputs
    if parameters:
        self.payload["parameters"].update(parameters)
```

该方法会以用户提供的新文本更新载荷的输入字段，同时支持修改相关的推理参数（如果有提供的话）。

使用 inference()方法来调用 SageMaker 端点，并传入自定义的请求数据。

```
def inference(self) -> Dict[str, Any]:
    try:
        logger.info("Inference request sent.")
        invoke_args = {
            "EndpointName": self.endpoint_name,
            "ContentType": "application/json",
            "Body": json.dumps(self.payload),
        }
        if self.inference_component_name not in ["None", None]:
            invoke_args["InferenceComponentName"] = self.inference_component_name
        response = self.client.invoke_endpoint(**invoke_args)
        response_body = response["Body"].read().decode("utf8")

        return json.loads(response_body)
```

```
    except Exception:
        logger.exception("SageMaker inference failed.")

        raise
```

inference()方法主要用于构建发送至 SageMaker 端点的推理请求，它会将请求负载和其他必要参数打包成 SageMaker 所需的标准格式。如果用户指定了 inference_component_name 参数，系统会将其加入请求中，以实现更精细的推理流程控制。整个请求通过 invoke_endpoint()方法发送，随后系统会读取并解码响应内容，最终以 JSON 对象的形式返回结果。

下面介绍 InferenceExecutor 是如何通过 LLMInferenceSagemakerEndpoint 类与 AWS SageMaker 端点进行 HTTP 通信的。

InferenceExecutor 类的构造函数接收调用 LLM 所需的关键参数。其中，llm 参数可以接收任何实现了 Inference 接口的实例对象，如用于执行推理任务的 LLMInferenceSagemakerEndpoint 类。

此外，该接口接收表示用户输入的查询参数。如果需要执行 RAG，还可以传入可选的上下文字段。我们可以自定义提示模板，若未指定模板，系统会使用一个适用于所有 LLM 的通用模板。

```
class InferenceExecutor:
    def __init__(
        self,
        llm: Inference,
        query: str,
        context: str | None = None,
        prompt: str | None = None,
    ) -> None:
        self.llm = llm
        self.query = query
        self.context = context if context else ""

        if prompt is None:
            self.prompt = """
    You are a content creator. Write what the user asked you to while using the provided
context as the primary source of information for the content.
User query: {query}
Context: {context}
            """
        else:
            self.prompt = prompt
```

execute()方法是 InferenceExecutor 类的核心组件，主要负责执行实际的推理过程。当调用该方法时，系统会将用户的查询和上下文信息整合到提示模板中，生成发送给 LLM 的输入数据。

接下来，系统会配置多个参数来调控 LLM 的行为，包括模型可生成的最大词元数量（max_new_tokens）、避免文本重复的惩罚系数（repetition_penalty），以及用于控制输出随机程度的温度参数（temperature）。

在完成有效负载和参数的设置后，execute()方法将调用 LLMInferenceSagemakerEndpoint 中的 inference 函数，并等待模型生成响应结果。

```
def execute(self) -> str:
    self.llm.set_payload(
        inputs=self.prompt.format(query=self.query, context=self.context),
        parameters={
            "max_new_tokens": settings.MAX_NEW_TOKENS_INFERENCE,
            "repetition_penalty": 1.1,
            "temperature": settings.TEMPERATURE_INFERENCE,
        },
    )
    answer = self.llm.inference()[0]["generated_text"]

    return answer
```

我们通过一个实现了 Inference 接口的对象来执行推理操作，这种设计实现了解耦，支持灵活地注入不同的推理策略和 LLMInferenceSagemakerEndpoint 实现，同时又不需要修改代码的其他部分。

运行测试的方式很简单，只需按照下面的方式执行这个 Python 文件即可。

```
poetry run python -m llm_engineering.model.inference.test
```

为了使用方便，将其封装为一个 poe 命令。

```
poetry poe test-sagemaker-endpoint
```

下面介绍如何基于 FastAPI 构建业务微服务。该微服务将通过 HTTP 请求与 LLM 微服务进行通信，并调用第 9 章实现的 RAG 检索模块。

10.5.2　使用 FastAPI 构建业务微服务

使用 FastAPI 构建业务微服务，需要以下 5 步。

（1）创建一个 FastAPI 实例，用它来构建一个简单的应用程序，以验证我们的部署策略。

```
from fastapi import FastAPI

app = FastAPI()
```

（2）使用 Pydantic 的 BaseModel 定义 QueryRequest 和 QueryResponse 两个类，它们分别用于规范 FastAPI 端点的请求和响应的结构。

```
class QueryRequest(BaseModel):
    query: str

class QueryResponse(BaseModel):
    answer: str
```

现在已经完成了 FastAPI 组件的定义并配置好了 SageMaker 的所有要素。由于当时第 9 章还没有部署经过微调的 LLM 模型，call_llm_service()和 rag()这两个函数无法运行。先回顾一下 call_llm_service()函数，它封装了调用 SageMaker LLM 微服务所需的推理逻辑。

```
def call_llm_service(query: str, context: str | None) -> str:
    llm = LLMInferenceSageMakerEndpoint(
        endpoint_name=settings.SAGEMAKER_ENDPOINT_INFERENCE, inference_component_
name=None
    )
    answer = InferenceExecutor(llm, query, context).execute()

    return answer
```

（3）定义实现 RAG 全部业务逻辑的 rag()函数。关于该函数的完整说明可以参考第 9 章，这里不再赘述。值得注意的是，rag()函数只负责实现 RAG 所需的基本业务步骤，这些步骤主要受 CPU 和 I/O 性能的约束。具体来说，ContextRetriever 类在调用 OpenAI 和 Qdrant 的 API 时会受到网络 I/O 的限制，同时它还会调用在 CPU 上运行的嵌入模型。另外，由于我们将 LLM 推理逻辑迁移到了独立的微服务中，因此 call_llm_service()函数仅受网络 I/O 的限制。这样一来，整个函数的运行负载较轻，计算密集型任务都由其他服务处理，即使没有 GPU 也能保证较低的响应延迟，这使得我们可以在一台配置较低且价格实惠的机器上部署 FastAPI 服务器。

```
def rag(query: str) -> str:
    retriever = ContextRetriever(mock=False)
    documents = retriever.search(query, k=3 * 3)
    context = EmbeddedChunk.to_context(documents)

    answer = call_llm_service(query, context)

    return answer
```

（4）定义 rag_endpoint()函数，它通过 HTTP 接口将 RAG 功能发布到网络上；使用 Python 装饰器在 FastAPI 应用中将其设置为 POST 接口。该接口映射到/rag 路径，接收 QueryRequest 类型的输入参数。函数会调用 rag()方法来处理用户的查询请求。处理成功时，将结果封装到 QueryResponse 对象中返回；如果出现异常，则返回 HTTP 500 错误及相应的异常信息。

```
@app.post("/rag", response_model=QueryResponse)
async def rag_endpoint(request: QueryRequest):
    try:
        answer = rag(query=request.query)

        return {"answer": answer}
    except Exception as e:
        raise HTTPException(status_code=500, detail=str(e)) from e
```

这个基于 FastAPI 的应用展示了如何将部署在 AWS SageMaker 上的 LLM 高效整合到 Web 服务中。通过引入 RAG 技术，显著提升了模型响应的准确性和相关性。应用采用模块化架构，包含 ContextRetriever、InferenceExecutor 和 LLMInferenceSagemaker 端点等核心组件，不仅便于二次开发和功能扩展，更为机器学习模型在生产环境中的部署提供了一套完整的解决方案。

使用 uvicorn 作为 Web 服务器来启动应用，是运行 FastAPI 应用最常用的方式。只需执行以下命令。

```
uvicorn tools.ml_service:app --host 0.0.0.0 --port 8000 --reload
```

也可以通过运行以下 poe 命令达到同样的效果。

```
poetry poe run-inference-ml-service
```

我们可以通过 curl 命令向 FastAPI 服务器发送 POST 请求来调用/rag 接口，具体方法如下。

```
curl -X POST 'http://127.0.0.1:8000/rag' -H' Content-Type: application/json' -d '{"query":
"your_query"}'
```

以一个包含实际用户查询的 poe 命令为例说明。

```
poetry poe call-inference-ml-service
```

目前这个 FastAPI 服务器仅在本地运行。接下来可以将其部署到 AWS **Elastic Kubernetes Service**（**EKS**），这是 AWS 提供的自托管版 Kubernetes 服务；当然也可以选择部署到 AWS **Elastic Container Service**（**ECS**），ECS 虽然与 EKS 功能类似，但底层使用的是 AWS 自己的容器编排实现而非 Kubernetes。这个部署过程并非 LLM 或 LLMOps 所特有的，本书不会详细介绍部署步骤的细节，只描述一下必须经历的步骤：首先通过 AWS 仪表盘或使用 Terraform 等 **infrastructure-as-code**（**IaC**）工具创建 EKS 或 ECS 集群，然后将上述 FastAPI 代码打包成

Docker 镜像，最后将镜像推送到 AWS ECR 并基于该镜像创建 ECS 或 EKR 部署。如果觉得这些步骤有些复杂，不用担心，第 11 章会通过将 ZenML 流水线部署到 AWS 的一个实例，详细讲解类似的部署流程。

在完成推理流水线部署的测试后，请务必清理所有用于部署 LLM 的 AWS SageMaker 资源。虽然 AWS 资源普遍采用 pay-as-you-go 付费模式，使用几个小时的 SageMaker 费用并不会太高，但如果忘记关闭服务任其运行，费用会在几天内急剧攀升。因此，建议在测试完 SageMaker 基础设施（或任何 AWS 资源）后，立即清理所有相关资源，这是一个很好的使用习惯。为了方便操作，我们提供了一个自动清理所有 AWS SageMaker 资源的脚本。

```
poetry poe delete-inference-endpoint
```

为了确认是否已完全删除，请登录 SageMaker 的仪表盘进行检查。

10.6 自动缩放应对突发流量高峰

目前，我们的 SageMaker LLM 微服务采用固定数量的副本来为用户提供服务，这种方式下，无论实际流量是多少，系统都会维持相同数量的运行实例。正如本书多次提到的，GPU 服务器的成本相当高昂，在流量低谷期，大部分实例处于闲置状态，这会造成大量资金浪费。相应地，当应用遇到流量突增时，由于服务器无法及时处理激增的请求量，应用性能会显著下降。在伴随着大量新用户的涌入流量高峰时，这个问题尤其严重。如果新用户在首次使用时就遇到糟糕的体验，他们再次使用平台的意愿将大大降低。

10.5 节通过 SageMaker 提供的 `ResourceRequirements` 类配置了多端点服务。下面是一个具体示例说明。假设需要部署 4 个副本（对应代码中的 `copies`），其计算资源要求如下。

```
model_resource_config = ResourceRequirements(
    requests={
        "copies": 4,  # Number of replicas.
        "num_accelerators": 4,  # Number of GPUs required.
        "num_cpus": 8,  # Number of CPU cores required.
        "memory": 5 * 1924,  # Minimum memory required in Mb (required)
    },
)
```

在这种配置下，系统会始终维持 4 个副本来处理客户端请求，并不会随着流量的波动做出调整。为了更好地应对流量波动，可以用自动缩放策略，根据请求数量等多项指标动态调整副本数量。

图 10.8 展示了 SageMaker 推理端点如何根据请求数量动态缩放。在无流量时，系统可以维持一个在线副本来响应新的用户请求；如果对延迟要求不高，甚至可以将副本数量降至零。当每秒请求量达到 10 个时，系统需要保持两个在线副本；而当请求量激增至每秒 100 个时，自动

缩放服务会将副本数量增加至 20 个。需要说明的是，这里的数字仅作示例参考，实际使用时应根据具体场景进行调整。

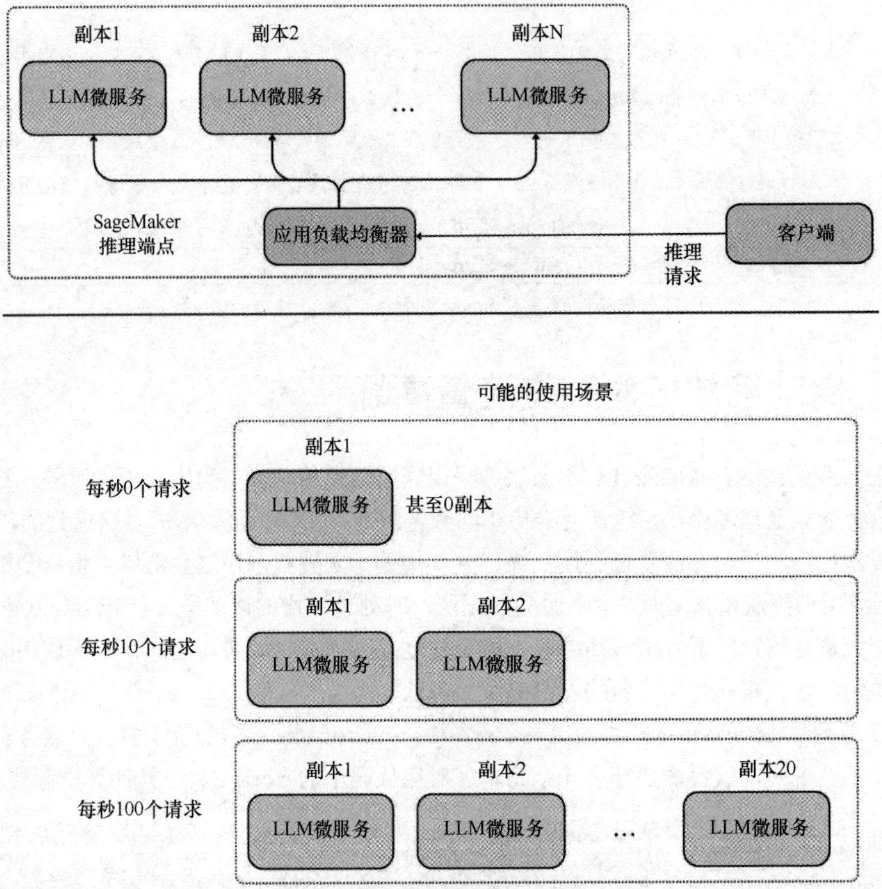

图 10.8 自动缩放的应用场景

在多副本系统中，客户端和副本之间通常会部署**应用程序负载均衡器（application load balancer，ALB）**或其他类型的负载均衡器，这里不深入探讨具体细节。

所有请求会首先发送到 ALB，由它负责将请求分发到不同的副本。ALB 支持多种路由策略，其中最简单的是轮询策略——按顺序将请求依次发送给每个副本，如第一个请求会路由到第一个副本，第二个请求路由到第二个副本，以此类推。通过这种方式，无论系统中有多少个在线副本，客户端始终只需要与作为集群入口点的负载均衡器通信即可。这样即使增加或移除副本，也不会影响服务器和客户端之间既定的通信协议。

本节将介绍如何为 AWS SageMaker 推理端点配置自动缩放策略。SageMaker 提供的

Application Auto Scaling 功能可以根据预设策略自动调整资源规模，要使用这一功能，需要完成两个关键步骤：注册缩放目标和创建弹性缩放策略。

10.6.1 注册缩放目标

要为指定资源启用自动缩放功能，首先需要在 AWS 的 **Application Auto Scaling** 功能中注册一个可缩放的目标。这个过程实际上是向 AWS 声明要进行自动缩放的具体资源，并设定其缩放范围。需要注意的是，这一步仅用于设置缩放的基本参数，而不涉及具体的缩放时机和缩放方式。

以 SageMaker 推理组件为例，需要定义以下内容。

- **资源 ID（resource ID）**：用于唯一标识需要进行缩放的资源，通常包含 SageMaker 推理组件的名称。
- **服务命名空间（service namespace）**：用于指定资源所属的 AWS 服务，在本例中为 **SageMaker**。
- **缩放的维度（scalable dimension）**：用于定义需要缩放的具体资源，如期望的副本数量。
- **容量上下限（MinCapacity/MaxCapacity）**：设定自动缩放策略的边界值，包括实例副本数量的最小值和最大值。

注册缩放目标后，SageMaker 推理组件就能够随时进行弹性扩展，而无须预先指定具体的扩展时机和方式。

10.6.2 创建弹性缩放策略

缩放策略包含了一系列触发资源缩放的具体规则。在制定策略时，需要设置两个关键要素：一是确定要监控的指标，二是设定触发缩放的阈值。

对于 SageMaker 推理组件来说，其缩放策略主要包括以下两个要素。

- **策略类型（policy type）**：可以选择 **TargetTrackingScaling** 策略，它会自动调整资源容量来保持指定指标的目标值。
- **目标跟踪配置（target tracking configuration）**：需要设置监控指标（如每个副本的推理组件调用次数 SageMakerInferenceComponentInvocationsPerCopy）、期望达到的目标值、冷却期的时长、用于控制两次自动扩容操作之间的最小时间间隔。

扩缩策略规定了系统扩容和缩容的具体规则。它会持续监控指定的性能指标，当指标超过或低于目标值时，将自动触发相应的扩容和缩容操作，调整推理组件的副本数量。这些调整始终会在已注册的可扩缩目标内。

下面介绍 **TargetTrackingScaling** 策略的运作机制。假设我们应用程序有一个衡量指标，用于表示其理想的平均利用率或吞吐量。我们需要选择一个需要跟踪的目标，并为其设定一个能反映应用程序最佳运行状态的目标值。完成设置后，**Application Auto Scaling** 会自动创建并管理相应的 CloudWatch 告警来监控该指标。一旦指标出现偏差，系统就会触发扩展操作，这个过程就像恒温器通过自动调节来维持室温稳定。

以 SageMaker 上运行的应用为例，假设将 GPU 利用率的目标值设为 70%（既能保留足够的资源余量应对突发流量，又可避免资源闲置造成的额外开销）。当 GPU 利用率超过这一阈值时，系统会自动横向扩展，增加计算资源以应对负载增加。反之，当 GPU 利用率降至目标值以下时，系统则会横向收缩，在业务量较低的时段减少资源配置，从而降低运营成本。

使用 Application Auto Scaling 来配置目标跟踪策略的一大优势，在于能够简化整个扩展流程。这样一来，无须再手动配置 CloudWatch 告警或定义具体的扩展调整参数。

10.6.3 缩放限制的上下限设置

在为 SageMaker 推理端点配置自动缩放功能时，需要先确定缩放的上下限，然后再制定具体的扩展策略。其中下限值表示模型运行所需的最低资源配置，该值必须大于等于 1，以保证模型始终保持基本的运行能力。

资源的上限值决定了模型可以扩容到的资源上限。需要注意的是，最大值必须等于或大于最小值，但并不意味着有严格的上限限制。这样设计的好处是，可以根据应用程序的实际需求，在 AWS 能够提供的资源范围内灵活地扩容。

缩放策略中，冷却期是一个关键要素。在冷却期内，需要在系统响应速度和运行稳定性之间取得平衡。冷却期实际上是一种安全机制，旨在防止系统在扩容或缩容时出现过度反应。通过设置适当的等待时间，冷却期能够有效避免实例数量的剧烈波动。在具体操作中，它会延缓缩容过程中实例的删除，同时也会限制扩容时新实例的创建速度，从而为 LLM 服务提供了一个稳定且高效的运行环境。

冷却期在大多数网络服务器的自动缩放中都能派上用场，例如运行在线实时机器学习推理的服务器。一旦掌握 SageMaker 的缩放策略配置，就可以将这些经验轻松迁移到 Kubernetes 或 AWS ECS 等主流部署工具中。

> 如需了解本章所实现的 AWS SageMaker 端点的自动缩放配置方法，请参考 AWS 官方教程中的分步指南。

自动缩放是云架构中的关键组件，但在使用时需要注意一些潜在问题。最危险的问题是过度扩容，这会直接增加基础设施成本。如果扩容策略或冷却期设置得过于敏感，可能会导致不必要地启动新机器，而这些机器可能长期处于空闲或资源利用率低下的状态。与之对应的是因系统扩容不到位而导致用户体验下降。

因此，理解系统需求对缩放策略来说非常关键。基于这些需求，应该在开发或测试环境中反复调整和试验自动缩放的参数，直到找到最佳配置——这个过程类似于训练模型时的超参数调优。例如，希望系统在正常情况下支持每分钟 100 个用户，而在节假日等特殊情况下可能需要扩展到支持每分钟 10,000 个用户。根据这些指标，可以对系统进行压力测试并监控资源使用情况。

10.7 小结

本章探讨了在部署机器学习模型（包括 LLM）之前需要考虑的关键设计决策。首先，介绍了机器学习模型的 3 种基本部署方式：在线实时推理、异步推理和离线批量处理。然后，分析了机器学习服务的架构选择问题——是采用单体架构的方式构建，还是将其拆分为 LLM 微服务和业务微服务等多个微服务。为了帮助读者做出合理选择，我们详细对比了在模型服务场景下，单体架构和微服务架构的优势与局限。

接下来，介绍了如何将经过微调的 LLM Twin 模型部署到 AWS SageMaker 的推理端点，以及如何使用 FastAPI 构建业务微服务。该微服务整合了第 9 章中实现的检索模块的 RAG 流程，以及部署在 AWS SageMaker 上的 LLM 微服务。最后，讲解了实现自动缩放策略的必要性，并介绍了基于多项指标进行弹性伸缩的一种主流方案，同时展示了如何在 AWS SageMaker 上落地实现。

第 11 章将首先介绍 MLOps 和 LLMOps 的基础知识，然后探讨如何将 ZenML 流水线部署到 AWS 平台，并实现包含 CT、CI 和 CD 在内的完整监控流水线。

第 11 章 MLOps 与 LLMOps

本书已经运用了多个 **MLOps** 相关的组件和原则，例如用于共享和版本管理微调 **LLM** 的模型仓库，用于存储微调和 RAG 数据的逻辑特征库，以及用于连接所有机器学习流水线的任务编排工具。但 MLOps 不仅仅局限于这些组件，它通过自动化数据采集、训练、测试和部署等环节，将机器学习应用提升到了新的层次。因此，MLOps 的最终目标是尽可能实现自动化，让用户能够专注于最关键的决策，例如当检测到数据分布发生变化时判断是否有必要重新训练模型。那么，**LLMOps（LLM operations）**又是什么？它与 MLOps 有何不同？

LLMOps 这一术语源于 LLM 的广泛应用。它建立在 MLOps 的基础之上，而 MLOps 又是从 **DevOps（development operations）**演进而来的。因此，要充分理解 LLMOps，就必须从 DevOps 开始逐步理解这一概念的发展脉络——这正是本章将要做的。LLMOps 的核心在于解决 LLM 特有的问题，如提示的监控与版本管理、防止 LLM 产生有害行为的输入输出防护机制，以及用于收集微调数据的反馈循环。同时，它还要应对 LLM 带来的规模化挑战，例如收集规模达万亿级别的训练数据、在大规模 GPU 集群上进行模型训练，以及降低基础设施成本。这些技术难题主要由少数几家进行基础模型微调的公司来解决，如提供 Llama 系列模型的 Meta 公司。大多数公司只需采用预训练好的基础模型，专注于提示监控和版本管理等 LLMOps 应用层面的问题。

在实施层面，为了将 LLMOps 添加到 LLM Twin 项目中，我们会把所有 ZenML 流水线部署到 AWS 平台上，并搭建以下 3 个关键流水线：一个 **CI/CD** 流水线，用于测试代码完整性和实现自动化部署；一个 **CT** 流水线，实现训练过程自动化；一个监控流水线，用于追踪所有提示和生成的回答。这是任何机器学习项目的自然发展过程，不论是否使用 LLM 技术。

下面介绍 LLMOps 的 3 个主要目标。第一个目标是理解 LLMOps 的原理，从 DevOps 入手，过渡到 MLOps 的基本原则，最后深入研究 LLMOps。由于 DevOps、MLOps 和 LLMOps 这些主题都足以单独成书，因此本书不会介绍所有技术细节。相反，我们希望帮助读者深入理解为什么在实现 LLM Twin 项目时要做出这些具体决策。

第二个目标是将 ZenML 流水线部署到 AWS 平台（目前我们仅在第 10 章完成了推理流水线的 AWS 部署）。本章将通过实践演示，介绍如何利用 ZenML 将所有组件部署到 AWS。这是实现第三个目标的必要步骤——即将理论知识应用到 LLM Twin 项目中。我们将使用 GitHub Actions 实现 CI/CD 流水线，使用 ZenML 构建 CT 流水线和告警流水线，并通过 Comet ML 的 Opik 工具实现监控流水线。

因此，本章将涵盖以下内容。

- LLMOps 发展之路：从 DevOps 和 MLOps 寻根。
- 将 LLM Twin 的流水线部署到云端。
- 为 LLM Twin 集成 LLMOps。

11.1 LLMOps 发展之路：从 DevOps 和 MLOps 寻根

要理解 LLMOps，必须从该领域的起点 DevOps 开始，因为 LLMOps 继承了 DevOps 的大部分基本原则。

11.1.1 DevOps

手动发布软件既耗时、易错、存在安全隐患，且无法应对大规模场景。因此，DevOps 应运而生，旨在规模化地自动化软件发布过程。在软件开发领域，DevOps 的目标是实现软件构建、测试、部署和组件监控的全自动化。作为一种方法论，它旨在缩短软件开发周期，确保持续交付高质量的软件。DevOps 提倡团队协作、流程自动化、工作流整合，并实施快速反馈循环。这些要素共同构成了一种文化，使软件的构建、测试和发布变得更加可靠和快速。

采用 DevOps 可以帮助组织提升运营效率、加快功能交付和提高产品质量。主要优势包括：

- **改进协作**：通过消除开发团队和运维团队之间的壁垒，促进更好地沟通与团队协作，从而打造更高效和富有成效的工作环境。
- **自动化与效率**：DevOps 通过自动化软件开发生命周期，减少手动任务、降低错误率并缩短交付时间。
- **持续改进**：DevOps 不仅关注内部流程，更致力于确保软件能有效满足用户需求。通过建立持续反馈机制，使团队能够快速适应和改进流程，从而交付真正满足用户需求的软件。
- **质量和安全保障**：DevOps 通过 CI/CD 和主动安全措施，在确保快速软件开发的同时，始终维持高质量和安全性。

1. DevOps 生命周期

如图 11.1 所示，DevOps 生命周期涵盖了从软件开发初始阶段到交付、维护和安全的整个过程，具体包括以下 8 个关键阶段：

- **计划**：组织并确定任务优先级，确保跟踪每项任务直至完成。
- **编码**：与团队协作进行代码编写、设计、开发，并确保代码和项目数据的安全管理。

- **构建**：将应用程序和依赖项打包成可执行格式。
- **测试**：通过自动化测试等方式，确认代码功能正常并满足质量标准。这个阶段至关重要。
- **发布**：如果测试通过，将测试过的构建标记为新版本，此时即可准备发布。
- **部署**：将最新版本部署给最终用户。
- **运维**：软件上线后，对运行软件的基础设施进行有效管理和维护，包括扩展、安全性、数据管理，以及备份和恢复。
- **监控**：跟踪性能指标和错误，以减少事故的严重程度和频率。

图 11.1 DevOps 生命周期

2. DevOps 的核心概念

虽然 DevOps 涵盖了应用程序整个生命周期中的诸多实践，但本书将重点关注以下 4 个概念。

- **部署环境**：包括预生产环境、预发布环境和生产环境。为了在代码发布到生产环境之前进行全面测试，建立多个模拟生产环境的预生产环境。最常见的方法是创建一个开发环境，供开发人员测试最新功能。预发布环境，供 QA 团队和项目相关方调试应用以发现 bug，并在功能发布给用户之前体验最新特性。生产环境是面向最终用户的环境。
- **版本控制**：用于跟踪、管理和对源代码的每次更改进行版本控制，这使我们能够完全控制代码的演进和部署过程。如果没有版本控制，就不可能跟踪开发、预发布和生产环境之间的变更。通过对软件进行版本控制，让我们始终知道哪个版本是稳定的并可以发布。
- **CI**：在将代码推送到开发、预发布和生产主分支之前，系统会自动构建应用程序并对每个变更运行自动化测试。在所有自动化测试通过后，特性分支可以合并到主分支中。
- **CD**：CD 与 CI 配合工作，自动化基础设施配置和应用程序部署。例如，在代码合并到预发布环境后，包含最新更改的应用程序将自动部署到预发布基础设施上。之后，QA 团队（或利益相关者）开始手动测试最新功能，以验证它们是否能够按预期工作。

需要注意的是，DevOps 的核心原则本质上与具体平台和工具无关。在 LLM Twin 项目中，将使用 GitHub 添加版本控制层，用于追踪代码的演进过程。除 GitHub 外，GitLab 也是一个广受欢迎的版本控制工具。为了实现 CI/CD 流水线，我们将利用对开源项目免费的 GitHub 生态系统和 GitHub Actions，其他可选工具包括 GitLab CI/CD、CircleCI 和 Jenkins。通常，需要根据开发环境、定制需求和隐私要求来选择合适的 DevOps 工具。以 Jenkins 为例，作为一个开源的 DevOps 工具，它允许用户自主托管并完全控制，但缺点是用户必须自行承担托管和维护工作，这增加了一层复杂性。这就是为什么许多公司会选择与其版本控制生态系统最匹配的工具，如 GitHub Actions 或 GitLab CI/CD。

11.1.2 MLOps

MLOps 试图将 DevOps 原则应用到机器学习领域。与标准软件应用相比，机器学习应用涉及数据、模型和代码等变动更多的组成部分。MLOps 旨在跟踪、操作和监控所有这些要素，以实现更好的可重现性、稳健性和可控性。

在机器学习系统中，这些要素的任何变化——无论是代码更新、数据修改还是模型调整，都可能触发一次构建过程，如图 11.2 所示。

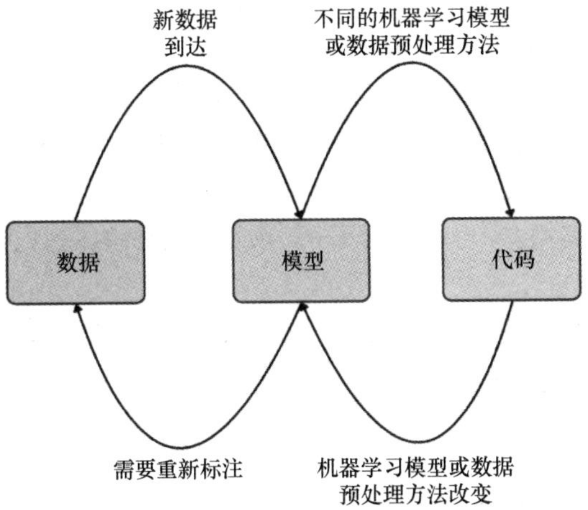

图 11.2 数据、模型和代码变更之间的关系

在 DevOps 中，一切都以代码为中心。当代码仓库新增功能时，必须触发 CI/CD 流水线。而在 MLOps 中，即便代码保持不变，数据的变化也会引发变更。这种情况下，必须训练或微调新模型，从而产生新的数据集和模型版本。直观来说，当一个组件发生变化时，它会影响其他一个或多个组件。因此，MLOps 必须考虑所有这些额外的复杂性。以下是一些可能触发数据变更并间接影响模型的例子。

- 部署机器学习模型后，其性能会随时间推移而衰减，因此需要新数据来重新训练它。

- 在理解实际数据采集情况后，可能会发现获取所需数据存在挑战，因此需要重新定义问题以适应实际环境。
- 在模型实验和训练阶段，经常需要收集更多数据或重新标注数据，从而产生新的模型集合。
- 在生产环境中部署模型并收集用户反馈后，可能会发现训练模型时的假设是错误的，需调整模型。

MLOps 更正式的定义如下：MLOps 是 DevOps 领域的延伸，它将数据和模型作为其首要关注的对象，同时保留 DevOps 方法论。

MLOps 的理念与 DevOps 类似：将机器学习模型的开发与部署过程（机器学习运维）切分开，会降低系统的整体质量、透明度和敏捷性。基于这一点，最佳的 MLOps 实践应当将机器学习资产与 CI/CD 环境中的其他软件资产一视同仁，使其成为统一发布流程的一部分。

1. MLOps 的核心组件

除源代码版本控制和 CI/CD 之外，MLOps 围绕以下内容展开。

- **模型仓库**：用于集中存储已训练的机器学习模型的中央仓库（**工具：Comet ML、W&B、MLflow、ZenML**）。
- **特征存储**：预处理并存储输入数据为特征，服务于模型训练和推理流程（**工具：Hopsworks、Tecton、Featureform**）。
- **机器学习元数据存储**：跟踪和存储模型训练相关信息，包括模型配置、训练数据、测试数据和性能指标。主要用于比较多个模型并查看模型谱系，了解它们的创建过程（**工具：Comet ML、W&B、MLflow**）。
- **机器学习流水线编排器**：自动化机器学习项目中的步骤序列（**工具：ZenML、Kubeflow、Prefect、Dagster**）。

因为大多数 MLOps 工具会提供统一的解决方案，这些解决方案通常被称为 MLOps 平台。因此，MLOps 组件与工具之间存在重叠。

2. MLOps 原则

MLOps 领域遵循以下 6 大核心原则。这些原则独立于工具，是构建稳健和可扩展的机器学习系统的核心。

- **自动化与可运营化**：MLOps 通过 CT 和 CI/CD，将手动流程转变为自动化流水线。当出现新数据、性能下降或未处理的边缘情况时，系统能够自动触发模型的重新训练和部署。这种从手动实验到全自动化的转变，确保了机器学习系统在避免错误和延迟的同时，保持稳健性、可扩展性，并能适应不断变化的需求。
- **版本控制**：在 MLOps 中，分别跟踪代码、模型和数据的变更至关重要，这样才能确保系统的一致性和可重复性。代码使用 Git 等工具进行跟踪，模型通过模型仓库进行版本控制，数据版本控制则可以使用数据版本控制（data version control，DVC）工具或工件管理系统等解决方案。

- **实验跟踪**：机器学习模型的训练是一个反复迭代的过程，需要基于预定义指标比较多个实验结果，因此使用实验跟踪器来帮助我们选择最佳模型至关重要。Comet ML、W&B、MLflow 和 Neptune 等工具能够记录所有必要信息，以方便轻松比较实验并选择最适合生产的模型。
- **测试**：除了测试代码，还应通过单元测试、集成测试、验收测试、回归测试和压力测试来测试数据和模型。通过重点关注输入数据的完整性、输出结果的合理性和对极端情况的处理能力，可以确保每个组件都能正确运行并集成良好。
- **监控**：这对于检测已部署机器学习模型因生产数据变化而导致的性能退化至关重要，允许及时干预，包括重新训练、进一步的提示、特征工程，或数据验证。通过跟踪日志、系统指标和模型指标并检测漂移，可以维护生产中机器学习系统的健康状况，尽快检测问题，并确保它们继续提供准确的结果。
- **可重现性**：这确保了机器学习系统中的每个过程（如训练或特征工程）在给定相同输入时产生相同的结果，使用的方法是跟踪所有变动的变量，如代码版本、数据版本、超参数或任何其他类型的配置。由于机器学习训练和推理的非确定性特征，因此在生成伪随机数时设置已知的种子对于实现一致的结果并使过程尽可能具有确定性至关重要。

关于 MLOps 原则的详细讲解，可参考本书附录。

3. 机器学习工程与 MLOps 工程的区别

机器学习工程（**ML engineering，MLE**）和 MLOps 之间存在一条细微的界限，但是很难对 ML 工程师和 MLOps 工程师这两个角色定义严格的工作描述。我们看到许多工作岗位将 MLOps 工程师角色与平台和云工程师归为一类。从某个角度来看，这是很有道理的：作为 MLOps 工程师，需要完成基础设施相关的大量工作，以及完成如本节所示的实验跟踪、模型注册、版本控制等功能的实现。一个好的策略是让 ML 工程师将这些功能集成到代码中，而 MLOps 工程师则专注于在基础设施上运行它们。

在大型企业中，将 ML 工程师和 MLOps 工程师这两个角色区分开是合理的。但在中小型团队中，一位工程师往往需要身兼数职，同时负责机器学习系统的 MLE 和 MLOps 的相关工作。

如图 11.3 所示，可以看到数据科学家/机器学习研究员、ML 工程师和 MLOps 工程师这 3 个关键角色之间的职责划分。其中，数据科学家/机器学习研究员负责实现特定模型来解决问题，这些模型构成了实现层。

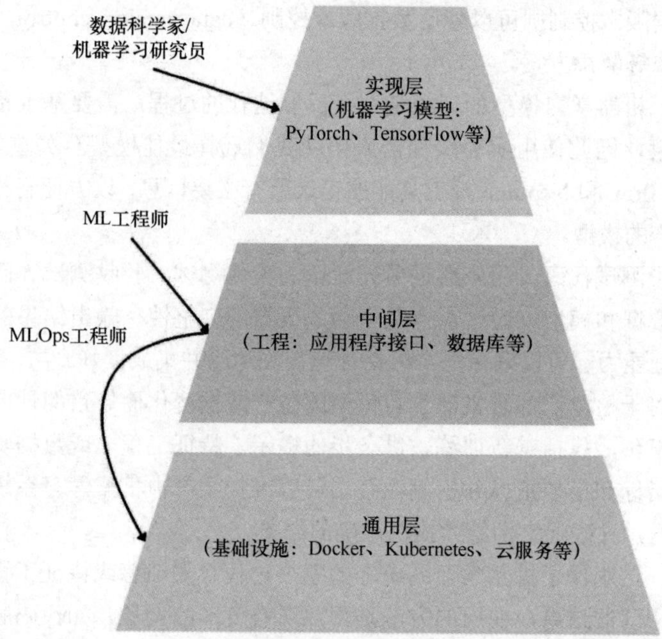

图 11.3 数据科学家/机器学习研究员、ML 工程师与 MLOps 工程师的职责划分

ML 工程师会接收数据科学家/机器学习研究员团队完成功能验证的模型，并在其之上构建一个中间层，使模型具备模块化和可扩展性，同时提供**数据库**访问接口或将其作为 Web API 暴露。在这个过程中，MLOps 工程师发挥着关键作用。他们负责将这个中间层的代码部署到包含 Docker、Kubernetes 等的基础设施的通用层上，这个动作标志着应用正式迈入生产环境。此后，就可以着手考虑自动化、监控、版本控制等后续工作了。

中间层区分了概念验证和实际产品。在这一层中，ML 工程师和 MLOps 工程师需要设计一个可扩展的应用程序，它通过集成数据库来维护状态，并提供 API 接口以实现互联网访问。在特定基础设施上部署应用时，必须考虑可扩展性、延迟和成本效益等因素。当然，中间层和通用层是相互依赖的，通常必须反复迭代才能满足应用程序的要求。

11.1.3 LLMOps

LLMOps 是一套管理和运行 LLM 的实践方法和流程。作为 MLOps 的专业分支，LLMOps 专注于处理 LLM 相关的独特挑战和需求，包括 LLM 的大规模、高度复杂的训练要求、提示管理，以及生成答案的非确定性。需要注意的是，LLMOps 继承了 MLOps 的核心组件和原则，下面重点介绍它在此基础上增加的内容。

从头开始训练 LLM 时，机器学习系统的数据和模型维度会大幅增长，这使得 LLMOps 与

MLOps 有所不同。此时我们需要重点关注以下问题。

- **数据采集和准备**包括收集、准备和管理训练 LLM 所需的海量数据集。这需要运用大数据技术来处理、存储和共享训练数据。以 GPT-4 为例，其训练数据规模达到了 13 万亿个词元，约等于 10 万亿个单词。
- 从基础设施的角度来看，管理 **LLM 中数量庞大的参数**是一项重大技术挑战。这需要庞大的计算资源支持，通常采用配备支持 CUDA 的 NVIDIA GPU 的机器集群来实现。
- LLM 的庞大规模直接影响着**模型训练**过程。由于模型规模和所需的批处理规模都很大，从零开始训练 LLM 无法在单个 GPU 上完成。因此，需要采用多 GPU 训练方案，并优化相关流程和基础设施，以支持数据并行、模型并行或张量并行等训练方式。
- 管理海量数据集和多 GPU 集群需要投入巨大**成本**。以 GPT-4 为例，OpenAI 首席执行官 Sam Altman 表示，仅训练成本就高达 1 亿美元（可在维基百科官网搜索“GPT-4#Training”阅读相关内容）。此外还需要加上多次实验、评估和推理的成本。尽管这些数字并不完全准确，因为信息来源并非 100%可靠，但训练 LLM 的成本规模是可信的，这也意味着只有行业巨头才有能力从零开始训练 LLM。

从本质上看，LLMOps 是 MLOps 在大规模场景下的应用。它遵循 MLOps 原则，但面向需要更强大计算能力来训练和运行的大数据和巨型模型。然而，由于其规模巨大，最显著的趋势是逐渐摒弃从零开始训练特定任务的神经网络的方法。随着微调技术的兴起，特别是 GPT 等基础模型的出现，这种方法已经过时。目前只有 OpenAI 和 Google 等拥有庞大计算资源的少数机构在开发这些基础模型，大多数机构转而通过对这些模型进行轻量级的局部微调、提示工程，或者选择将数据或模型蒸馏为规模更小的专用推理网络来构建应用。

因此，对于大多数 LLM 应用的开发来说，首先是选择一个基础模型，再通过提示工程、微调或 RAG 来进一步优化。这 3 个步骤的具体操作是最需要理解的关键环节。下面介绍能够改进提示工程、微调和 RAG 的 LLMOps 常用组件。

1. 人类反馈

优化 LLM 的一个重要步骤是使其与目标受众的偏好对齐。需在应用程序中引入反馈机制，收集用户反馈数据集，以便使用 **RLHF** 或更先进的 **DPO** 等技术来进一步微调 LLM。最常见的反馈形式是在聊天机器人界面中设置点赞和点踩按钮。关于偏好对齐的内容，详见第 6 章。

2. 防护机制

不幸的是，LLM 系统经常产生幻觉。虽然可以针对幻觉进行系统优化，但由于幻觉难以检测且形式多样，未来仍将发生重大技术改进。

大多数用户已经接受了 LLM 生成内容的不可靠性，但不可接受的是 LLM 意外输出敏感信息（例如 GitHub Copilot 输出 AWS 密钥，或其他聊天机器人泄露用户密码）。这类问题同样可能发生在电话号码、地址和电子邮箱等个人信息上。理想情况下，应该从训练数据中删除所有敏感数据，以防止 LLM 记住它们，但在实际操作中往往难以做到。

同时，LLM 还会产生有害和危险的输出，例如输出性别歧视和种族歧视的相关内容。2023 年 4 月左右，在一项针对 ChatGPT 的实验中，人们发现可以通过强迫聊天机器人扮演“坏人”或“可怕的人”等负面角色来绕过系统的安全限制。这种方法同样适用于让聊天机器人扮演历史上著名的负面人物。读者可在搜索引擎输入“Researchers discover a way to make ChatGPT consistently toxic”查看相关文档来了解更多示例。

类似的例子有很多，关键结论是：LLM 可能产生有害输出或接收危险输入，因此必须对此保持监控并做好准备。为了构建安全的 LLM 系统，必须通过添加防护机制来防范有害、敏感或无效的输入和输出。

- **输入防护**：输入防护主要防范 3 类风险。一是防止私密信息泄露给外部 API，具体包括向组织外部泄露敏感数据，如凭证或机密信息；二是防止系统遭受危害性提示的攻击（即模型越狱），主要指提示注入，如通过执行恶意 SQL 代码来访问、删除或破坏数据；三是避免接受用户发出的暴力或不道德请求，如询问 LLM 如何制造炸弹。
- **输出防护**：在 LLM 响应的输出端，需要筛查出不符合应用标准的失败输出，包括空响应（不符合预期的 JSON 或 YAML 等格式）、有害内容、幻觉，以及通用错误响应等。此外，还必须检查可能从 LLM 内部知识或 RAG 系统泄露的敏感信息。

Galileo Protect 是常用的防护工具，它可以检测提示注入、有害语言、数据隐私保护泄露和幻觉。此外，还可以使用 OpenAI 的 Moderation API 来检测有害的输入或输出并采取相应行动。

在系统中添加输入和输出的防护机制会带来额外的延迟，可能影响用户体验，需要在输入/输出的安全性和延迟之间做出权衡。由于 LLM 具有非确定性特征，对于无效输出，可以通过重试机制来生成另一个潜在的候选结果。然而，如果采用顺序重试的方式，响应时间将会翻倍。因此，一个常见的策略是并行运行多个生成任务，然后从中选择最佳结果。这种方法虽然会增加冗余，但有助于控制延迟。

3. 提示监控

对 LLMOps 来讲，监控并不是新事物，但在 LLM 领域需要管理一个新实体：提示。

大多数机器学习平台（如 Comet ML 的 Opik 和 W&B），以及其他专业工具（如 Langfuse），都已实现了用于调试和监控提示的日志工具。在生产环境中使用这些工具时，通常需要跟踪用户输入、提示模板、输入变量、生成的响应、词元数量和延迟。

在使用 LLM 生成答案时，系统不会等待整个答案生成，而是采用逐词元流式输出的方式，以显著提升响应速度。因此，在评估生成答案的延迟时，必须从以下多个角度来评估生成延迟。

- **首个词元生成时间（time to first token，TTFT）**：生成第一个词元所需的时间。
- **词元间隔时间（time between tokens，TBT）**：词元生成之间的时间间隔。
- **每秒词元数（tokens per second，TPS）**：词元的生成速率。

- **每输出词元时间（time per output token，TPOT）**：生成每个词元所需的时间。
- **总延迟（total latency）**：完成一个响应所需的总时间。

此外，跟踪输入输出的词元总数量，对于了解 LLM 托管成本至关重要。

最终，可以通过计算各类评估指标来验证模型在每组输入、提示和输出组合上的性能。根据实际应用场景，用户可以计算准确率、有害性和幻觉率等指标。在使用 RAG 系统时，还可以计算与检索上下文的相关性和精确度相关的指标。

在监控提示时，另一个重要事项是记录完整的执行轨迹。从用户查询到生成最终答案，往往存在多个中间步骤。例如，为了提高 RAG 的检索准确率而重写查询语句，就会涉及一个或多个中间步骤。记录完整的执行轨迹可以揭示从用户发送查询到返回最终响应的整个过程，包括系统采取的行动、检索的文档，以及发送给模型的最终提示。此外，还可以记录每个步骤的延迟、词元数量和成本，从而提供更细粒度的分析视角。

如图 11.4 所示，我们的最终目标是追踪从用户输入到生成答案的每个步骤。当系统出现故障或非预期行为时，可以精准定位有问题的步骤。查询可能因为错误的答案、无效的上下文或不正确的数据处理而失败。此外，如果在特定步骤中生成的词元数突然波动，应用程序也可能出现异常。

总而言之，LLMOps 是一个快速发展的领域，我们很难准确预测其未来走向，甚至不能确定 LLMOps 这一术语是否会持续存在。然而，可以确定的是，LLM 必将出现大量新的使用场景，也会出现相应的生命周期管理工具和最佳实践。

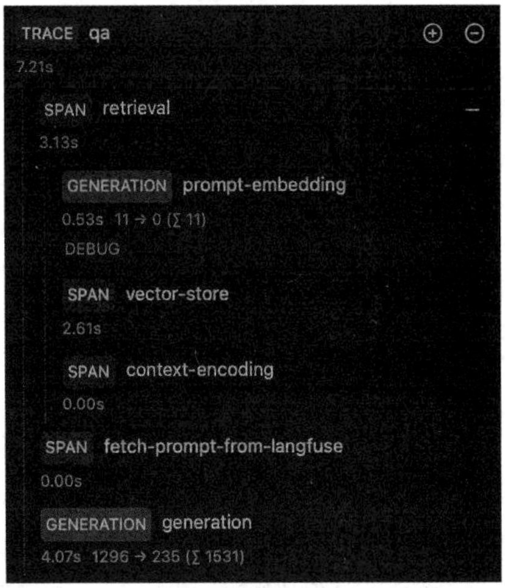

图 11.4　Langfuse 用户界面中的追踪示例

11.2　将 LLM Twin 流水线部署到云端

本节将介绍如何将 LLM Twin 的所有流水线部署到云端，包括以下 4 步：

（1）创建并配置 MongoDB 的 Serverless 实例；

（2）创建并配置 Qdrant 的 Serverless 实例；

（3）将 ZenML 流水线、容器和工件仓库部署到 AWS；

（4）将代码容器化并将 Docker 镜像推送到容器镜像仓库。

请注意，训练流水线和推理流水线已经可以在 AWS SageMaker 平台上运行。通过以上 4 步，可以确保整个系统都在云端，能够灵活扩展并为我们想象的客户提供服务。

部署成本是多少？

本节将选用 MongoDB、Qdrant 和 ZenML 服务的免费版本，并主要使用 AWS 的免费套餐来运行 ZenML 流水线。SageMaker 的训练流水线和推理流水线运行成本较高（本节不涉及）。本节将只会产生最低限度的 AWS 费用（最多几美元）。

11.2.1 理解基础架构

在深入具体的操作步骤之前，先介绍涉及的基础设施，以及元素间的交互。

如图 11.5 所示，需要设置几个服务。为了简化操作，使用 MongoDB 和 Qdrant 的无服务器免费版本；使用 ZenML 云平台的免费试用版，用于在云端编排所有流水线。

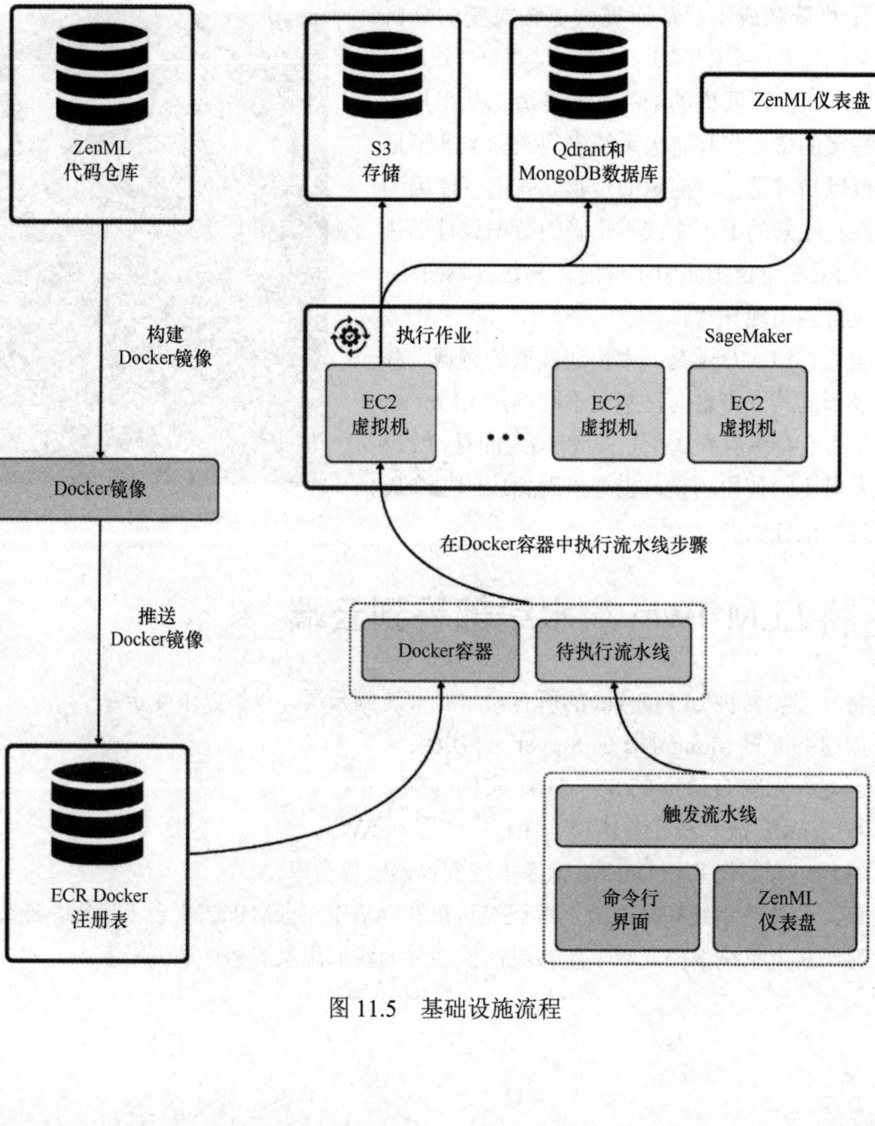

图 11.5　基础设施流程

借助 ZenML 云平台，可以快速分配所需的 AWS 资源，用于运行、扩展和存储机器学习流水线。只需点击几下，它就能帮助我们启动以下 AWS 组件。

- ECR 服务：用于存储 Docker 镜像。
- S3 对象存储：用于存储所有工件和模型。
- SageMaker Orchestrator：用于编排、运行和扩展所有机器学习流水线。

下面介绍在云端实现和运行流水线的核心流程。

（1）构建一个包含所有系统依赖、项目依赖和 LLM Twin 应用程序的 Docker 镜像。

（2）将该 Docker 镜像推送至 **ECR**，以供 **SageMaker** 访问。

（3）通过本地机器的 CLI 或 **ZenML** 的仪表盘来触发本书中实现的流水线。

（4）ZenML 流水线中的每个步骤都将映射到 AWS EC2 **虚拟机**上的一个 SageMaker 作业。基于 **DAG** 中步骤之间的依赖关系，部分步骤将并行运行，其他则按顺序执行。

（5）在运行步骤时，SageMaker 会从 ECR 中拉取步骤（2）中定义的 Docker 镜像，并基于该镜像创建一个 Docker 容器来执行流水线步骤。

（6）在作业执行过程中，SageMaker 可以访问 S3 工件存储、MongoDB 和 Qdrant 向量数据库来查询或推送数据。ZenML 的仪表盘作为一个关键工具，提供流水线进度的实时更新，并确保对整个过程有清晰的视图。

> 应该选择哪个 AWS 区域？
>
> 本书会将所有服务部署到 AWS 的**法兰克福区域**（**eu-central-1**）。读者可以选择其他区域，但要确保所有服务都部署在同一区域，这样不仅能提高组件间的响应速度，还能降低出错的可能性。
>
> 如何处理服务界面的变化？
>
> 遗憾的是，MongoDB、Qdrant 等服务可能会更改其界面或命名规则。由于我们无法在每次变化时都更新本书，如发现与本书内容有所不同，请以官方文档为准。

11.2.2 MongoDB 环境配置

创建免费的 MongoDB 集群并将其集成到项目中，需要按照以下操作。

（1）访问 MongoDB 官网并创建账号。

（2）在左侧面板中，依次选择 **Deployment | Database**，然后点击 **Build a Cluster**。

（3）在创建表单中，按照以下步骤操作：

1）选择一个 **M0 免费**集群；

2）将集群命名为 **twin**；

3）选择 **AWS** 作为提供商；

4）将区域设置为**法兰克福**（**eu-central-1**），当然也可以选择其他区域，但请注意后续所有 AWS 服务都需要使用同一区域。

5）其他配置项保持默认设置。

6）点击右下角的 **Create Deployment** 按钮。

（4）从本地机器连接到新创建的 MongoDB 集群，以测试它是否正常运行。这里使用 MongoDB VSCode 扩展进行连接，当然也可以选择其他工具。从 **Choose a connection method** 设置流程中，选择 **MongoDB for VSCode** 选项，然后按照网站提供的步骤操作。

（5）连接时在 VSCode 扩展（或其他选用工具）中粘贴数据库连接 URL。这个 URL 包含用户名、密码和集群地址，格式为：`mongodb+srv://<username>:<password>@twin.vhxy1.mongodb.net`。请务必保存此 URL，因为后续还需要使用。

（6）如果不知道密码或需要修改密码，请在左侧面板中转到 **Security > Quickstart**。在这里，可以编辑登录凭据。务必将这些信息保存在安全的位置，因为后续将无法访问它们。

（7）验证连接成功后，在左侧面板中转到 **Security > Network Access**，然后点击 **ADD IP ADDRESS**，选择 **ALLOW ACCESS FROM ANYWHERE** 并点击确认。为了简化配置，我们允许来自任何 IP 的机器访问 MongoDB 集群，以流水线可以在不需要任何额外复杂网络设置的情况下查询或写入数据库。虽然这种设置在生产环境中并不安全，但对于本书的示例来说完全可以。

（8）返回项目并打开`.env`文件，添加或替换 `DATABASE_HOST` 变量，使用 MongoDB 连接字符串：`DATABASE_HOST=mongodb+srv://<username>: <password>@twin.vhxy1.mongodb.net`。

好了！现在，我们的程序将不再从本地 MongoDB 读写数据，而是从刚刚创建的云端 MongoDB 集群进行读写。接下来，对 Qdrant 重复类似的步骤。

11.2.3 Qdrant 环境配置

创建 Qdrant 集群并将其集成到项目中，需要按照以下操作。

（1）访问 Qdrant 官网并创建账号。

（2）在左侧面板中找到 **Clusters** 区域，点击 **Create**。

（3）使用以下内容填写集群创建表单：

1）选择集群的 **Free** 版本；

2）选择 **GCP** 作为云服务提供商（在编写本书时，它是唯一支持免费集群的服务商）；

3）将区域设置为**法兰克福**（或与配置 MongoDB 时选定的相同的区域）；

4）将集群命名为 **twin**；

5）保持其他属性为默认值，点击 **Create** 按钮。

（4）点击左侧面板的 **Data Access Control** 来管理集群。

（5）点击 **Create** 按钮，选择 **twin** 集群来创建新的访问令牌。请将新创建的令牌保存在安全的位置，因为后续将无法再次访问它。

（6）运行 **Usage Examples** 中的示例代码来测试连接是否正常。

（7）返回 Qdrant 的 **Clusters** 部分，打开新创建的 **twin** 集群，获得集群的 **endpoint** 地址。在代码中配置 Qdrant 时要用到这个地址。

点击 **Open Dashboard** 并输入 **API Key** 作为密码，可以查看 Qdrant 集合和文档。此时 Qdrant 集群的仪表盘是空的，但在运行流水线后将看到所有的集合，如图 11.6 所示。

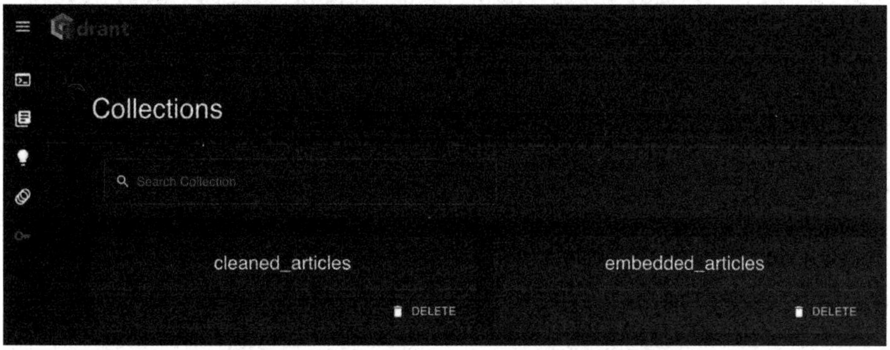

图 11.6　在填充两个集合后的 Qdrant 集群的仪表盘示例

最后，返回项目并打开`.env`文件。现在，需要填写如下几个环境变量。

```
USE_QDRANT_CLOUD=true
QDRANT_CLOUD_URL=<the endpoint URL found at step 7>
QDRANT_APIKEY=<the access token created at step 5>
```

好了！现在，我们的程序将不再从本地 Qdrant 向量数据库读写数据，而是从刚刚创建的云端 Qdrant 集群进行读写。为了确保一切运行正常，按照以下步骤使用 MongoDB 和 Qdrant 的云端版本来运行端到端数据流水线。

```
poetry poe run-end-to-end-data-pipeline
```

接下来配置 ZenML 云服务，并将所有基础设施部署到 AWS 平台上。

11.2.4　设置 ZenML 云环境

要设置 ZenML 云环境和 AWS 基础设施，需要先设置 ZenML 云账户，再通过 ZenML 云平台设置 AWS 基础设施，最后将代码打包成 Docker 镜像以便在 AWS SageMaker 中运行。

下面开始设置 ZenML 云环境。

（1）访问 ZenML 云平台并注册账号。平台提供的 7 天免费试用已足够运行本书的示例项目。

（2）填写注册表单，创建一个具有独特名称的组织，并设置名为 **twin** 的租户。这里的“租户”是指在完全隔离环境中部署的 ZenML 实例。在进行下一步之前，请等待几分钟，直到租户服务器启动完成。

（3）阅读 **Quickstart Guide**，通过简单示例了解 ZenML 云平台的工作原理。虽然部署 LLM Twin 应用不强制要求完成该指南，但我们建议先阅读它以确保一切运行正常。

（4）返回项目并运行控制面板中提供的 `zenml connect` 命令，以将项目与 ZenML 云租户连接。命令格式如下（具体 URL 会有所不同）：`zenml connect --url https://0c37a553-zenml.cloudinfra.zenml.io`。

（5）从代码中运行一个随机流水线，以确保一切运行正常。注意，此时我们仍在本地运行，但所有结果将被记录到云端而非本地服务器。

```
poetry poe run-digital-data-etl
```

（6）在 ZenML 仪表盘的左侧面板中找到 **Pipelines**。如果一切运行正常，将看到在步骤（5）执行的流水线。

> 请确保 ZenML 服务器版本与本地 ZenML 版本保持一致。在我们写这本书时，两者的版本均为 0.64.0。如果版本不匹配，可能会遇到异常行为，或者系统可能无法正常工作。最简单的解决方法是先修改 `pyproject.toml` 文件中的 `zenml` 依赖版本，使其与服务器版本一致；然后执行 `poetry lock --no-update && poetry install` 命令来更新本地虚拟环境。

要将代码部署到 AWS，必须创建一个 ZenML 堆栈。ZenML 堆栈是由底层编排器、对象存储和容器镜像仓库等组件构成的集合，这些组件是 ZenML 在后台运行流水线所必需的。直观地说，堆栈就是我们的基础设施。在本地开发时，ZenML 提供了一个默认堆栈，支持快速开发代码并在本地测试。通过定义不同的堆栈，可以在本地运行和 AWS 运行等不同基础设施环境之间快速切换，这正是本节将要详细介绍的内容。

> 在开始本节之前，请确保已准备好一个具有管理员权限的 AWS 账户。

基于上述考虑，按照以下步骤为项目创建 AWS 资源栈。

（1）在左侧面板中，找到 **Stacks** 区域并点击 **New Stack** 按钮。

（2）使用浏览器内置的创建工具创建堆栈，这是创建堆栈最简单的方式，无须额外准备。虽然这种方式灵活性不高，但足以满足本项目的需求。因此，请选择 **Create New Infrastructure ->**

In-browser Experience。

（3）选择 **AWS** 作为云服务提供商。

（4）在区域选择中，选择**欧洲（法兰克福）区域（eu-central-1）**，或者选择之前部署 MongoDB 和 Qdrant 时使用的区域。

（5）将堆栈命名为 **aws-stack**。请注意：必须严格使用这个名称，这样后续的命令才能正常工作。

（6）ZenML 将创建一组 IAM 角色，以授予所有其他组件相互通信的权限，一个 S3 存储桶作为工件存储，一个 ECR 仓库作为容器镜像仓库，以及 SageMaker 作为编排器。

（7）点击 **Next** 继续。

（8）点击 **Deploy to AWS** 按钮，在 AWS 上打开一个 **CloudFormation** 页面。ZenML 通过 **CloudFormation**（一种基础设施即代码的工具）来创建步骤（6）中列举的所有 AWS 资源。

（9）在页面底部，勾选所有复选框以确认 AWS CloudFormation 将代表我们创建 AWS 资源，再点击 **Create stack** 按钮。现在需要等待几分钟，让 AWS CloudFormation 完成所有资源的启动。

（10）返回 ZenML 页面，点击 **Finish** 按钮。

借助 ZenML，我们高效地部署了整个 AWS 基础设施来支持机器学习流水线。我们从一个基础示例开始，牺牲了一些控制权。如果需要更多控制权，ZenML 提供了两个选项：可以使用 Terraform（一个基础设施即代码工具）来完全控制 AWS 资源，或者将 ZenML 与现有的基础设施连接。

在进入下一步之前，先快速回顾一下刚刚创建的 AWS 资源。

- **IAM 角色**是一个具有权限策略（定义了该角色允许或禁止的操作）的 AWS 身份标识。使用 IAM 角色可以在无须共享安全凭证的情况下，授予对 AWS 服务的访问权限。
- **S3** 是一个可扩展且安全的对象存储服务，支持从网络上的任何位置存储和检索文件，通常用于数据备份、内容存储和数据湖。相比 Google Drive，S3 具有更强的扩展性和灵活性。
- **ECR** 是 AWS 完全托管的 Docker 容器镜像仓库，使 Docker 容器镜像的存储、管理和部署变得更容易。
- **SageMaker** 是一个完全托管的服务，能够帮助开发人员和数据科学家快速构建、训练和部署机器学习模型。
- **SageMaker Orchestrator** 是 SageMaker 的一项功能，用于自动化执行机器学习工作流程，管理步骤之间的依赖关系，并确保模型训练流水线和部署流水线的可重复性和可扩展性。其他类似工具还有 Prefect、Dagster、Metaflow 和 Airflow。
- **CloudFormation** 是一项服务，使用模板来自动化 AWS 基础设施的配置过程。使用它可以减少资源管理时间，将更多精力集中在应用程序上。

在运行机器学习流水线之前，需要先将代码容器化，并制作一个包含依赖项和代码的 Docker 镜像。

1. 使用 Docker 实现代码容器化

11.2.2 节、11.2.3 节及本节的开始部分，已经定义了用于存储和计算的基础设施：MongoDB、Qdrant 和 AWS，接下来需要运行代码并将其部署到这个基础设施之上。最流行的解决方案之一是 Docker。Docker 是一个能够创建隔离环境（容器）的工具，该环境包含运行应用程序所需的系统依赖项、Python 依赖项和代码等。使用 Docker 实现代码容器化，需要执行以下 10 步。

（1）准备工作。在项目根目录的 Dockerfile 中定义 Docker 镜像，这是 Docker 的标准命名规范。如果想自己构建 Docker 镜像，需要先确保机器上已安装 Docker。如果尚未安装，可以在搜索引擎输入“Install Docker Engine”找到对应的官方文档，并按其中的说明进行安装。

指定基础镜像并设置环境变量。Dockerfile 中完成了 3 件事儿：一是，指定基础镜像，这是一个基于 Debian Bullseye 发行版的 Python 3.11 轻量级版本；二是，通过设置环境变量来完成容器的配置，包括工作目录、关闭 Python 字节码生成，以及配置 Python 直接输出到终端；三是，指定要安装的 Poetry 版本，并设置一些环境变量以确保包安装是非交互式的，这对于自动化构建来说至关重要。

```
FROM python:3.11-slim-bullseye AS release

ENV WORKSPACE_ROOT=/app/
ENV PYTHONDONTWRITEBYTECODE=1
ENV PYTHONUNBUFFERED=1
ENV POETRY_VERSION=1.8.3
ENV DEBIAN_FRONTEND=noninteractive
ENV POETRY_NO_INTERACTION=1
```

（2）安装 Google Chrome：首先，更新软件包列表，并安装 gnupg、wget 和 curl 等必要工具；然后，添加 Google Linux 的签名密钥，并配置 Google Chrome 仓库；接下来，更新软件包列表，安装 Google Chrome 的稳定版本；最后，删除软件包列表，使镜像尽可能小。

```
RUN apt-get update -y && \
    apt-get install -y gnupg wget curl --no-install-recommends && \
    wget -q -O - https://dl-ssl.google.com/linux/linux_signing_key.pub |
gpg --dearmor -o /usr/share/keyrings/google-linux-signing-key.gpg && \
    echo "deb [signed-by=/usr/share/keyrings/google-linux-signing-key.gpg]
https://dl.google.com/linux/chrome/deb/ stable main" > /etc/apt/sources.
list.d/google-chrome.list && \
    apt-get update -y && \
    apt-get install -y google-chrome-stable && \
    rm -rf /var/lib/apt/lists/*
```

（3）安装其他必要的依赖项并清理缓存。

```
RUN apt-get update -y \
    && apt-get install -y --no-install-recommends build-essential \
    gcc \
    python3-dev \
    build-essential \
    libglib2.0-dev \
    libnss3-dev \
    && apt-get clean \
    && rm -rf /var/lib/apt/lists/*
```

（4）安装 Poetry 并进行配置。通过 pip 安装依赖管理工具 Poetry，并使用`--no-cache-dir`选项来禁用 pip 的包缓存功能，以减小镜像体积。安装完成后，将 Poetry 配置为最多使用 20 个并行进程来加快安装过程。

```
RUN pip install --no-cache-dir "poetry==$POETRY_VERSION"
RUN poetry config installer.max-workers 20
```

设置工作目录为 `WORKSPACE_ROOT`（默认为`/app/`），并将定义 Python 项目依赖关系的 `pyproject.toml` 和 `poetry.lock` 文件复制到该目录中。

```
WORKDIR $WORKSPACE_ROOT

COPY pyproject.toml poetry.lock $WORKSPACE_ROOT
```

（5）使用 Poetry 安装项目依赖并处理 Poetry 相关配置。其中，配置 `poetry config virtualenvs.create false` 用于关闭虚拟环境的创建，这意味着依赖项将直接安装到容器的 Python 环境中。安装过程排除了开发依赖项，并禁用了缓存以最小化空间使用。

在这一步还安装了 `poethepoet` 插件，用于管理项目内的任务。最后，为了让容器尽可能精简，需要移除所有剩余的 Poetry 缓存。

```
RUN poetry config virtualenvs.create false && \
    poetry install --no-root --no-interaction --no-cache --without dev && \
    poetry self add 'poethepoet[poetry_plugin]' && \
    rm -rf ~/.cache/pypoetry/cache/ && \
    rm -rf ~/.cache/pypoetry/artifacts/
```

（6）将主机上的整个项目目录复制到容器的工作目录中，以确保容器内能够访问所有的应用程序文件。

在编写 `Dockerfile` 时，有一个技巧：将安装步骤与文件复制步骤解耦。这很有用，因为 Docker 会缓存每个命令并将其分层叠加。当重新构建 Docker 镜像时，如果某一层发生变化，该层之后的所有层都需要重新执行。由于很少会修改系统和项目依赖，而主要是更改代码，因此将项目文件的复制操作放在最后一步，可以充分利用 Docker 的缓存机制，从而加快镜像的重建速度。

```
COPY . $WORKSPACE_ROOT
```

这个 Dockerfile 旨在构建一个干净、一致的 Python 环境，其中包含所有必要的依赖项。它能确保项目在任何支持 Docker 的环境中顺利运行。

（7）构建 Docker 镜像，并将其推送到 ZenML 创建的 ECR 仓库中。要从项目根目录构建 Docker 镜像，需要运行以下命令。

```
docker buildx build --platform linux/amd64 -t llmtwin -f Dockerfile .
```

因为在 Docker 中使用的 Google Chrome 安装程序只能在 Linux 环境下运行，所以必须在 Linux 平台上构建镜像。不过即使使用的是 macOS 或 Windows 系统，Docker 也可以模拟出 Linux 容器环境。

新创建的 Docker 镜像标签为 llmtwin。poethepoet 命令下也提供了相应的构建命令。

```
poetry poe build-docker-image
```

（8）将 Docker 镜像推送到 ECR。为此，首先需要打开 AWS 控制台，进入 ECR 服务页面，找到新创建的 ECR 仓库。该仓库的名称应该以 zenml-为前缀，如图 11.7 所示。

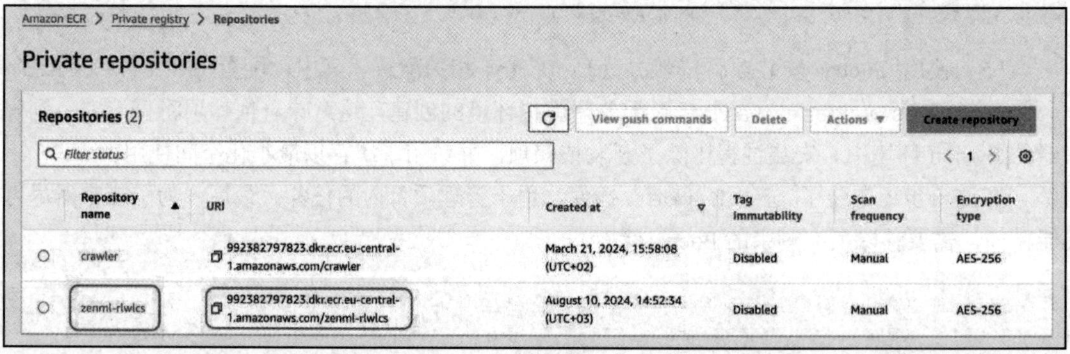

图 11.7 AWS ECR 示例

（9）进行 ECR 身份验证。为了确保这一步能正常执行，请按照第 2 章的说明确保已安装 AWS CLI 并完成管理员 AWS 凭证的配置。

```
AWS_REGION=<your_region> # e.g. AWS_REGION=eu-central-1
AWS_ECR_URL=<your_acount_id>

aws ecr get-login-password --region ${AWS_REGION}| docker login --username
AWS --password-stdin ${AWS_ECR_URL}
```

如图 11.8 所示，可以通过点击右上角的切换按钮获取当前的 AWS_REGION。同时，如图

11.7 所示，可以从 AWS ECR 主面板复制 ECR URL 来填充 AWS_ECR_URL 变量。运行上述命令后，在命令行界面可以看到登录成功的消息。

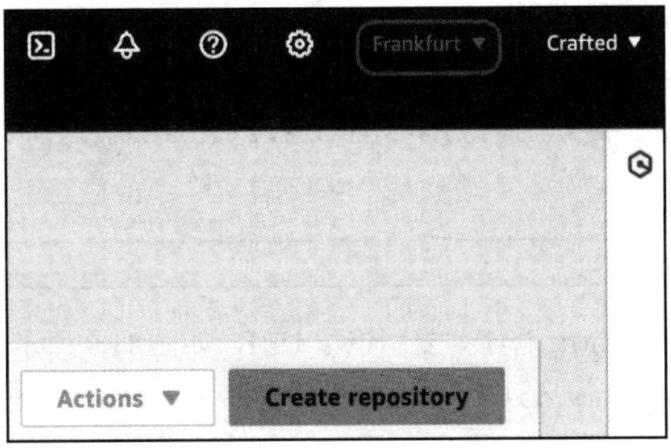

图 11.8 AWS 区域和账户详细信息

接下来，为 Docker 镜像 llmtwin 添加另一个标签，用来指示要推送到的 Docker 镜像仓库。

```
docker tag llmtwin ${AWS_ECR_URL}:latest
```

（10）通过运行以下命令将其推送到 ECR。

```
docker push ${AWS_ECR_URL}:latest
```

推送完成后，返回 AWS ECR 控制面板并打开 ZenML 仓库，应该会显示 Docker 镜像，如图 11.9 所示。

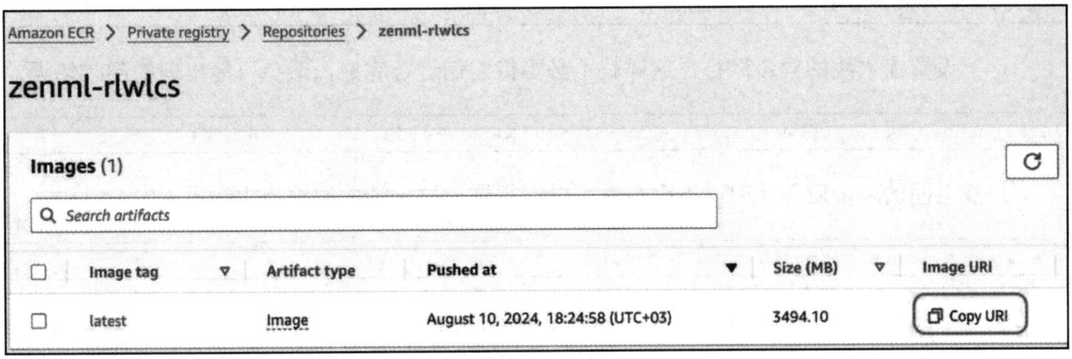

图 11.9 Docker 镜像推送至 AWS ECR 仓库后的显示效果

每当代码有需要部署和测试的更改时，都必须执行上述所有步骤，这些步骤既烦琐又容易出错。11.3 节将介绍如何使用 GitHub Actions 在 CD 流水线中自动化这些步骤。不过在此之前，建议先手动完成这些步骤，以充分理解其背后的运行机制，而不是将其视为黑盒。这对于调试

CI/CD 流水线至关重要，能够帮助我们理解错误信息并知道如何修复它们。

现在已经构建好 Docker 镜像并已将其推送到 AWS ECR，下面继续将其部署到 AWS 平台。

2. 在 AWS 上运行机器学习流水线

只需要完成最后 4 个步骤，就可以在 AWS 上运行机器学习流水线了。

（1）从默认的 ZenML 堆栈切换到 AWS 堆栈 `aws-stack`，这需要在项目根目录下执行以下命令。

```
zenml stack set aws-stack
```

（2）返回 AWS ECR ZenML 仓库并复制镜像 URI，如图 11.9 所示。进入 `configs` 目录，打开 `configs/end_to_end_data.yaml` 文件，将 `settings.docker.parent_image` 属性更新为 ECR URL，具体如下。

```
settings:
  docker:
    parent_image: <YOUR ECR URL> #e.g., 992382797823.dkr.ecr.eu-central-1. amazonaws.com/
zenml-rlwlcs:latest
    skip_build: True
```

可以看到，已将流水线配置为始终使用 ECR 仓库中的最新 Docker 镜像。这意味着每次推送新镜像时，流水线都会自动获取最新的代码变更。

（3）将`.env` 文件中的所有凭证导出到 ZenML 的密钥管理功能中，这是一个可以安全存储凭证并使其可以在流水线中访问的功能。

```
poetry poe export-settings-to-zenml
```

（4）设置流水线的异步运行，这样就不必等待它们运行完成，避免可能出现的超时错误。

```
zenml orchestrator update aws-stack --synchronous=False
```

完成上面的 4 步后，使用以下命令就可以运行这个端到端的数据流水线了。

```
poetry poe run-end-to-end-data-pipeline
```

前往 **ZenML Cloud -> Pipelines -> end_to_end_data** 并打开最新的运行记录。在 ZenML 面板上，可以直观地查看流水线的最新状态，如图 11.10 所示。请注意，该流水线在单次运行中执行所有与数据相关的流水线任务。11.3 节将解释为什么要将所有步骤压缩到同一个流水线中。

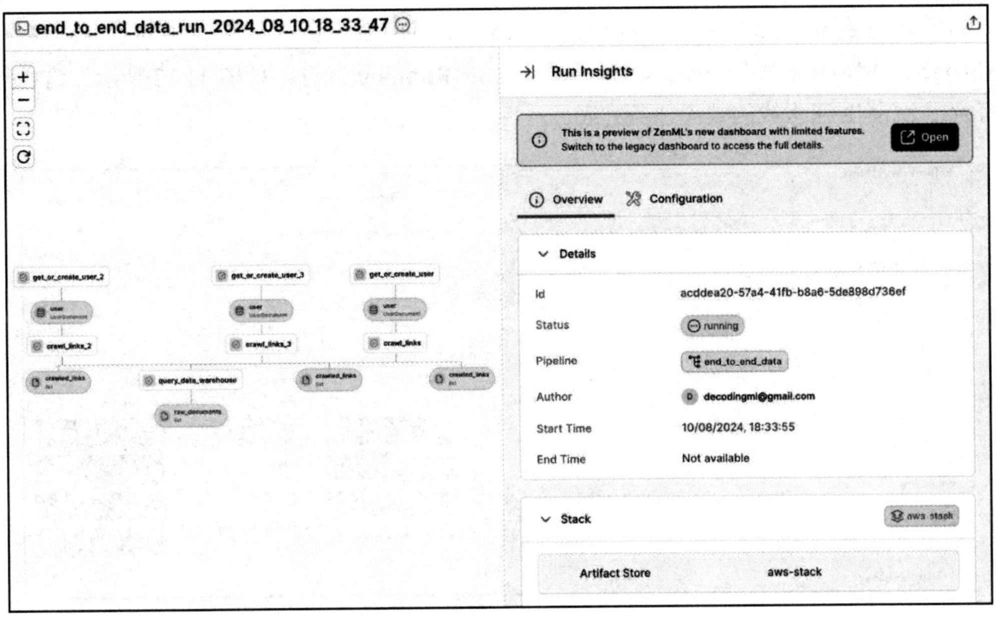

图 11.10　运行端到端数据流水线的 ZenML 示例

点击任何一个运行中的模块，可以查看其运行详情、使用的代码，以及用于监控和调试的日志，如图 11.11 所示。

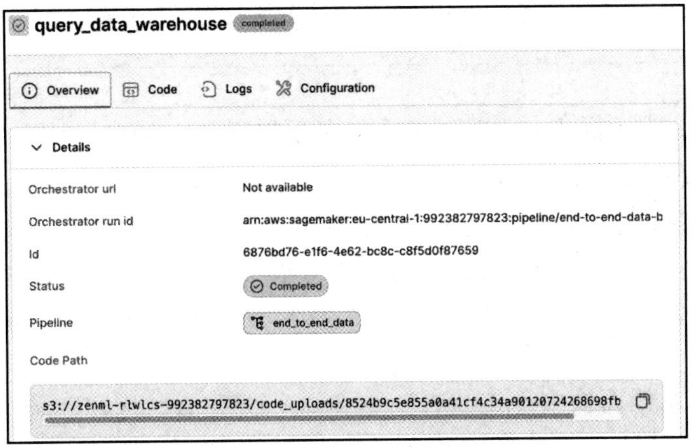

图 11.11　ZenML 步骤元数据示例

> 要运行其他流水线，需要在 configs/目录下的配置文件中更新 settings.docker.parent_image 属性。

如需查看更多详细信息，可以访问 AWS SageMaker。在左侧面板中点击 **SageMaker Dashboard**，然后在右侧的 **Processing** 列中，点击 **Running** 部分，如图 11.12 所示。这将打开所有执行 ZenML 流水线的处理任务列表。

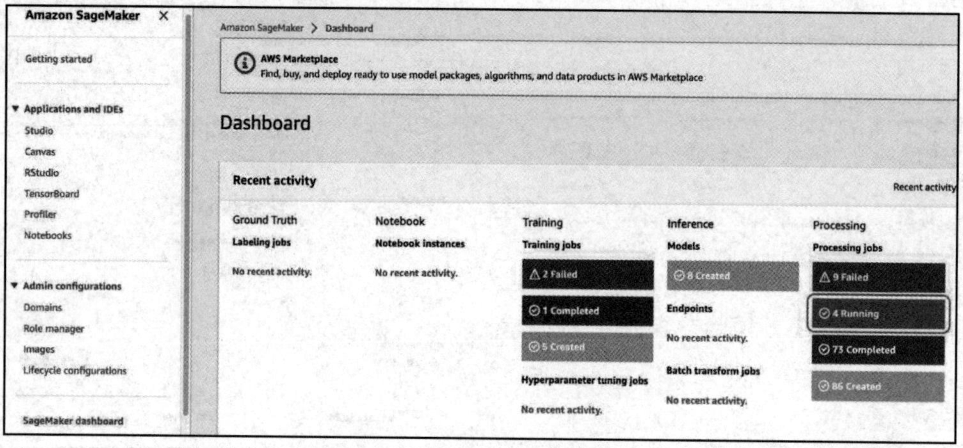

图 11.12 SageMaker 控制面板

如果想再次在本地运行流水线，可以执行以下命令。

```
poetry poe set-local-stack
```

如果想断开与 ZenML 面板的连接，重新使用本地版本，可以执行以下命令。

```
zenml disconnect
```

3. 在 SageMaker 上运行 ZenML 流水线后，如何排查 ResourceLimitExceeded 错误

假设在使用 AWS 堆栈在 SageMaker 上运行 ZenML 流水线后遇到了 **ResourceLimitExceeded** 错误。在这种情况下，需要明确向 AWS 申请获取特定类型 AWS EC2 虚拟机的访问权限。

ZenML 默认使用 `ml.t3.medium` 规格的 EC2 机器，这属于 AWS 免费套餐范围。然而，某些 AWS 账户默认无法访问这些虚拟机。在 AWS 控制台中搜索 **Service Quotas**，可以检查访问权限。

接下来，在左侧面板中点击 **AWS services**，搜索 **Amazon SageMaker**，然后查找 `ml.t3.medium`。图 11.13 展示了这些机器类型的配额情况。如果配额是 **0**，应该向 AWS 申请将配额提升到与图 11.13 中 **Applied account-level quota value** 列相近的数值。整个申请过程完全免费，只需点击几下即可。不过要注意，我们可能需要等待几个小时甚至一天的时间，直到 AWS 接受我们的申请。

在搜索引擎输入“How do I troubleshoot the 'ResourceLimitExceeded' error in SageMaker?”可以找到相关文档，并在其中寻找解决此错误和申请新配额的详细操作步骤。

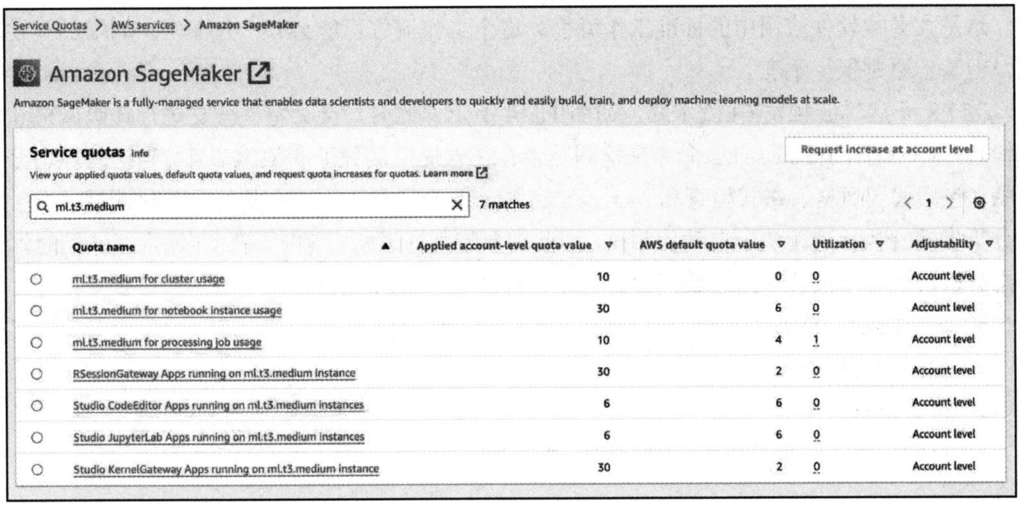

图 11.13 SageMaker 的 ml.t3.medium 实例配额限制

> 如果修改了 .env 文件中的值，并想用这些新值来更新 ZenML 密钥，需要先运行以下 CLI 命令删除原有密钥。
>
> ```
> poetry poe delete-settings-zenml
> ```
>
> 接下来，可以通过运行以下命令再次导出。
>
> ```
> poetry poe export-settings-to-zenml
> ```

11.3 为 LLM Twin 添加 LLMOps

11.2 节介绍了如何通过手动构建 Docker 镜像并将其推送至 ECR 来搭建 LLM Twin 项目的基础设施，本节将介绍如何将整个过程自动化，包括使用 GitHub Actions 来实现 CI/CD 流水线，使用 ZenML 来实现 CT 流水线。实施 CI/CD/CT 流水线，可以确保推送到主分支的每个功能都是经过测试的并能够保持一致，还可以支持团队协作、节省时间并减少人为错误。

11.3.7 节将介绍如何利用 Comet ML 的 Opik 和 ZenML 的告警系统来实现提示监控流水线，用来调试和分析 RAG 和 LLM 逻辑。由于 LLM 系统具有非确定性特征，因此能够捕获和存储提示追踪对于监控机器学习逻辑至关重要。

11.3.1 LLM Twin 的 CI/CD 流水线工作流程

LLM Twin 案例有两个环境：预发布环境和生产环境。在开发新功能时，会从预发布分支创建一个新的代码分支，并仅在新创建的分支上进行开发。完成开发并确认功能已完成后，向预发布分支提交**拉取请求（pull request，PR）**。特性分支获得批准后，会被合并到预发布分支中。这是大多数软件应用中的标准工作流程。这个工作流程可能会有一些变化，如增加开发环境，但基本原则保持不变。

当 PR 开启时会触发 CI 流水线，如图 11.14 所示。此时，会对特性分支进行代码风格和格式检查，同时运行 `gitleaks` 命令来检测是否存在误提交的凭证和敏感信息。当这些静态分析步骤（包括代码风格、格式检查和 `gitleaks` 检查）全部通过后，会执行自动化测试。由于静态分析步骤的执行速度快于自动化测试，因此需要特别注意执行顺序。在 CI 流水线开始时添加静态分析，是一个最佳实践。我们建议按以下顺序执行 CI 流水线。

- `gitleaks` 检查；
- 代码规范检查；
- 格式检查；
- 自动化测试（包括单元测试和集成测试）。

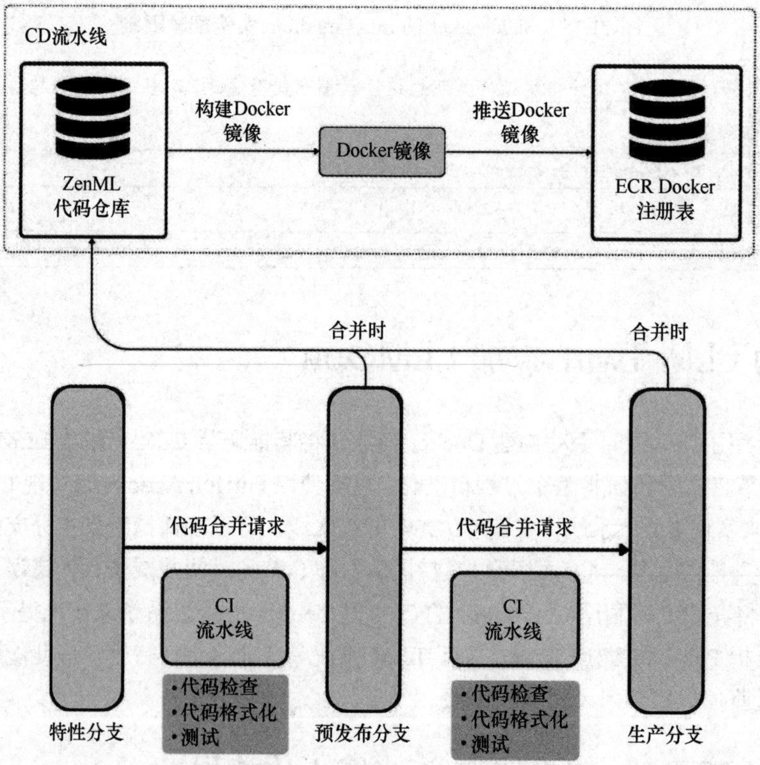

图 11.14 CI/CD 流水线流程

任何检查失败，都会导致 CI 流水线失败。这意味着，创建 PR 的开发人员必须先修复这些问题，才能将代码合并到预发布分支。

通过 CI 流水线的实施，可以确保新功能不仅符合代码仓库的规范标准，还能避免破坏已有功能。当计划将预发布分支合并到生产分支时，会重复这个流程：开启一个 PR，在将预发布分支合并到生产分支之前，自动执行 CI 流水线。

分支合并后，会自动运行 CD 流水线。以特性分支合并到预发布分支为例，CD 流水线会从预发布分支获取代码，构建新的 Docker 镜像，并将其推送至 ECR 镜像仓库。此后，在预发布环境中运行的所有流水线都将使用由 CD 流水线构建的最新的 Docker 镜像。预发布环境到生产环境之间也遵循完全相同的过程。但关键区别在于，预发布环境作为一个实验环境，QA 团队和利益相关者可以在这里进行新功能的手动测试，同时配合 CI 流水线中的自动化测试。

在本书的 GitHub 仓库中，只使用了一个反映生产环境的主分支，以及用于推送新工作的特性分支。如果要扩展这个流程，需要再创建一个预发布分支，并将其添加到 CD 流水线中。

1. 关于格式化错误的更多说明

格式化错误（formatting errors）与代码的样式和结构规范，目的是确保代码遵循统一的视觉布局标准。这包括空格的使用、代码缩进、行长度等风格要素。

代码格式化的主要目的是使代码更具可读性和可维护性。统一的格式化能帮助团队更有效地协同工作，使不同开发者编写的代码保持外观一致。以下是一些格式化错误的例子：

- 错误的缩进（如混用空格和制表符）；
- 代码行过长（如超出 79 字符或 88 字符，具体取决于代码规范）；
- 运算符周围或逗号后的空格使用不当（如缺失或多余空格）。

2. 关于代码检查错误的更多说明

代码检查错误（lintting errors）指向代码中的潜在问题，这些问题可能导致 bug、效率低下或违反编码标准（不仅仅是代码风格方面）。代码检查通常通过静态分析来识别未使用的变量、未定义的名称或存疑的编程实践等问题。

代码检查的主要目标是在开发过程的早期发现潜在错误或不良编程实践，从而提高代码质量，降低 bug 出现的可能性。以下是一些代码检查错误的例子：

- 未使用的导入语句或变量；
- 使用了未定义的变量或函数；
- 潜在的危险代码（如，使用==而不是 is 来进行 None 值判断）。

我们选用了多功能代码工具 Ruff 来进行代码格式化和检查。它不仅能检查常见的格式问题和确保代码符合 PEP 8 规范，还能深入分析代码中的潜在错误和质量问题。由于是用 Rust 语言开发的，Ruff 在处理大型代码仓库时运行速度很快。

11.3.2 GitHub Actions 快速概览

GitHub Actions 是 GitHub 提供的 CI/CD 平台，允许开发者直接在 GitHub 仓库中自动化工作流。通过在 YAML 文件中定义工作流，开发者可以直接从 GitHub 构建、测试和部署代码。作为 GitHub 的一部分，它能与代码仓库、issue、PR 等 GitHub 功能无缝集成。以下是需要了解的 5 个关键组件。

- **工作流（workflow）**：存储在代码仓库的`.github/workflows`目录下的 YAML 文件，用于定义自动化流程的触发条件（如 push、PR）和执行内容（如构建、测试和部署）。
- **作业（job）**：工作流的执行单元，由在同一运行器上执行的多个步骤组成。每个作业在独立虚拟环境中运行。
- **步骤（step）**：作业由多个独立的步骤组成，这些步骤可以是操作或 shell 命令。
- **操作（action）**：可复用的命令或脚本，可以使用 GitHub Marketplace 上的预构建操作，也可以自定义开发（可以理解为 Python 中的函数）。
- **运行器（runner）**：执行作业的服务器，支持 GitHub 托管运行器（如 Linux、Windows、macOS），也支持自托管运行器。

工作流使用 YAML 语法来描述。在 Ubuntu 机器上克隆当前 GitHub 仓库并安装 Python 3.11 的简单工作流，示例如下。

```yaml
name: Example
on: [push]
jobs:
  build:
    runs-on: ubuntu-latest
    steps:
         - name: Checkout
           uses: actions/checkout@v3

         - name: Setup Python
           uses: actions/setup-python@v3
           with:
               python-version: "3.11"
```

工作流由`push`、`pull_request`等事件或定时任务（`schedule`）触发。例如，可以设置在每次向特定分支推送代码时触发一个工作流。

11.3.3 CI 流水线

LLM Twin 的 CI 流水线分为两个作业：

- **QA 作业**，使用 Ruff 检查代码格式和规范错误，同时运行`gitleaks`扫描整个仓库中是否存在泄露的密钥。

- **测试作业**，使用 Pytest 运行所有自动化测试。在 LLM Twin 项目中，仅实现了一个用于演示 CI 流水线的虚拟测试，但使用本书的代码结构，读者可以轻松地为自己的用例扩展真实的测试。

GitHub Actions CI 的 YAML 文件 ci.yaml 位于.github/workflows 路径下。如下面的代码片段所示，它将工作流的名称定义为 CI，用于在 GitHub Actions 界面中识别该工作流；并指定工作流的触发条件——当有 pull_request 事件时触发。因此，只要有 PR 被打开、同步或重新打开时，CI 工作流就会自动运行。

```
name: CI

on:
  pull_request:
```

concurrency 部分确保对于特定引用（如某个分支），在同一时间只能运行一个工作流实例。group 字段使用 GitHub 的表达式语法，基于工作流和引用创建唯一的组名。当设置 cancel-in-progress: true 时，如果在前一个工作流尚未完成时触发了新的工作流运行，系统会取消正在运行的旧工作流，以避免同一工作流的重复执行。

```
concurrency:
  group: ${{ github.workflow }}-${{ github.ref }}
  cancel-in-progress: true
```

CI 工作定义了两个独立的作业：qa 和 test，均运行于由 runs-on: ubuntu-latest 指定的最新版本的 Ubuntu 上。

作业 qa 的名称定义为 QA，用于执行代码检查和格式验证等质量保证任务，包括以下 5 个步骤。

（1）使用 actions/checkout@v3 动作检出代码，用来确保作业能访问到需要分析的代码。

```
jobs:
  qa:
    name: QA
    runs-on: ubuntu-latest

    steps:
      - name: Checkout
        uses: actions/checkout@v3
```

（2）使用 actions/setup-python@v3 操作配置 Python 环境，其中将 Python 的版本指定为 3.11，用来确保作业中的后续步骤能够在正确的 Python 环境中运行。

```
- name: Setup Python
  uses: actions/setup-python@v3
  with:
    python-version: "3.11"
```

（3）使用 abatilo/actions-poetry@v2 操作安装 Poetry，并将 Poetry 的版本指定为 1.8.3。

```
- name: Install poetry
  uses: abatilo/actions-poetry@v2
  with:
    poetry-version: 1.8.3
```

（4）通过 poetry install --only dev 命令安装项目的开发依赖包，并为 Poetry 添加 poethepoet 插件，该插件将用于在项目中更方便地运行预定义任务。

```
- name: Install packages
  run: |
    poetry install --only dev
    poetry self add 'poethepoet[poetry_plugin]'
```

（5）对代码进行多项质量检查。第一项检查使用名为 gitleaks 的工具扫描代码仓库中的密钥信息，确保没有敏感信息被意外提交。

```
- name: gitleaks check
  run: poetry poe gitleaks-check
```

第二项检查是运行代码检查过程，强制执行 Python 代码中的编码标准和最佳实践。这项检查通过 poetry poe lint-check 命令实现，该命令底层使用了 Ruff。

```
- name: Lint check [Python]
  run: poetry poe lint-check
```

第三项检查是格式检查，用于确保 Python 代码符合项目的代码风格指南。这项检查通过执行 poetry poe format-check 命令完成，该命令底层使用了 Ruff 工具。

```
- name: Format check [Python]
  run: poetry poe format-check
```

作业 **test** 的名称定义为 **Test**，它同样运行在最新版本的 Ubuntu 上。它首先从代码仓库检出代码，并安装 Python 3.11 和 Poetry 1.8.3。

```
test:
  name: Test
  runs-on: ubuntu-latest
```

```
  steps:
    - name: Checkout
      uses: actions/checkout@v3
    ...
```

完成系统依赖配置后，作业 **test** 会使用 poetry install 命令安装项目的所有依赖项。由于要运行测试，因此需要安装运行应用程序所需的所有依赖项。

```
    - name: Install packages
      run: |
        poetry install --without aws
        poetry self add 'poethepoet[poetry_plugin]'
```

最后，使用 poetry poe test 命令运行项目的测试。这可以确保执行所有测试，并提供反馈，显示当前代码更改是否破坏了任何功能。

```
    - name: Run tests
      run: |
        echo "Running tests..."
        poetry poe test
```

如果作业 qa 或 test 中的任何步骤失败，GitHub Actions 工作流将失败，导致在问题修复之前无法合并拉取请求。通过这种方法，可以确保项目的所有新代码更改都符合标准，并且通过自动化测试保证不会破坏现有功能。

图 11.15 展示了 GitHub 仓库 **Actions** 标签页中的 CI 流水线。在提交了一条消息为 **feat: Add Docker image and CD pipeline** 的代码后，CI 流水线运行了上述的两个作业：QA 和 Test。

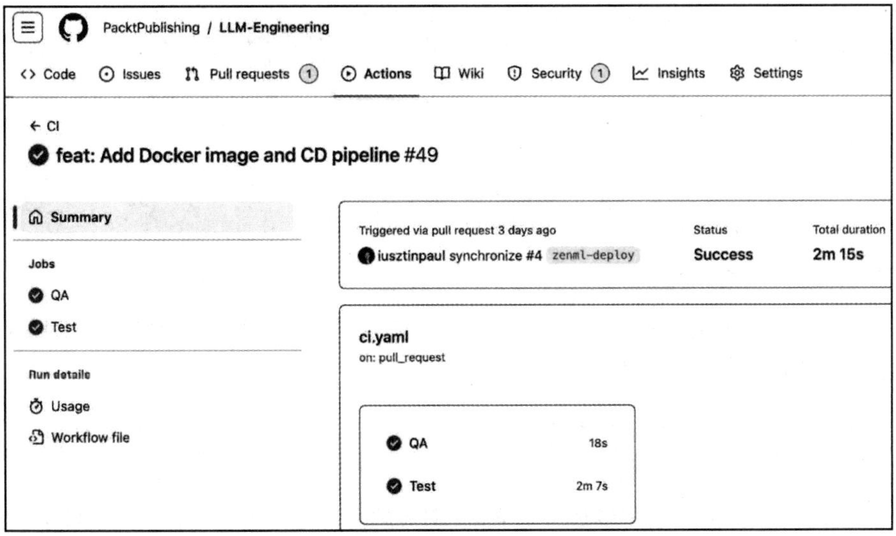

图 11.15　GitHub Actions CI 流水线运行示例

11.3.4 CD 流水线

CD 流水线将自动执行 11.2 节中手动完成的以下容器化步骤：

- 设置 Docker 服务；
- 登录 AWS；
- 构建 Docker 镜像；
- 将 Docker 镜像推送到 AWS ECR。

CD 流水线对应的代码在位于`.github/workflows`的 GitHub Actions YAML 文件`cd.yaml`中。该文件首先将工作流命名为`CD`，并指定了触发条件：当有代码推送到仓库的主分支时触发。这意味着，当新代码被推送到主分支时（通常是通过 PR 合并），工作流`CD`将自动执行。这个触发机制是通过`on.push`设置的。

```
name: CD

on:
  push:
    branches:
      - main
```

在工作流`CD`中定义一个名为`Build & Push Docker Image`的作业，用于构建和推送 Docker 镜像。

```
jobs:
  build:
    name: Build & Push Docker Image
    runs-on: ubuntu-latest
```

该作业共包括以下 5 个步骤。

（1）检出代码。

```
steps:
  - name: Checkout Code
    uses: actions/checkout@v3
```

（2）设置`docker buildx`。这是一个 Docker CLI 插件，通过多平台构建和缓存导入、导出等功能扩展了 Docker 的构建能力。

```
- name: Set up Docker Buildx
  uses: docker/setup-buildx-action@v3
```

（3）配置 AWS 凭证。这一步对于与 AWS 服务的交互至关重要，特别是在将 Docker 镜像推送到 Amazon **ECR** 时。AWS 访问密钥、秘密访问密钥和区域信息可以从代码仓库的密钥中安全获取，用于工作流的 AWS 身份验证。这确保了工作流具有将 Docker 镜像推送到 ECR 仓库所需的权限。配置这些密钥的 YAML 内容如下。

```
- name: Configure AWS credentials
  uses: aws-actions/configure-aws-credentials@v1
  with:
    aws-access-key-id: ${{ secrets.AWS_ACCESS_KEY_ID }}
    aws-secret-access-key: ${{ secrets.AWS_SECRET_ACCESS_KEY }}
    aws-region: ${{ secrets.AWS_REGION }}
```

（4）登录 Amazon ECR。这一步对于 Docker CLI 与 ECR 镜像仓库通信所需的身份验证至关重要，可以确保后续步骤能够将镜像推送到注册表中。

```
- name: Login to Amazon ECR
  id: login-ecr
  uses: aws-actions/amazon-ecr-login@v1
```

（5）构建 Docker 镜像并将其推送至 Amazon ECR 仓库。这一步通过 `docker/build-push-action@v6` 动作来完成。其中，`context` 用于指定构建上下文，通常是仓库的根目录；`file` 选项指向 `Dockerfile`，它定义了镜像的构建方式；`tags` 部分为镜像分配了标签，包括特定的提交 SHA 和 `latest` 标签，这是标识镜像最新版本的常见做法；`push` 选项被设置为 `true`，这意味着镜像构建完成后将被上传到 ECR。

```
- name: Build images & push to ECR
  id: build-image
  uses: docker/build-push-action@v6
  with:
    context: .
    file: ./Dockerfile
    tags: |
      ${{ steps.login-ecr.outputs.registry }}/${{ secrets.AWS_ECR_NAME
}}:${{ github.sha }}
      ${{ steps.login-ecr.outputs.registry }}/${{ secrets.AWS_ECR_NAME
}}:latest
    push: true
```

总之，CD 流水线会对 AWS 进行身份验证，构建 Docker 镜像，并将其推送到 AWS ECR。Docker 镜像会被标记为 `latest` 并附带提交的 SHA 标签。这种方式可以确保始终使用最新的镜像，并能够追溯到生成该镜像的代码提交。

此外，在本书的 GitHub 仓库中，只有一个对应生产环境的主分支，读者可以通过添加预发布环境和开发环境来扩展这个功能。只需在 YAML 文件开头的 `on.push.branches` 配置项中添加相应的分支名称即可实现。

PR 合并到生产分支后 CD 流水线的结构，如图 11.16 所示。如前所述，这里只有 **Build & Push Docker Image** 这一个作业。

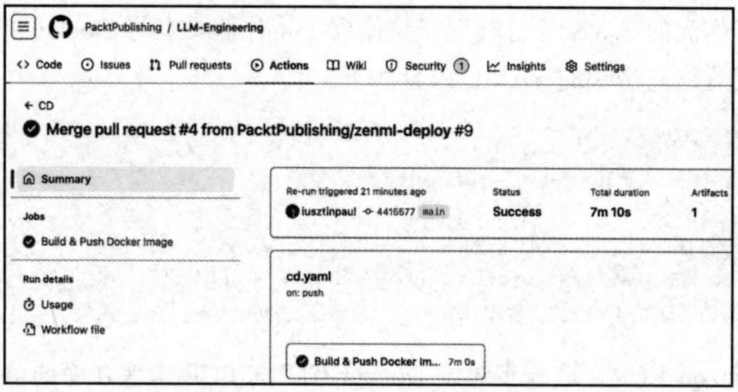

图 11.16 GitHub Actions CD 流水线运行示例

11.3.5 测试 CI/CD 流水线

要自行测试 CI/CD 流水线，读者必须将 LLM-Engineering 仓库 fork 到自己的账号下，以获得对 GitHub 仓库的完整写入权限。关于如何 fork GitHub 项目，可以参考 GitHub 的官方文档（可通过在搜索引擎输入“GitHub Docs & Fork a repository”访问对应文档）。

测试 CI/CD 流水线前需要设置几个密钥，这些密钥将允许 CD 流水线登录 AWS 并指向正确的 ECR 资源。具体操作如下：首先在 GitHub 中打开已 fork 仓库顶部的 **Settings** 页面，然后在左侧 **Security** 区域找到 **Secrets and Variables** 选项，点击展开后选择 **Actions**。在 **Secrets** 标签页中，需要创建 4 个仓库密钥（如图 11.17 所示）。这些密钥将被安全存储，只能由 GitHub Actions CD 流水线访问。

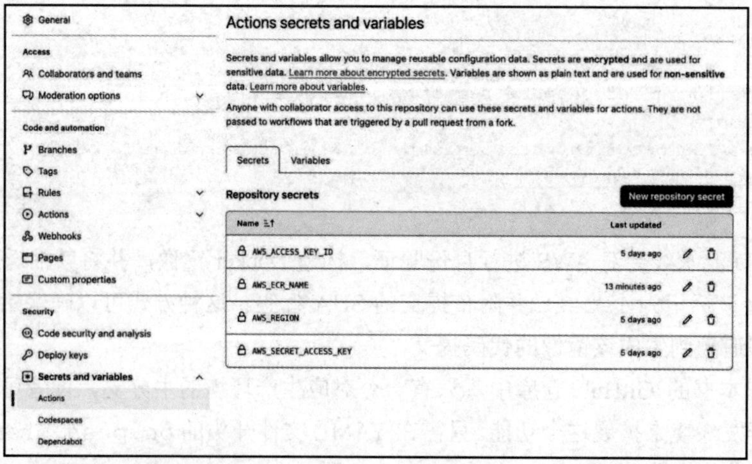

图 11.17 GitHub Actions 密钥

`AWS_ACCESS_KEY_ID` 和 `AWS_SECRET_ACCESS_KEY` 是在本书中使用的 AWS 凭证，第

2 章介绍了如何创建它们。AWS_REGION（如 eu-central-1）和 AWS_ECR_NAME 与 11.3.4 节使用的相同。

> 对于 AWS_ECR_NAME，仅需填写仓库名称（如 zenml-vrsopg），而不是完整的 URI 地址，如 992382797823.dkr.ecr.eu-central-1.amazonaws.com/zenml-vrsopg，如图 11.18 所示。
>
> 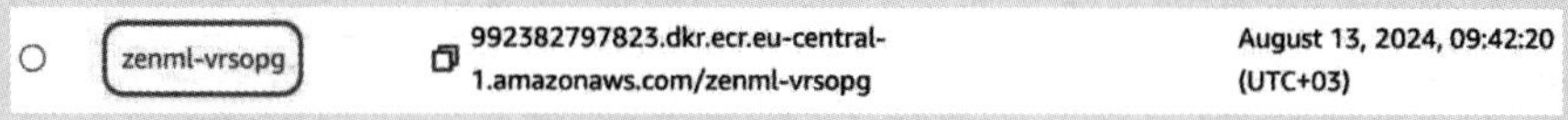
>
>
> 图 11.18　仅配置仓库名称

为了触发 CI 流水线，需创建功能分支、修改代码或文档，并创建一个到主分支的拉取请求。为了触发 CD 流水线，则需将该 PR 合并到主分支。

执行完 CD GitHub Actions 后，需要检查 ECR 存储库，确认 Docker 镜像是否已成功推送。

如果需要了解设置 GitHub Actions 密钥的详细信息，建议阅读官方文档（可以在搜索引擎输入“GitHub Actions Using secrets in GitHub Actions”后找到）。

11.3.6　CT 流水线

本节将使用 ZenML 来实现 CT 流水线。一旦通过 ZenML（或 Metaflow、Dagster、Airflow 等编排工具）完成所有流水线的编排并部署好基础设施后，就离实现 CT 很近了。

请记住 CI/CD 流水线和 CT 流水线的核心区别：CI/CD 流水线负责代码的测试、构建和部署，这是所有软件程序都具备的环节；而 CT 流水线则利用 CI/CD 流水线管理的代码，来实现数据处理、训练和模型服务的自动化流程，其中数据和模型维度仅存在于 AI 领域。

在深入实现细节之前，先强调两个能简化 CT 流水线实现的设计。

- **FTI 架构：**采用模块化系统设计，具有清晰的接口和组件。它简化了捕获流水线之间的依赖，并基于此实现流程自动化。
- **从项目开始就使用编排器：**在项目开发开始就引入了 ZenML。虽然项目开发早期仅在本地环境使用 ZenML，但它作为流水线的入口与执行监控节点，可以强制实现各流水线的解耦，并仅通过数据仓库、特征存储、工件存储等各类数据存储来实现各流水线间的通信。自项目初期采用 ZenML 后，我们无须开发烦琐的 CLI 配置工具，直接通过开箱即用的 YAML 配置文件即可完成系统配置。

在 LLM Twin 项目中，CT 流水线需要串联数据摄入流水线（第 3 章）、RAG 特征流水线（第 4 章）、指令数据集生成流水线（第 5 章）、训练流水线（第 6 章）、推理流水线（第 9 章）和部署流水线（第 10 章）。各流水线的串联，以及触发机制，如图 11.19 所示。简单起见，本节将各流水线视为黑盒。

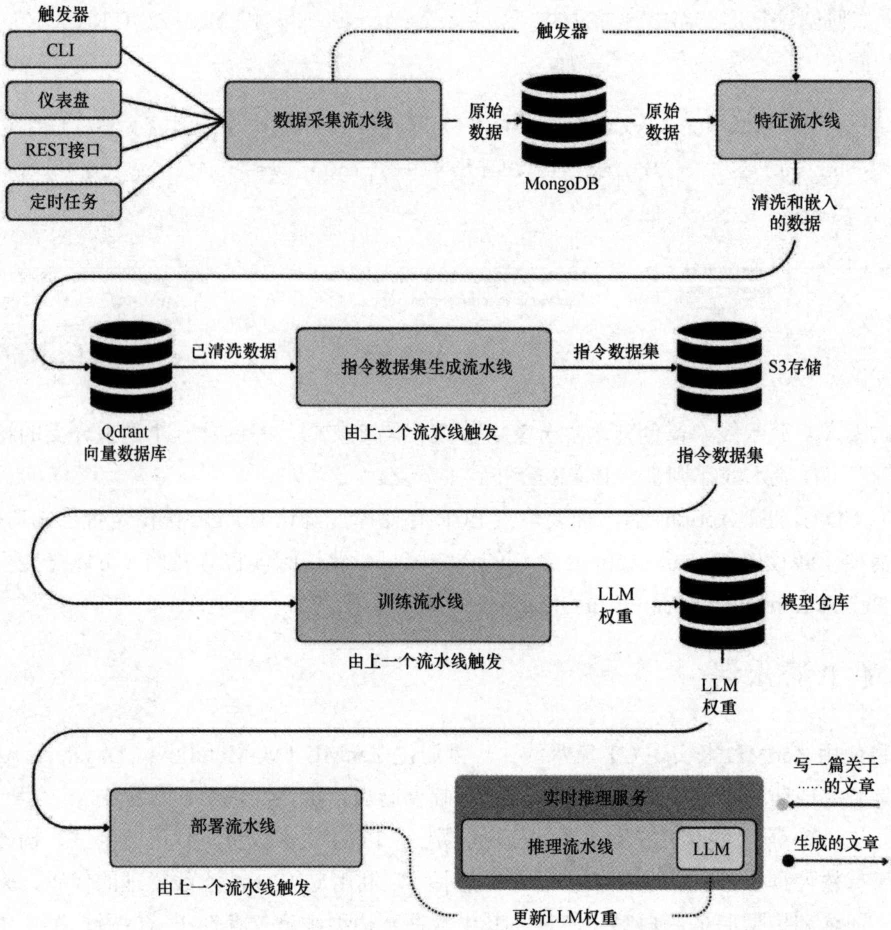

图 11.19　CT 流水线

对于 LLM Twin 的 CT 流水线，需要讨论两点：启动流水线的初始触发机制，以及流水线的触发机制。

1. 初始触发器

如图 11.19 所示，最初需要触发数据采集流水线。通常，触发器可以分为以下 3 种类型。

- **手动触发器**：通过 CLI 或编排器的仪表盘完成，在本例中是通过 ZenML 仪表盘触发。手动触发器是一种极其强大的工具，只需一次操作就可以启动从数据采集到部署的完整机器学习流程，避免了处理多个可能配置错误或执行顺序错误的脚本。
- **REST API 触发器**：通过 HTTP 请求调用流水线。这在将机器学习流水线与其他组件集成时非常有用。例如，可以设置一个持续监控新文章的监视器，当发现新文章时，通过 REST API 触发器来触发机器学习逻辑。有关此功能的更多内容，请参考 ZenML 文档中的教程（在搜索引擎输入“How to Trigger a pipeline Use templates: Rest API”即可访问）。

- **计划触发器：** 安排流水线按固定时间间隔持续运行。根据具体场景，可以设置流水线每天、每小时或每分钟运行一次。大多数编排器（如 ZenML）都提供了一个 cron 表达式接口，用户与定义执行频率。在 ZenML 中，流水线被设置为每小时运行一次。

```
Schedule(cron_expression="* * 1 * *")
```

在 LLM Twin 项目中选用的是手动触发器，因为没有其他组件可作为 REST API 触发器。此外，由于数据集是从 ZenML 配置中定义的静态链接列表生成的，按固定时间间隔运行并没有意义（因为每次都会得到相同的结果）。

LLM Twin 项目日后还可能需要监控新文章。一种实现方案是，实现一个监视器，当有新文章时，它会生成一个新的配置并通过 REST API 触发流水线。另一个实现方式是，将监视器实现为一个额外的流水线，并利用计划触发器每天查找新数据。一旦发现新数据，它就执行整个机器学习系统；否则，它就停止。

结论是，一旦能用单个命令手动触发所有机器学习流水线，就能够将其快速地应用到更高级和更复杂的场景中。

2. 触发下游流水线

为了保持简单，下面采用顺序链接的方式连接所有流水线。具体来说，当数据采集流水线执行完成时会触发特征流水线，当特征流水线执行完成后会触发指令数据集生成流水线，以此类推。读者可以设计更复杂的运行逻辑，例如将指令数据集生成流水线设置为每天执行一次，系统会检查 Qdrant 向量数据库中新数据的数量，只有在累积了足够新数据时才触发。基于这个框架，读者可以进一步调整系统参数并优化它们以降低成本。

为了一次性触发所有流水线，创建一条主流水线 `end_to_end_data`，用于将所有内容集中在一个入口。

```
@pipeline
def end_to_end_data(
    author_links: list[dict[str, str | list[str]]], ... # Other paramaters... )
-> None:
    wait_for_ids = []
    for author_data in author_links:
        last_step_invocation_id = digital_data_etl(
            user_full_name=author_data["user_full_name"], links=author_ data["links"]
        )

        wait_for_ids.append(last_step_invocation_id)

    author_full_names = [author_data["user_full_name"] for author_data in author_links]
    wait_for_ids = feature_engineering(author_full_names=author_full_ names, wait_for=
wait_for_ids)
```

```
generate_instruct_datasets(...)

    training(...)

    deploy(...)
```

为保持函数简洁，仅添加了计算特征之前的所有逻辑。不过，正如上述代码片段所建议的，可以轻松地将指令数据集生成、训练和部署逻辑添加到父流水线中，以实现端到端流程。这样便可以实现从数据采集到模型部署的自动化。

要运行端到端流水线，可以运行以下 poe 命令。

```
poetry poe run-end-to-end-data-pipeline
```

需要注意，这里的实现将所有步骤压缩到一个流水线中，并不是最佳实践，需要尽量避免，如图 11.20 所示。更好的做法是让每个流水线保持独立，并通过触发器来启动下游流水线。这样的设计使得系统更容易理解、调试和监控。

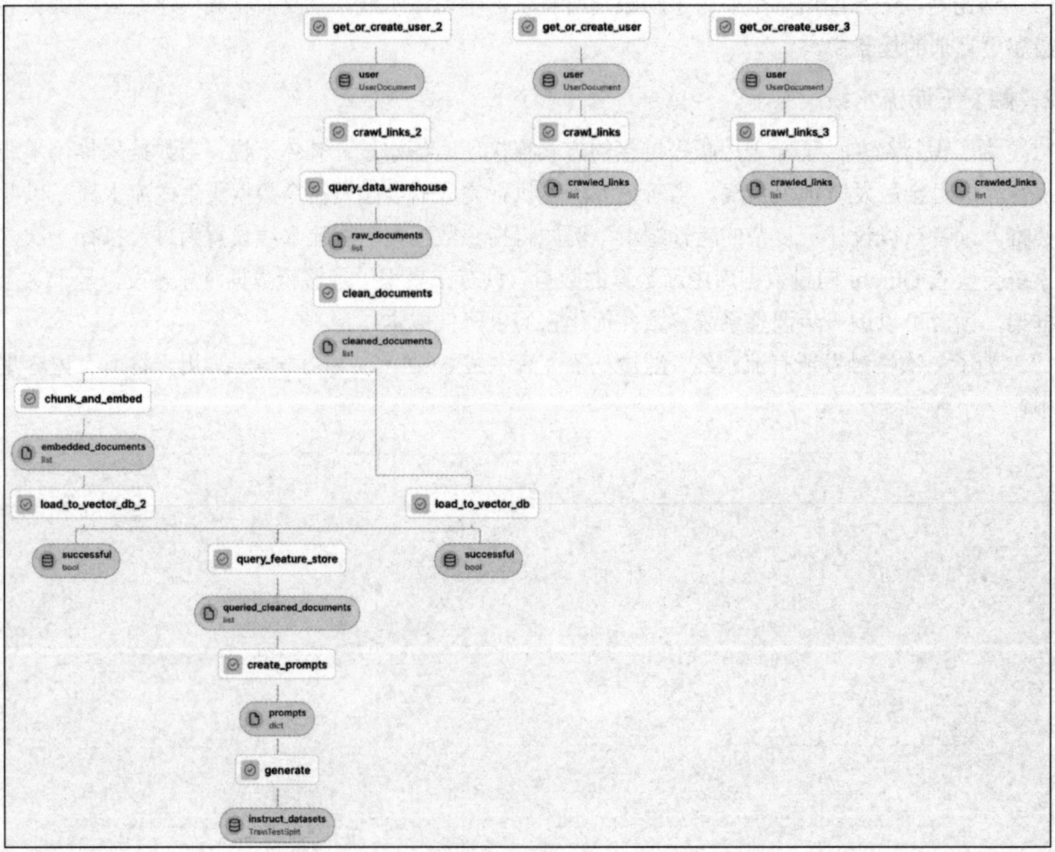

图 11.20　ZenML 仪表盘中展示的端到端流水线

遗憾的是，ZenML 云服务的免费试用版最多支持 3 个流水线，通过将所有步骤压缩到单个流水线中可以规避这个限制。读者如果选择自行部署 ZenML 或购买其许可证，就可以独立实现每个流水线，以及实现从一个流水线独立触发另一个流水线的功能。下面的代码展示了如何在数据采集 ETL 执行完成后触发特征工程流水线。

```
from zenml import pipeline, step

@pipeline
def digital_data_etl(user_full_name: str, links: list[str]) -> str:
    user = get_or_create_user(user_full_name)
    crawl_links(user=user, links=links)

trigger_feature_engineering_pipeline(user)

@step
def trigger feature_engineering_pipeline(user):
run_config = PipelineRunConfiguration(...)

Client().trigger_pipeline("feature_engineering", run_configuration=run_config)

@pipeline
def feature_engineering(author_full_names: list[str]) -> list[str]:
... # ZenML steps
```

正如本节开始时所描述的，通过这个方法，每个流水线都将独立运行，其中一个流水线会按顺序触发下一个流水线。需要注意的是，这个特性并非 ZenML 独有，已经被实现在许多编排工具中。如果选用其他编排工具，本书介绍的原则仍然适用，只需改变与工具的交互方式接口。

11.3.7　提示监控

本节将使用来自 Comet ML 的 Opik 实现监控提示，用来记录从用户输入到最终结果可用的整个跟踪过程。在深入探讨 LLM Twin 项目之前，先看一个简单的例子。

```
from opik import track
import openai
from opik.integrations.openai import track_openai

openai_client = track_openai(openai.OpenAI())

@track
def preprocess_input(text: str) -> str:
   return text.strip().lower()

@track
def generate_response(prompt: str) -> str:
   response = openai_client.chat.completions.create(
      model="gpt-3.5-turbo",
```

```
        messages=[{"role": "user", "content": prompt}]
    )
    return response.choices[0].message.content

@track
def postprocess_output(response: str) -> str:
    return response.capitalize()

@track(name="llm_chain")
def llm_chain(input_text: str) -> str:
     preprocessed = preprocess_input(input_text)
     generated = generate_response(preprocessed)
     postprocessed = postprocess_output(generated)

     return postprocessed

result = llm_chain("Hello, do you enjoy reading the book?")
```

上述代码片段展示了大多数 LLM 应用的基本结构：包含 `llm_chain()`主函数，用于接收初始输入作为参数并返回最终结果；在实际 LLM 调用前后设置预处理函数 `preprocess_input()`和后处理函数 `postprocess_output()`，并通过`@track()`装饰器记录每个函数的输入和输出信息，这些信息最终会被聚合成一条完整的追踪记录。通过这种方式，能够访问初始输入文本、生成的答案，以及使用 Opik 仪表盘调试任何潜在问题所需的所有中间步骤。

在此基础上，还需要为当前追踪添加用例所需的元数据，如下代码片段中调用的是 `update()`方法。在这里，可以通过 Python 字典为追踪添加标签或其他元数据（如输入标记的数量）。

```
from opik import track, opik_context

@track
def llm_chain(input_text):
     # LLM chain code
     # ...

    opik_context.update_current_trace(
tags=["inference_pipeline"],
metadata={
     "num_tokens": compute_num_tokens(...)
},
feedback_scores=[
{
    "name": "user_feedback",
    "value": 1.0,
    "reason": "The response was valuable and correct."
},
{
    "name": "llm_judge_score",
    "value": compute_llm_judge_score(…),
```

```
    "reason": "Computing runtime metrics using an LLM Judge."
}

)
```

读者还可以进一步扩展这个思路，记录多种反馈评分。最常见的方案是，是询问用户生成的答案是否有价值且正确。此外，还可以通过启发式方法或 LLM 评判器来自动计算各种指标。

下面介绍如何为 LLM Twin 项目添加提示监控功能。

（1）设计模型服务架构。LLM Twin 项目的模型服务包括 LLM 微服务和业务微服务，其架构设计如图 11.21 所示。其中，LLM 微服务只负责接收已包含用户输入和上下文的提示作为输入，并返回一个经过后处理的答案；业务微服务负责协调端到端流程，是实现提示监控流水线的合适位置。具体来说，我们会在第 10 章开发的 FastAPI 服务器中实现 Opik 功能。

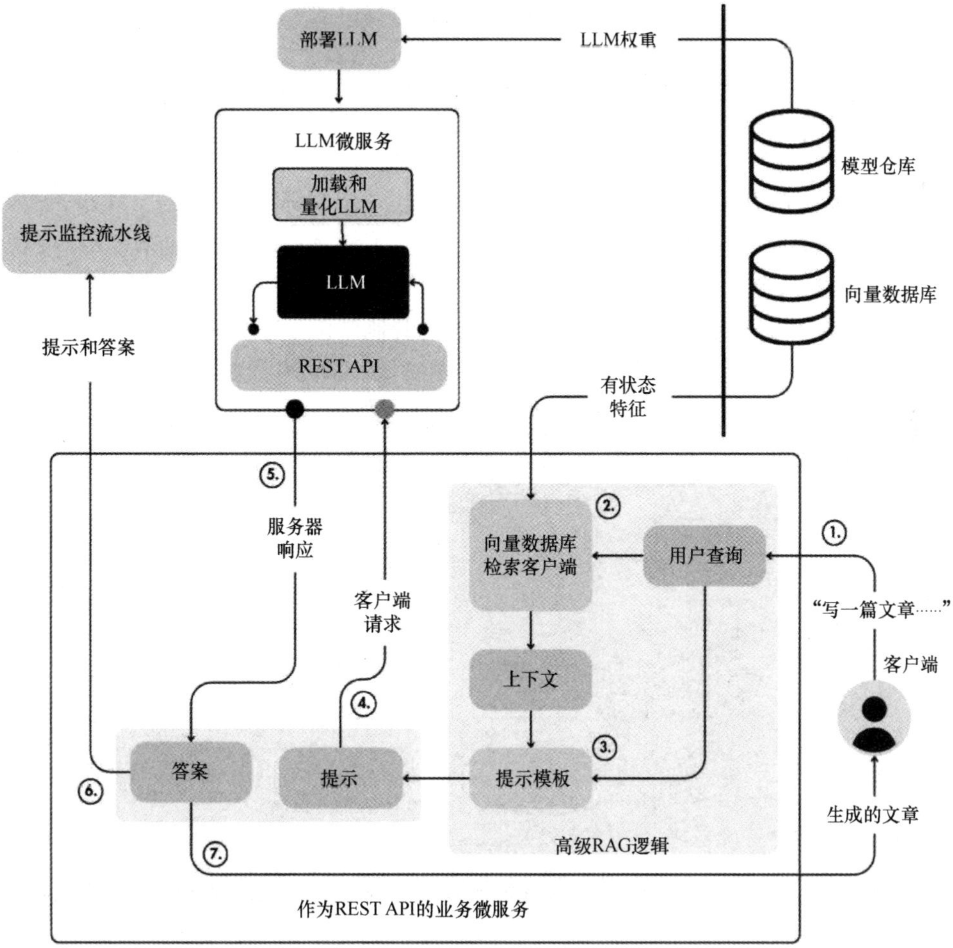

图 11.21 推理流水线服务架构

（2）使用 Opik 记录用户请求的端到端过程。

```
from opik import track

@track
def call_llm_service(query: str, context: str | None) -> str:
    llm = LLMInferenceSagemakerEndpoint(...)
    answer = InferenceExecutor(llm, query, context).execute()

    return answer

@track
def rag(query: str) -> str:
    retriever = ContextRetriever()
    documents = retriever.search(query, k=3 * 3)
    context = EmbeddedChunk.to_context(documents)

    answer = call_llm_service(query, context)

    return answer
```

rag()函数代表了应用程序的入口，其他所有处理步骤都在 ContextRetriever 和 InferenceExector 类中进行。此外，通过对 call_llm_service()函数使用@track 装饰器，可以清晰地捕获发送给 LLM 的提示及其响应。

（3）为了给追踪过程添加更多细节，可以继续为其他包含预处理或后处理步骤的函数（如 ContextRetriever 的搜索函数）添加@track 装饰器，以细化追踪过程的粒度。

```
class ContextRetriever:
    ...

@track

    def search(
        self,
        query: str,
        k: int = 3,
        expand_to_n_queries: int = 3,
    ) -> list:
        query_model = Query.from_str(query)
        query_model = self._metadata_extractor.generate(query_model)
        ... # Rest of the implementation
```

或者进一步采用检索优化方法，如自查询元数据提取器，来细化追踪过程的粒度。

```
class SelfQuery:
```

```
    @track
    def generate(self, query: str) -> str:
        ...

        return enhanced_query
```

应用程序在调试和分析时需要的监控粒度，由开发人员负责决定。虽然详细的监控是有益的，但监控所有内容会增加太多噪声，使理解手动跟踪数据变得困难。为此，需要找到一个平衡点。一个好的经验是，先跟踪 `rag()` 和 `call_llm_service()` 等最关键的函数，并在需要时逐步增加粒度。

（4）为追踪数据添加元数据和标签。为此，将按如下方式进一步增强 `rag()` 函数。

```
@track
def rag(query: str) -> str:
    retriever = ContextRetriever()
    documents = retriever.search(query, k=3 * 3)
    context = EmbeddedChunk.to_context(documents)

    answer, prompt = call_llm_service(query, context)

    trace = get_current_trace()
    trace.update(
tags=["rag"],
metadata={
    "model_id": settings.HF_MODEL_ID,
    "embedding_model_id": settings.TEXT_EMBEDDING_MODEL_ID,
    "temperature": settings.TEMPERATURE_INFERENCE,
    "prompt_tokens": compute_num_tokens(prompt),
    "total_tokens": compute_num_tokens(answer),
}
        )

    return answer
```

我们应该持续关注以下 3 个方面。

- **模型配置**：应同时考虑 LLM 和 RAG 层中使用的其他模型。日志记录最关键的要素是模型 ID，同时也要记录温度参数等显著影响生成结果的重要信息。
- **词元数量统计**：持续分析输入提示生成的词元数量和词元总数量的统计数据至关重要，因为这会显著影响服务成本。如果生成的词元总数量的平均值突然增加，说明系统中存在 bug。
- **步骤执行时间**：跟踪记录每个步骤的持续时间对于发现系统瓶颈至关重要。当特定请求的延迟异常时，可以快速查看相关报告来帮助定位问题源头。

11.3.8 告警

使用 ZenML，可以在电子邮件、Discord、Slack 等平台上快速实现告警系统。例如，可以在训练流水线中设置回调函数，当流水线运行失败或训练任务成功完成时触发通知。

```
from zenml import get_pipeline_context, pipeline

@pipeline(on_failure=notify_on_failure)
def training_pipeline(...):
...
notify_on_success()
```

通知功能的实现非常简单。如下代码片段所示，从当前堆栈中获取告警器实例，按照合适的方式构建消息，并将其发送到选定的渠道。

```
from zenml.client import Client

alerter = Client().active_stack.alerter

def notify_on_failure() -> None:
      alerter.post(message=build_message(status="failed"))

@step(enable_cache=False)
def notify_on_success() -> None:
      alerter.post(message=build_message(status="succeeded"))
```

ZenML 等编排工具是 MLOps、LLMOps 基础设施中的一个关键组件，大大简化了告警系统的实现过程。

11.4 小结

本章首先开篇介绍了 DevOps 的理论基础，然后探讨了 MLOps 的核心组件和原则，接下来通过人类反馈、防护机制和提示监控等策略，展示了 LLMOps 与 MLOps 的差异。在这个过程中，本章回到了为什么大多数公司会避免从零训练 LLM，转而选择通过提示工程或微调来优化模型以适应其应用场景的问题。在理论部分收尾时，介绍了 CI/CD/CT 流水线的概念，机器学习应用的 3 个核心维度（代码、数据和模型），以及在部署后，由于模型性能退化，实施监控和告警机制比以往任何时候都更加关键。

其次，本章介绍了如何将 LLM Twin 的流水线部署到云端。先准备基础设施，并逐步完成 MongoDB、Qdrant、ZenML 云平台及维持应用所需的所有 AWS 资源的部署；再介绍如何将应用程序容器化，并将用于在 AWS SageMaker 上运行应用程序的 Docker 镜像推送到 AWS ECR 上。

最后，本章为 LLM Twin 项目添加了 LLMOps。首先，通过 GitHub Actions 实现了 CI/CD 流水线；然后，利用 ZenML 框架实现了 CT 策略；最后，利用 Comet ML 的 Opik 构建了监控流水线，并使用 ZenML 搭建了告警系统。这些是为所有基于 LLM 的应用添加 MLOps 和 LLMOps 的基础。

需要注意的是，虽然本章是以 LLM Twin 为例进行讲解，但书中应用的大部分策略都可以适用于其他项目。只需更换数据并对代码做些微调，就能获得一个全新的应用。

在阅读完本章时，读者已经了解了如何从数据采集和模型微调到部署 LLM 微服务和 RAG 服务构建端到端的 LLM 应用。纵观全书，我们旨在提供一个思维框架，帮助读者在生成式 AI 领域构建系统和解决实际问题。

衷心祝愿各位读者在未来的旅程中好运，享受构建的乐趣！

附录

MLOps 原则

构建稳健且可扩展的机器学习系统，不仅仅需要强大的模型，更需要一个能够实现整个机器学习生命周期的系统方法。本附录将介绍 MLOps 的 6 个核心原则。这些原则独立于工具，是构建稳健且可扩展机器学习系统的核心。它们为设计生产就绪的应用程序提供了指导方针，确保在每个阶段都具有一致性、可靠性和可扩展性。

基于上述考虑，让我们从基础开始：自动化或流程化。

1. 自动化或流程化

要采用 MLOps，大多数应用需要经历以下 3 个层次。

- **手动流程**：在机器学习应用的早期开发阶段，这是一个实验和迭代探索的过程。数据科学家需要手动执行数据准备、验证、模型训练和测试等步骤。在这个阶段，通常使用 Jupyter Notebook 进行模型训练，最终输出用于数据准备和模型训练的代码。
- **持续训练（CT）**：指的是模型训练的自动化，它会在需要时触发模型重训练。在这个阶段，通常使用 ZenML 等编排工具实现数据和模型验证的自动化。ZenML 可以将所有代码整合在一起并基于特定触发器运行。最常见的触发方式是按计划执行（如每天一次），或在特定事件发生时触发（如新数据上传或监控系统检测到性能下降），从而提供适应各种触发场景的灵活性。
- **持续集成/持续部署（CI/CD）**：用于实现机器学习代码快速可靠的生产化部署。这个阶段的关键进展是实现数据、机器学习模型和训练流水线组件的自动构建、测试和部署。CI/CD 用于将新代码快速推送到预发布环境或生产环境等环境中，确保部署过程高效可靠。

当使用 **FTI** 架构构建 LLM 系统时，可以快速从手动流程过渡到 CI/CD/CT。从附图-1 可以看出，CT 流水线可以由多种事件触发，例如监控流水线检测到性能下降，或是新的数据批次到达，如附图-1 上部分所示。数据科学团队在实现各种数据处理方法和模型时执行的手动流程，如附图-1 下部分所示。当数据科学团队通过调整数据处理方式或模型架构来改进模型后，会将代码推送到代码仓库，这会触发 CI/CD 流水线来构建、测试、打包，并将新的变更部署到 FTI 流水线中。

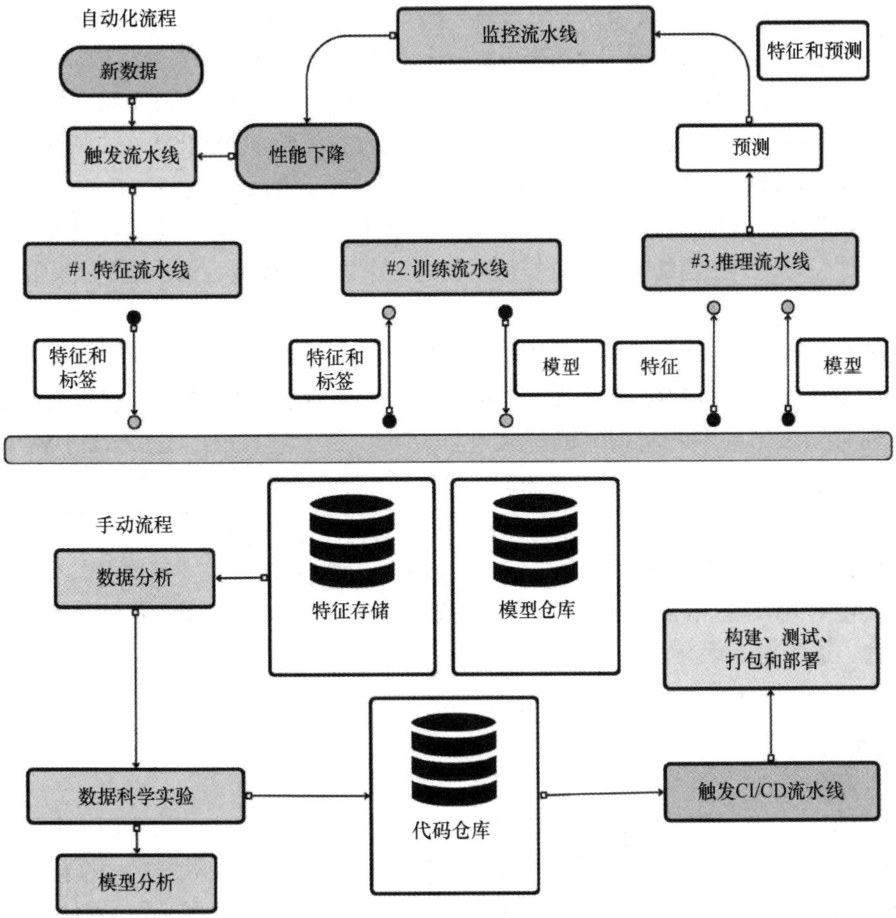

附图-1　基于 FTI 架构的 CI/CD/CT

总之，CT 流水线自动化了 FTI 流水线，而 CI/CD 流水线则负责构建、测试并将 FTI 流水线代码的新版本推送到生产环境。

2. 版本控制

代码、模型或数据的任何变化都会影响整个机器学习系统。因此，对这 3 个要素进行单独的跟踪和版本控制至关重要。可以采用以下策略来跟踪代码、模型和数据。

- Git 负责跟踪**代码**变更。每当代码仓库发生改动时，Git 都会创建一个新的 Commit（代码快照）。基于 Git 的工具通常支持将多个功能更新和 bug 修复打包发布。与使用难以理解的唯一标识符的提交不同，发布版本遵循更通用的命名规则，由主版本号、次版本号和补丁版本号组成。例如在版本“v1.2.3”中，“1”表示主版本号，“2”表示次版本号，“3”表示补丁版本号。常用工具是 GitHub 和 GitLab。
- 要对**模型**进行版本控制，可以利用模型仓库来存储、共享和管理系统中使用的所有模型。它有 3 个特点：一是，通常遵循与代码发布相同的**语义化版本**控制规则，包括主版本号、次版本号和补丁版本号；二是，支持 alpha 和 beta 等预发布版本；三是，利用机器学习元数据存储可以为模型附加训练数据、架构、性能、延迟等相关信息，以及其他特定用例所需的数据。这样可以创建一个清晰的模型目录，便于团队和公司内部浏览。
- **数据**的版本控制不像代码和模型的版本控制那样直接，因为它取决于数据类型（结构化或非结构化）和数据规模（大规模或小规模）。对于结构化数据，可以使用带有版本列的 SQL 数据库来追踪数据集的变化，也可以使用类似 Git 的工具（如 **DVC**）来跟踪数据集的变更。还有一种流行的解决方案是，基于类似模型仓库的工件，通过为数据集添加虚拟层来追踪并为每次数据变更创建新版本。Comet.ml、**W&B**（**Weights & Biases**）和 ZenML 都提供了强大的工件功能。所有解决方案，都要求在本地存储数据或使用 AWS S3 等云对象存储服务。这些工具提供的功能允许对数据集及其版本进行构建、追踪和访问。

3. 实验追踪

训练机器学习模型是一个完全迭代和实验性的过程。与传统软件开发不同，模型训练涉及运行多个并行实验，基于一组预定义的指标对多个模型进行比较，并决定哪一个模型应该进入生产环境。实验跟踪工具允许记录评估指标、模型预测的可视化结果等所有必要信息，以便比较所有实验并选出最佳模型。常用的工具包括 Comet ML、W&B、MLflow 和 Neptune。

4. 测试

机器学习模型的测试也采用同样的方法。因此，我们必须从数据、模型和代码这三个维度对应用进行测试。同时，还要确保特征流水线、训练流水线和推理流水线与特征存储等外部服务实现良好集成，能够作为一个系统协同工作。在使用 Python 进行编程时，编写测试最常用的工具之一是 pytest。

测试类型

在开发周期的不同阶段，通常会采用以下 6 类测试，如附图-2 所示。

- **单元测试**：集中在具有单一职责的独立组件上，例如用于张量相加的函数，或在列表中查找元素的函数。
- **集成测试**：用于评估系统中集成组件或单元之间的交互，例如数据评估流水线或特征工程流水线，以及它们如何与数据仓库和特征存储集成。
- **系统测试**：用于检查整个系统，包括完整的集成应用。它会严格评估系统的端到端功能、系统性能、安全性和整体用户体验。例如，测试从数据摄入到模型训练和推理的整个机器学习流水线，确保系统对给定输入产生预期的输出。
- **验收测试**：通常称为用户**验收测试**（**user acceptance testing，UAT**），旨在确认系统满足指定要求并可部署。
- **回归测试**：用于检查先前已识别的错误，以确保新的更改不会重新引入这些错误。
- **压力测试**：通过模拟高负载或资源受限等极端条件来评估系统的性能和稳定性，旨在识别系统的临界点，确保系统在面对突发需求或不利情况时能够正常运行而不会失效。

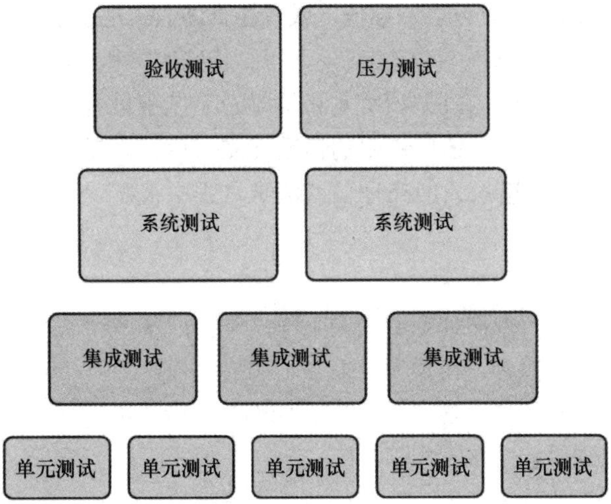

附图-2 6 类测试

附图-2 中有意在省略了回归测试，因为它不是一个独立的测试阶段。回归测试贯穿于单元测试、集成测试、系统测试、验收测试和压力测试，以确保变更不会重新引入先前已识别的错误。它是贯穿整个测试阶段的持续过程，而不是一个独立的测试类型。

测试什么

在编写大多数测试时，会把组件当作黑盒来对待。因此，我们能控制的是输入和输出，要测试的就是：对于给定的输入，能否得到预期的输出。因此，通常需要测试以下几点。

- **输入**：数据类型、格式、长度和边界情况（最小值/最大值、小值/大值等）。
- **输出**：数据类型、格式、异常，以及中间输出和最终输出。

测试示例

在测试机器学习系统的代码时，可以借鉴经典软件工程的实践。在编写单元测试时参考一些示例（例如检查一个句子是否按预期完成了清理；又如，通过使用各种句子和不同的分块大小来检查分块算法，验证其是否正常工作），可以更好地了解在这个阶段要测试的内容。

当谈及**数据测试**时，主要指的是数据有效性。数据有效性验证，通常在从数据仓库获取原始数据时或在特征计算完成后运行。这是特征处理流水线的一部分。因此，通过为特征流水线编写集成测试或系统测试，可以检查系统对有效和无效数据的响应是否正确。

测试数据的有效性很大程度上取决于应用和数据类型。例如，在处理表格数据时，可以检查非空值、检查分类变量是否仅包含预期值，或者检查浮点值是否始终为正数。在处理文本等非结构化数据时，可以检查长度、字符编码、语言、特殊字符和语法错误。

模型测试是最棘手的，因为模型训练是机器学习系统中最不确定的过程。与传统软件不同，机器学习系统可以在不抛出任何错误的情况下完成运行。然而，真正的问题是，它们可能产生错误的结果，而这些错误只能在评估或测试过程中被发现。如下是一些标准的模型测试技术检查：

- 输入和模型输出张量的形状；
- 确认一个（或多个）批次训练后损失下降；
- 在小批量数据上过拟合，使损失接近 0；
- 训练流程在所有支持的设备（如 CPU、GPU）上能正常运行；
- 早停和检查点逻辑能正常工作。

所有测试都在 CI 流水线内触发。对于一些成本较高的测试（如模型测试），可以设置特定执行条件，如仅在修改模型代码时才运行这些测试。

此外，还可以对模型进行**行为测试**，这种方法借鉴了代码测试的策略，将模型视为黑盒，仅关注输入和预期输出。这使得行为测试方法与具体模型无关。论文 *Beyond Accuracy: Behavioral Testing of NLP Models with CheckList* 提出，应该对模型进行最小功能测试、不变性测试、定向期望测试这三种类型的测试。下面以一个从句子中提取主语的模型为例。

- **不变性**：输入的变化不应影响输出。如下面这个基于同义词注入的例子所示。

```
model(text="The advancements in AI are changing the world rapidly.")
# output: ai

model(text="The progress in AI is changing the world rapidly.")
# output: ai
```

- **定向性**：输入的变化应当影响输出。如下面示例，输出应该根据所提供的输入发生变化。

```
model(text="Deep learning used for sentiment analysis.")
# output: deep-learning

model(text="Deep learning used for object detection.")
# output: deep-learning

model(text="RNNs for sentiment analysis.")
# output: rnn
```

- **最小功能**：最基本的输入和预期输出组合。如下面示例，期望模型应该始终能够正确处理。

```
model(text="NLP is the next big wave in machine learning.")
# output: nlp

model(text="MLOps is the next big wave in machine learning.")
# output: mlops

model(text="This is about graph neural networks.")
# output: gnn
```

关于测试的更多内容，推荐阅读由 Goku Mohandas 写作的 *Testing Machine Learning Systems: Code, Data, and Models* 文章。

5. 监控

对于投入生产的机器学习系统来说，监控至关重要。与传统的基于规则且确定性的软件系统不同，机器学习系统在构建完成后并不能保证始终按照定义方式运行。因为在实现机器学习模型时，并没有明确描述它们应该如何工作，而是使用数据来编译一个概率性的解决方案。这意味着机器学习模型将持续面临性能退化的风险。这种情况的发生是因为生产环境中的数据可能与模型训练时使用的数据不同。因此，已部署的模型无法处理这些场景是很自然的事情。

我们不应试图回避这些情况，而要制定策略及时捕获和修复这些错误。直观来说，监控会检测模型性能的退化，这会触发告警提示模型需要通过手动、自动或两者结合的方式进行重新训练。因训练数据集与生产环境输入之间的偏差而导致的模型性能下降，唯一的解决方案就是在生产环境的所有新场景中采集到的数据集上调整或重新训练模型。

由于训练是一项成本高昂的操作，有一些技巧可以帮你避免重新训练。不过，在此之前，需要先明确哪些数据可以用于监控机器学习系统的运行状况。

日志

记录日志的方式很直接，可以捕获以下信息。

- 系统配置。
- 查询、结果和所有中间输出。
- 组件的开始、结束、崩溃等状态。
- 每条日志在系统中的来源信息。

尽管记录所有活动会导致日志量快速增长，给日志管理与分析带来了很大挑战，但可以利用众多基于 AI 的自动日志分析和异常检测工具来高效扫描所有日志，从而进行有效的日志管理。

指标

为了监控机器学习系统的运行情况，需要定义一组指标来衡量应用程序在基础设施、数据和模型等不同方面的表现。

系统指标

系统指标基于监控服务级别指标（延迟、吞吐量、错误率）和基础设施（CPU/GPU、内存）的健康状况。这些指标在传统软件和机器学习中都发挥着重要作用，因为它们能体现基础设施是否运行良好，以及系统是否按预期工作，这对确保为最终用户提供良好的使用体验至关重要。

模型指标

仅监控机器学习系统的健康状况不足以识别模型内部的深层问题，还需要关注模型性能的指标，包括准确率、精确率和 F1 分数等定量评估指标，以及受模型影响的重要业务指标，如投资回报率（ROI）和点击率。

分析整个部署周期的累积性能指标通常是无效的，应根据应用程序的相关时间滑动窗口（如每小时）来评估系统性能。在具体实践中，需要对输入数据进行时间窗口划分，然后在窗口级别计算和汇总相关指标。这种滑动窗口指标能够更清晰地反映系统的健康状况，有助于及时发现问题，而不会被历史数据所掩盖。

在实际生产环境中，选择哪些指标来评估模型性能并没有标准答案。特别是当获取结果存在明显延迟或数据需要人工标注时，这个问题就更具挑战性。为了解决这个问题，可以开发近似信号来估算模型性能，或者对线上数据集的一小部分进行标注评估。在机器学习监控领域，近似信号也被称为代理指标（proxy metric），通常通过漂移检测方法来实现。

漂移

漂移是一种代理指标，允许在不需要任何真实值/标签的情况下，及时发现生产模型中的潜在问题。附表-1 展示了数据漂移、目标漂移和概念漂移这 3 种漂移类型。

附表-1　数据漂移、目标漂移和概念漂移之间的关系

漂移类型	描述	漂移公式
数据漂移	输入（特征）	$P(X) \neq P_{Ref}(X)$
目标漂移	输出（目标值、真实标签）	$P(y) \neq P_{Ref}(y)$
概念漂移	X 与 y 的关系	$P(y \mid X) \neq P_{Ref}(y \mid X)$

数据漂移，也称为特征漂移或协变量偏移，是指生产环境的数据分布偏离训练数据分布的现象，如附图-3 所示。这种偏离意味着模型无法处理特征空间的变化，从而导致不可靠的预测。数据漂移可能源于现实环境的自然变化，或是数据缺失、数据流水线错误或数据模式变更等系统性问题。

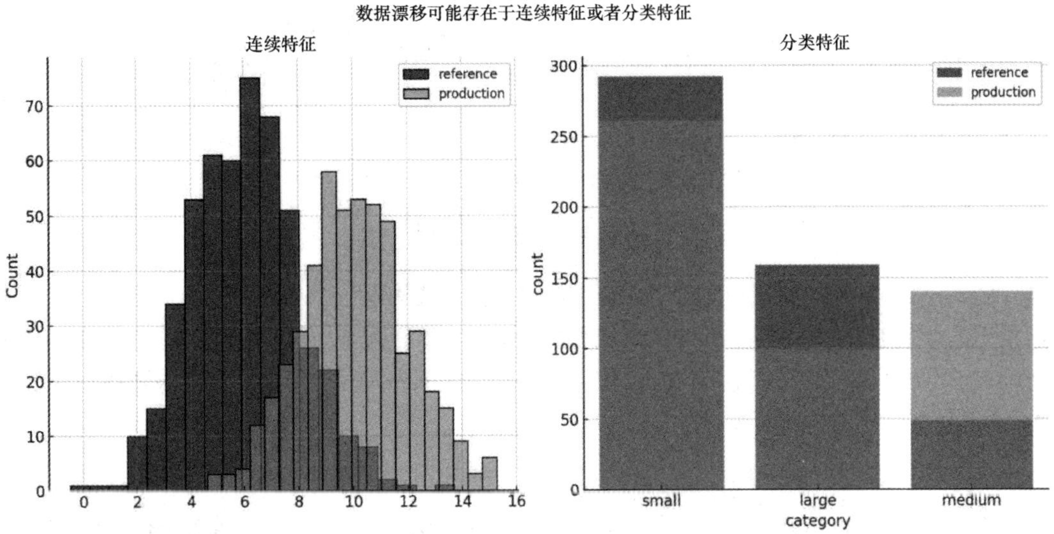

附图-3　数据漂移示例

当数据开始漂移时，如果模型具有良好的插值能力，其性能下降可能不会被立即注意到。这是在漂移影响模型性能之前重新训练模型的理想时机。

除了输入数据的变化（数据漂移），还可能遇到**目标漂移**。目标漂移是指输出分布的偏移，可能表现为分布形状的改变，在分类任务中可能表现为类别的增减。虽然重新训练模型有助于减少**目标漂移**导致的性能下降，但通常可以通过调整头部处理步骤和模型头以支持新的输出类别模式来预防这种情况。

例如，有一个用于预测图像是否包含动物或人的分类器，当新增建筑类别时，可扩展模型支撑未知类别或添加新类别。

除了输入和输出数据的变化，输入和输出之间的关系也可能发生变化。这种被称为**概念漂移**的现象会使模型失效。概念漂移可以呈现为以下 3 种不同的形式，如附图-4 所示。

- 随时间逐渐发生。
- 因外部事件突然发生。
- 因周期性事件周期性发生。

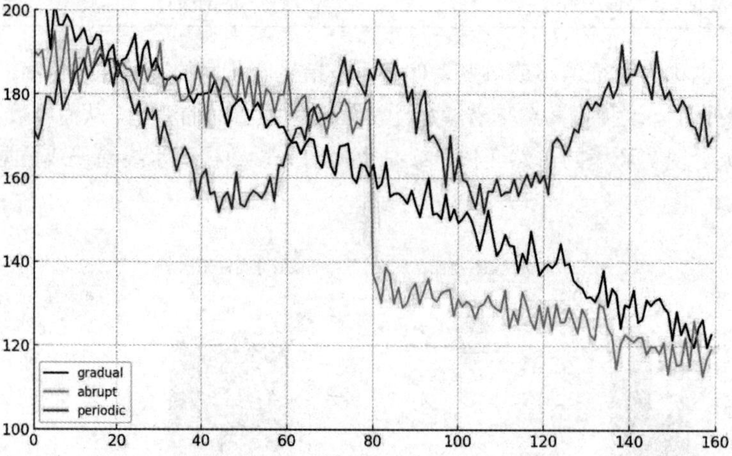

附图-4　概念漂移示例

例如，在模型跨地域使用时会发生概念漂移。假设要构建一个预测用户是否会购买特定汽车的模型，最初是使用美国市场的数据训练的模型，将这个模型应用于欧洲市场时，就会因欧洲市场的用户倾向于购买较小的汽车，使得汽车尺寸特征和购买概率之间产生了漂移。当然，概念漂移可能比这个例子更加微妙。

> 数据漂移、目标漂移和概念漂移可能会同时发生，这使得准确定位漂移的具体来源变得复杂。

要检测和度量漂移，通常需要以下两类窗口。

- 参考窗口：用作基准的数据点集合，被用于与生产环境中的数据分布进行对比，以识别数据漂移。它通常从训练数据集中收集。

- 测试窗口：是机器学习系统在生产环境中收集的数据点集合。通过与参考窗口进行比较，可以确定是否发生了漂移。

为了测量漂移，可以利用假设检验来验证参考窗口和测试窗口之间的分布变化。例如，可以使用**科尔莫戈罗夫-斯米尔诺夫检验（Kolmogorov-Smirnov test）**来监控单个连续特征，被称为单变量（1D）检验。因此，必须对每个需要监控的特征都运行这个检验。对于分类变量，可以利用卡方单变量检验（chi-squared univariate test），来确定生产环境中事件的频率是否与参考窗口分布一致。

```
from alibi_detect.cd import KSDrift

cd = KSDrift(X_ref, p_val=.05, preprocess_fn=preprocess_fn, input_shape=(max_len,))
```

在处理文本数据的嵌入表示时，需要对多元分布进行建模，这也是 LLM 处理文本的方式。一种常用的方法是，获取测试窗口和参考窗口的嵌入向量，应用降维算法，然后使用最大均值差异（maximum mean discrepancy，MMD）等算法。MMD 是一种基于核的方法，它通过计算两个窗口嵌入向量的均值之间的距离来度量两个分布之间的距离。

```
from alibi_detect.cd import MMDDrift

cd = MMDDrift(x_ref, backend='pytorch', p_val=.05)
preds = cd.predict(x)
```

监控与可观测性

监控涉及数据的收集和可视化，而可观测性则通过检查系统的输入和输出来提供系统健康状况的洞察。例如，监控让我们能够跟踪特定指标以检测潜在问题。

如果一个系统能够生成反映其内部状态的有意义数据，那么这个系统就被认为是可观测的，这对于诊断根本原因至关重要。

告警

在定义监控指标后，还需要一种获取通知的方式。最常见的方法是在以下场景发送告警。

- 当指标超过静态阈值时触发告警。例如，当分类器准确率低于 0.8 时发送告警。
- 调整用于检测漂移的统计检验的 p 值。较低的 p 值意味着生产环境分布与参考分布存在差异的置信度更高。

阈值和 p 值的设定需要根据具体应用场景来确定。正确的阈值或 p 值可以避免团队因告警系统误报而要么反应过度，要么完全忽视系统中的实际问题。向利益相关者（系统的核心工程师、管理者或对系统感兴趣的人）发送警报的常见渠道，包括 Slack、Discord、电子邮件和 PagerDuty。

根据告警的性质，需要采取不同的应对措施。但在采取任何行动之前，应该首先检查告警并理解其产生的原因，包括检查是什么指标触发了告警，具体数值是多少，发生的时间是什么时候，以及与应用相关的其他信息。

当模型性能下降时，第一反应是重新训练模型，但这是一个代价高昂的操作。因此，首先要检查数据是否有效、数据模式是否发生变化，以及该数据点是不是孤立的异常值。只有这些都不是问题所在，才应该触发训练流水线，在新的偏移数据集上训练模型以解决数据漂移问题。

6. 可重复性

可重复性意味着在相同输入条件下，机器学习系统中的每个过程都应产生相同的结果。这主要包含以下两个方面。

- 输入可追踪。在训练模型时，可以使用大量的超参数，因此需要一种方法来持续追踪被用来生成新资产的资产，例如用于训练免模型的数据集版本和配置。

- 机器学习过程的非确定性特征。以模型训练为例，在从头开始训练模型时，所有权重都会进行随机初始化。这意味着即便使用相同的数据集和超参数，最终也可能得到性能不同的模型。这个问题可以通过在生成随机数前设定种子值来解决。实际上，计算机无法产生真正的随机数，只能生成伪随机数。通过设定种子值，可以确保每次都生成相同的伪随机数序列。这种情况在特征工程阶段也会出现，例如在进行随机值填充或随机删除数据、标签时。但作为一般经验法则，应始终尽量使过程具有确定性，如果必须引入随机性，则要提供一个可以控制的种子值。